Leitfaden

zur

Eisenhüttenkunde.

Ein Lehrbuch

für den

Unterricht an technischen Fachschulen.

Von

Th. Beckert,

Hütten-Ingenieur u. Direktor der Kgl. Maschinenbau- und Hüttenschule in Duisburg.

Zweite, vollständig umgearbeitete Auflage.

III.

Metallurgische Technologie.

Unter Mitwirkung von **A. Brovot,** Professor u. Direktor des Walzwerkes Differdingen.

Mit 267 Textfiguren und 11 lithographierten Tafeln.

Springer-Verlag
Berlin Heidelberg GmbH

1900.

Additional material to this book can be downloaded from http://extras.springer.com

ISBN 978-3-642-89578-4 ISBN 978-3-642-91434-8 (eBook)
DOI 10.1007/978-3-642-91434-8

Vorwort.

Im Vergleiche zur ersten weist die zweite Auflage des Leitfadens eine veränderte, mehr dem Gange des Unterrichtes entsprechende Anordnung des Stoffes auf. Von der vorbereitenden allgemeinen Hüttenkunde ist der umfangreichste Teil, die „Feuerungskunde" als abgeschlossenes Buch (Teil I des Leitfadens) bereits früher erschienen. Die Verarbeitung des Eisens, welche in der 1. Auflage hinter den Erzeugungsprozessen dem Rohstoffe nach in zwei von einander weit abstehenden Abschnitten behandelt wurde, bildet nunmehr ebenfalls ein für sich abgeschlossenes Werk über „metallurgische Technologie", dessen erste Abteilung vom Unterzeichneten verfaſst wurde, während die Bearbeitung der anderen ein mit dem Walzwerkbetriebe besonders vertrauter Fachmann, sein früherer Kollege, Herr Professor Brovot, Direktor des Stahlwerkes Differdingen, freundlichst übernommen hat. Es darf erwartet werden, daſs dadurch den zahlreichen mit der Herstellung von Fertigerzeugnissen sich befassenden Eisenhüttenleuten in hohem Maſse gedient ist.

Der zweite Teil des Leitfadens, die „Eisenhüttenkunde" wird dem vorliegenden baldthunlichst folgen.

Dem Herrn Verleger sei für die reiche Ausstattung des Buches mit Abbildungen und Tafeln hiermit der besondere Dank der Verfasser ausgesprochen.

Duisburg, im März 1900.

Beckert.

Inhalt.

Zweite Abteilung.

Formgebung auf Grund der Dehnbarkeit. Schmieden, Walzen, Ziehen.

Einleitung.

Die von der Natur uns dargebotenen Rohstoffe sind nur in wenig Fällen geeignet, ohne weiteres zur Befriedigung der menschlichen Bedürfnisse zu dienen, wie die Früchte, die man nur zu pflücken braucht, um sie zu verzehren; weitaus häufiger erfordern sie eine vorhergehende Bearbeitung, wenn auch zuweilen nur eine Zerkleinerung (Brennholz) oder ein Kochen (Fleisch), die ganz allgemein als Aufbereitung bezeichnet werden kann.

Solange der Mensch sich auf niederer Kulturstufe befindet, pflegt er die Gewinnung und die Aufbereitung der Naturerzeugnisse nur zur Befriedigung der eigenen Bedürfnisse oder der seiner Familie auszuüben. Auf höherer Kulturstufe findet schon eine Teilung der menschlichen Thätigkeit in Gewinnung der Rohstoffe (Jagd, Fischfang, Ackerbau, Viehzucht, Bergbau) und in Aufbereitung (die Gewerbe) statt, welchen beiden erst später, nachdem der unmittelbare Austausch der Rohstoffe gegen Gebrauchsgegenstände sich als unzulänglich herausgestellt hat, die dritte, die verteilende Thätigkeit, der Handel folgt.

Die Lehre von den Mitteln und Verfahrungsarten zur Umwandelung der Naturerzeugnisse in Gebrauchsgegenstände könnte als die Lehre von den Gewerben oder als Gewerbelehre bezeichnet werden; doch ist es allgemein Gebrauch, sie Technologie zu nennen. Mag die Umwandelung der Rohstoffe in einer Form- oder in einer stofflichen Veränderung bestehen, immer ist sie bestimmten Naturgesetzen unterworfen. Wir können infolgedessen die Technologie auch erklären als die Anwendung der Naturgesetze auf die Herstellung von Gebrauchsgegenständen.

Erfolgt die Umwandelung der Rohstoffe nur der Form nach, so kann sie auf physikalische (mechanische) Gesetze zurückgeführt werden; erfaſst sie aber auch die innere Natur des Stoffes, so folgt sie chemischen Gesetzen, und wir gelangen so zur Einteilung des ganzen, weiten Gebietes in die beiden groſsen Zweige mechanische und chemische Technologie. Der Gegenstand unserer Betrachtung gehört der ersteren an und streift nur zuweilen die letztere.

Die wichtigsten der mechanischen Verarbeitung unterliegenden Rohstoffe sind die Metalle, das Holz und die Gespinstfasern. Wir beschränken uns hier auf die mechanische Technologie der

Metalle, in erster Linie des Eisens, als des weitaus wichtigsten Metalles, werden aber auch davon noch einen bestimmten Teil ausscheiden.

Die Metalle gehen aus den Händen des Hüttenmannes, welcher sie auf chemischem Wege aus den Erzen gewinnt, gewöhnlich in Barrenform in den Handel über und werden erst von anderen Gewerbetreibenden zu Gegenständen des Gebrauches umgeformt. Nur das Eisen macht eine Ausnahme insofern, als ein grofser Teil desselben in engem Anschluss an die Erzeugung in Formen gebracht wird, welche unmittelbaren Gebrauch gestatten (gegossene Öfen, Töpfe, Geländer, Säulen, gewalzte Eisenbahnschienen, Bauträger u. s. w.), teils als Rohstoff einer weiteren Bearbeitung unterliegen (Gufsstücke für den Maschinenbau, Stabeisen, Blech, Walzdraht). Des innigen Zusammenhanges wegen, in dem die Erzeugung des Eisens mit gewissen Umformungsarbeiten, also auch die Lehre von der Gewinnung (Eisenhüttenkunde, Metallurgie des Eisens) mit der von bestimmten Formgebungsverfahren (mechanische Technologie) steht, soll dieser besondere Zweig der letzteren mechanisch-metallurgische Technologie genannt werden.

Die Formänderung eines Körpers kann erfolgen:

1. durch Verschieben der einzelnen Teilchen gegeneinander;
2. durch Trennen der einzelnen Teile voneinander;
3. durch Vereinigen einzelner Teile miteinander.

Die Eigenschaften der Metalle, auf Grund welcher sie diese Formänderungen erleiden können, bezeichnen wir als die Arbeitseigenschaften; sie lassen sich sämtlich auf die allgemeinen Eigenschaften Kohäsion und Adhäsion zurückführen, von welchen sie nur verschiedene Erscheinungsformen bilden.

Das Verschieben der kleinsten Teilchen eines Körpers gegeneinander wird um so leichter von statten gehen, je geringer die Kohäsion ist. Die kleinste Kohäsion besitzen die Metalle im flüssigen Zustande; die Schmelzbarkeit bildet deshalb eine der wichtigsten Eigenschaften und die Grundlage für das Giefserei genannte Formgebungsverfahren. Diejenige Eigenschaft, welche ein Verschieben der Metallteilchen im starren Zustande gestattet, ist die Dehnbarkeit oder Zähigkeit; auf sie gründen sich die Umformungsarbeiten Schmieden, Walzen, Ziehen, Prägen u. s. w.

Die verschiedenen Arten der Festigkeit kommen bei der Formgebung auf Grund der Teilbarkeit mittels schneidender Werkzeuge und Werkzeugmaschinen in Frage. Wir rechnen dieses Gebiet ebensowenig zur metallurgischen Technologie wie die meisten Verbindungsarbeiten (Nieten, Löten u. s. w.); nur die auf die Schweifsbarkeit gegründeten (Schweifsen, Plattieren u. s. w.) gehören zum Gegenstande unserer Betrachtung.

Erste Abteilung

Formgebung auf Grund der Schmelzbarkeit. Giefserei.

Geschichtliches und Begriffserklärungen.

Als Giefserei bezeichnet man das Verfahren, durch Eingiefsen eines flüssigen Rohstoffes in Hohlräume und Erstarrenlassen Gebrauchsgegenstände zu erzeugen. In den weitaus meisten Fällen wird Metallen durch Giefsen die gewünschte Form gegeben; doch findet das Verfahren auch Anwendung auf andere, irgendwie in flüssigen Zustand versetzte Stoffe, wie Gips, Cement, Glas, Leim, Papiermasse und andere.

Die Metallgiefserei gehört zweifellos zu den ältesten Gewerben, da die Metalle von jeher bei ihrer Darstellung aus den Erzen, mit alleiniger Ausnahme des Eisens, immer in flüssigem, giefsfertigem Zustand erhalten wurden und ihnen so auf die einfachste Weise die für den Gebrauch geeignete Form gegeben werden konnte. Die Leichtigkeit, mit welcher sich durch Giefsen auch die verwickeltsten Gestalten erzeugen lassen, ist der Grund dafür, dafs das Giefsen noch heute überall da Anwendung findet, wo die Art des Rohstoffes oder die Art der Beanspruchung des Erzeugnisses es irgend gestatten.

Während die Herstellung von Metallgufswaren, besonders solcher aus Kupferlegierungen, durch die ältesten Schriftwerke (Bibel. Homer. Hesiod u. a.), sowie durch Funde in alten Grab- und Wohnstätten bis auf 2000 v. Chr. bezeugt ist, sind die ältesten Eisengufsstücke verhältnismäfsig jung; denn die Roheisenerzeugung kann, wenigstens bei den westlichen Kulturvölkern, nicht weiter als bis in den Anfang des 13. Jahrhunderts n. Chr. zurückverfolgt werden. Zwar sollen um 1370 im Siegenschen eiserne Kanonen gegossen worden sein; aber zu einer gröfseren Entfaltung gelangte der Hochofen- und Giefsereibetrieb erst gegen Ende des 15. und im Anfange des 16. Jahrhunderts am Harz, in Thüringen, Franken, England und in anderen Ländern.

Bis in die Mitte dieses Jahrhunderts wurden Eisengufswaren nur aus dem in verhältnismäfsig niedriger Temperatur schmelzenden Roheisen erzeugt, so dafs man sich gewöhnt hat, unter Eisengufs nur Gufsstücke aus solchem, unter Gufseisen nur das durch Giefsen verarbeitete Roheisen, unter Eisengießerei allein das Gießverfahren in Anwendung auf Roheisen zu verstehen.

Erst im Jahre 1851 gelang es dem technischen Leiter des Bochumer Vereines für Bergbau und Gußstahlfabrikation in Bochum, Jakob Meyer, auch Gußstücke aus schmiedbarem Eisen herzustellen. Dem damals allgemein und heute noch weit verbreiteten Gebrauch entsprechend, alles flüssige schmiedbare Eisen ohne Rücksicht auf die Härtbarkeit Stahl zu nennen, verdanken diese Gußwaren den Namen Stahlformguß, wofür weniger häufig auch Stahlguß gesagt wird, weil unter diesen Namen auch die zu weiterer mechanischer Verarbeitung bestimmten Güsse in Blockgestalt, die Stahlblöcke, fallen. Das Verfahren heißt Stahlgießerei. In neuester Zeit kommen auch Gußwaren aus ganz weichem, umgeschmolzenem (also nicht erzeugungsflüssigem) Schmiedeeisen unter der Benennung Weichguß oder Mitisguß in den Handel.

Die Grenze zwischen Eisenguß und Stahlformguß ist durch Verwendung von Eisenarten, die zwischen Roheisen und Schmiedeeisen stehen und häufig durch Mischen beider erhalten werden, verwischt, durch die bei der preußischen Eisenbahnverwaltung eingeführte amtliche Bezeichnung aber geradezu Verwirrung hervorgerufen worden. Nach ihr sollen unter Stahlguß Gußstücke aus einem Gemische von Roheisen und Stahlabfällen, unter Flußwaren Gußstücke aus Flußeisen, unter Flußstahlwaren solche aus Flußstahl verstanden werden. Erstere würden bezeichnender verstärkter Eisenguß, letztere sprachlich richtig, sowie jeden Irrtum ausschließend Flußeisenguß und Flußstahlguß genannt.

A. Die Gußmetalle.

a. Roheisen.

Im allgemeinen wird zur Gießerei graues Roheisen verwendet; nur für einzelne Erzeugnisse besonderer Art (Hartguß- und schmiedbare Gußwaren) kommen auch halbierte und weiße Sorten, sowie Gemische von Roh- und Schmiedeeisen in Anwendung.

Die Eigenschaften des Roheisens, welchen der Eisengießer seine Aufmerksamkeit besonders zuzuwenden hat, sind die Festigkeit, Elastizität und Zähigkeit, die Härte, die Schmelztemperatur, der Flüssigkeitsgrad, das Schwinden, das Saigern und die Gasentwickelung beim Erstarren und Erkalten, sowie das von der chemischen Zusammensetzung abhängige Verhalten beim Umschmelzen.

Einwirkung des Umschmelzens. Da die physikalischen Eigenschaften des Roheisens durch das Umschmelzen beeinflußt werden, so erscheint es zweckmäßig, mit der Betrachtung von dessen Einwirkung zu beginnen.

Das Umschmelzen erfordert, als rein physikalischer Vorgang, nur Wärmezufuhr, weshalb die Brennstoffe mit Vorteil ausschließlich zu

Kohlendioxyd verbrannt werden. Das Kohlendioxyd und die überschüssige Luft wirken aber oxydierend auf das glühende und flüssige Roheisen ein; seine Zusammensetzung ändert sich, und zwar unterliegen die Bestandteile mit hoher Verbrennungswärme (Silicium, Mangan, Kohlenstoff) stärker und rascher der Oxydation als Eisen. Das Roheisen tritt ärmer an ihnen aus dem Ofen, als es aufgegichtet wurde. Gewöhnlich ist die Reihenfolge, in welcher die legierten Stoffe der Einwirkung des Sauerstoffes unterliegen, folgende: Mangan, Silicium, Kohlenstoff, Eisen. Abweichungen hiervon sind nicht selten; sie werden teils durch das Vorherrschen eines oder mehrerer Bestandteile, teils durch die Temperaturverhältnisse veranlafst. Ist ein Stoff in besonders grofser Menge in der Legierung enthalten, so wird er in höherem Mafse oxydiert als ein anderer, der der Menge nach stark zurücktritt, gewissermafsen nur in grofser Verdünnung in der Legierung vorhanden ist. Das Eisen überwiegt der Menge nach jederzeit sehr bedeutend und wird deshalb von vornherein mit oxydiert. Die Temperaturverhältnisse beeinflussen nur die Verbrennung des Kohlenstoffes; je heifser eingeschmolzen wird, desto stärker wirft sich der Sauerstoff auf ihn; in sehr niedriger Temperatur bleibt er unberührt und nimmt infolge Verminderung der übrigen Stoffe verhältnismäfsig zu. Da hochsilicierte Schlacke Phosphorsäure nicht aufnimmt, so wird letztere von den anderen Bestandteilen wieder reduziert; der Phosphor kehrt in das Eisen zurück, und der Phosphorgehalt des Eisens wächst durch Umschmelzen. Schwefel unterliegt, der grofsen Verdünnung wegen, nicht der Oxydation; durch Aufnahme aus dem Koks reichert sich das Eisen sogar an Schwefel an.

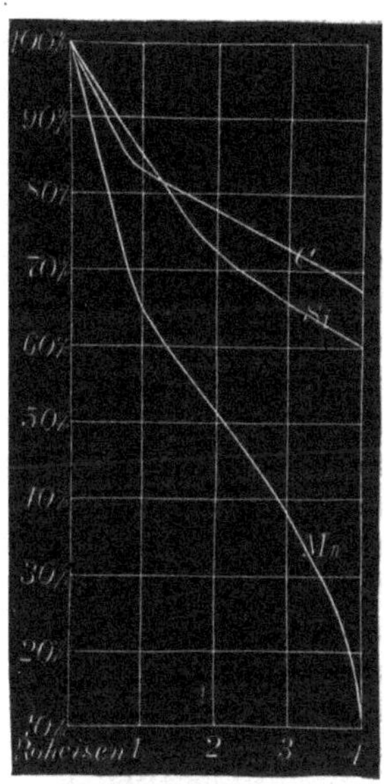

Fig. 1.

Weil die Oxydationswirkung bei wiederholtem Schmelzen sich summiert, so gewähren die Analysen eines mehrmals umgeschmolzenen Eisens vorzüglichen Einblick in den besprochenen Vorgang.

Nachstehende Tabelle enthält die Analysen eines unter möglichst denselben Verhältnissen viermal hintereinander umgeschmolzenen Giefsereiroheisens von Gutehoffnungshütte. Fig. 1 stellt dieselben Ergebnisse auch in Schaulinien dar.

Zusammensetzung	C	Si	Mn
vor dem Umschmelzen	4,154	2,056	0,768
nach einmaligem „	3,682	1,846	0,537
„ zweimaligem „	3,641	1,688	0.441
„ dreimaligem „	3,560	1,619	0,336
„ viermaligem „	3,463	1,549	0,126

Um den Unterschied in der Abnahme der Elemente recht grell hervortreten zu lassen, sind nicht die Zahlen der Analysen in das Linienbild eingetragen, sondern die ursprünglichen Gehalte sind gleich 100 gesetzt, und die Ordinaten geben an, wie viel von jenen nach jedesmaligem Umschmelzen noch im Eisen verblieben ist. Der Abbrand ist bei jedem Schmelzen zu 5 % angenommen.

Es muſs daran erinnert werden, daſs die Grafitausscheidungen im Roheisen ihre Entstehung lediglich der Anwesenheit des Siliciums verdanken, daſs ihre Menge jedoch wesentlich von der Art der Abkühlung vor und nach dem Erstarren abhängt. Mit der allmählichen Oxydation des Siliciums wird das Eisen grafitärmer, heller und infolge der Legierung mit einem Teile des Kohlenstoffes auch härter, fester und elastischer; mit dem Verschwinden des Siliciums bis auf einen geringen Rest geht es in Weiſseisen über. Wie ein Blick auf das Diagramm lehrt, schützt der Mangangehalt das Silicium vor zu rascher Oxydation, das Eisen vor dem Weiſswerden. Ein gewisser Mangangehalt muſs also dem Gieſsereiroheisen eigen sein, wenn es unbeschadet seiner Güte wiederholt umgeschmolzen, oder wenn es mit erheblichen Mengen grafitarmen, bereits umgeschmolzenen Eisens, mit Brucheisen, gemischt werden soll. Von zwei Roheisensorten mit gleichem Silicium- und Kohlenstoff-, aber verschieden hohem Mangangehalte wird man von dem manganreicheren zur Erzielung einer guten, brauchbaren Mischung eine geringere Menge dem Brucheisen zuzusetzen brauchen als von dem manganärmeren, und das ist bei dem erheblichen Preisunterschiede zwischen gutem Gieſsereiroheisen und Brucheisen im höchsten Grade der Beachtung wert.

Wenn nun auch nach Vorstehendem ein gewisser Mangangehalt im Gieſsereiroheisen höchst erwünscht ist, so darf dieser doch nicht eine solche Höhe erreichen, daſs sein Einfluſs noch nach dem Umschmelzen durch reichliche Bindung des Kohlenstoffes ungünstig auftritt; er bewegt sich in den guten Gieſsereieisensorten etwa in den Grenzen 0,4—1 % und beträgt im Durchschnitt bei den gangbaren Marken 0,8 %.

Die Kohäsionseigenschaften. Da man Bauteile nicht so weit beanspruchen darf, als es die Festigkeit erlaubt, sondern behufs Vermeidens dauernder Formänderungen noch unterhalb der Proportionalitätsgrenze bleiben muſs, so erfordert die Elastizität unsere Aufmerksamkeit in erster Linie. Wirkt irgend eine Kraft auf ein Guſsstück, so wird dieses unter normalen Verhältnissen zwar in seiner Form verändert werden, aber infolge der Elastizität wird nach der Entlastung diese Änderung wieder verschwinden; überschreitet die Kraft zufällig einmal die Proportionalitätsgrenze, so wird zwar eine dauernde Formveränderung zurückbleiben, der Bruch aber nicht eintreten, sofern die Bruchgrenze ausreichend hoch liegt, das Metall zähe ist. Beträgt aber der Unterschied zwischen Bruchgrenze und Proportionalitätsgrenze nur sehr wenig, d. h. ist das Eisen spröde, so liegt die Gefahr eines Bruches nahe.

Festigkeit und Zähigkeit hängen vorwiegend von der Reinheit des Eisens ab; je mehr dieses freies Eisen enthält, desto fester und zäher pflegt es zu sein. Auf die Elastizität hat dagegen der legierte Kohlenstoff den wesentlichsten Einflufs; sowohl diese als die Festigkeit werden durch etwa 1 % desselben stark erhöht; die Folge ist eine Abnahme der Zähigkeit. Der Grafitgehalt beeinträchtigt alle drei Eigenschaften in gleichem Mafse.

Silicium, dessen Einflufs dem des Kohlenstoffes ähnlich, aber schwächer ist, wirkt nur ungünstig, wenn es im Übermafse vorhanden ist. Dafs Mangan Sprödigkeit verursacht, beruht auf seiner Fähigkeit, Kohlenstoff in die Legierung einzuführen; mehr als 1 % soll deshalb in gutem Giefsereiroheisen nicht enthalten sein. Der Einflufs des Schwefels äufsert sich in den gewöhnlich im Roheisen auftretenden Mengen nur durch Hervorrufen von Dickflüssigkeit und verhindert somit die Ausbildung scharfer und genauer Abgüsse; auf die Kohäsionserscheinungen wirkt er aber nicht. Er soll deshalb nur in wenigen Hundertstel Prozenten im Eisen enthalten sein. Phosphor erhöht die Sprödigkeit so bedeutend, dafs er in Mengen über 1 % in Giefsereieisen nicht vorkommen sollte; etwa 1/2 % wird dagegen wegen Beförderung der Dünnflüssigkeit gern gesehen, zumal in Eisen, aus dem weniger feste als schöne Erzeugnisse hergestellt werden sollen.

Die durchschnittliche Zerreifsfestigkeit des Giefsereiroheisens beträgt 1250, die Druckfestigkeit 7000, die Biegungsfestigkeit 2550 kg auf 1 qcm Querschnitt; in sehr günstigen Fällen steigen diese Werte auf 2000, 12 500 bzw. 5000 kg. Als Mafs der Elastizität und Zähigkeit wird häufig die Tiefe der Einbiegung angegeben, welche in der Mitte ihrer Länge belastete Quadratstäbe erleiden können, ohne ihre Form zu verändern bzw. ohne zu brechen. Bei 30 mm Seitenlänge und 1000 mm freier Auflage sind im Durchschnitte 15—20 mm ganze und 2—4 mm bleibende Einbiegung gefunden worden; vorzügliches Gufseisen zeigt 20—26 mm ganze und 4—5 mm bleibende Einbiegung.

Bemerkenswert hohe Festigkeit besitzen Mischungen von weifsem oder hellgrauem Roheisen mit Siliciumeisen. Auffällig ist ferner, dafs bearbeitete Stäbe höhere Festigkeitszahlen ergeben als solche, welche ihre Gufshaut noch besitzen. Es ist dies auf die geringe Festigkeit des zwar sehr dünnen, aber doch das Eisen überziehenden Glühspanes, sowie auf die der äufseren, abgeschreckten Eisenschicht zurückzuführen.

Die Härte des grauen Roheisens ist, da seine beiden Hauptbestandteile, freies Eisen und Grafit, weich sind, nur gering. Sie wird bekanntlich durch gebundenen Kohlenstoff sehr rasch und bedeutend (von $4^1/_4$ bis auf $7^1/_4$) erhöht, und alle Umstände, welche den Kohlenstoff in die Legierung einzuführen geeignet sind, wie die Gegenwart von Mangan und plötzliche Abkühlung, wirken somit auf Härtung des Eisens. Die weichsten und am leichtesten zu bearbeitenden Eisensorten sind demnach solche, die bei hohem Siliciumgehalt (2—3 %) weniger als 1 % Mangan enthalten und allmählich abkühlten. Sowohl beim Sinken des Siliciumgehaltes unter 2 % als beim Steigen des Mangangehaltes auf dieselbe Höhe nimmt die Bearbeitungsfähigkeit bedeutend ab; durch

4—5 % Mangan und Abschrecken wird das Eisen selbst für harte Werkzeuge nur noch schwer angreifbar.

Legierter Kohlenstoff verstärkt auch den Widerstand gegen die Einwirkung von lösenden Chemikalien, z. B. von Säuren; dafs ein hoher Siliciumgehalt in derselben Richtung wirkt, wurde bereits früher erwähnt.

Die Schmelztemperatur des weifsen Roheisens liegt bei 1100°, die des grauen innerhalb der Grenzen 1150° und 1250°, während die schmiedbaren Eisenarten erst über 1400° schmelzen; es ist somit der Gehalt an freiem Eisen die Ursache der höheren Schmelztemperatur des grauen Roheisens. Phosphor macht das Eisen nicht nur dünnflüssiger, sondern auch leichter schmelzbar; Mangan wirkt in entgegengesetzter Richtung.

Das Schwinden. Schwinden nennt man die Verkleinerung der Abmessungen, welche ein Abgufs während des Erstarrens und Abkühlens erleidet. Damit ein erkalteter Abgufs die gewünschten Mafse besitzt, mufs bei der Herstellung des Modelles oder, wenn ohne ein solches gearbeitet wird, bei Herstellung der Form hierauf Rücksicht genommen werden; beide müssen um den Betrag des Schwindens gröfser sein. Man kann somit die Schwindung auch als den Gröfsenunterschied zwischen einem Modell bzw. einer Form und dem Abgufs ansehen. Das Verhältnis der Verminderung zu den ursprünglichen Mafsen wird die Schwindungszahl des Metalles genannt. Da bei der Anfertigung von Modellen und Formen nur Längenmafse zur Anwendung kommen, so hat man es in der Regel nur mit der Längen-Schwindungszahl zu thun. Die Körper-Schwindungszahl ist annähernd gleich dem Dreifachen jener, genau genommen etwas gröfser; der Unterschied ist aber so gering, dafs er vernachlässigt werden kann. Setzen wir erstere $= a$, so ist letztere genau $= 3a + 3a^2 + a^3$.

Das Schwinden ist das Ergebnis zweier Gröfsenveränderungen, welche in die Form gegossenes Eisen erleidet. Dieses dehnt sich beim Übergang aus dem flüssigen in den starren Zustand plötzlich aus, eine Erscheinung, deren Auftreten beim Gefrieren des Wassers allgemein bekannt ist; während der darauffolgenden Abkühlung findet eine im geraden Verhältnisse zur Temperaturabnahme stehende Verminderung der Abmessungen statt. Solange die letztere gröfser ist als die mit der Grafitbildung in engem Zusammenhange stehende Ausdehnung beim Erstarren — und das ist in der Regel der Fall —, wird der Abgufs kleiner sein als die Form. Nur in seltenen Fällen sind beide Änderungen gleich grofs, und dann schwindet das Eisen nicht.

Über den Verlauf des Schwindens ist genauer Aufschlufs durch die Linienzüge gewonnen worden, welche entstehen, wenn man auf mechanischem Wege die Längenänderungen eines Stabes vom Eingiefsen an bis zu weiter vorgeschrittener Abkühlung auf einem mittels Uhrwerkes bewegten Papierstreifen aufzeichnen läfst. Fig. 2 zeigt die beim Schwinden verschiedener Metalle entstandenen Schaulinien. Sie beginnen unten links mit dem Augenblicke, in dem das flüssige Metall in die Form tritt, und steigen so lange senkrecht an, wie das Metall flüssig bleibt. Alsdann beginnt das Schwinden nach Mafsgabe der fortschreitenden Abkühlung, und die Linie zeigt mehr oder weniger genau die Form einer Parabel. Die Abweichung von der Senkrechten, welche die Linie des Kupfers vor dem Erstarren nach links hin besitzt, ist durch das von entweichenden Gasen veranlafste Aufblähen des in teigigem Zustande befindlichen Metalles zu erklären. Flufseisen schwindet anfänglich rascher als die übrigen Metalle, was auf die höhere Temperatur zurückgeführt werden kann; nach etwa 12 Minuten aber wird das Schwinden unbedeutend, bis nach 25 Minuten die Linie wieder in die Parabelform übergeht. Die Unterbrechung des Schwindens zwischen der 12. und 24. Minute ist wahrscheinlich eine Folge der durch Krystallbildung verursachten Ausdehnung des Metalles.

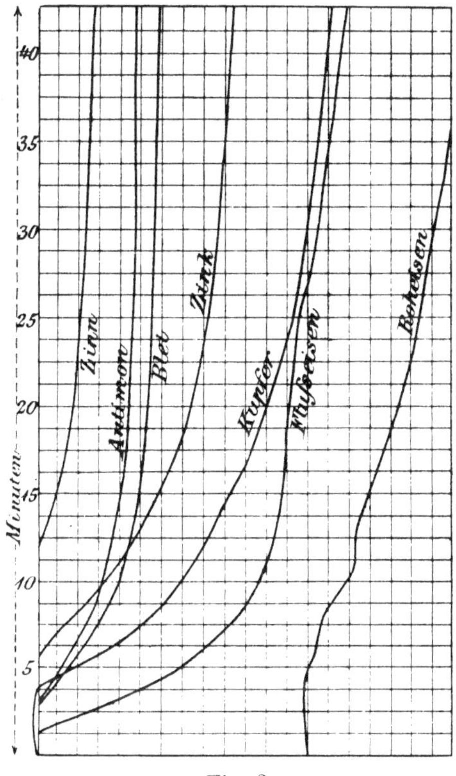

Fig. 2.

Noch deutlicher zeigt sich diese Ausdehnung bei Roheisen. Es erstarrt etwa 1 Minute nach dem Eingiefsen; dann tritt eine Ausdehnung ein, die durch starkes Heraustreten der Linie nach links sichtbar wird; nach einiger Zeit zeigt sich zuweilen eine zweite und noch später in der Regel eine dritte Ausdehnung; erst nach dieser schwindet das Eisen regelmäfsig, und die Schaulinie zeigt Parabelform. Fig. 3 stellt die Vorgänge bei einem siliciumreichen Roheisen (3,85 % Si, 3,10 % C, 1 % P, 0,50 % Mn, 0,10 % S) in gröfserem Mafsstabe dar. Nach wenig mehr als 1 Minute ist es erstarrt; sofort beginnt die erste Ausdehnung; nach etwa 8 Minuten zeigt sich eine schwächere, und nach 11 Minuten beginnt die stärkste, dritte Ausdehnung. Der Einflufs der Höhe des Siliciumgehaltes ist aus Fig. 4 zu entnehmen, in welcher die Linien für Roheisen mit abnehmenden Mengen Silicium, aber sonst fast gleicher Zusammensetzung verzeichnet sind. Die vier Schaulinien lassen deutlich die Abnahme der ersten, besonders aber der letzten Ausdehnung mit dem Siliciumgehalte und damit auch die Abhängigkeit der Schwindungszahl von jenem erkennen. Es wäre jedoch ein Irrtum, wenn man annehmen wollte, dafs der Betrag des Schwindens allein vom Siliciumgehalt abhinge; die Menge anderer Nebenbestandteile (Mangan, Phosphor, Schwefel), die Temperatur des flüssigen Metalles und die Beschaffenheit und Temperatur der Gufsform sind darauf gleichfalls von Einflufs.

Von allen Eisensorten schwinden naturgemäfs diejenigen, welche beim Erstarren keinen Grafit ausscheiden, am meisten, die grobkörnigsten

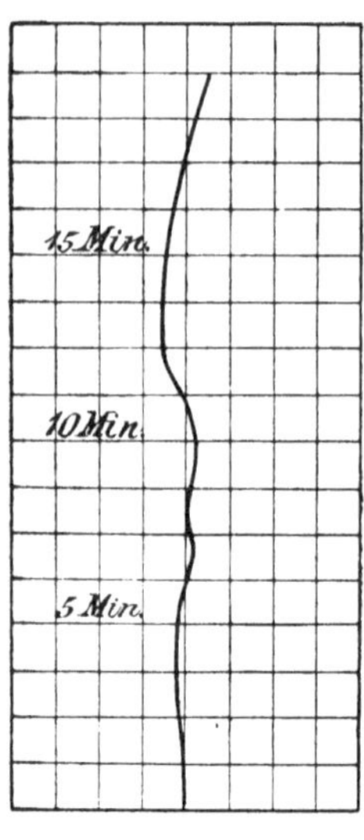

Fig. 3.

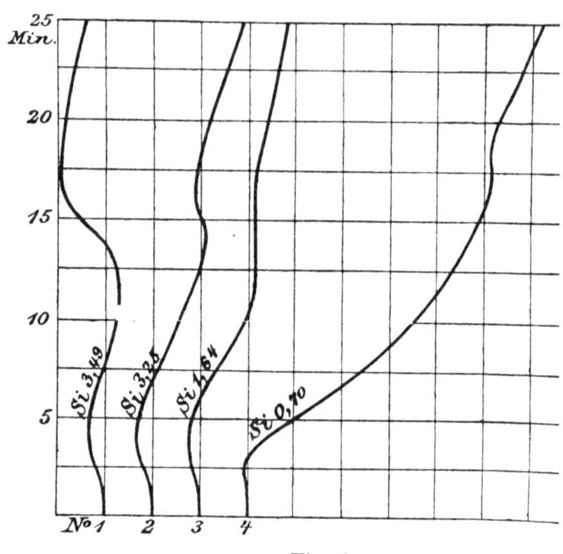

Fig. 4.

und grafitreichsten am wenigsten, und alle Umstände, welche die Grafitbildung hindern, begünstigen das Schwinden. Erfahrungsgemäfs beträgt die Schwindungszahl von

Spiegeleisen . . . . 0,020 - $^1/_{50}$,
Weifsem Roheisen . . . . 0,017 - $^1/_{59}$,
Flufseisen und Flufsstahl . . . . 0,014 - $^1/_{72}$,
Halbiertem Holzkohleneisen . . . . 0,011 - $^1/_{90}$,
einer Mischung aus 50 % schottischem Roheisen Nr. I und 50 % englischem Nr. III mit ca. 3 % Grafit und 0,5 % geb. C. . . . . 0,0104 - $^1/_{96}$,
Grauem Holzkohleneisen mit 3,5 % Grafit und 0,5 % geb. C . . . . 0,010 - $^1/_{100}$,
Schottischem Roheisen Nr. I mit 3,5 % Grafit . . . 0,008 - $^1/_{135}$.

Die Eisengiefsereien pflegen mit $^1/_{96}$ oder 0,01, die Stahlgiefsereien teils mit $^1/_{72} = 0{,}014$, teils mit 0,02 als Schwindungszahlen zu rechnen. Die üblichen Zahlen $^1/_{96}$ und $^1/_{72}$ sind nicht Ergebnisse genauer Untersuchungen, sondern abgerundete Durchschnittswerte, $^1/_8$ bzw. $^1/_6$ Zoll auf 1 Fufs Länge, wofür bei Anwendung des Metermafses besser 0,0133 und $0{,}01 = 1^1/_3$ bzw. 1 cm auf 1 m gesetzt wird.

Die Folgen des Schwindens sind, wenn nicht seitens des Giefsers für möglichste Abwendung Sorge getragen wird, so tiefgreifend, dafs sie häufig die Brauchbarkeit der Abgüsse gänzlich in Frage stellen. Es ist deshalb von höchster Wichtigkeit, mit den Erscheinungen, welche das Schwinden hervorruft, und ihrem ursächlichen Zusammenhange mit letzterem, der oft sehr schwer nachzuweisen ist, bekannt zu sein.

Das Erstarren des flüssigen Inhaltes einer Gufsform beginnt an der Wand und schreitet allmählich nach innen fort. Die zuerst erstarrte Schale schwindet; ihr Inhalt nimmt ab, und ein Teil des noch flüssigen Kernes wird durch den Eingufs hinausgedrückt. Ist endlich die ganze Masse erstarrt, so mufs dort, wo das Metall zuletzt flüssig war, Mangel eintreten; es entsteht ein luftleerer Hohlraum. Ist die Wand dieser Höhlung an irgend einer Stelle sehr schwach, so kann sie durch den Luftdruck gesprengt werden; der Abgufs lunkert. Ist der Raumgehalt des Abgusses nicht grofs genug, oder sind seine Querschnitte dünn, so können zwar nicht vollkommene Höhlungen entstehen, aber an den zuletzt erstarrten Stellen ist das Eisen von zahllosen feinen Poren durchsetzt, was an dünnen Ofenplatten oft besonders deutlich beobachtet werden kann. Die Höhlungen wie die Poren verursachen nicht nur häufig Unbrauchbarkeit der Abgüsse, sondern führen auch zu erheblichen Arbeitsverlusten, da beide Fehler nicht selten an der Oberfläche unsichtbar sind und erst nach Beginn der Bearbeitung zu Tage treten.

Es ist nun Aufgabe des Giefsers, solche Vorkommnisse durch Wahl möglichst wenig schwindender Eisensorten, sowie durch Anwendung gewisser Kunstgriffe, auf welche wir weiter unten beim Giefsen zu sprechen kommen, hintanzuhalten.

Eine andere Folge des Schwindens sind Spannungen und Risse in den Abgüssen. Sie entstehen dadurch, dafs einzelne Teile nicht frei schwinden können, sondern dabei von anderen, nicht gleichzeitig schwindenden Teilen abhängig sind. Die Ursache ist meist in sehr ungleichmäfsiger Verteilung des Stoffes zu suchen.

Die Teile mit dünnem Querschnitt erstarren rascher und schwinden eher als solche, die dicken Querschnitt haben; die letzteren üben dann entweder einen Zug oder einen Druck auf die dünnen Teile aus und veranlassen Spannungen, d. h. eine Lageveränderung der Moleküle in dem starren Körper, die unter Umständen schon beim Erkalten, häufiger erst zu anderen Zeitpunkten infolge Stofses, Schlages oder Temperaturwechsels, oft ohne ersichtlichen Grund, zum Bersten führen. Werden die dünnen Teile von starken eingeschlossen, so werden sie von diesen gedrückt, verbogen; ist die gegenseitige Lage umgekehrt, sind also die dicken Teile von dünnen umgeben, so wirken sie ziehend auf die letzteren, reifsen von denselben ab.

Als Beispiel zur näheren Erläuterung des im vorstehenden Gesagten mögen hier die Erscheinungen geschildert werden, wie sie an zwei in grofser Zahl zu giefsenden Maschinenteilen zu Tage treten. Vom Abgufs eines Schwungrades mit dickem Schwungring und verhältnismäfsig dünnen Armen erstarren diese zuerst; sie schwinden aber der Länge nach nicht, da der Ring genügend viel und genügend lange flüssiges Eisen enthält, um dieses in die Form der Arme nachfliefsen zu lassen und sie zu füllen. Erstarrt und schwindet endlich auch der Schwungring, so wird sein Durchmesser kleiner, und er drückt mit grofser Gewalt auf die Arme; es entsteht eine so starke Spannung in denselben, dafs sie zerdrückt werden können. Sind die Arme fest genug, so wird der Ring gespannt, und er zerreifst entweder schon beim Abkühlen oder später im Betriebe. Man begegnet diesem oft von schweren Unfällen begleiteten Vorkommnisse durch Teilung des Ringes, was ein Aufklaffen an der Teilungsstelle zur Folge hat, oder durch Krümmen der Arme, so dafs sie nur auf Biegung und nicht auf Zerknicken in Anspruch genommen werden. Hat das Gufsstück dünnen Ring und dünne Arme, aber eine dicke Nabe, wie z. B. eine Riemenscheibe, so werden Ring und Arme zuerst erstarren und schwinden; die später schwindende Nabe reifst dann aber von den in der Längsrichtung nicht mehr veränderlichen Armen ab.

Auch das Windschiefwerden von Platten ist auf ungleichzeitiges Schwinden der Ränder und der Mitte zurückzuführen.

In erster Linie hat der Entwerfende sein Augenmerk der möglichst gleichmäfsigen Verteilung des Stoffes auf alle Querschnitte des Gufsstückes zuzuwenden; wo dies nicht angängig ist, mufs der Giefser durch Benutzen wenig schwindenden oder mindestens sehr zähen Eisens, sowie durch Regeln der Abkühlung für möglichste Abschwächung der Folgen des Schwindens Sorge tragen.

Das Saigern. Wie viele Legierungen anderer Metalle besitzen auch die des Eisens die Neigung, bei allmählichem Erstarren in mehrere Legierungen verschiedener Zusammensetzung zu zerfallen, welche Erscheinung Saigern genannt wird. Die zuerst erstarrende strengflüssige Legierung pflegt dann solche von niederer Schmelztemperatur und deshalb später erstarrende einzuschliefsen. Ist die Metallmenge grofs, die Zeit, während welcher sie in flüssigem Zustande verharrt, lang, so kann auch noch eine Trennung nach dem spezifischen Gewicht eintreten. Der gröfseren Menge fremder Bestandteile entsprechend zeigt das Roheisen stärkere Neigung zum Saigern als schmiedbares Eisen, so dafs schon in den Masseln nicht selten deutliche Unterschiede zwischen der Kruste und dem Kerne nachgewiesen werden können.

Die gemeinste Saigerungserscheinung ist die Trennung des Grafites vom Eisen, dessen Menge in den äufseren, rasch erstarrten Schichten stets geringer ist als in der Mitte dicker und deshalb im Innern langsam erstarrender Gufsstücke. Meist bilden die ausgesaigerten Legierungen nicht sichtbare krystallinische Körper im Metalle, teils unterscheidbare Körner und Nieren, welche sowohl vom Muttereisen dicht umschlossen als auch frei in Höhlungen vorkommen. Gewöhnlich sind diese Einschlüsse ärmer an Kohlenstoff, aber reicher an Phosphor als das Muttereisen, infolgedessen auch härter als dieses und fallen, selbst wenn eine räumliche Trennung nicht stattgefunden hat, bei der Bearbeitung mittels schneidender Werkzeuge unangenehm auf.

Eine andere Folge des Saigerns ist die Bildung perlenförmiger Auswüchse auf der freien Oberfläche von Gufsstücken. Sie entstehen durch Auspressen des leichtflüssigen Innern durch die bereits erstarrte Kruste hindurch infolge des von dieser ausgeübten Druckes. An den Wänden geschlossener Formen werden die Tröpfchen breitgedrückt, fliefsen ineinander und verunstalten so als dünne Schalen die Oberfläche der Gufsware.

Aufser den vorgenannten zeigen sich auf dem flüssigen Eisen sehr häufig Ausscheidungen nicht metallischer Art; sie enthalten vorwiegend Schwefelmangan und Eisenoxyduloxyde, von denen ersteres aus dem Metallbade emporgestiegen ist, letztere durch Einwirkung der Luft auf das Metall entstanden sind und sich mit jenem zu den Wanzen genannten Schorfen vereinigt haben. Unter den Wanzen befinden sich in der Regel flache, bis zu einigen Millimetern tiefe Hohlräume, deren Entstehung auf die durch Einwirkung der Oxyde auf den Kohlenstoff des Eisens hervorgerufene Kohlenoxydentwickelung zurückzuführen ist. Schutz der Metalloberfläche vor Oxydation durch Aufstreuen von Holzkohlenpulver oder Sand verhütet die Wanzenbildung in der Regel.

Die Gasentwickelung. Ganz ebenso wie durch das Schwinden entstehen auch durch andere Ursachen Hohlräume in Gufsstücken, die sich von den Lunkern durch glatte Wände unterscheiden. Sie verdanken ihre Entstehung eingeschlossenen Gasen und lassen sich auf drei Ursachen zurückführen. Entweder rühren sie von Luft her, welche während des Giefsens nicht anders als durch das flüssige Metall aus der Form entweichen konnte, aber nicht zum Austreten kam, weil das Metall zu früh erstarrte, und dann kann ihre Entstehung durch Einstechen von engen Kanälen in die Wand der Form mittels einer Nadel, des Luftspiefses, verhindert werden, oder von Gas, welches sich aus dem Metall entwickelt bzw. durch chemische Umsetzung gebildet wird.

Geschmolzenes Eisen besitzt, wie andere Flüssigkeiten, die Fähigkeit, Gase zu lösen; manganhaltigem Eisen ist sie in besonderem Mafse eigen. Der gröfste Teil der Gase wird beim Abkühlen und Erstarren ausgeschieden und bildet, wenn der Abgufs schon ringsum eine Kruste besitzt, ebenfalls Blasen, deren Inhalt vorwiegend aus Wasserstoff und Stickstoff, sowie aus einer geringen Menge Kohlenoxyd besteht. Je höher der Gasdruck war, unter dem das Eisen im Sammelraume des Schmelzofens stand, desto gröfser ist auch die gelöste Gasmenge; am gasreichsten ist daher das unmittelbar aus dem Hochofen entnommene, weniger gasreich das im Kupolofen umgeschmolzene und fast frei von Gas das im Flammofen verflüssigte Eisen. Den Hochofen verlassendes Eisen entwickelt oft sehr viel Wasserstoffgas, und man sieht letzteres in den Masselgräben dann auf lange Strecken das flüssige Metall mit Flammen bedecken. Je siliciumreicher das Eisen ist, desto weniger

Gas entwickelt es, sei es, weil von ihm überhaupt nur geringere Mengen gelöst wurden, sei es, weil das Silicium die Fähigkeit hat, eine Legierung der gasförmigen Elemente mit dem Eisen herbeizuführen.

Die dritte Ursache der Gasentwickelung bildet die Reduktion von Eisenoxyden (Glühspan, Rost), welche als Überzüge von Kernstützen oder Guſsschalen mit dem flüssigen Eisen in Berührung kommen, durch dessen Kohlenstoff. Es entsteht Kohlenoxyd.

Da bei der hohen Temperatur des erstarrenden Eisens auch sehr kleine Gasmengen einen beträchtlichen Raum einnehmen (fünf- bis sechsmal so viel wie bei gewöhnlicher Temperatur), so erreichen die Hohlräume zuweilen die Gröſse von mehreren Kubikcentimetern. Ihre Wirkung hinsichtlich der Brauchbarkeit der Abgüsse ist gleich der der Lunker.

Sehr viele Körper besitzen die Fähigkeit, Gase und Wasserdämpfe an ihrer Oberfläche zu verdichten und sie beim Erhitzen plötzlich freizugeben. Auch das Eisen gehört zu diesen Körpern. In den Gieſshallen der Hochöfen hat man oft Gelegenheit, zu beobachten, welche Störungen diese Erscheinung hervorruft, wenn ein kleines Stück beim Durchharken des Gieſsbettes im Sande zurückbleibt; wird dieses von dem nassen Sande bedeckt und kommt gerade dicht unter eine Masselform zu liegen, so beginnt infolge der Dampfentwicklung das flüssige Roheisen an dieser Stelle zu kochen; es durchbricht die Wände der Formen, und groſse Mengen Metall flieſsen unter immer weiterer Ausbreitung des Kochens zu einem unförmlichen Klumpen zusammen. Nicht selten findet die Dampfentwickelung explosionsartig statt; beträchtliche Mengen flüssigen Eisens werden umhergeschleudert und verursachen schwere Verbrennungen der Arbeiter. Daſs ein derartiger Vorgang, wenn er innerhalb einer Guſsform statthat, den Abguſs unbrauchbar macht, ist selbstverständlich.

Die Widerstandsfähigkeit gegen chemische Einflüsse hängt vorwiegend von der chemischen Zusammensetzung des Eisens ab. Reines Eisen unterliegt der Oxydationswirkung auch sehr schwacher Säuren in hohem Maſse; es rostet leicht. Roheisen ist zwar weniger angreifbar als schmiedbares Eisen, das graue aber des höheren Gehaltes an freiem Eisen wegen stärker als weiſses. Nach Versuchen von Ledebur verhält sich die Löslichkeit in verdünnter Schwefelsäure von Spiegeleisen, grellem, kohlenstoffarmem Roheisen, Koksroheisen Nr. I, grauem Holzkohlenroheisen, Stahl und Schmiedeeisen wie 14 : 20 : 28 : 38 : 67 : 89.

In erheblichem Maſse zerstörend wirken oxydierende Gase (Sauerstoff, Kohlendioxyd, Wasserdampf) auf glühendes Roheisen, während schmiedbares Eisen infolge geringeren Gehaltes an leicht oxydierbaren Fremdkörpern und der höheren Dichte besser widersteht. Von verschiedenen Roheisensorten pflegen die reineren, weniger fremde Stoffe enthaltenden weniger leicht zu „verbrennen“ als daran reichere.

Die Prüfung des Guſseisens. Der enge Zusammenhang zwischen physikalischen Eigenschaften und chemischer Zusammensetzung des Roheisens läſst eine chemische Untersuchung in erster Linie rätlich erscheinen. Leider sind die wenigsten Giefsereien mangels der erforderlichen Einrichtungen und sachverständiger Beamten in der Lage, diese Untersuchungen selbst vorzunehmen, obgleich sie in der Regel auf einige wenige, einfache und billige Bestimmungen (Silicium, Mangan, Phosphor und allenfalls Schwefel) beschränkt werden können. Die so häufig verlangte Bestimmung des Kohlenstoffes ist meist überflüssig, da ein Roheisen von ausreichendem Siliciumgehalt nie zu arm an Kohlenstoff sein kann, und die Bestimmung des Grafites, sowie des legierten Kohlenstoffes ist nicht nur wegen der Abhängigkeit derer Mengen von den Abkühlungsverhältnissen wertlos, sondern auch die des ersteren nicht mit voller Sicherheit richtig auszuführen. Die Analyse gewährt Aufschlufs über das Verhalten beim Umschmelzen, die Neigung zum Abschrecken etwa zu erwartender Sprödigkeit u. s. w. und gestattet die Berechnung zweckentsprechender Gattierungen. Als unvollkommener aber teuerer Ersatz der Analyse kann das wiederholte Umschmelzen des Eisens dienen; je früher dieses weifs wird, desto geringer ist im allgemeinen der ursprüngliche Gehalt an Silicium.

Da die Kohäsionseigenschaften und das Schwinden aufser von der Zusammensetzung auch von dem Gefüge abhängen, so ist es ratsam, zur Aufhellung der noch nicht genügend erforschten Beziehungen neben der Analyse mechanische Proben vorzunehmen, über welche von den Versuchsanstalten Deutschlands folgende Vereinbarungen getroffen sind:

„1. Die Probestücke erhalten die Form von prismatischen Stäben von 1100 mm Länge (1000 mm Mefslänge) und quadratischen Querschnitt von 30 mm Seite. Sie sollen mit einem Ansatze 25 mm □-Querschnitt und 120 mm Länge versehen werden, aus welchem im Bedarfsfalle (d. h. wenn die Maschinen zur Bewältigung der 30 mm-Würfel nicht ausreichen) Würfel von 25 mm Höhe für Druckversuche entnommen werden können.

„2. Diese Probestücke sind in schwach geneigter Lage, von einem Stabende gegen das andere steigend, zu giefsen. Die Steigung des Formkastens soll auf 1 m Länge 100 mm betragen.

„3. Die Druckhöhe, gemessen als Höhe des verlorenen Kopfes an der Eingufsstelle, soll 200 mm betragen.

„4. Der Abgufs erfolgt in getrockneten Sandformen.

„5. Bei der Probe werden bestimmt:

a) die Biegungsfestigkeit und die Biegearbeit bis zum Bruch an drei solchen Probestangen;

b) die Zugfestigkeit an Probestücken, die aus den bei a) erhaltenen Bruchstücken in Gestalt von Rundstäben mit 20 mm Durchmesser und 200 mm Gebrauchslänge hergestellt werden, und zwar zwei aus jeder der drei Stangen;

c) die Druckfestigkeit an Würfeln mit 30 mm (25 mm) Kantenlänge, ebenfalls aus den bei a) erhaltenen Bruchstücken, und zwar an zweien aus jeder Stange. Der Druck erfolgt dabei parallel zur Stangenlänge.

„6. Die Stäbe für die Biegung und die Würfel zur Bestimmung der Druckfestigkeit behalten die Guſshaut.

„7. Besondere Gegenstände aus Guſseisen, wie die Auflager von Brücken, Wasserleitungsröhren und dergl., sind besonderen, ihrem Verwendungszwecke entsprechenden Proben zu unterwerfen."

Für wissenschaftliche Zwecke ist die Bestimmung der Biegungs- und der Zugfestigkeit unerläſslich; zweckmäſsig wird die Untersuchung auf Schlag-, Stauch- und Scherversuche ausgedehnt. Soll lediglich der Gebrauchswert eines Roheisens ermittelt werden, so beschränkt man sich häufig auf die Feststellung der Biegungsfestigkeit und der Formänderungsfähigkeit.

Die Biegungsfestigkeit wird nach der Formel $K_b = \frac{Pl}{4w}$ berechnet; es bedeutet K_b die Biegungsfestigkeit, p die Bruchbelastung, l den Abstand der Schneiden und w das Widerstandsmoment, welches bei quadratischem Querschnitte von der Seite h die Gröſse $\frac{h^3}{6}$ hat.

Die Formänderungsfähigkeit wird durch die vorübergehende und die bleibende Durchbiegung gemessen. Die oben angegebenen Durchschnittswerte beziehen sich auf Stäbe quadratischen Querschnittes von 30 mm Seite. Haben die Probestäbe andere Abmessungen, so lassen sich die Ergebnisse auf dieses Maſs umrechnen nach der Gleichung

$$e : e_1 = \frac{l^2}{h} : \frac{l_1^2}{h_1},$$

worin e und e_1 die Durchbiegungen, l und l_1 die Längen zwischen den tragenden Schneiden, h und h_1 die Höhen der Stäbe bedeuten.

Die Schwierigkeit, gleich dichte und gerade Stäbe herzustellen, wächst bedeutend mit deren Länge; auch ist die in den oben mitgeteilten Vereinbarungen angenommene Stabform insofern unbequem, als die Stäbe sich leicht verziehen, so daſs sie nicht genau auf den Schneiden aufliegen und die Ergebnisse unsicher werden. Man bedient sich deshalb zu Betriebsproben, für welche Schnelligkeit der Ausführung und Billigkeit nicht unwichtige Bedingungen sind, lieber kürzerer Stäbe kreisrunden Querschnittes, für deren Prüfung E. Kircheis in Aue eine sehr zweckmäſsige, von ihm Bruchfestigkeitsprüfungswage genannte Vorrichtung baut. Sie besitzt vor den älteren, für Guſseisenprüfung bestimmten Maschinen den Vorzug, daſs die Änderung der Bruchbelastung ohne jede Erschütterung des Probestabes erfolgt, daſs die Biegungsfestigkeit ohne jede Rechnung unmittelbar abgelesen werden kann und die Durchbiegung von einem Zeiger auf einem Zifferblatte genau und deutlich sichtbar angegeben wird.

Da l = 20 cm angenommen wird, so vereinfacht sich die Gleichung $K_b = \frac{Pl}{4w}$ auf $K_b = \frac{5P}{w}$ und würde, wenn w = 1 wäre, weiterhin auf $K_b = 5P$ sich vereinfachen, d. h. die Biegungsfestigkeit ist unter den gemachten Voraussetzungen das Fünffache der auf die Mitte des Stabes wirkenden Kraft.

Das Widerstandsmoment ist für kreisförmigen Querschnitt

$$w = \frac{\pi d^3}{32} = 0{,}0982\,d^3.$$

Damit $w = 1$ werde, mufs d entsprechend gewählt werden, und zwar zu

$$d = \sqrt[3]{\frac{1}{0{,}0982}} = 2{,}17 \text{ cm}.$$

Die in der Mitte des Stabes wirkende Last wird durch ein unveränderliches, am Ende eines Hebels wirkendes Gewicht und durch ein auf dem Hebel verschiebbares Laufgewicht hervorgebracht.

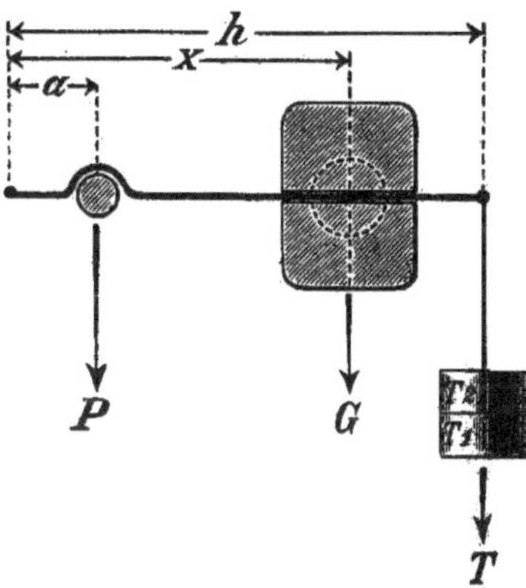

Fig. 5.

Das unveränderliche Gewicht (Fig. 5) besteht aus 2 Teilen T_1 und T_2, sowie aus dem Gewichte des als Gehänge dienenden Rundeisens und des auf diesen Angriffspunkt reduzierten Hebelgewichtes.

Das Laufgewicht G ist auf dem Hebel verschiebbar und besteht aus einem Gufseisenkörper mit Bleikern. Der kleine Hebelarm a des einarmigen Hebels hat 8 cm, der grofse Hebelarm h dagegen 80 cm Länge, so dafs das Verhältnis der Hebelarme = 10 ist. Bezeichnet man die Entfernung des Laufgewichtsschwerpunktes vom Drehpunkte mit X, so ergiebt sich für die Biegungsfestigkeit

$$K_b = 5\left(10\,T + \frac{x}{8}\,G\right).$$

Hieraus wurde, unter Annahme einer Grenzzahl für K_b, das Gewicht von G zu 68 kg berechnet.

Um jedoch möglichst weite Grenzen für die Bruchbelastung zu erreichen, ohne den Mifsstand eines allzu langen Hebelarmes mit in Kauf nehmen zu müssen, sind an dem Hebel 2 Teilungen, eine obere und eine untere, angebracht. Die obere reicht von 2000—4000, die untere von 3000—5000 kg. Bei Benutzung der unteren Teilung mufs das 20 kg schwere Aufsatzgewicht T_2 auf T_1 gelegt werden. Dasselbe wirkt mit einer Kraft von $5 \cdot 10 \cdot 20 = 1000$ kg. Beim Prüfen von noch festerem Eisen kann man sich durch ferneres Auflegen von Gewichten auf T helfen. Der Bauart der Wage zufolge ist K_b sodann um das 50fache des aufgelegten Gewichtes gröfser als 5000 kg.

Die Durchbiegung des Probestabes wird dadurch gemessen, dafs ein in einem Schraubengewinde verstellbarer Durchbiegungsstift von unten her gegen den festliegenden Probestab genau in der Mitte eingestellt wird. Der Stift wird durch eine Feder in seiner Lage festgehalten und überträgt die Durchbiegung mittels Hebelübersetzung und

Fig. 6.

Triebwerk auf ein Zifferblatt, wo sie unmittelbar abgelesen werden kann. Das Übersetzungsverhältnis ist so gewählt, dafs ein Teilstrich am Zifferblatte der Durchbiegung von 0,1 mm entspricht.

In Fig. 6 ist die Maschine durch ein Schaubild dargestellt.

Der Lagerständer *A*, an dessen Aufsenseite sich der Durchbiegungsmafsstab *M* nebst Zeiger befindet, nimmt den Probestab auf. Die beiden Stabenden werden durch abnehmbare Kappen auf den Schneiden festgehalten, so dafs dieselben bei eintretendem Bruche nicht umhergeschleudert werden. Während des Einlegens des Stabes ist der Hebel *h* festgelegt, was mit Hilfe des an der senkrechten Spindel *C* befindlichen Handrades *D* geschieht. Nun wird der die Durchbiegung des Stabes anzeigende Stift durch Heraufschrauben genau an den Stab eingestellt und das Laufgewicht G durch das am rechten Ständer befindliche Handrädchen E, welches mittels Ritzel und Zahnrad im Eingriff mit dem die Zugkette bewegenden Kettenrädchen steht, auf den Anfangspunkt eingestellt. Durch Auslösen des Hebels h wird der Stab belastet und durch langsames und gleichmäfsiges Drehen des Handrades E das Laufgewicht G allmählich auf h vorwärts geschoben, bis Bruch erfolgt, wobei fortwährend die Stellung des die Durchbiegung angebenden Zeigers bei M beobachtet werden mufs, da derselbe nach erfolgtem Bruche sofort wieder auf den Nullpunkt zurückspringt. Der ganze Versuch nimmt mitsamt dem Einlegen des Stabes noch keine Minute in Anspruch.

Ein sehr einfaches und zweckentsprechendes Verfahren der Prüfung auf Festigkeit durch Schlagversuche benutzt Jüngst; er legt auf eine gleichmäfsig aufgesiebte Unterlage von Formsand eine 20 mm dicke Probeplatte von 1 m im Geviert und läfst auf ihre Mitte einen Bär von 25 kg Gewicht mit halbkugelförmiger Schlagfläche aus verschiedenen Höhen fallen (Fig. 7); er steigert die Fallhöhe von 250 zu 250 mm. Von den untersuchten Platten erhielten die besten erst bei 4 m Fallhöhe Risse und zersprangen bei 5,25 m.

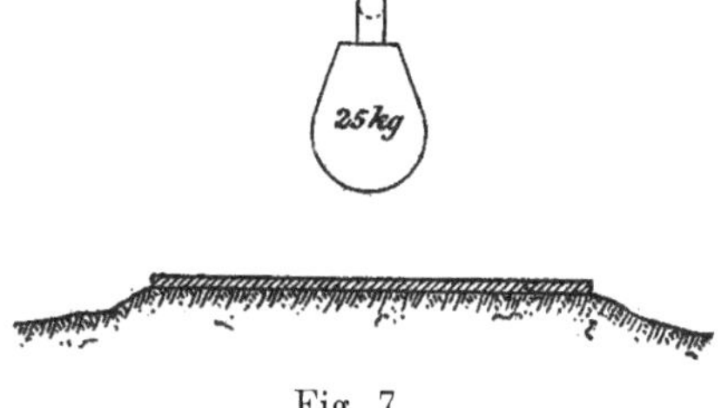

Fig. 7.

Zur Beurteilung der Gebrauchsfähigkeit empfiehlt es sich, Giefsversuche anzustellen. Bei zweckentsprechender Wahl der Gestalt der Probegufsstücke lassen sich an ihnen die Neigung des Eisens zum Abschrecken und zum Verziehen, der Flüssigkeitsgrad, das Schwindmafs, sowie die Festigkeit ermitteln. Ledebur hält folgende Sandgufsstücke als besonders geeignet hierfür:

a) Stab 250 × 25 × 1,5 mm, Eingufs an einem Ende; die Gufsform läuft selten ganz aus; je länger der Stab ausfällt, desto dünnflüssiger ist das Gufseisen.

Hierfür wählt Hädicke einen dünnen, spiralförmigen Stab von trapezförmigem Querschnitt (Fig. 8), dessen Modell an der Unterfläche von Centimeter zu Centimeter kleine Körnermarken hat, so dafs die Länge durch Zählen der Marken am Abgusse rasch festgestellt werden kann.

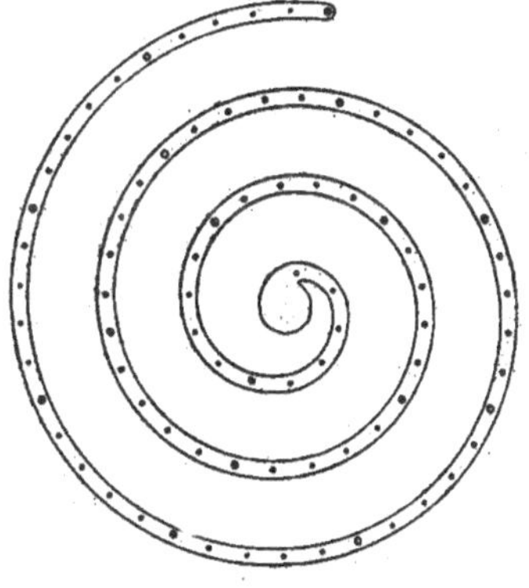
Fig. 8.

b) Keilstück (Fig. 9), um die Neigung zum Weifswerden zu prüfen; im Querschnitt wird die Länge l des weifsgewordenen Teiles gemessen.

c) Schalengufsstück (Fig. 10), 60 × 60 × 250 mm; am Bruche kann man die Neigung zum Abschrecken und die Güte der Abschreckung erkennen, was auch möglich ist, wenn man das Gefüge einer unmittelbar

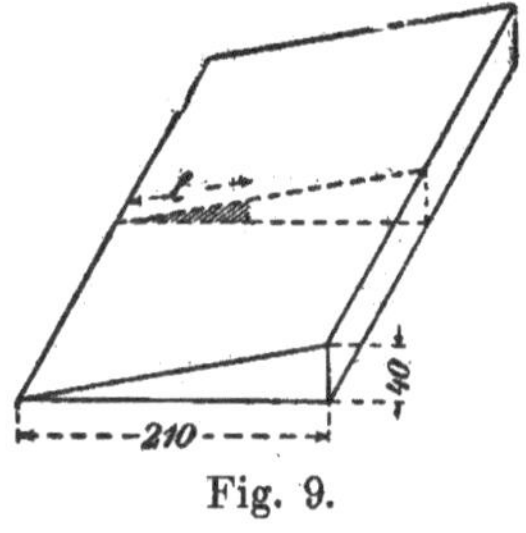

Fig. 9.

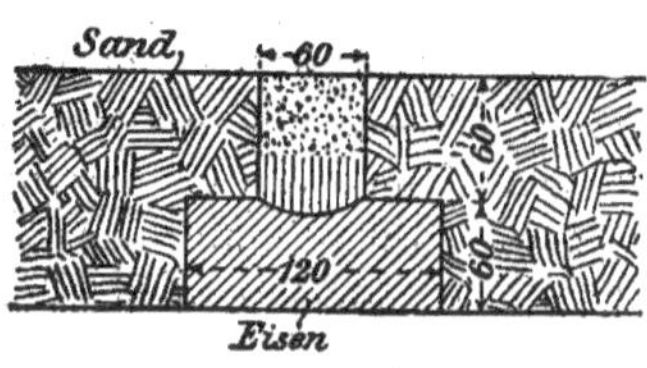

Fig. 10.

nach dem Erstarren in Wasser getauchten Probe mit dem einer gleichen, aber langsam abgekühlten vergleicht.

d) Winkelstück mit Verstärkungsrippen (Fig. 11), um die Neigung zum Saugen und Lunkern festzustellen; die Saug- und Lunkerstellen finden sich im Bruch unter den Rippen.

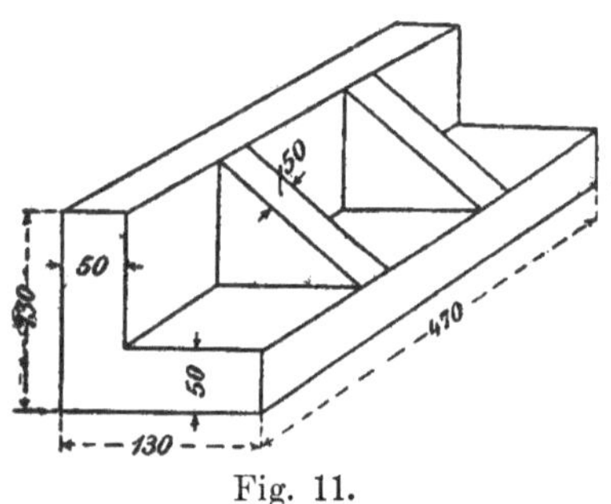

Fig. 11.

e) Herdgufsplatte, 650 × 650 mm, nicht über 10 mm dick, um die Neigung zum Verziehen zu prüfen.

f) Das Schwindmafs kann an den Stäben für die Festigkeitsversuche festgestellt werden; deren Formen sind dann mit besonderer Sorgfalt herzustellen.

g) Ob das Eisen den Anforderungen des Maschinenbauers genügt, kann man an geeigneten Probegüssen prüfen (Dampf- oder Pumpencylinder), die bearbeitet werden, oder an Gufsstücken, die leicht Spannungen annehmen, z. B. Riemenscheiben.

Die handelsübliche Einteilung des Giefsereiroheisens gründet sich auf das Bruchaussehen. Das grobkörnigste und grafitreichste und daher vermutlich auch siliciumreichste Roheisen wird als Nr. I, feinkörnigeres und helleres als Nr. III bezeichnet. Nr. II wird gewöhnlich nicht aussortiert; wenn es doch geschieht, pflegt der Unterschied gegen Nr. I sehr gering zu sein. Ist das graue Eisen sehr hell, feinkörnig und hart, oder zeigt es schon kleine weifse Partien, so wird es als Nr. IV, wenn es deutlich mit weifsem Eisen durchsetzt ist oder letzteres gar vorherrscht, als Nr. V bezeichnet. In Luxemburg und Lothringen beginnt die Numerierung bei III und geht bis VII; Nr. I und II werden nicht unterschieden. Holzkohlenroheisen pflegt man bei tiefgrauem Bruch als hochgares, wenn es grau ist, als gares u. s. w., als lichtgraues oder halbgares, halbiertes und grelles Roheisen zu bezeichnen.

Die Beurteilung nach dem Bruch ist trügerisch, da durch langsame Abkühlung ein Eisen mit dem Siliciumgehalte des als Nr. III bezeichneten sehr leicht einen grobkörnigen, grafitreichen Bruch wie Nr. I annehmen kann und umgekehrt bei rascher Abkühlung, z. B. beim Abstechen in eiserne Masselformen. Das Roheisen sollte ausschliefslich auf Grund von Analysen, d. h. unter Gewährleistung bestimmter Gehalte an wertvollen und schädlichen Bestandteilen, gehandelt werden. Die dahin zielenden Bestrebungen der Hochofenwerke sind aber bislang so gut wie ohne Erfolg gewesen, da die Zahl der Eisengiefser, welche das Vorurteil abgelegt haben, ein gutes Roheisen müsse unbedingt groben Bruch und viel Grafitausscheidungen besitzen, noch recht gering ist.

Dem Phosphorgehalte nach unterscheidet man noch folgende Roheisenarten: 1. Hämatiteisen, mit höchstens 0,1 % Phosphor; 2. gutes Giefsereieisen mit Phosphorgehalten bis zu höchstens 1 %, welches von zahlreichen deutschen Hochofenwerken, sowie in Schottland erblasen wird; 3. geringes Giefsereieisen mit Phosphorgehalten von 1 bis 2 %, welches als Ersatz des Schrottes zu dienen pflegt und seines geringeren Wertes wegen meist nur mit mäfsigem Siliciumgehalt (als Nr. III) erblasen wird; selbst wenn es höheren, Nr. I entsprechenden Siliciumgehalt besitzt, wird es als Nr. III verkauft. Es kommt als englisches und Luxemburger Giefsereieisen im Handel vor und wird auch dann als Luxemburger bezeichnet, wenn es in gleicher Beschaffenheit auf deutschen Werken erblasen ist.

Als Siliciumeisen (Ferrosilicium) wird eine Legierung mit 10—12 % Silicium erzeugt, die zuweilen zur Aufbesserung der Roheisenmischungen, also als Ersatz siliciumreichen Roheisens verwendet wird.

b. Flufseisen und Flufsstahl.

Schmiedbares Eisen wird entweder im umgeschmolzenen Zustand oder erzeugungsflüssig vergossen. Zu Beginn der Stahlgiefserei bediente man sich ausschliefslich des Tiegelstahles, der teils aus Frisch- und Puddelrohstahl durch Umschmelzen, teils aus Schmiedeeisen und Roheisen durch mischendes Schmelzen erhalten wurde. Späterhin ging man der geringeren Kosten wegen zum Umschmelzen von Flufsstahlabfällen anderer Erzeugung über. Der Kohlenstoffgehalt dieser Tiegelstahle schwankt zwischen 0,5 und 1,3 %; der Siliciumgehalt beschränkt sich meist auf die Mengen, welche aus den Tiegelwandungen aufgenommen werden, etwa 0,3 %; der Mangangehalt beträgt etwa 0,5 bis 1 %, während Phosphor und Schwefel nur sehr geringe Beträge erreichen. Das jüngste Glied der Reihe bildet umgeschmolzenes, ganz reines und weiches Schmiedeeisen, das unter den Namen Weich- und Mitisgufs in den Handel gebracht wird.

In besonders grofsen Mengen wird Stahl und Flufseisen aus dem Martinofen zu Gufszwecken verwendet. Das Martinmetall ist im allgemeinen ärmer an Fremdkörpern als der Tiegelstahl. Birnenflufseisen eignet sich seines hohen Gasgehaltes wegen schlecht für

Gießereizwecke; denn es giebt undichte, blasige Güsse. Erst in der jüngsten Zeit ist durch Walrand und Légénisel die kleine Birne als Erzeugungsapparat des Flußeisens mit Erfolg in die Gießerei eingeführt worden, da sie unterbrochenen Betrieb zuläßt und damit gestattet, die Erzeugung dem Bedarf anzupassen, was beim Martinofen nicht der Fall ist. Durch Zusatz von Siliciumeisen gegen Ende des Blasens erreichten sie einen hohen Flüssigkeitsgrad des Metalles und befreiten es durch diesen Kunstgriff gleichzeitig von dem zurückgehaltenen Gase, so daß die Gußstücke dicht und blasenfrei erhalten werden.

c. Sonstige Gußmetalle.

Neben den verschiedenen Arten des Eisens werden, und zwar zum Teil von alters her, Legierungen von Kupfer, Zinn und Zink, sowie von Zinn und Blei zum Gießen verwendet. Die reinen Metalle eignen sich weniger gut dazu; Zinn hat krystallinisches Gefüge, Blei ist zu weich, und Kupfer ergiebt wegen seiner Lösungsfähigkeit für Gase, die es vor dem Erstarren entläßt, undichte Güsse. Nur Zink findet in größerem Maßstabe als Gußmetall Verwendung.

1. Kupferlegierungen.

Die älteste, bereits in vorgeschichtlichen Zeiten zur Anwendung gelangte Legierung, welche den Altertumsforschern geradezu zur Bezeichnung einer Entwickelungsstufe des Menschengeschlechtes dient, die Bronze, besteht aus Kupfer und Zinn. Die ältesten Bronzen enthalten daneben nur geringe Mengen anderer Metalle, welche als unbeabsichtigte Verunreinigungen angesehen werden müssen; erst in den römischen Bronzen treten neben Kupfer und Zinn erhebliche Mengen Blei und Zink auf; das letztere, als Metall noch nicht bekannt, ist durch Zuschlag von Galmei, den man als zum Gelbfärben der Legierung geeignet erkannt hatte, hineingekommen.

Die reinen Zinnbronzen des Altertums enthalten neben 76,6 bis 94 % Kupfer 0,1 bis 22 % Zinn, römische von 96 % Kupfer neben 2 % Zinn und 2 % Blei bis herab zu 44 % Kupfer, 5 % Zinn, 44 % Blei und 6 % Zink.

Die Bronzen der Gegenwart werden nach ihrer Verwendung unterschieden in:

α. Münzenbronze, bestehend aus 96—94 % Kupfer, 3—5 % Zinn und etwa 1 % Zink;

β. Geschützbronze, enthält etwa 90 % Kupfer und 10 % Zinn;

γ. Glockenbronze, aus etwa 80 % Kupfer und 20 % Zinn bestehend;

δ. Kunstbronze (für Denkmäler), von durchaus wechselnder Zusammensetzung, des geringeren Preises und größerer Gießbarkeit wegen häufig zink- und bleihaltig;

ε. Maschinenbronze, je nach dem Zwecke von verschiedener Zusammensetzung, meist ebenfalls zinkhaltig; z. B.:

	Kupfer	Zink	Zinn	Blei
Achslager für Lokomotiven	74	10	9	7
desgl. nach Stephenson	79	8	5	8
desgl. für Treibräder	80	18	2	—
Zähe Maschinenbronze	83	15	1,5	0,5
Excenterbügel	84	14	2	—
Achslager für Eisenbahnwagen (Rhein. Eisenbahn)	86	12	2	—
Pumpencylinder, Ventilgehäuse, Hähne . .	88	10	2	—
Zahnräder	89	8	3	—

u. a. m.

ζ Spiegelbronze, zu optischen Instrumenten, 70 % Kupfer, 30 % Zinn.

Unter Phosphor-, Silicium- und Manganbronze hat man Maschinenbronzen zu verstehen, die durch Zusatz von Phosphor, Silicium oder Mangan von dem gelösten Kupferoxydul befreit wurden und sich deshalb durch bedeutende Dichte, Zähigkeit und Festigkeit auszeichnen. Der betreffende Stoff braucht in der Legierung nicht mehr vorhanden zu sein. Aluminiumbronze ist eine Legierung, in der das Zinn durch Aluminium ersetzt wurde, teils ebenfalls zur Reduktion des Kupferoxyduls, teils zur Erzielung einer schönen, goldähnlichen Farbe.

Hinsichtlich des Umfanges der Verwendung stehen der Bronze die Kupfer-Zinklegierungen gleich, welche je nach der Zusammensetzung und Bestimmung sehr verschiedene Namen führen.

α. Rotgufs, von rötlicher oder goldähnlicher Farbe, neben Kupfer höchstens 18 % Zink, sowie häufig etwas Zinn und Blei enthaltend, bildet einen Übergang zu den Kunst- und Maschinenbronzen, mit denen er gleiche Verwendung findet, wie folgende Beispiele zeigen:

	Kupfer	Zink	Zinn	Blei
Achslager für Lokomotiven, engl. . .	73,6	9,0	9,4	7,0
Französ. Gewehrbeschläge	80,0	17,0	3,0	—
Minervastandbild in Paris	83,0	14,0	2,0	1,0
Kolbenringe	84,0	8,5	3.0	4,5
Standbild Friedrichs d. Gr. in Berlin	87,4	8,9	3.2	0,6
Stopfbüchsen	90,2	6,3	3,5	—

Soll die Legierung einer Bearbeitung auf Grund ihrer Geschmeidigkeit (durch Walzen, Prägen) unterliegen, so mufs sie frei sein von Zinn und Blei und wird Tombak genannt.

β. Gelbgufs (Messing) hat deutlich gelbe Farbe, welche bei einem Zinkgehalte von 20—50 % auftritt. Für Gufszwecke wird er höher gehalten als für Herstellung von Blech und Draht, in welchem Falle auch die Anwesenheit anderer Metalle zu vermeiden ist. Muntz-, Aich-, Sterro-, Delta-, Duranametall sind eisenhaltige Messingarten, die sich zum Teil (Deltametall z. B.) auch in Rotglut bearbeiten (schmieden) lassen, während die übrigen dies nur in gewöhnlicher Temperatur ertragen. In dem letztgenannten ist etwas Aluminium, im Deltametall neben Eisen auch Mangan enthalten.

Beispiele für Gelbgufs oder Gufsmessing:

	Kupfer	Zink	Zinn	Blei
Gelbgufs aus Iserlohn	63,7	33,5	2,5	0,3
Johann Wilhelm-Standbild in Düsseldorf	71,7	25,3	2,4	0,9

2. Zinnlegierungen.

Die ehemals aufserordentlich vielseitige Verwendung des Zinnes zu Küchen-, Speise- und Trinkgeräten hat infolge der Verbilligung der Glas-, Porzellan- und Steingutgefäfse fast aufgehört; erst in jüngster Zeit finden kunstgewerbliche Erzeugnisse solcher Art wieder viele Liebhaber, doch dienen sie mehr zu Schaustücken als zu wirklichem Gebrauche. Als Zusatz verwendet man Blei, weniger der Erhöhung der Härte und der Erniedrigung des Schmelzpunktes als des niedrigen Preises wegen. Die im Vergleiche zu Zinn geringe Widerstandsfähigkeit des Bleies gegen organische Säuren und die dadurch hervorgerufene Vergiftungsgefahr veranlafste die gesetzliche Vorschrift, dafs der Bleigehalt 10 % nicht überschreiten darf; für andere Zwecke ist er unbeschränkt. Neben Blei tritt besonders Antimon, in geringen Mengen auch Kupfer, selten Zink und Nickel als Bestandteil der Zinnlegierungen auf. Man unterscheidet:

α. Zinnbleilegierungen (Werkzinn), für Efs- und Trinkgeschirre nicht mehr als 10 %, für Spielwaren, Flitterschmuck, Orgelpfeifen 30—50 % Blei enthaltend.

β. Weifsmetall, ausnahmslos für Achslager bestimmt, das seiner niedrigen Schmelztemperatur wegen unmittelbares Umgiefsen der Zapfen innerhalb der eisernen Lagerschalen gestattet. Es enthält stets erhebliche Mengen, aber immer unter 20 % Antimon und nicht mehr als 10 % Kupfer; beide steigern die Härte, letzteres auch die Festigkeit und sehr beträchtlich die Schmelztemperatur.

Beispiele:	Zinn	Blei	Antimon	Kupfer	Zink
Geringes Lagermetall	42	42	16	—	—
Englisches Lagermetall	53	33	10,6	2,4	1
Lager für Rad- und Schraubenwellen	72,7	—	18,2	9,1	—
Krummzapfenlager einer Brikettpresse	85	—	10	5	—
Lager für Eisenbahnwagen	90	—	8	2	—
Babitts Metall für Lager	96	—	8	4	—

Eine unter dem Namen Britanniametall bekannte Legierung, aus selten weniger als 90 % Zinn, 8—9 % Antimon und 0—3 % Kupfer bestehend, dient meist zur Herstellung von Blech, aus dem durch Drücken Tischgeräte und andere Gefäfse gefertigt werden, seltener zum Giefsen, z. B. von Löffeln. Es ist chemisch sehr wenig angreifbar und nimmt vorzügliche Politur an.

3. Bleilegierungen.

Wegen der grofsen Weichheit bedarf das Blei eines härtenden Zusatzes, als welcher allgemein Antimon dient. Eine solche, bei der

Bleigewinnung aus antimonischen Erzen fallende Legierung, das Hartblei, wird teils unmittelbar zu Gufszwecken verwendet, teils durch Zusammenschmelzen beider Metalle erzeugt. Durch Zugabe von Zinn wird die Legierung geschmeidiger, von Kupfer oder Zink härter und fester. Aufser zu Achslagern dient das Hartblei vornehmlich zu Buchdruckerlettern (Schriftzeug).

Beispiele:	Blei	Antimon	Zinn	Kupfer	Zink
Achslager mehrerer Eisenbahnverwaltungen	84	15	—	—	—
Achslager der Berlin-Hamburger Bahn .	60	20	20	—	—
Achslager anderer Herkunft	80	12	—	8	—
Schriftzeug für feine Lettern	75	25	—	—	—
Schriftzeug für grobe Lettern	87,5	12,5	—	—	—
Englisches Schriftzeug	69,2	19,2	9,1	1,7	—
Französisches Schriftzeug	55	30	15	—	—
Metall für Lager mit gefrästen Zähnen .	50	10	—	—	40

4. Zinklegierungen.

Da Zink sehr billig ist, so wird es durch Legieren teurer, weshalb man es meist rein zu zahlreichen Gufsstücken verwendet, welche auf Festigkeit nicht beansprucht werden; denn diese besitzt Zink in nur sehr geringem Mafse. Sein Hauptvorzug besteht in der Beständigkeit gegen Oxydation. Dichte Güsse erhält man durch Zusatz einiger Hundertteile Zinn. Man giefst aus Zink Lampenfüfse, Leuchter und zahlreiche Verzierungsgegenstände für Hochbau. In Legierung mit Zinn, Kupfer, Antimon und Blei dient es häufig als billiges Lagermetall, dem geringe Reibung nachgerühmt wird.

Beispiele:	Zink	Zinn	Kupfer	Antimon	Blei
Weifsmetall, englisches	52	46	1,6	0,4	—
Babitts Lagermetall . , . . .	69	19	4	3	5
desgl. für schnelllaufende Wellen	76,14	17,47	5,60	—	—
Fentons Antifriktionsmetall . .	80	14,5	5,5	—	—

5. Die Herstellung der Legierungen

erfolgt in der Regel durch Schmelzen eines Metalles, und zwar des schwerschmelzigen, und Lösen des anderen in der Schmelze. Als Schmelzvorrichtungen dienen für die bei niedriger Temperatur flüssig werdenden Metalle eiserne Kessel, für die anderen Tiegel oder, zu schweren Güssen, auch Flammöfen. Vor dem Zusatze müssen die leichter schmelzenden Metalle angewärmt werden, weil anderenfalls durch die plötzliche Entwickelung der an der Oberfläche der Metallstücke verdichteten Gase (Luft, Wasserdampf) die Flüssigkeit leicht heftig umhergeschleudert werden kann. Manche Metalle, wie Antimon, werden in flüssigem Zustande dem anderen Bestandteile der Legierung zugefügt. Eine Ausnahme von der oben angegebenen Regel macht man mit solchen Metallen, die in der Schmelztemperatur des strengflüssigen verdampfen, wie z. B. Zink. Dann setzt man beide Metalle zugleich ein.

Um eine durchaus gleichmäfsige Mischung zu erhalten, was besonders dann schwierig ist, wenn die Bestandteile der Legierung sehr verschiedenes Volumengewicht haben, erhält man die Schmelze längere Zeit flüssig und rührt sie gut um, gewöhnlich mit einem Holzstabe, dessen freiwerdende Destillationsgase das Mischen sehr befördern. Teils zu seiner Verwertung, teils um gleichmäfsige Mischung zu erzielen, verwendet man einen Teil Altmetall.

Gilt es, einer Legierung eine nur geringe Menge eines schwerschmelzenden Metalles beizufügen, so ist dessen gleichmäfsige Verteilung besonders schwierig zu erreichen. Dann hilft man sich durch Herstellen einer Hilfslegierung, welche von dem betr. Metall einen gröfseren Anteil enthält und in einer leicht zu berechnenden Menge den übrigen Bestandteilen beigegeben wird.

Beim Schmelzen bilden sich an der Oberfläche der Schmelze Oxyde, welche sich zum Teil im Metalle lösen; bei wiederholtem Schmelzen, also auch bei Benutzung von Altmetall, reichert sich die Legierung leicht so sehr mit Oxyden an, dafs sie dickflüssig und minder zäh wird. Man vermeidet diesen Übelstand durch Bedecken der Schmelze mit einer Schlacke, zu deren Bildung man Boraxglas oder leichtschmelziges Glas zusetzt; häufig verwendet man auch nur Kohlenpulver als Decke.

B. Die Herstellung der Gufsformen.

a. Die Vorbilder für die Abgüsse.

Die Hohlräume, in welchen das flüssige Metall als Vollkörper erstarrt, deren Gestalt es annimmt, nennen wir Formen; Höhlungen in den Gufsstücken erfordern zur Hervorbringung als Gufsformen Vollkörper, die Kerne genannt werden. Zur Gestaltung beider Arten von Gufsformen sind Vorbilder der Gufsstücke erforderlich, die der Form nach mit ihnen übereinstimmen, der Gröfse nach um das Schwindmafs des betreffenden Gufsmetalles sich von ihnen unterscheiden, die Modelle und die Kernkästen. Mit ihrer Hilfe werden die Gufsformen durch Umstampfen bzw. Ausstampfen mit den Formstoffen erzeugt.

Haben die Gufsstücke gesetzmäfsige Gestalt, welche durch Fortbewegen einer Figur an einer Leitlinie entstehen kann, so lassen sich die kostspieligen Modelle und Kernkästen durch einfache Platten ersetzen, die nach dem Umrisse des herzustellenden Abgusses ausgeschnitten sind, die Schablonen. Mit deren Hilfe kann man die Form oder den Kern aus dem bildsamen Formstoffe gewissermafsen herausschneiden.

Für nur einmaliges Abformen benutzt man in der Regel die Urmodelle des Bildhauers oder Modellierers aus Gips oder Wachs; für wiederholte Benutzung fertigt man Metallmodelle an; damit in diesem Falle der Abgufs die richtige Gröfse erhält, mufs das Urmodell um das doppelte Schwindmafs gröfser sein als jener. Metallmodelle bestehen aus Bronze, Messing, Zink, behufs Vermeidens zu grofsen Gewichtes auch aus Aluminium. Ihrer Weichheit und der dadurch bedingten grofsen Abnutzung wegen besitzen Modelle aus den letztgenannten beiden Metallen nur begrenzte Verwendbarkeit.

Modelle für Zwecke der Eisengiefserei werden meist aus Holz hergestellt; sollen sie sehr oft abgeformt werden und ist ihr Umfang nicht zu grofs, so fertigt man sie besser ebenfalls aus Metall; dies ist stets nötig, wenn sie einer besonders feinen Bearbeitung durch Gravieren, Ciselieren u. s. w. bedürfen.

Am häufigsten verwendet man die leichten und weichen Nadelhölzer, wenn möglich Kiefernholz und nicht weifstannenes, selten harte und schwerere Hölzer, zur Anfertigung der Modelle. Die Güte des Holzes wechselt aufserordentlich stark, sowohl mit dem Alter als auch mit dem Standort und dem Klima. Der Einflufs des Alters ist selbst an einem Stamme deutlich wahrnehmbar; jederzeit sind die inneren Teile desselben, das Kernholz, dichter, fester und weniger wasserhaltig als die äufsere Schicht, der schwammige, noch junge Splint. Dieser Unterschied tritt an den aus einem Stamme geschnittenen Brettern (für Zwecke der Modellschreinerei wird das Holz immer in solche zerlegt) besonders deutlich hervor; nur das mittelste Brett enthält von der Mitte aus nach beiden Seiten hin gleichalteriges Holz; jedes andere besteht auf der inneren Seite aus älteren Schichten, als auf der äufseren. Die letztere mufs, weil wasserhaltiger, beim Trocknen stärker schwinden als die Innenseite; das Brett krümmt sich und wird auf der äufseren Seite hohl. Da nun jeder Stamm oben ebenfalls aus jüngerem Holze besteht als unten, so wiederholt sich diese Erscheinung auch in der Längsrichtung, und die Bretter schwinden am Zopfende ebenfalls stärker als am Wurzelende; sie werden windschief. Wollte man die ganzen Stämme trocknen, so würden sie aufreifsen, weil der Splint nicht nur stärker, sondern auch früher schwindet als das Kernholz, und überdies würde das Austrocknen sehr lange Zeit in Anspruch nehmen, selbst wenn die Stämme entrindet werden. Da die Schwindung der Hölzer nach den verschiedenen Richtungen verschieden stark ist, wie folgende Tabelle nachweist, und zwar fast Null in der Längsrichtung, etwa 5 % in radialer Richtung (Richtung der Markstrahlen) und 10 % in der Richtung des Stammumfanges, so mufs bei der Verarbeitung hierauf Rücksicht genommen werden.

Schwindmafse verschiedener Holzarten in Hundertteilen.

Holzart	Nach der Richtung			Holzart	Nach der Richtung		
	der Fasern	des Radius	⊥ zur Ebene der Spiegel		der Fasern	des Radius	⊥ zur Ebene der Spiegel
Ahorn, Feld-	0,00	2,03	2,97	Esche . . .	0,26	5,35	6,90
„ Spitz-	0,11	2,06	4,13	Espe	0,00	3,97	3,33
Birke . . .	0,50	3,05	3,19	Fichte . . .	0,00	2,08	2,62
Buche, Hain-	0,21	6,82	8,00	Kiefer . . .	0,00	2,49	2,87
„ Rot-	0,20	5,25	7,03	Linde . . .	0,10	5.73	7,17
Eiche . . .	0,00	2,65	4,13	Sahlweide .	0,00	2.07	1,90
Erle	0,30	2,16	4,15	Ulme	0,05	3,85	4,10

Lufttrockenes und jahrelang unter Dach aufbewahrtes Holz enthält noch immer 15—20 % Wasser, und da auch künstliches Trocknen wegen des Gehaltes von wasseranziehenden Salzen nicht zum Ziele führt, so mufs eine Modellschreinerei jederzeit einen grofsen, trocken aufbewahrten und für mehrere Jahre ausreichenden Holzvorrat besitzen.

Nimmt trockenes Holz Wasser auf, so quillt es; beim Trocknen schwindet es wieder (das Holz arbeitet). Damit nun wenigstens die fertigen Modelle vor diesen fortwährenden Änderungen ihrer Mafse geschützt sind, so mufs man nicht nur ein möglichst wenig schwindendes Holz, wie es eben Kiefernholz ist, verarbeiten, sondern auch durch Verbindung zahlreicher, kreuzweise angeordneter Holzstücke die Schwindung nach allen Seiten hin gering zu machen, bzw. aufzuheben suchen. Leimt man nämlich zwei Holzstücke so zusammen, dafs ihre Fasern sich kreuzen, so wird jedes, da die Schwindung in der Faserrichtung äufserst gering ist, das Schwinden des anderen quer zur Faser verhindern. Zum Schutze gegen die Aufnahme von Wasser aus der Luft und beim Einformen in nassen Sand überzieht man die Modelle zwei- bis dreimal mit Firnifs, den man vor jedem neuen Anstrich trocknen läfst; zuletzt überzieht man sie mit einer Auflösung von Schellack in Alkohol.

Bei Anfertigung der Modelle ist allen Abmessungen das Schwindmafs zuzusetzen. Zur Erleichterung seiner Arbeit und zur Vermeidung von Irrtümern bedient sich der Modellschreiner eines Schwindmafsstabes, welcher um 0,01 bzw. 0,0133 länger ist als das gesetzliche Mafs, aber dieselbe Teilung hat wie dieses. Auch der Schwindmafsstab von 1,01 oder 1,0133 m Länge ist in 1000 Millimeter geteilt.

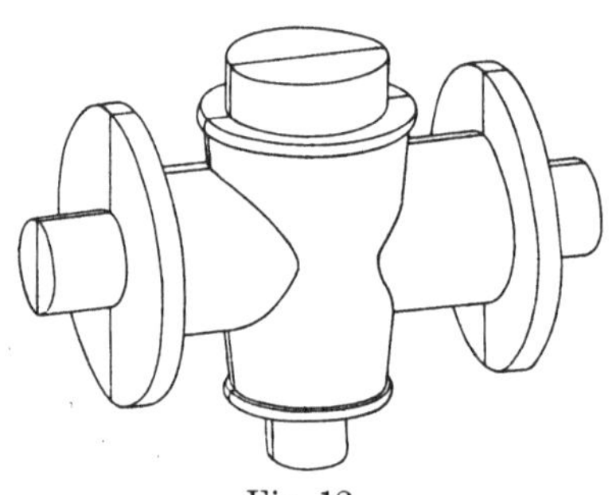

Fig. 12.

Damit die Modelle leicht aus der festgestampften Form herausgezogen werden können und sie nicht infolge zu grofser Reibung beschädigen, giebt man ihnen nach der im Formstoffe steckenden Seite hin eine Verjüngung (man macht sie konisch), deren Mafs von der Glätte der Modelle abhängt. Sie beträgt bei sehr glatten Metallmodellen wenigstens 0,5 mm, bei Holzmodellen 2—3 mm auf 1 m Länge und, wenn es die Form des Abgusses gestattet, noch mehr. Abgüsse mit parallelen Seitenflächen müssen stärker hergestellt und auf Mafs bearbeitet werden. Trotz der Verjüngung würden doch in vielen Fällen die Modelle nicht oder nur sehr schwer aus den Formen zu nehmen sein, selbst wenn diese, wie es bei allseitig geschlossenen stets der Fall ist, zerlegt werden können. Man teilt dann auch das Modell derart, dafs jeder Teil für sich ausgezogen werden kann (Fig. 12), oder dafs jeder Teil der Form auch ein Stück des Modelles enthält. Es ist Sache der Modellschreiner, diese Teilung mit möglichst wenig Schnitten zweckentsprechend zu bewirken. Das Zusammenhalten der Modellstücke wird durch Dübel und Dübellöcher auf den Schnittflächen gesichert.

Hölzerne Dübel und einfache gebohrte Dübellöcher nutzen sich rasch ab, so dafs die Modellteile sich aufeinander verschieben können. Diesen Übelstand umgeht man durch Anwendung der metallenen Dübel und Gegenscheiben von H. E. Klotz in Hamburg (Fig. 13), die mit Holzschrauben in den Modellteilen befestigt werden. Man läfst zunächst die Gegenscheiben ein und befestigt sie; dann setzt man die sogenannten Mittelpunktsanzeiger (Fig. 14) in die Scheiben, legt die andere Modellhälfte in richtiger Stellung auf, markiert durch Druck die Mittelpunkte für die Dübel und kann nun diese genau an der richtigen Stelle einlassen. Noch einfacher ist die Anwendung der Dübelschrauben und Gegenschrauben von Striebeck

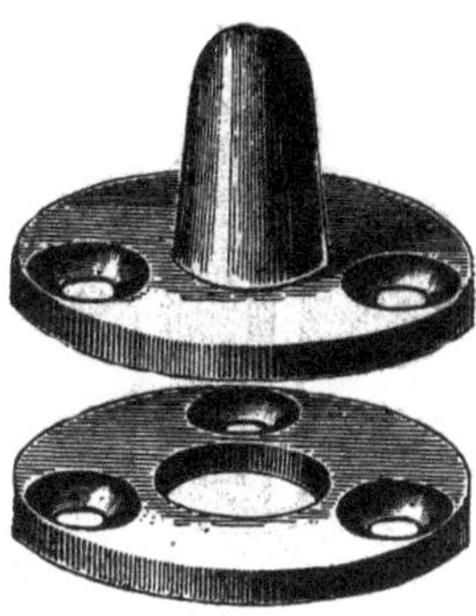

Fig. 13.

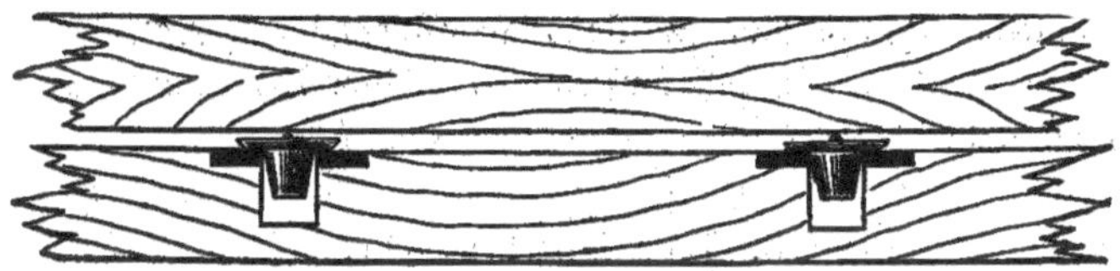

Fig. 14.

(Fig. 15). Lose Seitenteile des Modelles, die beim Ausheben zunächst in der Form verbleiben sollen, um nachher nach innen herausgezogen zu werden, befestigt man zweckmäfsig mit den Seitendübeln der Firma Klotz, die in Fig. 16 abgebildet sind. Die Dübelscheibe des Hauptmodellteiles führt sich mit Rippen in Nuten der Gegenscheibe des Nebenteiles, welcher durch eine Feder an ersterem festgehalten wird. Beim Ausheben giebt die Feder nach, und der eine Modellteil streift sich vom anderen, sitzenbleibenden ab.

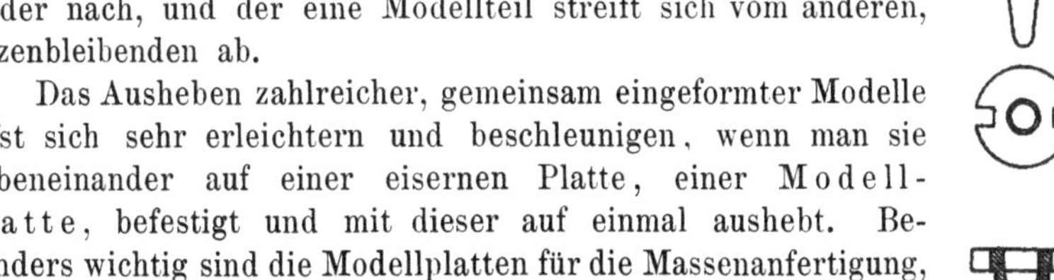

Das Ausheben zahlreicher, gemeinsam eingeformter Modelle läfst sich sehr erleichtern und beschleunigen, wenn man sie nebeneinander auf einer eisernen Platte, einer Modellplatte, befestigt und mit dieser auf einmal aushebt. Besonders wichtig sind die Modellplatten für die Massenanfertigung, weil sie gestatten, die einzelnen Teile der Form unabhängig voneinander herzustellen.

Ein Kern findet nie für sich allein Verwendung; er bildet immer einen Teil einer Form; die richtige Lage in dieser wird ihm meist dadurch gesichert, dafs er in ihre Wände hineinragt und dort in dazu angebrachten Vertiefungen festgehalten wird. Zur Erzeugung dieser Vertiefungen tragen

Fig. 15.

die Modelle an den betr. Stellen Warzen, die Kernmarken, deren Stirnflächen man behufs Kenntlichmachung schwarz anstreicht, ebenso wie die Umrisse des Kernes auf den Teilungsflächen der Modelle.

Fig. 16.

Die Kernkästen bestehen gewöhnlich aus zwei Teilen und sind an beiden Enden offen, so dafs sie mit dem Formmaterial vollgestampft werden können. Die gegenseitige Stellung der Teile sichern Dübel, den Zusammenhalt des ganzen Kastens übergeschobene und festgekeilte Ringe, Überfallhaken u. dgl.

In Fig. 12 (S. 28) ist ein Modell mit seinen Kernmarken, in Fig. 17 der Kernkasten für den Kern des Hahngehäuses, in Fig. 18 das durchschnittene Hahnküken mit dem innenliegenden Kern, in Fig. 19 der Kernkasten für dieses Modell dargestellt. Einer Erklärung bedürfen die Abbildungen nicht.

b. Die Formstoffe.

1. Formsand.

Nicht jeder in der Natur vorkommende Sand, d. i. eine lose, feinkörnige, durch Zerfallen von Gesteinen entstandene, meist vorwiegend aus Quarz bestehende Masse, ist zur Herstellung von Gufs-

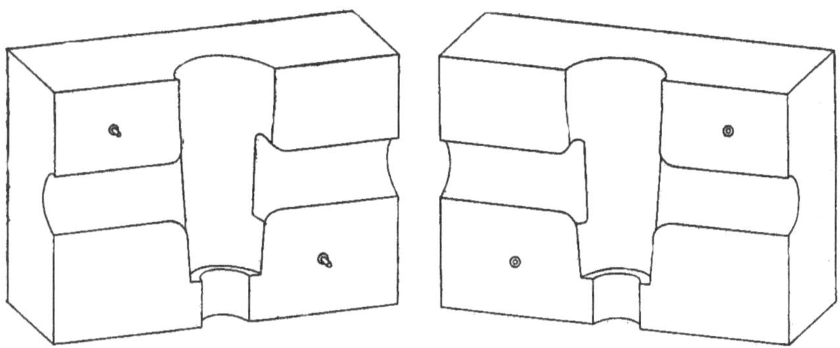

Fig. 17.

formen verwendbar, da er für diesen Zweck einige besondere Eigenschaften besitzen mufs, die verhältnismäfsig wenig Sanden gleichzeitig zukommen; es sind dies Bildsamkeit, Durchlässigkeit und Reinheit von leicht schmelzbaren Bestandteilen.

Unter Bildsamkeit versteht man die Fähigkeit des Sandes, sich in feuchtem Zustande durch Druck zu Körpern vereinigen zu lassen, welche nicht nur nicht von selbst wieder zerfallen, sondern auch widerstandsfähig genug sind, um unter mäfsig starkem Druck ihre Form beizubehalten. Das Mafs der Bildsamkeit hängt in erster Linie von der Form der Sandkörnchen, in zweiter von der Anwesenheit geringer Mengen Bindemittel ab. Runde, glatte Körperchen verschieben sich leicht aneinander; rauhe und scharfkantige fügen sich aber so innig aneinander, und die Reibung auf den einzelnen Flächen ist so grofs, dafs sie nicht freiwillig ihre gegenseitige Lage ändern. Die Adhäsion der Körnchen wird aber erst durch die Bindemittel auf das erforderliche Mafs gebracht; es sind dies Thon und Wasser. Ganz trockener Sand ist nicht bildsam, aber ein Überzug von Wasser auf den Körnchen, der jedoch für die Herstellung der Gufsformen nur so stark sein darf, dafs der Sand nicht an der Hand klebt, ruft die Bildsamkeit hervor, bei fast reinem Quarzsand (magerer Sand) jedoch in durchaus unzureichendem Mafse. Ein geringer, gewissermafsen als Klebstoff wirkender Thongehalt erhöht die Bildsamkeit der Formsande aufserordentlich, und diese wächst bei Sanden von gleichmäfsiger Korngröfse und -Form im Verhältnisse zum Thongehalt. Thonhaltiger Sand wird fetter Sand genannt; er bildet den Übergang zu der aus wirklichem Thon bestehenden Masse. Ein aus genügend bildsamem Formsande gestalteter Ball soll beim Zerbrechen nur in grofse Stücke zerfallen.

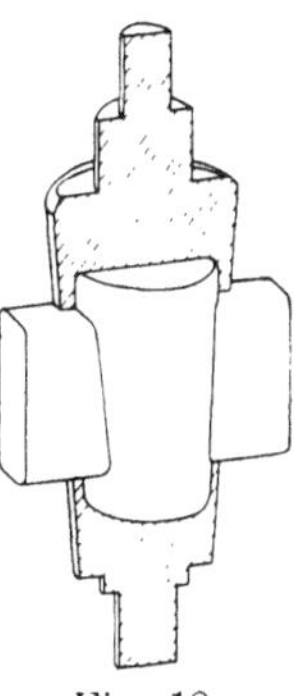

Fig. 18.

Ein hoher Grad von Durchlässigkeit mufs deshalb jedem Formsande eigen sein, weil die Sandformen in feuchtem Zustande benutzt werden, und weil man aus später zu erörternden Gründen dem Sande nicht unerhebliche Mengen Kohlenpulver beimischt. Die in Berührung mit dem heifsen Eisen sich entwickelnden grofsen Mengen von Wasserdampf, Kohlenwasserstoff und anderem Gas müssen zwischen den einzelnen, fest zusammengedrückten Sandkörnchen genügend weite und zahlreiche Kanäle vorfinden, um aus der Form entweichen zu können. Eine Sandform ist als Filter anzusehen, das zwar den Gasen und Dämpfen, aber nicht dem Metalle den Durchgang gestattet.

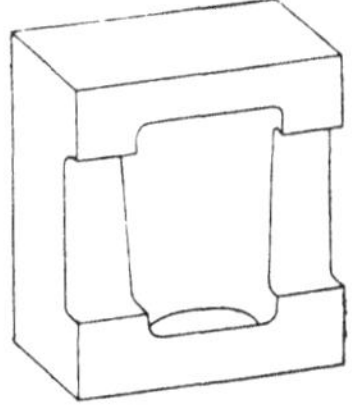

Fig. 19.

Das Mafs der Durchlässigkeit des Sandes ist von der Gleichmäfsigkeit und der Gröfse der Körner, sowie vom Thongehalte abhängig. Je gröfser die Körner sind, desto weiter sind natürlich auch die Zwischenräume, falls erstere alle denselben Durchmesser besitzen. Befinden sich zwischen den grofsen aber noch erheblich kleinere Körnchen, so füllen diese die Zwischenräume aus und versperren den Auswege suchenden Gasen den Durchgang. Am durchlässigsten ist also ein grober Sand von durchaus gleichmäfsigem Korne. Die Gröfse der Sandkörner wird durch die Rücksicht auf die von der Glätte der Form abhängende Schönheit des Abgusses begrenzt; man wird selten mit Sand von mehr als wenigen Zehntelmillimetern Korngröfse arbeiten können; für Kunstgufs geht man wohl bis zu 0,04 mm herab; noch feinere, mehlartige Sande sind nicht mehr durchlässig genug. Die Gleichmäfsigkeit des Kornes kann durch Mahlen des Sandes unter Kollergängen oder in Schleudermühlen erzielt werden.

Je fetter und bildsamer ein Sand ist, desto geringer ist seine Durchlässigkeit. Masse ist vollkommen undurchlässig, so dafs aus ihr gefertigte Formen vor der Benutzung getrocknet werden müssen. Die Fähigkeit, in feuchtem Zustand abgegossen werden zu können, ist allein den Sandformen eigen. Da Thon durch Brennen seine Bildsamkeit verliert, so erhitzt man zu fetten Sand auf eine Temperatur, in welcher der Thon das Hydratwasser abgiebt (300—500°), man brennt ihn; dadurch wird er magerer und damit durchlässiger. Jeder Sand unterliegt infolge Erhitzung durch das flüssige Eisen diesem Magerwerden; er verliert folglich bei wiederholter Benutzung seine Bildsamkeit, und es wird ein Auffrischen, d. h. ein Zusatz noch nicht gebrauchten Sandes, nötig, um ihm den erforderlichen Grad von Bildsamkeit zu bewahren. Der Zusatz an frischem Sande beträgt etwa 25—50 % des gebrauchten. Aus Sparsamkeitsrücksichten wird der aufgefrischte Sand nur in der unmittelbaren Umgebung des Modelles gebraucht und heifst daher Modellsand. Den übrigen Raum des Formkastens stampft man mit einem mageren, groben und deshalb gut durchlässigen Sand, dem Füll- oder Haufsand, aus.

Die Gröfse und Gleichmäfsigkeit des Kornes kann man durch Reiben des Sandes zwischen Daumen und Zeigefinger oder mit Hilfe des Mikroskopes prüfen; die Durchlässigkeit, soweit sie von dem Thongehalt abhängt, ist (nach Schott) wenigstens vergleichsweise durch Messen der von Würfeln bestimmter Gröfse aufgenommenen Wassermenge bestimmbar.

10—20 % Thon haltende Sande sind magere, solche mit 20—30 % fette. Bei 25 % Thon ist der Sand schon so undurchlässig, dafs er nicht mehr in nassem Zustande abgegossen werden kann.

Im Gegensatze zu der oben erwähnten Vermehrung bemerken wir beim Gebrauche mancher Sande eine Verminderung der Durchlässigkeit; die Körner zerspringen teils unter dem Einflusse der Hitze, teils beim nachherigen Anfeuchten mit Wasser infolge des plötzlichen Temperaturwechsels; sie bilden Mehl. Es sind besonders Carbonate und Hydroxyde enthaltende, sowie in gewissem Grade verwitterte Sande, welche diese üble Eigenschaft in hohem Mafse zeigen.

Mit der Anwesenheit von anderen Stoffen als Kieselsäure und Thonerde ist ein weiterer Übelstand verknüpft, da sie Anlafs zur Bildung schmelzbarer Verbindungen geben, welche in der unmittelbaren Umgebung des flüssigen Eisens teils die Sandkörner zusammenfritten, teils am Abgusse selbst anbrennen und, da sie sich nur sehr schwer, oft gar nicht entfernen lassen, denselben verunstalten. Selbst gute Formsande neigen zum Anbrennen wenn sie längere Zeit hoch erhitzt werden, wenn also die in die Form gegossene Eisenmenge sehr grofs oder die Temperatur des Metalles sehr hoch ist, wie z. B. die des Flufseisens. Man verhindert das Anbrennen durch Überziehen der Gufsform mit einem unschmelzbaren Stoff, gewöhnlich Holzkohlen- oder Kokspulver; das Fritten der Sandkörner untereinander wird durch Zumischen eines ähnlichen Stoffes vermieden, der erhebliche Mengen Gas entwickelt und teils dadurch, teils durch seine Anwesenheit in Gestalt von Koks trennend wirkt, des Pulvers von aschenarmen, aber gasreichen Steinkohlen. Man mischt dieses Kohlenpulver dem Sand in Mengen von 5—20 Raumteilen v. H. zu. Über die in jedem einzelnen Fall erforderliche Menge, welche von der Gröfse des Gufsstückes, den Eigenschaften des Formsandes u. s. w. abhängt, lassen sich Regeln nicht

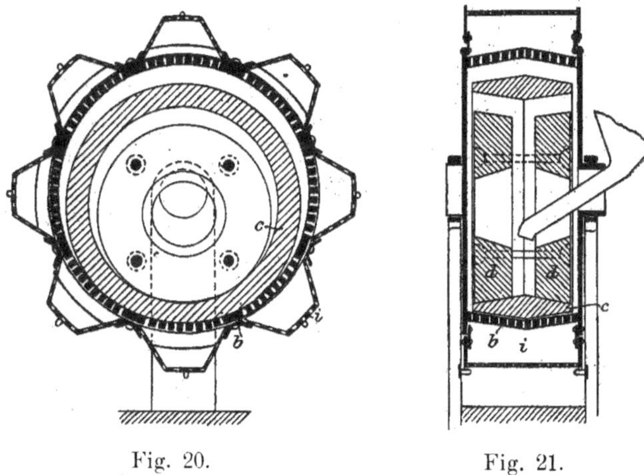

Fig. 20. Fig. 21.

aufstellen; ihre Bestimmung ist Sache der Erfahrung. An Stelle der Steinkohlen treten zuweilen organische Stoffe, welche z. T. auch bindend wirken, wie Sirup und Bier, oder für Kernsand Sägemehl. Das Schwinden dieser Stoffe beim Zerfallen erhöht die Durchlässigkeit.

Zu Formen für Flufseisengufs sind die gewöhnlichen Formsande ihrer grofsen Schmelzbarkeit wegen nicht verwendbar; man mahlt entweder ganz reinen Quarzit oder verwendet ganz reinen Quarzsand, beide von 99 % oder mehr Kieselsäuregehalt. Die erforderliche Bildsamkeit erzielt man durch Zusatz von Melasse, Leimlösung, Bier, Weizenmehl, Brei von Lein- oder Rapskuchen, Teer oder einer dicken Milch aus reinem, feuerfestem Thon. Der Mehlzusatz hat sich weniger gut bewährt, da das Mehl bei scharfem Trocknen zu sehr herausbrennt und die Form bröckelig wird.

Da gute Formsande nicht überall vorkommen, so stellt man sie auch durch Mahlen von Sandsteinen her, oder man verbessert weniger gute durch Mahlen und Mischen.

Zur Aufbereitung des Formsandes bedient man sich ebenso wie zur Herstellung des Steinkohlenpulvers verschiedener Zerkleinerungsvorrichtungen, wie der Kollergänge, Kugel- und Schleudermühlen, die alle auch gleichzeitig das Mischen verschiedener Sande oder des Sandes mit bindenden Zusätzen oder Kohlenpulver bewirken.

Neben den verschiedenen Formen des gewöhnlichen Kollerganges ist neuerdings eine Formsand-Mahl- und -Mischmaschine (D. R. P. 81 747) von Küppers angegeben worden, welche die Massen sehr gründlich und rasch verarbeitet, sowie gleichzeitig absiebt. In einem am Umfange siebartig gelochten gußeisernen Cylinder *b* (Fig. 20 und 21), wie der der Kugelmühlen, rollen zwei mahlende Körper, die ganz wie die Läufer eines Kollerganges wirken. Der erste Mahlkörper *c* hat Ringform und nahezu rhombischen Querschnitt; er rollt in der gußeisernen Sieb-

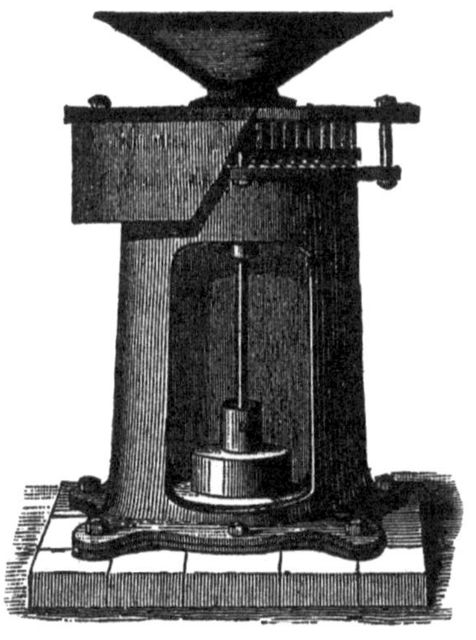

Fig. 22.

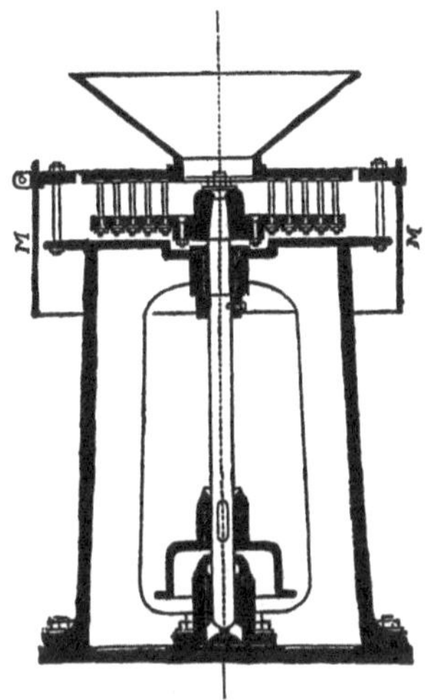

Fig. 23.

trommel; der zweite ist aus zwei durch Stehbolzen verbundenen, einen Spalt zwischen sich lassenden schweren Ringen *dd* gebildet und rollt in *c*. Das Eintragen erfolgt durch ein Trichterrohr in den Spalt zwischen *dd*, das Austragen nach zweimaligem Mahlen zwischen *dd* und *c* sowie zwischen *c* und *b* durch den Siebcylinder *b* und sternförmig um ihn angeordnete feinere Siebe *i*. Die Siebgröbe der letzteren fällt durch eine Reihe größerer Löcher in *b* ins Innere zurück.

Eine andere, vorwiegend zum Mischen des Formsandes mit Kohlenpulver u. s. w. dienende Vorrichtung ist die Sandmischmaschine von Schütze (Fig. 22 und 23), eine vereinfachte Schleudermühle. Auf einer senkrechten Welle sitzt eine mit 1000—1200 Umdrehungen umlaufende Scheibe, die zahlreiche, in konzentrischen Kreisen angeordnete Stehbolzen trägt. Der Antrieb erfolgt durch die Riemenscheibe am unteren Ende der Welle. Schüttet man durch den Trichter auf dem

Deckel Sand auf die Scheibe, so wird er durch die Fliehkraft zwischen den Stehbolzen hindurch nach aufsen geschleudert, wo er an einen Gummimantel anprallt. Er fällt nach unten und häuft sich in ringförmigem Wall am Fufse der Maschine an. Erfolgt die Beschickung regelmäfsig in der Art, dafs die untere Öffnung des Trichters niemals ganz durch Sand verschlossen ist, so wird mit diesem ein Luftstrom durch die Bolzenreihen hindurch gesaugt, welcher die Auflockerung des Sandes wesentlich befördert. Der Ringdeckel ist abnehmbar, um etwaige Ansätze oder eingeklemmte Gegenstände leicht entfernen zu können. Da der Sand ringsum frei austreten kann, ist die erforderliche Betriebskraft sehr gering.

2. Masse.

Masseformen werden alle diejenigen Gufsformen genannt, welche ihrer Undurchlässigkeit wegen vor dem Gebrauche getrocknet werden müssen. Man hat zwei Arten von Masse zu unterscheiden: die für Eisen- und Metallgufs und die für Flufseisengufs.

Erstere ist nichts anderes als ein fetter Formsand, den man auch durch Zumischen von Thon zu dem gewöhnlichen Formsand herstellen kann. Durch das Schwinden des Thones erhalten die Formen eine geringe Durchlässigkeit, die ausreicht, da Wasserdampf aus ihnen nicht entwickelt wird.

Die Masse für Flufseisengufs ist ein beim Erhitzen wenig schwindendes Gemisch von fettem, feuerfestem Thon mit Magerungsmitteln. Als solche kommen in Anwendung: Schamotte (Tiegelscherben), Kokspulver, Graphit, Putzsand. Eine häufig verwendete Mischung besteht aus 4 Teilen gemahlener Tiegelscherben, 3 Teilen Schamotte, 2 Teilen fetten Thones. Solche Formen besitzen nach dem Trocknen, das richtiger als Brennen zu bezeichnen wäre, da die Temperatur hoch genug sein mufs, um das Hydratwasser aus dem fetten Thon auszutreiben, Steinhärte und hohe Festigkeit, gestatten infolgedessen den Gufsstücken häufig das Schwinden in nur geringem Mafse, was zur Entstehung von Rissen Anlafs geben kann. Trotz Überziehens der Innenflächen mit einem unschmelzbaren Stoffe brennt die Masse an Gufsstücke von gröfserem Gewichte doch stark an und ist kaum mit dem Meifsel zu entfernen; auf alle Fälle behält das Gufsstück ein unsauberes Aussehen. Den ersten Übelstand kann man durch Zumischen von Putzsand abschwächen; er vermindert die Festigkeit und hat gleichzeitig den Vorzug der Ersparnis von teurer Schamotte. Wegen des Anbrennens ist man in vielen Flufseisengiefsereien zum Ersatze der Masse durch die oben angegebenen feuerfesten Sandmischungen übergegangen, die aufserdem das Schwinden nicht hindern.

3. Lehm.

Lehm nennt der Former einen entweder von Natur sandigen oder mit mager gebranntem Sande (Putzsand) versetzten unreinen, meist gelb gefärbten Thon, der in breiigem Zustande verwendet wird und infolge Vermischung mit organischen Stoffen nach dem Trocknen einen gewissen Grad von Durchlässigkeit besitzt. Der breiige, klebrige Zustand bedingt natürlich eine andere Art der Herstellung der Gufsformen wie bei Verwendung von Sand oder Masse; sie werden nicht aufgestampft, sondern mittels Schablonen gedreht oder freihändig aus getrockneten Lehmsteinen aufgebaut und mit Lehm überzogen. Der wesentlichste Unterschied von den Masseformen besteht in der Durchlässigkeit, welche dadurch erzielt wird, dafs die dem Lehm in grofser Menge (bis zu 40 und 50 Raumteilen v. H.) beigemischten organischen Stoffe beim Trocknen stark schwinden und sich zum Teil zersetzen, so dafs nur eine geringe Menge ganz poröser Kohle zurückbleibt. Gleichzeitig wirken sie als Magerungsmittel und verhindern das Reifsen der Formen.

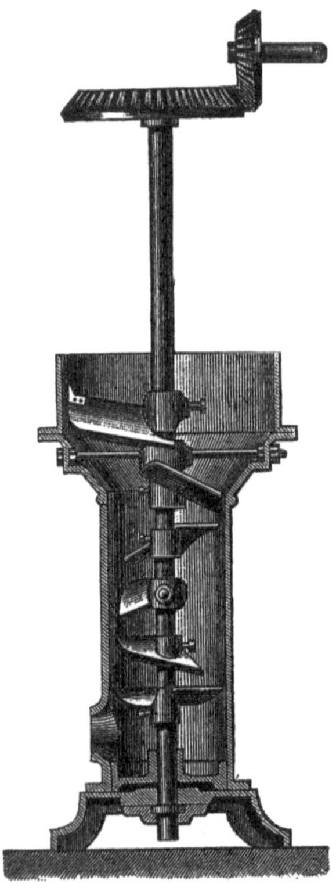

Fig. 24.

Der gebräuchlichste Zusatz ist Pferdedünger, welchen man für feinere Erzeugnisse durch Kuhdünger oder Kälberhaare, für gröbere durch die Schalen der Hanf- und Flachsstengel (Heede), gebrauchte Lohe, Torfmull, Spreu u. dgl. ersetzt. Das Gemenge von Lehm und Dünger mufs möglichst innig sein; es wird mittels Thonschneidern (Fig. 24), in Ermangelung solcher durch anhaltendes Durcheinandertreten hergestellt.

4. Sonstige Formstoffe.

Neben den vorgenannten Formstoffen wird in den Eisengiefsereien noch Gufseisen verwendet, wenn die Form auf das Roheisen eine abschreckende Wirkung ausüben und wiederholt gebraucht werden soll. Für Metalle von minder hoher Schmelztemperatur fertigt man Formen geringerer Gröfse aus Messing, Schiefer (für Bleisoldaten und ähnliches Kinderspielzeug), Holz, Gips, selbst Papier (für Stereotypplatten).

5. Strohseile.

Zur Herstellung von Lehmkernen, besonders solcher für Röhren, welche elastisch genug sein müssen, um dem Abgusse das Schwinden zu gestatten, werden Strohseile oder solche aus Holzwolle in grofsen Mengen verbraucht. Man kann sie mit Hilfe eines sogenannten Schlüssels aus der Hand herstellen, indem ein Mann das Stroh ordnet, während ein anderer, den Schlüssel fortwährend drehender Arbeiter durch Rückwärtsschreiten das Seil länger und länger spinnt. Gröfsere Mengen werden zweckmäfsiger auf Strohseilspinnmaschinen erzeugt, von welchen Fig. 25 eine solche sehr einfacher Bauart des Neufser Eisenwerkes darstellt. Die Sohlplatte *h* hat zwei Ständer, von welchen der vordere das Doppellager für eine hohle Welle trägt, während auf dem hinteren die Achse der Spule *d* für das fertige Seil liegt; die hohle Welle teilt sich in die Gabel *a*, an welcher einerseits die Führungsrolle *b*, andererseits ein Gegengewicht *c* befestigt ist. Die Bewegung erfolgt durch die festliegende Riemenscheibe *g*. Das Seil, welches sich infolge der Drehung der hohlen Welle aus den vorn parallel eintretenden Strohhalmen bildet, kann nur dann auf die Spule *d* aufgewickelt werden, wenn diese eine geringere Anzahl Umdrehungen macht als die Gabel *a*. Der erforderliche Unterschied in der Geschwindigkeit wird auf die einfachste Weise durch Hemmung der Spule

Fig. 25.

mittels eines an die hintere Scheibe angeprefsten Keiles *e* bewirkt. Je weiter man das Gewicht *f* am Hebel hinausschiebt, je stärker also *e* gegen die Spule geprefst wird, desto mehr bleibt diese hinter *a* zurück, desto schneller wickelt sich das Seil auf. Es ist nun Sache des Arbeiters, welcher die Maschine bedient, die Hemmung von *d* so zu regeln, dafs nur fest genug gedrehtes Seil aufgewickelt wird.

Die in Fig. 26 dargestellte Maschine der Badischen Maschinenfabrik in Durlach in Baden beruht selbstverständlich auf denselben Grundlagen wie die erstbeschriebene, hat aber den Vorzug einer genaueren, weil zwangläufigen Regulierung des Geschwindigkeitsverhältnisses zwischen Längs- und Drehbewegung des Strohes. Die Übertragung der Bewegung von der Riemenscheibenachse auf die übrigen bewegten Teile (Spule und Leitarm für das aufzuwickelnde Seil) ist ohne nähere Beschreibung aus der Abbildung zu erkennen. Die Maschine liefert stündlich 300—500 m Strohseil in verschiedenen Stärken.

Eine dritte, zwar schon ältere, aber zweckmäfsige und sehr verbreitete Strohseilspinnmaschine wird von der Königin-Marienhütte in Cainsdorf i. S. gebaut.

Man giebt den Strohseilen Durchmesser von 20—30 mm.

6. Stoffe zum Überziehen der Gufsformen.

Das Anbrennen des Formmateriales an die Gufsstücke wird zwar, wie im vorstehenden erörtert worden, schon durch Beimengen gewisser Stoffe vermindert; zur Erhöhung der Sicherheit gegen dasselbe überzieht man

Fig. 26.

aber die Formen noch mit einer dünnen Lage eines unschmelzbaren Körpers, gewöhnlich mit Holzkohlenstaub, der durch Stampfen oder Mahlen aus Laubholzkohle hergestellt wird; aus Sparsamkeitsrücksichten tritt für weniger feine Gufswaren häufig Graphit, staubförmiger gelöschter Kalk oder ein Gemenge von gemahlenem Koks und Thon an seine Stelle. Das Anhaften dieser trockenen Pulver an der feuchten Form wird durch ihre Fähigkeit, Wasser aufzunehmen, hervorgerufen; in dem zuletzt genannten ist Thon der wasseranziehende, Koks der unschmelzbare, schützende Stoff. Das Auftragen der Pulver erfolgt mit Hilfe eines leinenen Beutels, durch dessen enge Poren dasselbe bei heftigem Schütteln stäubt.

An getrockneten Formen haften diese Pulver natürlich nicht; man ersetzt sie durch flüssige, mit dem Pinsel aufzustreichende Überzüge, die Schwärzen. Für Lehm- und Massegufs, welcher sowohl bei höherer Temperatur erzeugt als langsamer abgekühlt wird, müssen die Überzüge schwerer verbrennlich sein als Holzkohlenstaub; man mischt sie deshalb aus Hohlkohle, Graphit und einem Klebstoff, welcher das Anhaften nach dem Trocknen sichert; letzterer ist meist Thon, zuweilen auch Mehl. Die gepulverten Stoffe werden nach und nach in Wasser eingetragen, bis die Flüssigkeit sirupdick geworden ist. Für Stahlformgufs hat sich in Schweden feinstes Quarzpulver sowohl als reine Kieselguhr, die beide mit Leimlösung, Firnis oder Holzteer angemacht werden, bewährt. Andere Streichmassen sind aus Schamottemehl, fettem Thon, frischem Formsand und Graphit oder Kokspulver zusammengesetzt.

c. Werkzeuge und Vorrichtungen.

1. Formkästen, Dammgruben und Kernspindeln.

Die allseitig geschlossenen Gufsformen werden gröfstenteils in Formkästen hergestellt, d. s. hölzerne oder metallene (Gufseisen, gewalzte Formeisen) Rahmen, welche den eingestampften Formstoffen genügenden Halt beim Auseinandernehmen, Wenden und Fortbewegen der einzelnen Form-

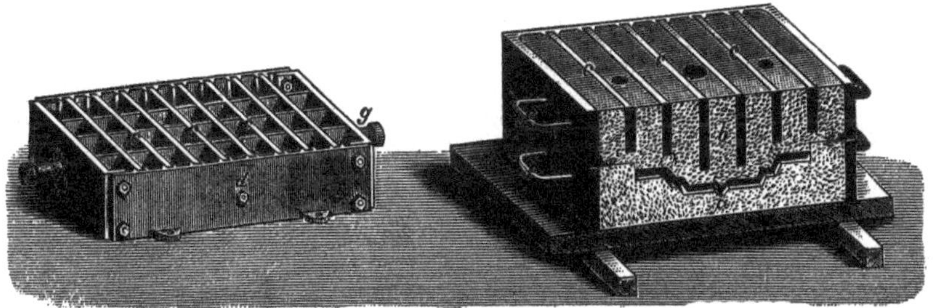

Fig. 27. Fig. 28.

teile, sowie genügenden Widerstand gegen den hohen Druck des flüssigen und des erstarrenden Metalles gewähren sollen. Eine Kastengufsform besteht aus mindestens zwei Teilen; sie erfordert demzufolge ebenso viele Kastenteile, den Unter- und den Oberkasten (*a* und *b* in Fig. 28); für mehr als einmal geteilte Formen sind auch mehrteilige (bis zu 4 Teilen) Formkästen erforderlich. Ihre Gestalt richtet sich nach der der einzuformenden Gegenstände, welcher sie sich behufs Ersparnis von Formstoffen und Arbeit beim Einstampfen möglichst eng anschliefsen. Am häufigsten kommen solche von rechteckigem Grundrisse zur Verwendung.

Die Zahl der Formkästen, welche eine gröfsere Giefserei vorrätig halten mufs, das darin angelegte Kapital, sowie der zur Aufbewahrung erforderliche Raum sind so grofs, dafs man Mittel und Wege gesucht hat, diesem Übelstand abzuhelfen. Die Zerlegung der der Gröfse nach planmäfsig abgestuften Kästen in ihre vier einzelnen Wände, aus denen durch Verbinden mittels Schraubenbolzen unter Austausch der verschiedenen Gröfsen die ganze Kastenreihe hergestellt werden kann, gestattet zwar, mit wenig mehr als der Hälfte Metallaufwand auszukommen und erleichtert die Aufbewahrung ungemein, hat aber den Nachteil, dafs die Kästen durch Lockern und Abnutzen an den Verbindungsstellen bald die erforderliche Steifigkeit und Unveränderlichkeit der Gestalt vermissen lassen. Man zieht deshalb heute sogenannte Abschlagformkästen vor, d. s. Kästen, welche nach dem Einformen abgenommen und von neuem verwendet werden, so dafs mit nur einem Kasten beliebig viele Formen hergestellt werden können; als Beispiele seien die Kästen von Lees (Fig. 29) und Richards (Fig. 31) abgebildet; letzterer ist zudem verstellbar für verschiedene Gröfse eingerichtet. Beide sind in diagonaler Richtung geteilt und bei *b* bzw. *C* mit Scharnier versehen.

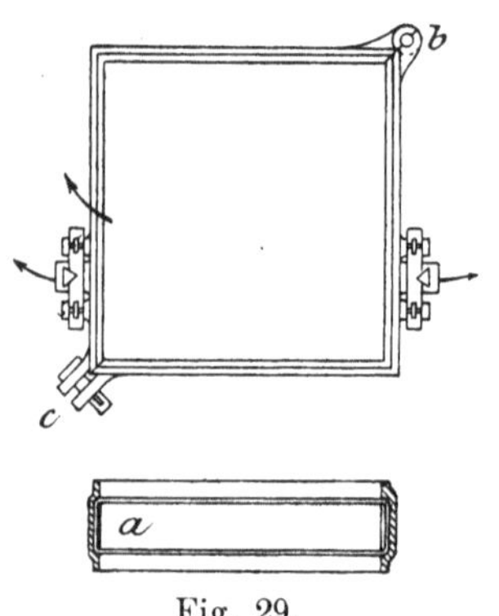

Fig. 29.

Damit sich die Kastenwände unter dem Drucke der festgestampften Formstoffe und des Metalles nicht nach aufsen durchbiegen, verankert man sie mit Zugstangen *d* (Fig. 27) oder verbindet sie durch eingeschraubte Zwischenwände (Schoren, Traversen) *c* (Fig. 27 u. 28), denen durch eingeschobene Brettstücke ebenfalls gröfsere Steifigkeit verliehen werden kann. Die Zwischenwände sind auswechselbar, da sie den Modellen entsprechend ausgeschnitten sein müssen. Neben der Sicherung gegen Durchbiegen haben die Zwischenwände noch die Aufgabe, den Kasteninhalt zu unterstützen und das Herausfallen des Sandes infolge des eigenen Gewichtes aus gröfseren Kästen zu verhindern; dienen sie nur diesem Zwecke, so können sie auch zwischen angegossenen Rippen eingeschoben werden. In derselben Absicht giebt man mindestens dem Oberkasten, welcher beim Einformen wiederholt von der Stelle bewegt werden mufs, eine über den unteren Rand nach innen vorspringende Rippe, die Sandleiste *e* (Fig. 28); oft haben beide Kästen Sandleisten.

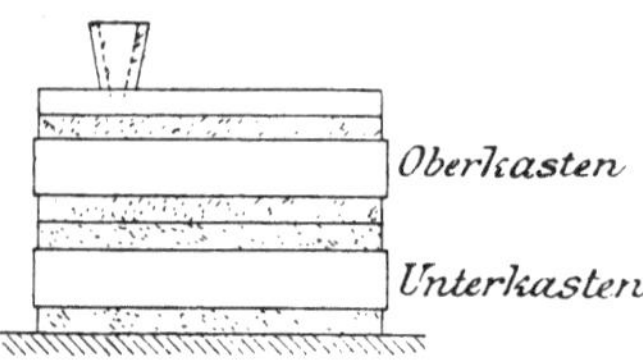

Fig. 30.

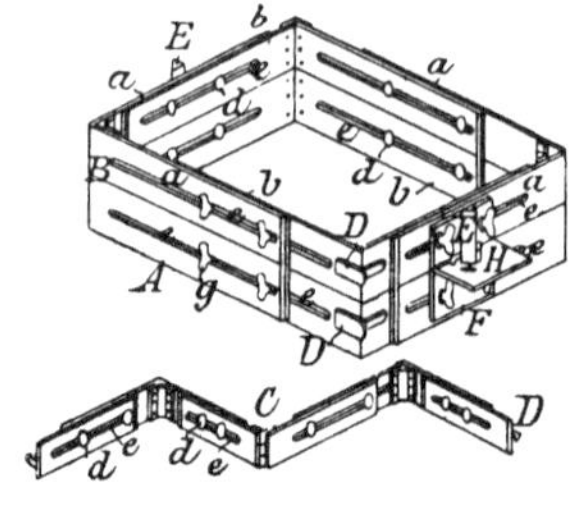

Fig. 31.

Damit die in Abschlagkästen hergestellten Formen nicht auseinanderfallen, werden sie auf der Hüttensohle dicht nebeneinander gestellt und die Zwischenräume mit Sand aus-, sowie der ganze Block aufsen umstampft. Lees versieht die Formkastenwand ringsum mit einer breiten, flachen Vertiefung, in welche ein Bandeisenstreifen *a* (Fig. 29 und 30) eingelegt und mit eingeformt wird, der dann das Umstampfen überflüssig macht. Das Heben des Oberkastens durch den Flüssigkeitsdruck und das Treiben des Metalles wird verhindert durch bewegliche Haken, welche über Stifte des Unterkastens fallen, durch Splintkeile in Schlitzen der Schliefsstifte, durch Überschieben von Klammern über Rippen an

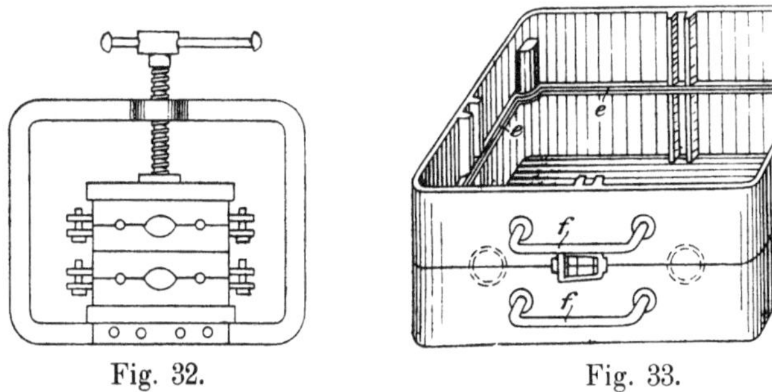

Fig. 32. Fig. 33.

beiden Kastenhälften, durch Einschliefsen in einen Rahmen mittels Schraubenspindel (Fig. 32) oder durch Beschweren mit Eisenstücken (Beschwerungseisen).

Die genaue Stellung der Formkästen gegeneinander wird durch Dübel und Ösen gesichert, von denen erstere stets, letztere zuweilen angenietet, häufig auch angegossen sind. Ehrhardt verlegt beide Teile zweckmäfsig nach innen in die Ecken der Kästen (Fig. 33). Zum Handhaben der Kästen dienen angenietete Rundeisenbügel (*f* in Fig. 28 und 33), angegossene Lappen oder starke Zapfen (*g* in Fig. 27), wenn die Formen so schwer sind, dafs sie mit Kränen bewegt werden müssen. Handgriff und Schliefsvorrichtung vereinigt Ehrhardt, wie in Fig. 34 dargestellt ist. In der gezeichneten Stellung sowohl als auch dann, wenn der Führungsbolzen *c* um 90° gedreht ist, so dafs Handgriff *b* in der Aussparung *i* des Oberkastens liegt, greift die Nase *d* unter einen Vorsprung am Unterkasten, und die Form ist geschlossen; dreht man aber *c* aus der letzteren Lage um 180° heraus, so kann man den Oberkasten abheben. Die Einrichtung spart Platz, da man die Kästen näher aneinanderrücken kann, und verhindert das Anstofsen an die Handgriffe. Richtige Stellung und Verschlufs der Kästen von Lees wird durch dreikantige Stifte am Ober- und nachstellbare Platten mit dreieckigem Ausschnitt am Unterkasten erzielt.

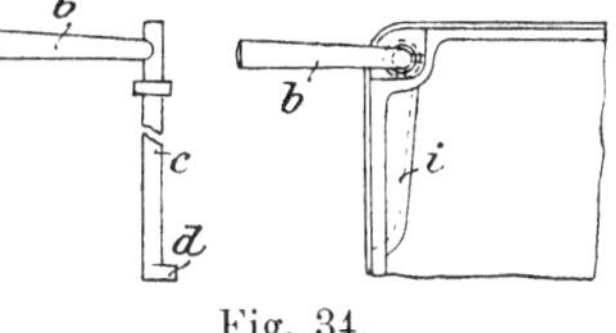

Fig. 34.

Alle diese Teile fafst man unter dem Namen Beschlag des Formkastens zusammen.

Dammgruben sind Vorrichtungen, welche wie die Formkästen den Formen Schutz vor dem Auseinandertreiben durch den Druck des Metalles gewähren. Es sind cylindrische oder prismatische Gruben in dem Boden der Gieſshalle, in denen man solche Formen, die wegen ihrer Gröſse oder Gestalt nicht in Kästen Platz finden können (freie Formen), in Sand eindämmt. Fast ebenso häufig werden auch solche Kastenformen in ihnen untergebracht, die stark nach der Höhe ausgedehnt sind und sich deshalb nicht von der Hüttensohle aus abgieſsen lassen würden, wenn man sie auf derselben aufstellte; dahin gehören vor allem die Formen für Röhren, Walzen, Säulen, hohe Dampfcylinder, Schachtringe u. s. w.

Die Dammgruben sind 3—5 m tief, reichen also gewöhnlich in das Gebiet des Grundwassers hinab und müssen vor dessen Eindringen durch sehr sorgfältige Herstellung ihrer Wände und des Bodens geschützt werden; denn freie Formen, welche sich oft länger als einen Tag in ihnen befinden, würden durch das eindringende Wasser unbrauchbar werden. Man versieht deshalb cylindrische Gruben mit einem blechernen oder in Cement gemauerten Mantel und Boden, rechteckige mit einem solchen aus Guſseisenplatten, deren Fugen durch Hanf, Holzkeile u. dgl. gedichtet werden, bezw. ebenfalls mit gemauerten Wänden.

Fig. 35.

Sehr kleine Kerne können ausschlieſslich aus Formstoffen hergestellt werden; gröſsere bedürfen einer stützenden Vorrichtung wie die Formen. Stark nach der Länge ausgedehnte Kerne versieht man mit Kernspindeln, um welche sich die Formstoffe legen; andere, z. B. solche für dickere Cylinder, werden zum Teil aus Backsteinen hergestellt. Für dünne Kerne genügen einfache Drähte oder schwache Eisenstäbe als Spindeln; weniger dünne, starke und sehr lange Kerne, wie sie bei der Röhrengieſserei Verwendung finden (vgl. Fig. 73), werden so eingerichtet, daſs die aus der Strohseilunterlage entwickelten bedeutenden Gasmengen leicht entweichen können. Volle Spindeln versieht man mit eingehobelten Längsnuten, hohle mit zahlreichen Durchbohrungen *x*. Lange Zeit dienten guſseiserne Röhren als Kernspindeln; die groſsen Fortschritte in der Herstellung geschweiſster Röhren ermöglichten es, die Spindeln bis zu 400 mm Durchmesser aus solchen herzustellen. Stärkere Kernspindeln aus Schmiedeeisen werden aus Blechen genietet.

Kernnägel und Kernstützen dienen zum Tragen von Kernen,

die frei in der Form liegen; die ersteren sind geschmiedete Nägel mit sehr breiten Köpfen, die letzteren, zum Tragen schwerer Kerne bestimmten, Blechplättchen mit eingenietetem spitzen Stift, die in das Unterlagsbrett eingeschlagen werden und um die Eisenstärke in die Form ragen. Einen Fortschritt stellt der aus einem Blechstreifen geprefste gespaltene Kernnagel (Fig. 35) her, dessen nach innen abgeschrägte Schenkel beim Eindrücken in den Sand durch Eindringen des letzteren sich auseinanderspreizen, so dafs die Stütze von dem Sandkeil sicher getragen wird. Harte getrocknete Formen werden von den Nägeln nicht leicht durchdrungen, aber leicht beschädigt; man benutzt dann doppelte Kernstützen; das sind zwei Blechplättchen, welche ein Stift in der der Eisenstärke entsprechenden Entfernung auseinanderhält; sie liegen mit der einen Platte auf der Form und tragen mit der anderen den Kern. Gewöhnlich ist der kleine Stehbolzen eingenietet; neuerdings werden sie billiger und vollkommener durch Schneiden und Stanzen aus kleinen I-Eisen hergestellt (Fig. 36—38). Behufs Verhinderung des Rostens werden die Kernstützen geteert oder verzinnt.

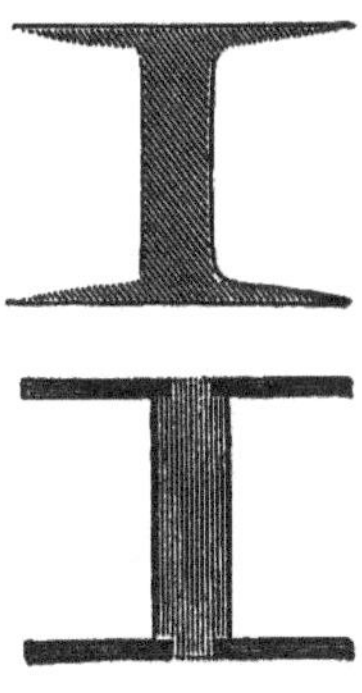

Fig. 36.

2. Former-Werkzeuge.

Die Werkzeuge der Former zerfallen, entsprechend den Hauptarbeiten bei Herstellung der Gufsformen, in zwei Gruppen. Die erste dient der Befestigung des Formmateriales, die zweite der Ausbesserung und Fertigstellung der Gufsform. Zur ersteren gehören die Sandsiebe aus Draht mit Maschen von 1—5 mm Weite, Schaufeln zum Bewegen der Formstoffe, Richtscheit und Setzwage zur Erzeugung wagerechter Flächen auf dem Herde, eiserne Lineale zum Abstreichen überschüssigen Formmateriales von den Kästen, vor allem aber die Stampfer aus Gufseisen in zwei Hauptformen, als Spitz- und Plattstampfer. Erstere haben die Gestalt eines abgestumpften Keiles, etwa 0,5 bis 1 kg Gewicht und dienen zum Feststampfen der Formstoffe, auch in den engen Räumen zwischen Modell und Form-

Fig. 37.

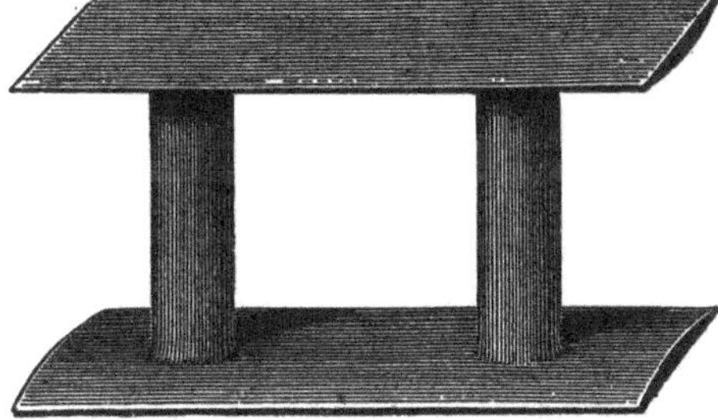

Fig. 38.

kastenwand. Je nach der Tiefe und der Stellung der Kästen (ob auf dem Herd oder auf dem Formtische) giebt man den Stampfern Stiele von 0,5 bis 1 m, zum Aufstampfen von Rohrformen auch mehrere Meter Länge; diese Stampfer haben dann die Gestalt eines Ringstücks. Der Plattstampfer dient zum Füllen des Kastens mit Formstoffen und zur Herstellung einer ebenen Oberfläche; er hat die Gestalt einer runden Platte und 1—2 kg Gewicht.

Die zweite Gruppe zum Ausbessern und Vollenden der Gufsform umfafst eine grofse An-

Fig. 39.

Fig. 40.

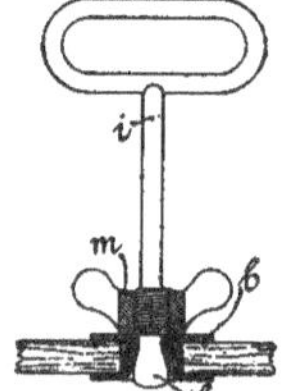

Fig. 41.

zahl verschiedener Werkzeuge, und zwar zum Reinigen der Modelle Bürsten und Handbesen, zum Losklopfen derselben Holzhämmer, zum Festhalten des im Oberkasten verbleibenden Modellteiles und zum Ausheben der Modelle spitze Holzschrauben verschiedener Länge

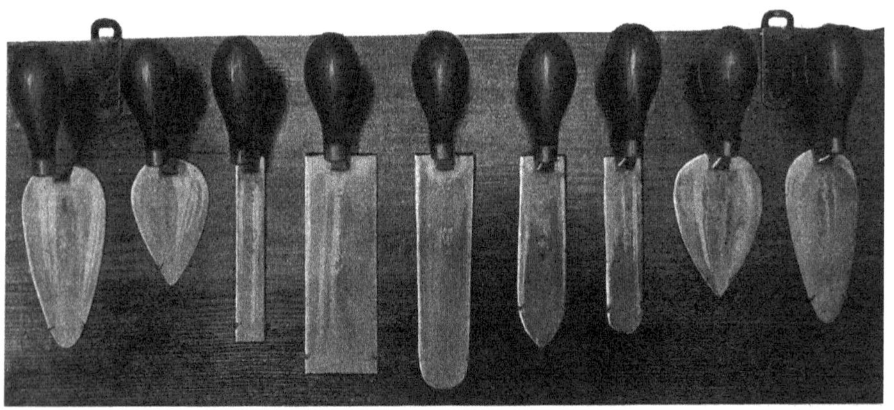

Fig. 42.

mit Ösen am stumpfen Ende; lezterem Zwecke dienen auch besondere Modellheber, wie der von Klotz (Fig. 39 und 40) und von Leuchter (Fig. 41). Der Heber *d* wird mit dem entsprechend gestalteten Ende *c* in die in das Modell *a* eingelassene Büchse *b*, deren Öffnung oben oval, unten cylindrisch gebohrt ist, gesteckt und mit der Flügelmutter *e* fest angezogen. Zum Anschneiden der Einläufe benutzt man entweder Blechlöffel oder die Truffel, auch Streich- oder Polierblech genannt, eines der vielseitigst verwendbaren Werkzeuge, das vor allem zum Glätten von Flächen, zum Anpolieren von Schwärze u. s. w. benutzt wird. Es ist aus

Fig. 43.

Eisen und hat die Form einer Kelle; die Gestalt selbst wechselt sehr, wie aus Fig. 42 hervorgeht. In Verbindung mit der Truffel verwendet man die Dämmhölzer beim Ausbessern abgebrochener Kanten, indem man diese dünnen Brettchen mit (Dämmbretter) oder ohne Hand-

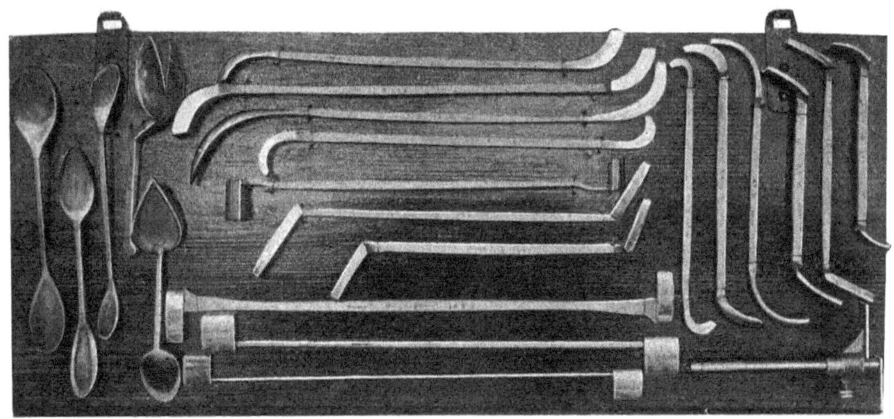

Fig. 44.

griff (Dämmblätter) gegen eine Fläche hält und mit der Truffel Formmaterial dahinter feststreicht. Die Dämmblätter dienen auch zur Herstellung neuer Kanten bei Veränderung der Abmessungen des Gufsstückes gegenüber dem Modelle, was „Abdämmen“ genannt wird. Um tief und in engen Räumen liegende Flächen erreichen zu können, bedient man sich der Lanzetten und der Polier-S, welche Fig. 43 und 44 in sehr verschiedenen Formen und Größen darstellen. Die sehr langgestreckten S (Schlängel) werden häufig aus Holz, die übrigen aus Stahl oder Bronze gefertigt. Beim Verputzen in tiefliegende Stellen hinab-

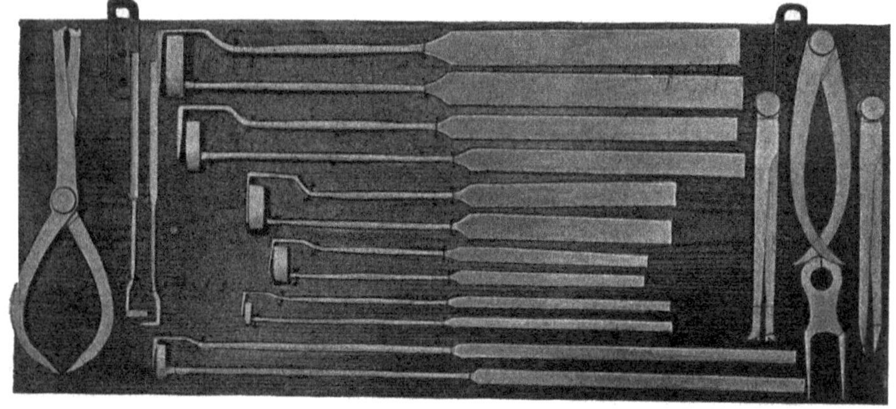

Fig. 45.

gefallener Formsand wird mittels der Sandhaken (Fig. 45 Mitte) mit flachem Fuße herausgeholt; solche mit dickem Fuße dienen zum Glätten tiefliegender Flächen, der Spatel am anderen Ende zur Bearbeitung ebener Seitenflächen in Vertiefungen. Zum Polieren krummer

Fig. 46.

Flächen, von Hohlkehlen und von krummen Kanten benutzt man die Polierknöpfe mannigfaltigster Gestalt aus Bronze, wie sie in Fig. 46 dargestellt sind*); um auch mit ihnen, besonders den cylindrischen Knöpfen

*) Die in den Fig. 42—46 abgebildete Sammlung von Formerwerkzeugen ist hervorgegangen aus der bekannten Fabrik von Wagner-Schneider in Steckborn in der Schweiz und Hemmenhofen in Baden.

in der unteren Reihe in die Tiefe reichen zu können, werden sie an einen Stiel geschraubt. Zum Erhellen tiefer Räume hat der Former eine Öllampe von der Form der gewöhnlichen Bergmannslampe. Neben den vorgenannten sind noch erforderlich: eine Kerngabel zum Anspiefsen und Einlegen kleiner Kerne (in Fig. 45 in der rechten unteren Ecke abgebildet); lange, spitze und mit Handgriff oder Öse versehene Nadeln aus Eisen oder Stahl, die Luftspiefse, zum Stechen zahlreicher feiner Kanäle für die Abführung der Luft, Pinsel und Wassergefäfs zum Netzen der Kanten vor dem Ausheben des Modelles, ein Blasebalg zum Entfernen von Sand und anderen Unreinigkeiten aus der Tiefe der Gufsform, ein Staubbeutel zur Aufnahme des Kohlenstaubes, Schraubzwingen zum Zusammenhalten von Form- und Kernkästen.

Die Lehmformerei erfordert noch einige besondere Instrumente, als Spitz- und Stangenzirkel, Taster (Fig. 45 links und rechts) zum Entnehmen und Auftragen von Mafsen, sowie Lote zum Aufbau der Form.

3. Kräne.

Das Heben, Fortbewegen und Wenden einzelner Formteile und ganzer Formen erfolgt, soweit möglich, mit der Hand; für schwere Formen bedient man sich der Kräne. Die in Eisengiefsereien gebräuchlichen Kräne zerfallen nach der Gestalt des Weges, welchen die aufgehobene Last in wagerechter Richtung zurücklegt, in Drehkräne und in Laufkräne. Von den ersteren verwendet man die mit dem besonderen Namen Giefsereikran belegte Form (Fig. 47), welche aus der senkrechten drehbaren Kransäule, der Strebe und dem wagerechten Ausleger besteht, auf welch letzterem ein kleiner Wagen mit Kettenrollen, die Katze, verschoben werden kann. Die Lastkette ist am äufseren Ende des Auslegers befestigt, von dort über die erste Rolle der Katze herab-, dann um die lose Rolle mit dem Lasthaken und über die zweite Rolle der Katze hinauf-, endlich über eine feste Rolle am inneren Ende des Auslegers und auf die Windentrommel geführt. Durch diese Anordnung wird vermieden, dafs die Verschiebung der Katze gleichzeitig ein Heben oder Senken der Last zur Folge hat. Die Laufrollen der Katze laufen auf Schienen, welche auf den beiden Wangen des Auslegers liegen; die Verschiebung der Katze erfolgt gewöhnlich durch eine Kette, welche mit beiden Enden an der Katze befestigt und über zwei an den Enden des Auslegers gelagerte Kettenrollen geschlungen ist. Die Kettenrolle am inneren Ende ist gezahnt und vermittelt den Antrieb für die Verschiebung der Katze; die andere dient nur als Leitrolle für die Kette. Die Drehung der Achse mit der gezahnten Kettenrolle wird entweder mittels Schnecke, Schneckenrad und Kettenscheibe mit herabhängender Kette ohne Ende, mittels konischer Zahnräder und einer Kurbel am unteren Ende der langen Achse eines der beiden Räder oder auf irgend eine andere Weise bewirkt.

Dreht man den Kran mit der gehobenen Last um die Kransäule,

so legt jene einen kreisförmigen Weg zurück, dessen Radius von dem jeweiligen Stande der Katze bestimmt ist. Ein solcher Kran bestreicht einen Ring, dessen groſser Radius gleich der Länge des Auslegers und

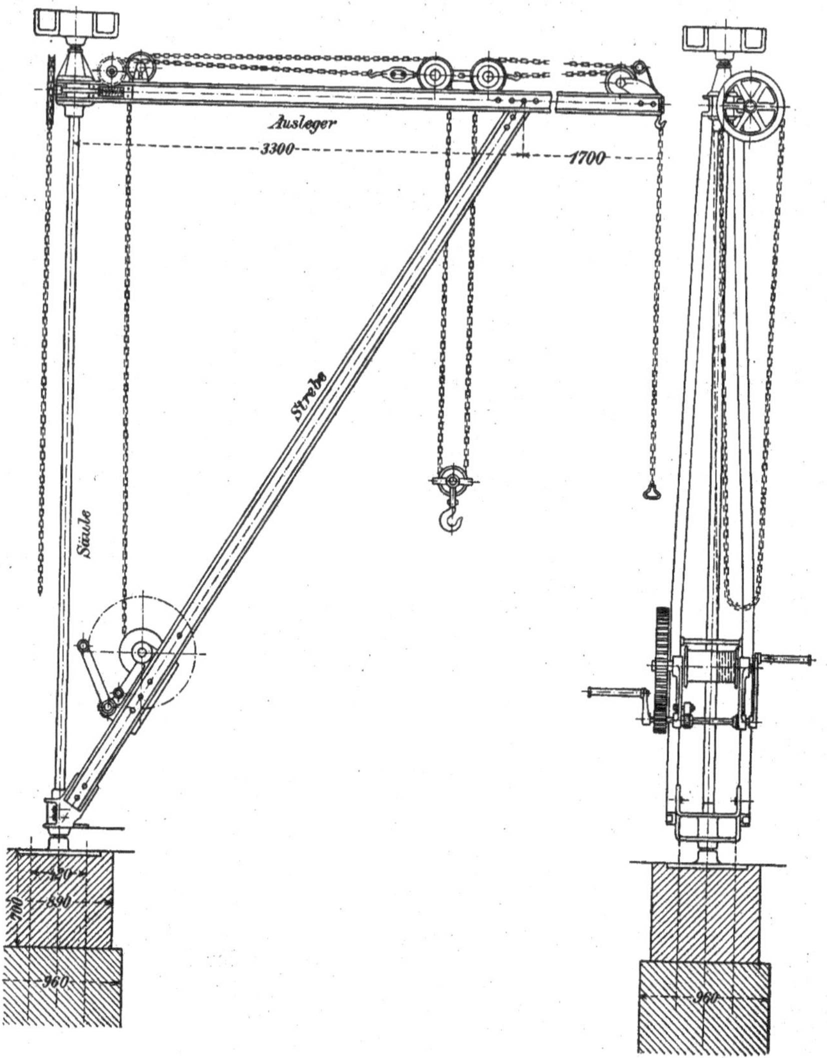

Fig. 47.

dessen kleiner 0,75 bis 1 m ist; denn der Raum dicht um die Säule muſs zur Bedienung des Kranes frei bleiben.

Da die Drehkräne fast stets von Hand bedient werden (Dampfdrehkräne sind selten, und mit Druckwasser betriebene dürften in Gieſsereien nur ganz ausnahmsweise vorkommen), so ist zum Heben schwerer Lasten die Winde mit Vorgelege zu versehen oder die Einschaltung eines Flaschenzuges bzw. beides nötig.

Die Giefsereikräne werden jetzt meist aus Eisen gebaut, doch finden sich noch sehr viele aus Holzbalken hergestellte.

Fahrbare Drehkräne werden mit Dampf betrieben und fortbewegt; sie sind gemeinschaftlich mit dem Dampfkessel und der Betriebsmaschine auf Wagen errichtet, die auf breiten Schienengeleisen laufen und werden weniger in den Giefsereien als auf den Hüttenplätzen zum Bewegen und Verladen schwerer Lasten gebraucht.

Die Laufkräne bestehen aus der Kranbrücke, welche das ganze zu bestreichende Feld in der Querrichtung überspannt, mit jedem Ende auf einer hochgelegenen Schienenbahn läuft und auf dieser der Länge nach über die ganze zu bedienende Fläche hinweg gefahren werden kann, sowie aus einer fahrbaren Winde, die sich auf der mit Schienen belegten Brücke in deren Längsrichtung bewegt. Die Bahn der Kranbrücke wird häufig von Säulenreihen, meist jedoch von den Längsmauern des Giefsereigebäudes getragen.

Der Laufkran hat vor dem Drehkran den grofsen Vorzug, dafs er an jedem Punkte seiner Bahn wirken kann; sind aber Lasten auf gröfsere Entfernung in der Längsrichtung des Gebäudes zu bewegen, oder soll der Kran bald an einem, bald am anderen Ende der Halle gebraucht werden, so ist die ganze schwere Brücke fortzubewegen, und das erfordert selbst bei mechanischem Antrieb (durch Wellen, Seile ohne Ende oder den elektrischen Strom) ziemlich viel Zeit. Es ist deshalb vorteilhaft, entweder das Arbeitsfeld des Kranes auf einen Teil des Gebäudes zu beschränken oder mehrere Laufkräne anzuordnen oder Laufkräne und Drehkräne nebeneinander zu verwenden. Letztere erfordern zur Bewegung der Last in wagerechter Richtung nur wenig Kraft; da sie überdies rasch arbeiten, so werden sie trotz ihres eng begrenzten Arbeitsfeldes gern und häufiger angewendet als Laufkräne.

Bockkräne, d. s. Laufkräne, deren Bahn zu ebener Erde liegt, dienen nur auf den Hüttenplätzen vorwiegend zum Be-, Ent- und Umladen.

Sehr oft ist es nicht möglich, die Last unmittelbar an den Kranhaken zu hängen, z. B. lange, in wagerechter Stellung aufzuhebende Formkästen u. s. w. Man schaltet dann einen Kranbalken ein, d. i. ein gufseiserner oder schmiedeeiserner Balken, welcher in der Mitte an einem Ringe vom Lasthaken gefafst wird, und an dessen Enden dann die Last mit zwei Krangehängen (Ringen aus Hanfseil oder Rundeisen) befestigt wird. Für verschieden grofse Lasten sind verschieden starke und tragfähige Kranbalken in Bereitschaft zu halten.

Um Verwechselungen und etwa daraus folgende Unglücksfälle zu vermeiden, ist es rätlich, auf den Kranbalken die zulässige Höchstlast durch Aufschreiben oder besser schon beim Gusse zu vermerken.

4. Trockenkammern und -Öfen.

Masse- und Lehmformen sowie Kerne müssen vor der Verwendung getrocknet werden. Leicht bewegliche Formen bringt man dazu in besonders für diesen Zweck erbaute Räume, die Trockenkammern, von rechteckigem Grundrisse (1 bis 40 qm), Manneshöhe, an drei Seiten von Mauern umgeben, an der vierten Seite mit doppelwandigen Flügel- oder Schiebethüren und mit gewölbter Decke versehen. Die Heizung erfolgt meist durch Einleiten von Feuergasen wasserarmer Brennstoffe, die sich in der Kammer mit den aus den Formen entwickelten Wasserdämpfen mischen und durch einen Schornstein abgesogen werden. In Metallgießereien läßt man wohl die Feuergase eines Tiegelofens durch kleinere Kammern hindurchströmen; in Eisengießereien werden die im allgemeinen beträchtlich größeren Kammern entweder von einer Feuerung geheizt, die in einer Ecke liegt, von innen beschickt und von außen nur mit Luft versehen wird oder besser von Füllfeuerungen, die ganz außerhalb der Kammer liegen und sich deshalb besser beaufsichtigen lassen. Man legt die Feuerung an das eine, den Gasabzug an das entgegengesetzte Ende der Kammer und zwar dort dicht über den Boden, damit die Gase sich erst mit Wasserdampf sättigen müssen, ehe sie austreten können.

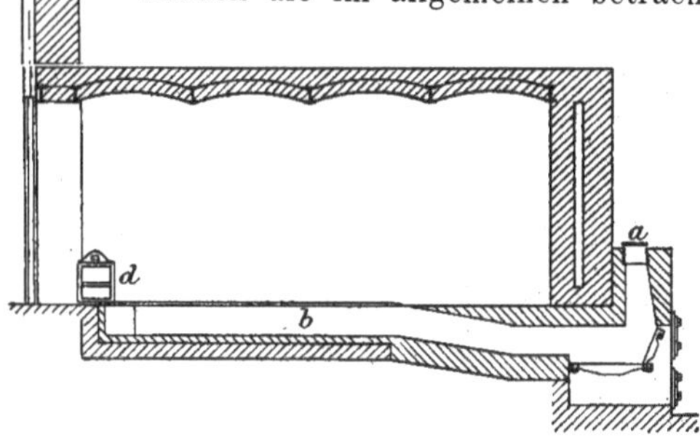

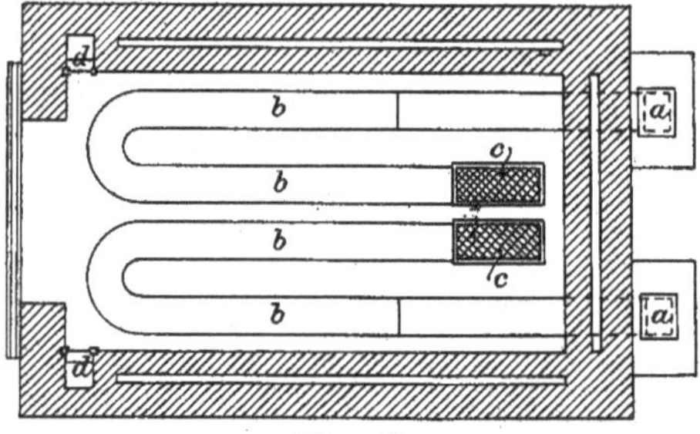

Fig. 48.

Die in Fig. 48 abgebildete Trockenkammer des Eisenwerkes Kaiserslautern hat zwei Füllfeuerungen *aa* für Koks oder Steinkohle, deren Gase durch zuerst überwölbte, weiterhin mit Platten abgedeckte Kanäle *bb* ziehen, bei *cc* durch Gitterplatten in die Kammer, bei *dd* durch Schieber in den Schornstein treten. Durch die Leitung der Feuergase unter dem Boden wird die Kammer sehr gleichmäßig erwärmt. Es ist vorteilhaft, hier mit Luftüberschuß zu heizen, um den Träger des Wasserdampfes zu vermehren und so das Trocknen zu beschleunigen. Die Größe der Rostfläche wechselt mit dem Inhalte der Kammern und beträgt für sehr große Kammern (über 100 cbm Inhalt) 0,6 qm, für kleine 1—2 qm auf 100 cbm Inhalt. Man erhitzt nicht viel über 100°; nur Masseformen für Stahlguß sind bis zur Austreibung des Hydratwassers, also etwa auf 500° zu erhitzen.

Ununterbrochen benutzten Kammern giebt man vorteilhaft grofse Abmessungen und doppelte oder sehr dicke Wände, um die Wärmeverluste durch Strahlung nach aufsen möglichst zu vermindern; dagegen ist es nicht zweckmäfsig, nur zeitweilig benutzte Kammern so sorgfältig gegen Ausstrahlung zu schützen, weil dann leicht die in den Wänden aufgespeicherte und auf alle Fälle verlorene Wärmemenge gröfser wird als die ausgestrahlte.

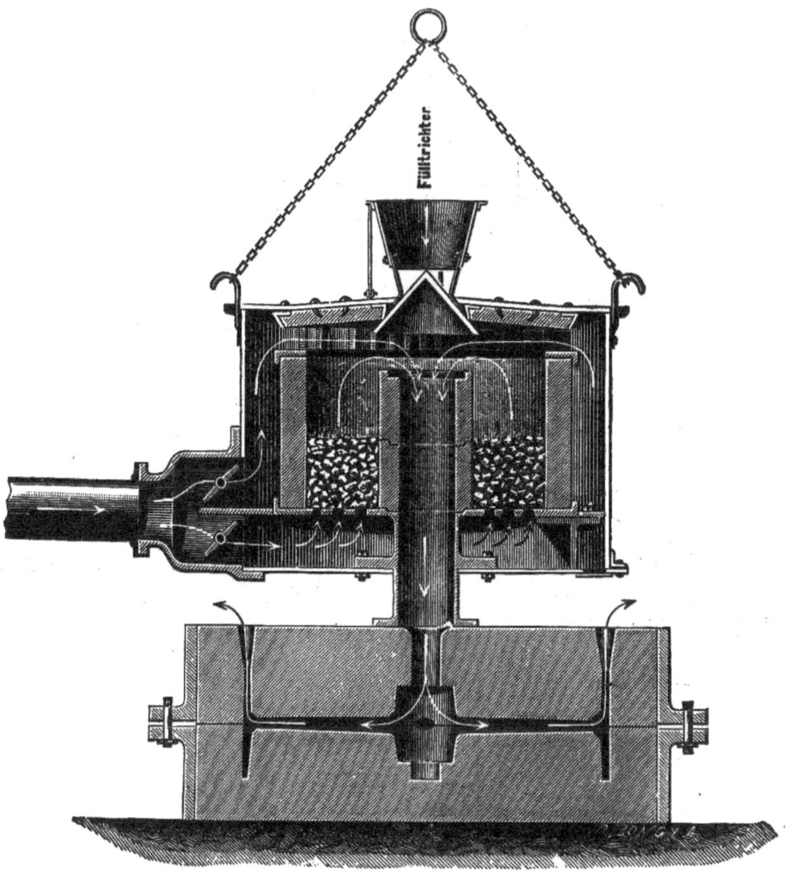

Fig. 49.

Trockenkammern für Kerne und kleine Gufsformen erhalten im Innern eiserne Gestelle zur Aufnahme der Gegenstände; solche für grofse Formen werden mit Geleisen versehen, auf denen die für die Formen bestimmten Wagen laufen. Vornehmlich Rohrkerne lassen sich auf zweckmäfsig angeordneten fahrbaren Gestellen in grofser Zahl gleichzeitig unterbringen.

Feststehende Formen müssen an Ort und Stelle getrocknet werden. Dies geschieht am einfachsten (aber nicht am billigsten) mit Kokskörben, besser mit kleinen fahrbaren Gebläseöfen, die ihre Verbrennungsgase in die Gufsformen entlassen, oder durch Heizgase, die in besonderen Leitungen den Verbrauchsstellen zugeführt werden. Unter den beweglichen Trockenöfen sind besonders der von der Wilhelmshütte in Waldenburg in Schlesien (Fig. 49) und der ganz ähnliche von Fey (Fig. 50) zu erwähnen.

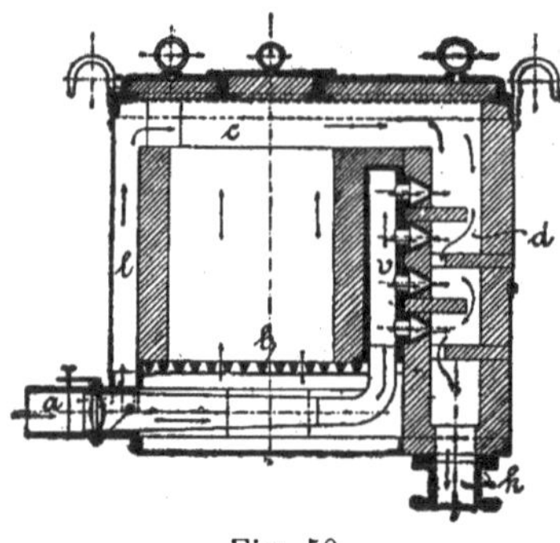

Fig. 50.

Ersterem strömt der Wind durch eine Leitung von links her zu, teilt sich in zwei, durch Drosselklappen regelbare Ströme, von denen der eine durch den Koks, der andere um die Ofenmauer herum sich bewegt, sich da vorwärmt und in dem mittleren Abzugsrohre mit den Feuergasen mischt. Mit diesem Rohre steht der ganze, übrigens am Kran hängende Ofen auf dem Eingufstrichter der Form, durch welche das heifse Gasgemisch fliefsen mufs. Bei Fey's Ofen tritt ebenfalls nur ein Teil des durch *a* zugeführten Windes bei *b* in den Koks; der andere wärmt sich bei *l* und *v* an der Ofenwand und mischt sich teils bei *c*, teils in dem Zickzackkanal *d* mit den Feuergasen, um durch den Stutzen *k* in die Form geleitet zu werden.

d. Die Formerarbeit.

1. Die Kernmacherei.

Die Herstellung der Kerne gehört zu den einfacheren Arbeiten des Formers. Kleinere Kerne werden gewöhnlich aus Sand oder Masse in hölzernen oder metallenen Büchsen, Kernkästen, Kerndrücker

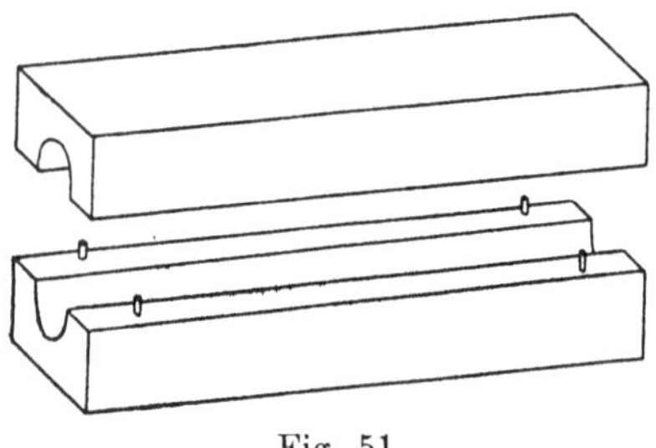
Fig. 51.

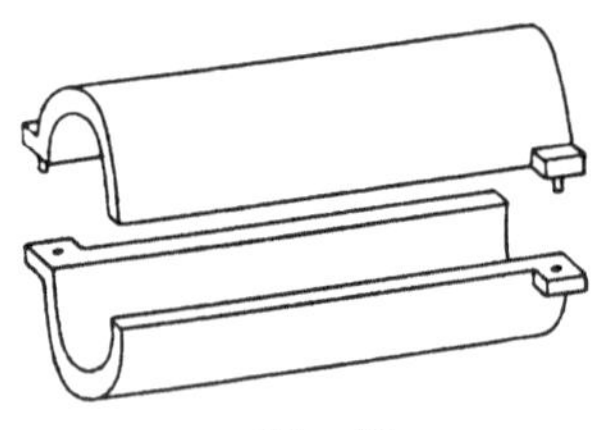
Fig. 52.

genannt, durch Stampfen, gröfsere cylindrisch oder prismatisch gestaltete, besonders lange Kerne für Röhren, Säulen und dergl. aus Lehm mittels Schablonen gedreht oder gezogen.

Sand für Kerne ist fetter als der für Gufsformen, und zwar um so mehr, je verwickelter die Gestalt ist; durch Zusatz von Pferdedünger oder Sägemehl wird er beim Trocknen porig und durchlässig. Während des Einstampfens werden die Kernkästen je nach der Gröfse entweder mit der Hand, mit Schraubzwingen oder übergeschobenen Ringen zusammengehalten. Dünne und lange Kerne erhalten durch Einlegen von Kerneisen die erforderliche Steifigkeit und Schutz gegen Zerbrechen. Gekrümmte Kerne erfordern auch entsprechend geformte Kerneisen, die aus Draht und Eisenstäben zusammen gebunden oder durch Gufs hergestellt werden. Um aus den Kernen die Luft abzuführen, durchsticht man sie der Länge nach mit dem Luftspiefs; sind sie gekrümmt, so

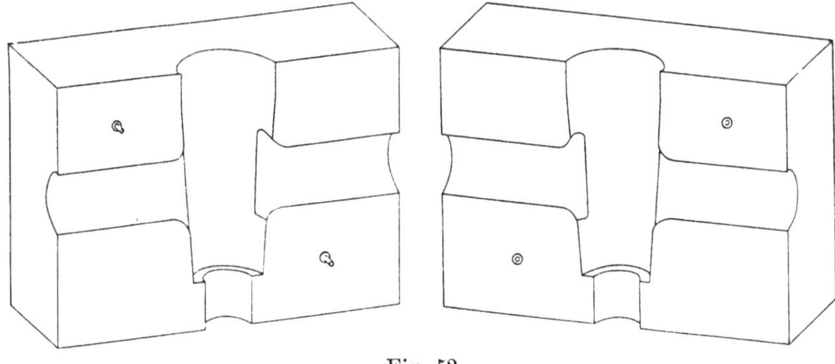

Fig. 53.

legt man Bindfäden oder Wachsstock ein; erstere werden vorsichtig aus dem fertigen Kern ausgezogen; letzterer schmilzt beim Trocknen, was mit jedem Kerne sehr vollständig erfolgen mufs. Da die Luft nur an den Kernmarken austreten kann, müssen dort Fortsetzungen der Kanäle im Kern auch durch die Formwand führen.

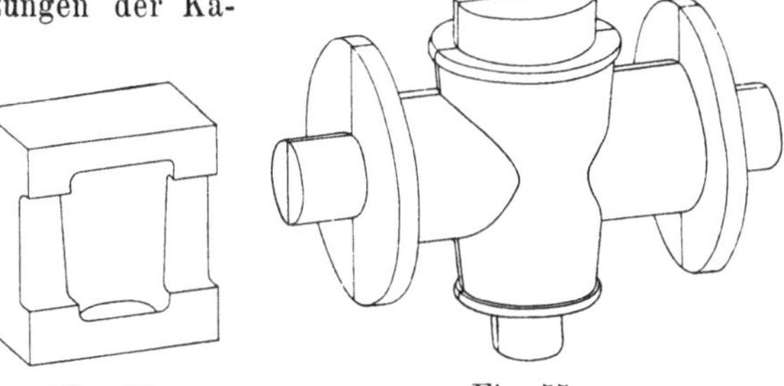

Fig. 54. Fig. 55.

In Fig. 51 u. 52 sind zwei einfache Kernkästen für cylindrische Kerne, in Fig. 53 und 54 solche für weniger einfache Kerne zu einem Hahngehäuse und einem Hahnkücken dargestellt; aus diesen ist zu ersehen, dafs der Kernkasten überall da Öffnungen zum Einstampfen von Sand haben mufs, wo Abzweigungen oder Ausladungen vorhanden sind. Fig. 55 stellt das Modell des Hahngehäuses mit den Kernmarken, Fig. 56 den Schnitt durch ein Hahnkücken mit dem darinliegenden Kerne dar.

Zur Erzeugung gleichartiger Kerne in grofser Zahl bedient man sich der Kernformmaschinen, welche weiter unten beschrieben sind.

Kerne für Rohre und ähnliche Körper werden auf der Kerndrehbank erzeugt; diese besteht aus zwei Holzböcken mit Lagern für die Zapfen der Kernspindel, welche man in der erforderlichen Entfernung voneinander aufstellt. Auf die in Umdrehung versetzte Kernspindel wickelt man zuerst eine bis zwei Lagen Strohseil und trägt hierüber mittels eines Schablonenbrettes zunächst eine Schicht fetteren, dann eine dünnere Schicht feineren aber mageren Lehmes auf, zusammen 5—20 mm dick. Die fertig gedrehten Kerne werden dann in gröfserer Zahl auf ein fahrbares Gestell gelegt, in die Trockenkammer gefahren, nach vollständigem Trocknen auf der Kerndrehbank mittels eines Strohwisches und Wasser glatt geschliffen, geschwärzt und nochmals getrocknet.

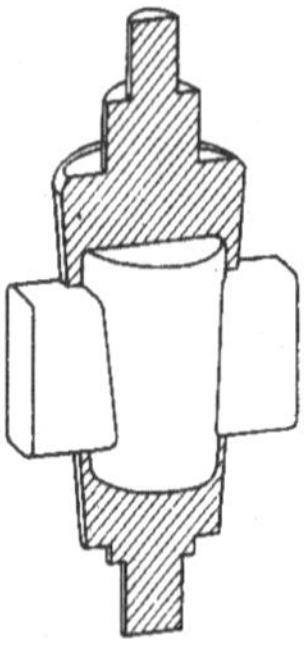

Prismatische und gekrümmte cylindrische Kerne werden, letztere in zwei Hälften, auf einer Ziehplatte aus Holz oder Eisen gezogen, wie in Fig. 57 und 58 dargestellt ist. Sie erhalten ein eisernes Gerippe als Einlage. Dicke Kerne fertigt man der Verringerung des Gewichtes und des rascheren Trocknens wegen hohl, zu welchem Zwecke man auf der Ziehplatte zunächst aus freier Hand einen verlorenen Sandkern formt, eine Schicht fetten, steifen Lehm aufträgt, das Kerngerippe eindrückt und dann mit Hilfe der Schablone eine zweite Lehmschicht in die richtige Form zieht; auch hier wird zuletzt eine Schicht feineren Lehmes aufgeschlichtet. Nach dem Trocknen werden die Hälften eines cylindrischen Kernes mit Draht zusammengebunden.

Fig. 56.

2. Die Handformerei mit Modellen.

Das Formen über Modelle ist wegen der leichteren Ausführung, der billigeren Löhne und deshalb, weil auch die Gestalt der auf diese Weise herzustellenden Abgüsse keiner Beschränkung unterliegt, das verbreitetste

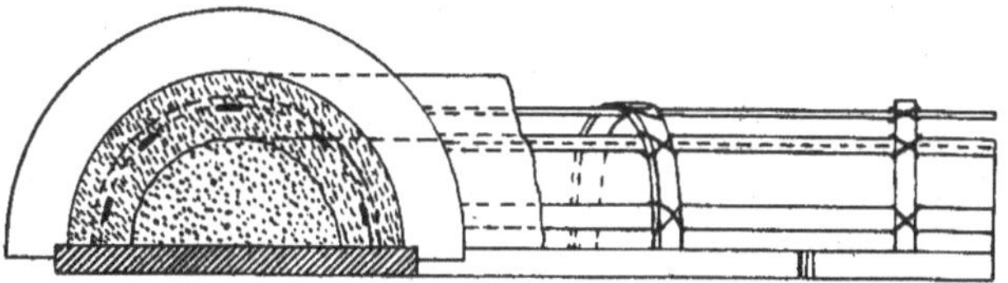

Fig. 57.

Verfahren, obwohl die Kosten der Modelle wesentlich höher sind als die von Schablonen.

Oben wurde schon erwähnt, dafs die Modelle, um das Herausnehmen aus der Form zu ermöglichen, häufig geteilt werden müssen; die Teilung verwickelter Gestalten in viele Stücke ist aber mit dem Übelstande verknüpft, dafs die Teile nach häufigerem Gebrauche nicht mehr genau aufeinander passen, dafs sie während des Aufstampfens der Form ihre Lage etwas verändern und dafs die Abgüsse ungenau ausfallen. Es ist dann zweckmäfsiger, an Stelle des Modelles die Form in mehrere Stücke zu zerlegen. Solche Stücke, die dann lediglich aus Formmaterial ohne besondere stützende Vorrichtungen, wie die Formkastenteile, bestehen, von dem Modell abgehoben werden, ehe dasselbe aus der Form entfernt wird, und die dann wieder an ihren Platz gesetzt sowie an demselben befestigt werden, heifsen Keilstücke, Kernstücke, Abzüge oder äufsere Kerne. Durch Anwendung derselben wird es z. B. möglich, unterschnittene Modelle aus der Form zu heben, ohne diese zu verletzen.

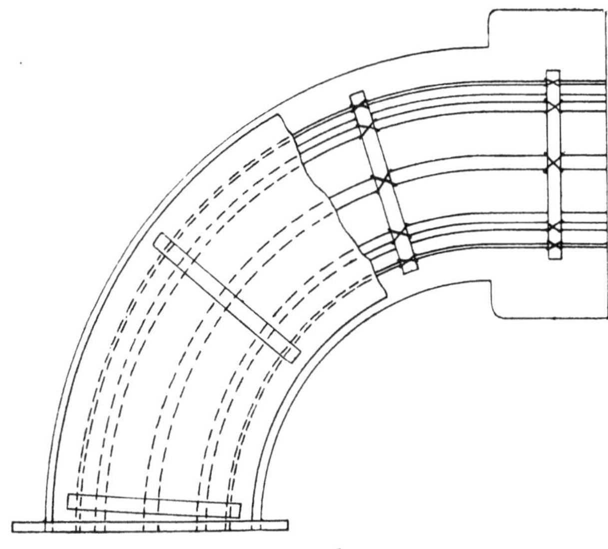

Fig. 58.

Das Einformen von Modellen erfolgt vorwiegend in Sand; nur dann, wenn die Form des hohen Druckes wegen sehr fest sein mufs, wenn es sich um Herstellung durchaus dichter Güsse handelt, oder wenn Flufseisen vergossen werden soll, formt man Modelle auch in Masse ein.

α. Das Formen im Herde.

Solche Gegenstände einfacher Gestalt, welche auf einer Seite durch eine Ebene begrenzt sind und welche, da an das Aussehen dieser Fläche keine hohen Anforderungen gestellt werden, mit freier Oberfläche erstarren können, stellt man als Herdgufs her, d. h. in Formen, die im Fufsboden der Giefshalle liegen, oben offen und nicht beweglich sind. Die Hüttensohle wird zu diesem Zweck aus einer dicken Lage sehr durchlässigen Sandes gebildet, die, wenn das Erdreich nicht an sich genügend porig ist, einen Untergrund von Koks oder kleingeschlagenen Steinen erhält. Diese Vorsicht ist notwendig, weil die Gase nur nach unten und nach der Seite aus der Form entweichen können.

Behufs Herstellung einer Form, z. B. für eine Platte, die an der einen Seite profiliert sein möge, wird der Sand befeuchtet, aufgegraben, gut durcheinander gemengt, mit Hilfe des Richtscheits geebnet und endlich mit einer 15—20 mm hohen Schicht Modellsand bedeckt. Dann bildet man mittels zweier in den Sand eingeklopfter Leisten, eines Richtscheites und der Setzwage eine wagerechte Ebene, den Herd, und drückt oder klopft nun das Plattenmodell gleichmäßig bis zur gewünschten Tiefe in den Sand. Nachdem man sich von der wagerechten Lage des Modelles überzeugt hat, umstampft man die Ränder, und zwar gewöhnlich etwas höher als die Dicke des Abgusses, schneidet einerseits den Einguſs, andererseits ein Niveau an und hebt dann das Modell, es auf der einen Seite zuerst vorsichtig lüftend, aus der Form. Der Einguſs und das Niveau sind kleine Sümpfe auſserhalb der Form, welche mit dieser durch flache Rinnen verbunden sind. Der Einguſs liegt höher als die Form und nimmt das aus der Gieſspfanne flieſsende Metall auf, da es nicht ohne Gefahr für die Form unmittelbar in diese gegossen werden kann. Das Niveau liegt tiefer und dient als Sammelraum für das in die Form gelangte überschüssige Metall; die Höhenlage des Ablaufes nach dem Niveau regelt die Eisenstärke des Abgusses. Macht man die Form nicht tiefer als die Plattendicke, so ist das Niveau überflüssig, und man gieſst sie bis an den Rand voll. Ist der Abguſs sehr groſs oder vielfach durchbrochen, wie z. B. eiserne Fensterrahmen, so bringt man mehrere Eingüsse an. Damit die Gase, welche nicht durch das flüssige Metall entweichen können, ohne Aufkochen desselben zu bewirken, einen Ausweg finden, wird mit dem Luftspieſs unter dem Modelle Luft gestochen. Für Formen von groſser Ausdehnung genügt das nicht; man stellt dann unter ihnen Abzugskanäle durch Einlegen von Strohseilen oder Gasröhren her. Wegen der schwierigen Abführung von Gasen und Dämpfen eignet sich der Herd hauptsächlich zur Herstellung flacher Gegenstände.

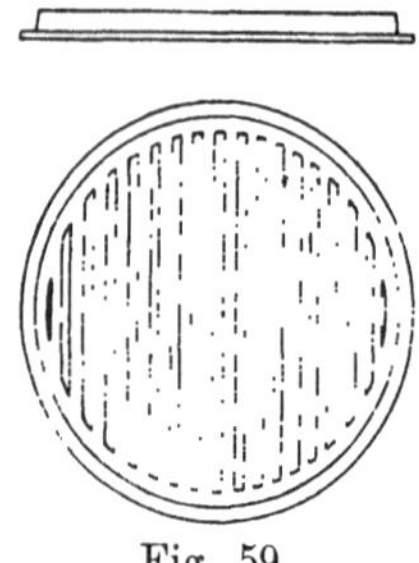

Fig. 59.

Nach dem Ausheben des Modelles folgt das Ausbessern beschädigter Stellen und das Ausstäuben mit Holzkohlenpulver.

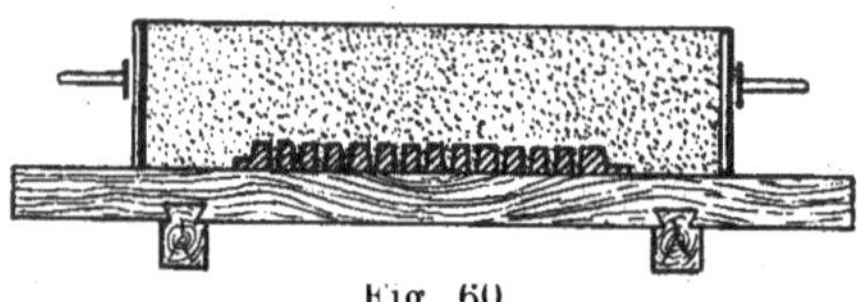

Fig. 60.

Soll die Platte Öffnungen besitzen, so können die Kerne bei genügender Gröſse durch Abdämmen aus Sand hergestellt werden; sind sie aber klein, so setzt man getrocknete Kerne ein, welche, damit sie nicht vom Eisen aus ihrer Lage gehoben werden, zu beschweren sind. Falze erzeugt man durch Einlegen eiserner, mit Lehmwasser bestrichener Stäbe als Kerne. Die Anwendung von Abzügen ist in der Herdformerei nicht häufig.

Sobald die Form der Abgüsse weniger einfach ist, wachsen die Löhne für das Einformen im Herde rasch und bedeutend, so daſs es vorteilhafter ist, solche Gegenstände im Kasten zu erzeugen.

β. Das Formen im Kasten.

Die meisten Formkästen sind zweiteilig. Ungeteilte Modelle, welche sich leicht im ganzen ausheben lassen, wie z. B. das eines Rostes (Fig. 59—62), pflegt man mit ihrer vollen Höhe im Unterkasten einzuformen; der Oberkasten dient dann nur als Decke, und es drücken sich in ihm aufser der Oberfläche des Modelles nur etwa vorhandene Kernmarken ab. Ist das Modell geteilt, so fällt seine Schnittebene mit der Trennungsfläche der Form zusammen.

Das Arbeitsverfahren ist beim Formen im zweiteiligen Kasten folgendes: Man legt das Modell bzw. den Modellteil mit seiner oberen Fläche auf einen Lehrboden, eine mit Verstärkungsleisten versehene Holzplatte, stülpt den Unterkasten umgekehrt darüber, siebt Modellsand auf, drückt denselben am Modelle fest und füllt den Kasten mit gröberem Sand an. Ist das Modell profiliert, so mufs man den Lehrboden, um seine Lage zu sichern, entsprechend ausschneiden. Das Feststampfen des Sandes hat sehr gleichmäfsig, aber nicht zu fest, in flachen Kästen auf einmal, in tiefen in mehreren Lagen zu erfolgen. Lose Stellen geben Anlafs zum Treiben des Metalles; zu festgestampfte Formen sind undurchlässig, und das Eisen kocht in ihnen.

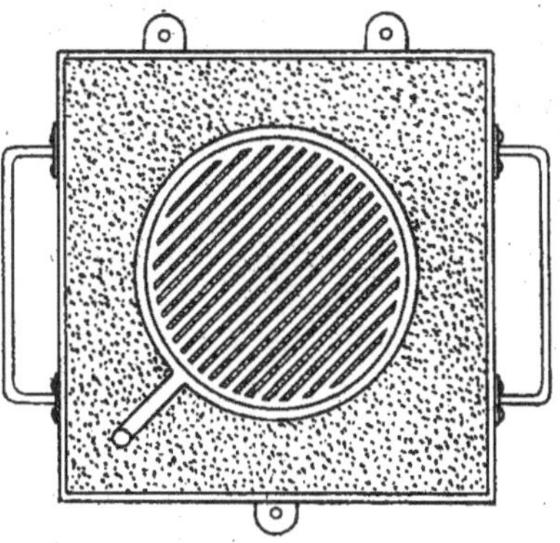

Fig. 61.

Ist der überschüssige Sand mit einem Lineal von dem vollen Kasten abgestrichen und ein zweites Brett, das Unterlagsbrett, aufgelegt; sind, wenn nötig, die beiden Bretter auch mit Klammern und Keilen am Kasten befestigt, so kann das Wenden desselben mit der Hand oder mit dem Kran erfolgen, ohne dafs der Sand herausfällt. Nach dem Entfernen des Lehrbodens liegt die Oberfläche des Kastens frei, und man kann sie mit der Truffel glätten, das Formmaterial um den Rand des Modelles fest andrücken, lose Stellen ausbessern u. s. w. Vor dem Aufsetzen des Oberkastens bestreut man den Unterkasten mit grobem Kohlenstaub oder trockenem Sand, bürstet das Modell sauber ab und legt die andere Modellhälfte auf. Ist der Oberkasten aufgesetzt, und sind die keil- oder kegelförmigen Eingufs- sowie die Steigtrichtermodelle an ihren Platz gebracht, so wird derselbe ebenso eingestampft wie der Unterkasten, nur etwas fester. Die Steigtrichter oder Windpfeifen stehen stets auf dem höchsten Punkte der Form, die Eingüsse aber, besonders wenn die Form tief ist, nicht auf, sondern neben derselben. Es sind dann im Unterkasten flache, wenn nötig gegabelte

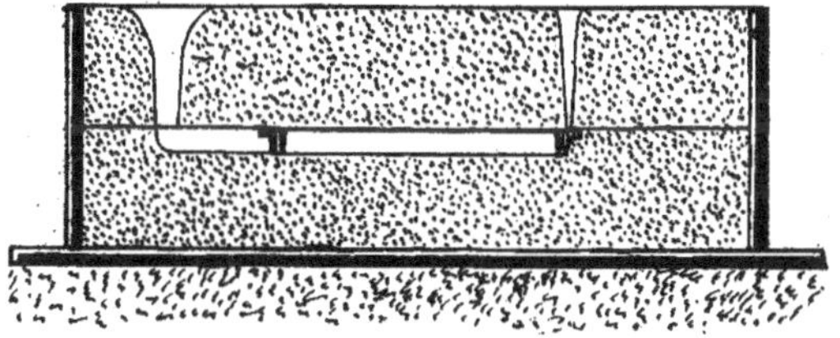

Fig. 62.

Einläufe mit der Truffel anzuschneiden. Ragt die Form des Oberkastens bis in den Unterkasten hinab, hat also der Oberkasten einen Ballen, wie es beim Einformen einer Lagerschale (Fig. 63 bis 66) der Fall ist, so fällt die Teilungsfläche der Form nur teilweise mit der des Kastens zusammen, im übrigen aber liegt sie tiefer. Ist der Ballen so schwer oder auch dünn, dafs die Wahrscheinlichkeit des Abbrechens dieses Teiles vorliegt, so werden sogenannte Gehänge, das sind Zförmige Haken von starkem Draht oder Gufseisen, welche über eine Zwischenwand greifen, mit eingestampft. Hat man nun mit dem Luftspiefs zahlreiche feine Kanäle in den Sand gestochen, sind die Trichtermodelle entfernt und die Eingüsse oben erweitert, so hebt man den Oberkasten ab, wendet ihn und beginnt die Vorbereitungen zum Ausheben des Modelles; sie bestehen im Nässen der Sandkanten behufs Erhöhung der Haltbarkeit, dem Einschrauben der Aushebösen und dem Lockern des Modelles durch Schläge gegen diese Ösen. Das Ausheben des Modelles hat möglichst senkrecht und ohne das geringste Schwanken nach der Seite zu erfolgen; trotz der gröfsten Vorsicht sind Verletzungen der Form fast nie zu vermeiden. Nachdem diese ausgebessert, vorstehende schwache Teile zum Schutze gegen Wegspülen durch das Metall mit Formerstiften (dünne und lange Drahtnägel) befestigt sind und die Form durch Blasen und mit dem Sandhaken gereinigt ist, wird sie mit Holzkohle bestäubt und poliert.

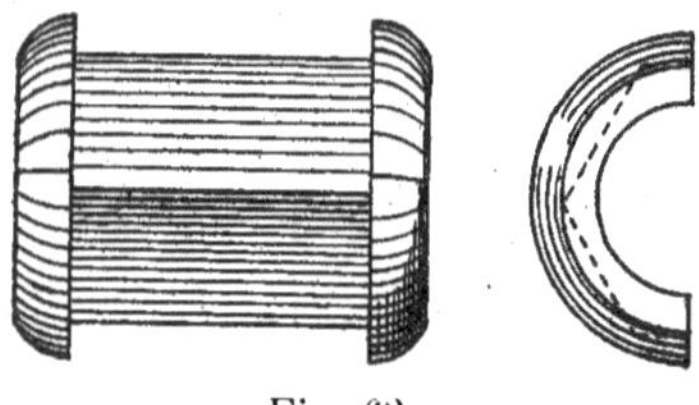

Fig. 63.

Ist der im Oberkasten liegende Modellteil so schwer, dafs man befürchten mufs, er werde beim Abheben herausfallen, so schraubt man durch den Sand hindurch mit Ösen versehene Holzschrauben in ihn ein und steckt einen auf dem Kasten aufliegenden, als Träger dienenden Stab in die Ösen. Schwere Kästen werden nicht gewendet; es bleibt beim Abheben derselben das Modell auf dem Unterkasten liegen, und der Former mufs, während der Kasten am Krane hängt oder auf Böcken ruht, die Ausbesserungen u. a. Arbeiten auf dem Rücken liegend ausführen.

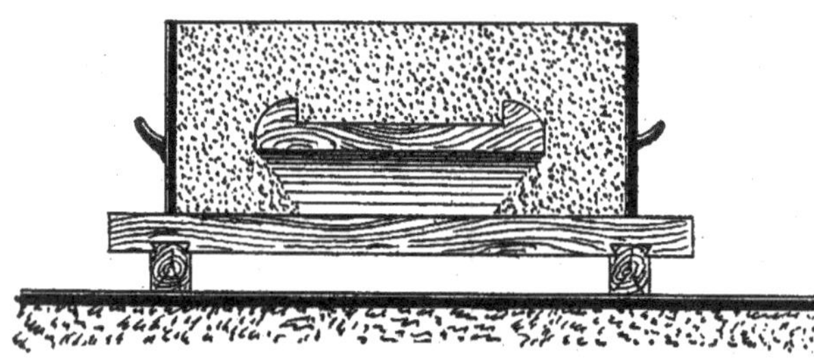

Fig. 64.

Wenn auch der Unterkasten in der beschriebenen Weise behandelt worden ist, so werden die Kerne eingelegt, die Formteile aufeinander gesetzt, die Einfallhaken geschlossen oder Beschwerungseisen aufgelegt, und die Form ist zum Abgiefsen fertig.

Anstatt, wie beschrieben, durch Aufstampfen einzuformen, kann man sich auch eines abgekürzten Verfahrens, des Einklopfens bedienen. Man stampft den aufrechtstehenden Unterkasten voll, gräbt ihn dem Umrisse des Modelles entsprechend auf, legt das Modell hinein, klopft es wie beim Formen im Herde bis zur richtigen Tiefe in den Sand und umstampft es von oben möglichst gleichmäfsig. Da hierbei das Wenden des Unterkastens entfällt, so ist das Verfahren besonders dort in Übung, wo viel schwere Abgüsse gefertigt werden.

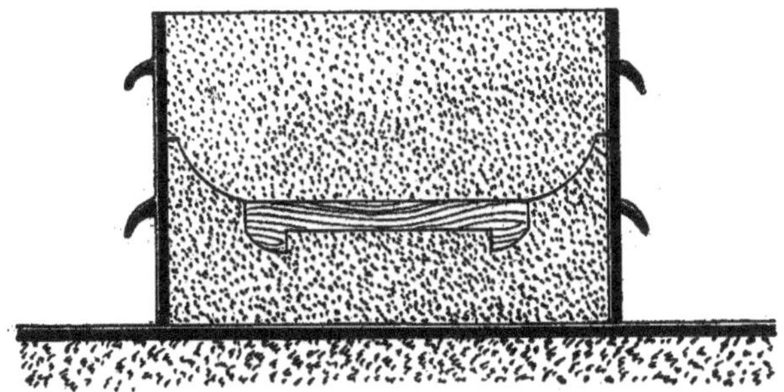

Fig. 65.

Ein zwischen dem Formen im Herd und dem Formen im Kasten stehendes Formverfahren ist das Formen im verdeckten Herde, bei dem der Herd den Unterkasten ersetzt. Das Modell wird in ihm in der gewöhnlichen Weise eingeformt; dann setzt man den Oberkasten darauf, sichert seine Stellung gegenüber dem Herde durch Eintreiben von Pflöcken an jeder Seite nahe den Ecken und behandelt ihn wie beim Formen im Doppelkasten.

Eine andere Art der Befestigung des Formsandes haben Gebr. Körting eingeführt; sie ersetzen das Stampfen durch Walzen, indem sie eine schwere Walze über den mit Sand gefüllten Formkasten hinrollen, wie Fig. 67 zeigt. Erhebt sich das Modell hoch über den Lehrboden, so kommen zwei Walzen zur Verwendung, von welchen die erste eine dem Modell entsprechende Gestalt hat und den Sand um dieses herum festdrückt, wogegen die zweite das Dichten des Füllsandes besorgt. Die Anwendung auf rohrförmige Körper ist in den Fig. 68 und 69 dargestellt. Sind solche Formen in grofser Zahl herzustellen, so versieht man den Formkasten an den oberen Längskanten aufsen mit Zahnstangen, setzt auf die Achse der Walze Ritzel und Kurbeln und erleichtert so die Fortbewegung der schweren Walze. Das Festdrücken des Füllsandes in niedrigen Kästen wird hier und da auch mit schweren metallenen Kugeln bewirkt, die man mit der Hand hin und her rollt.

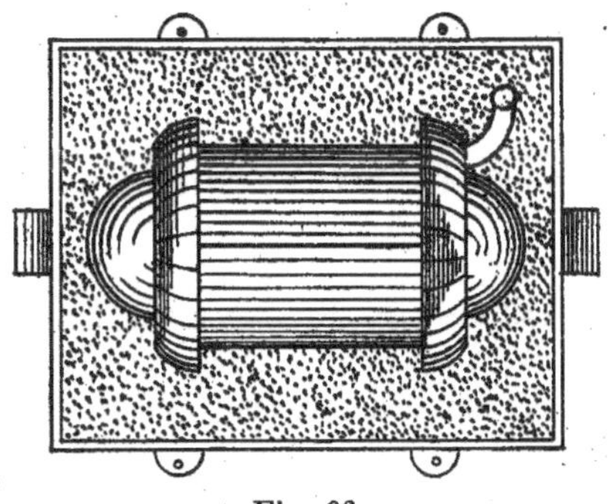

Fig. 66.

Das Walzverfahren erleichtert und beschleunigt die Arbeit ungemein und kann auch von ungelernten Arbeitern ausgeführt werden.

Wenn wir die verschiedenen Arbeiten des Formers in Bezug auf die Schwierigkeit der Ausführung und auf den Zeitaufwand vergleichen, so finden wir,

1. daſs in den Fällen, wo mehrere Modelle gleichzeitig in einem Kasten einzuformen sind, deren zweckmäſsige Anordnung längere Überlegung, ja unter Umständen wiederholtes Probieren erfordert und daſs auch das Einscheiden der Einläufe mit gröſserem Zeitaufwande verbunden ist;

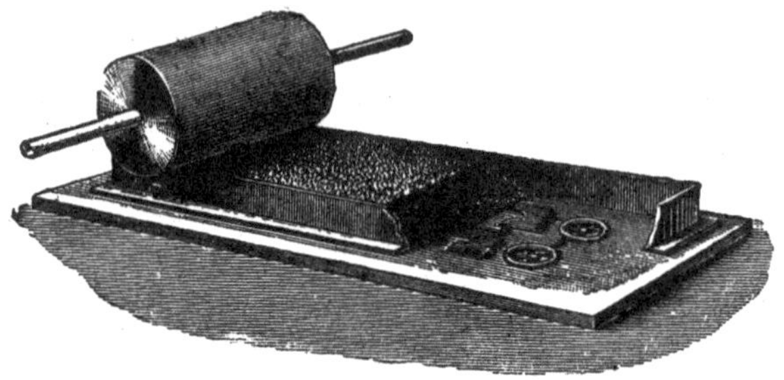

Fig. 67.

2. daſs das Ausheben der Modelle nicht nur mit der äuſsersten Sorgfalt erfolgen muſs, sondern daſs es auch fast niemals ohne Verletzung der Form gelingt und überdies einige Vorarbeiten, wie das Einschrauben von Stiften zum Erfassen des Modelles, das Benetzen der Sandkanten und das Klopfen des Modelles behufs Erweiterung der Form nötig macht;

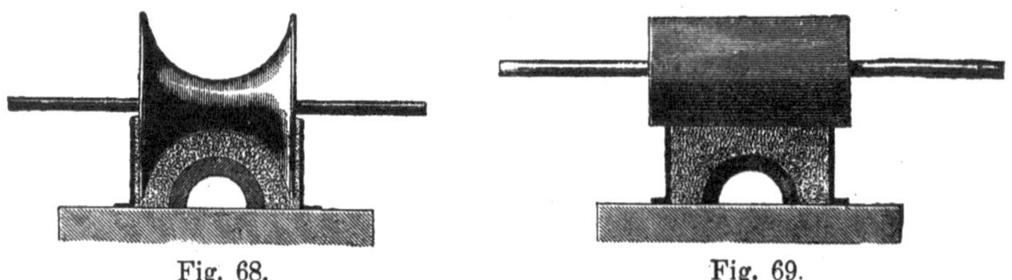

Fig. 68. Fig. 69.

3. daſs das Ausbessern der Form viel Geschicklichkeit und Zeit erfordert.

Der Zeitaufwand für die Arbeiten unter 2 und 3 ist gröſser als für alle übrigen zusammen. Durch genaues Ausheben der Modelle, welches ein Ausbessern der Form überflüssig macht, kann sonach sehr viel Zeit und Arbeit gespart werden. Das wichtigste Hilfsmittel hierfür bilden die Modellplatten, welche zuerst im J. 1827 von Frankenfeld auf Rothe Hütte im Harz angewendet wurden. Es sind dies Platten, auf welchen die Modelle bezw. Modellteile nebst den Modellen für die Einläufe in der richtigen Stellung befestigt sind; sie dienen als Lehrboden und haben zum Zwecke genauer Einstellung der Kästen Bohrungen für deren Schliefsstifte oder Führungsstifte für die Ösen. Sind die Modelle geteilt, so befinden sich die Teile auf verschiedenen Platten (Fig. 70 u. 71) oder auf den beiden Seiten einer und derselben; sind die Modelle symmetrisch zur Teilungsebene, so genügt eine Platte für beide Kastenhälften (Fig. 72). Solche Modellplatten erfordern, damit die Formteile genau aufeinander passen, äufserst sorgfältige Herstellung. Man verfährt dabei folgendermafsen: die Platte wird auf den eingestampften Kasten gelegt und mit diesem gewendet; gräbt

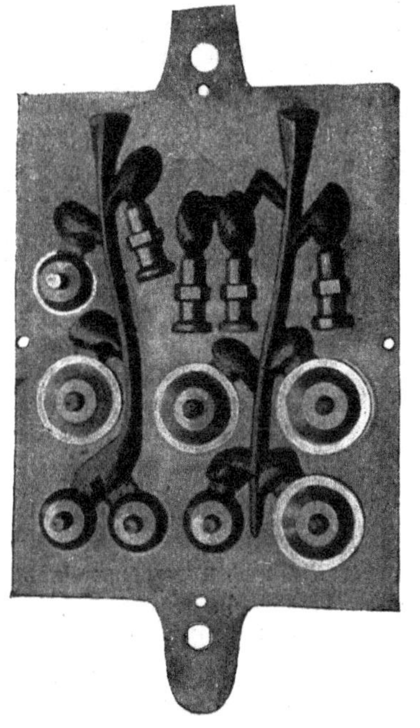

Fig. 70.

Fig. 71.

man nun den Sand von rückwärts vorsichtig auf, ohne die Modelle aus ihrer Lage zu rücken, so kann man ihren Umrifs auf der Platte mit einer Nadel aufreifsen und dadurch ihre Stellung genau bestimmen. Soll die Platte zweiseitig benutzbar sein, so wird mit der andern Kastenhälfte ebenso verfahren; in diesem Fall empfiehlt es sich aber, die Modellteile nicht sofort endgiltig zu befestigen, sondern vorher Probegüsse anzufertigen.

Ein anderes Verfahren zur Herstellung zweiseitiger Modellplatten rührt von Dehne in Halberstadt her. Man formt die Modelle ein, hebt sie aus, setzt aber nun die Kastenteile nicht aufeinander, sondern schiebt einen Rahmen zwischen sie, dessen Höhe gleich der Dicke der Platte ist, und giefst den Hohlraum mit Metall aus.

Die Vorteile, welche die Modellplatten gewähren, sind folgende:

1. die Modelle sind dauerhafter, da sowohl das Einschrauben der Aushebeösen als das Lockerschlagen wegfällt; die Schläge richten sich gegen die ganze Platte; 2. die oben unter 1 angegebenen Arbeiten sowie die Vorarbeiten für das Ausheben fallen weg; 3. das Ausheben der Modelle geschieht bei der genauen Führung der Platte senkrecht und ohne Schwanken, so daſs Ausbesserungen nicht erforderlich sind; 4. der Oberkasten wird ebenfalls auf einer harten Unterlage und nicht auf dem Sande des Unterkastens aufgestampft.

Die Herstellung von Formen für Röhren erheischt, da sie nicht nur wegen der Massenhaftigkeit der Erzeugnisse von hoher Wichtigkeit ist, sondern auch mancherlei Abweichungen von den bisher betrachteten Verfahren aufweist, unsere besondere Aufmerksamkeit. Die Röhren müssen, seien sie für Gas- oder Wasserleitungen bestimmt, nicht nur vollkommen undurchlässig, sondern auch sehr fest und dabei möglichst leicht sein; sie werden auf die ersten beiden Anforderungen durch Füllen mit gepreſster Luft bezw. gepreſstem Wasser geprüft. Den Forderungen wird allein durch Verwendung vorzüglichen, phosphorarmen Eisens und zweckmäſsige Herstellung der Formen genügt. Dieselben müssen nämlich nicht nur in senkrechter Stellung abgegossen, sondern auch eingeformt werden, wenn man sicher sein will, daſs die Wandstärke überall gleich groſs ist und daſs nicht an der beim Gieſsen oben liegenden Seite poröse und unten infolge mangelhafter Vereinigung der Kernstützen mit dem flüssigen Metall ebenfalls undichte Stellen entstehen; zudem fallen beim Formen in aufrechter Stellung die Guſsnähte weg. Unter dem hohen Drucke der Eisensäule wird das untere Ende des Abgusses sehr dicht und fest; vielfach wird verlangt, daſs die Muffe beim Guſs unten liege. Das umgekehrte Verfahren, bei welchem das Spitzende am dichtesten wird, dürfte vorzuziehen sein, da dieses nicht, wohl aber die Muffe leicht verstärkt werden kann, wenn es auf Erhöhung der Festigkeit ankommt.

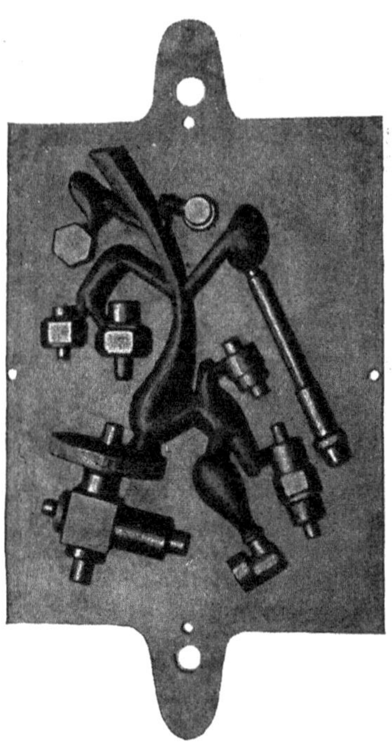

Fig. 72.

Die Formkasten q (Fig. 73) sind cylindrisch und nur etwa 50 mm weiter als die sorgfältig abgedrehten Modelle. Die Muffenmodelle bilden immer, mögen sie unten oder oben angeordnet sein, ein Stück für sich. Werden die Rohre mit den Muffen nach unten stehend gegossen, so müssen die Formkasten aus zwei Teilen bestehen und vor dem Ausheben der Abgüsse geöffnet werden. Das Einformen des sich selbstthätig centrierenden Modells erfolgt in fettem Sand oder Masse, das Schwärzen mit Hilfe von langstieligen Bürsten, das Trocknen durch kleine, fahrbare Gebläseöfchen oder durch Gasflammen, welche von einer festliegenden, Generatorgas zuführenden Leitung gespeist werden. Dann ist die Form zum Einsetzen des sich bei *aa* ebenfalls selbst centrierenden Kerns *g* und zum Abgiefsen, welches wie alle vorhergehenden Arbeiten an derselben Stelle vorgenommen wird, fertig. Das Trocknen der Rohrformen in Trockenkammern ist wegen des hohen Arbeitsaufwandes beim Transport allgemein aufgegeben. Die Formen hängen entweder in Dammgruben oder, und dann sind sie besser von unten aus zugänglich, im Obergeschofs eines hohen Gebäudes, wo auch die Former und Giefser arbeiten. Kernspindeln und Abgüsse müssen wie das Modell nach oben ausgezogen werden. Alle Transporte und das Ausziehen erfolgt in gröfseren Rohrgiefsereien durch maschinelle Kräne.

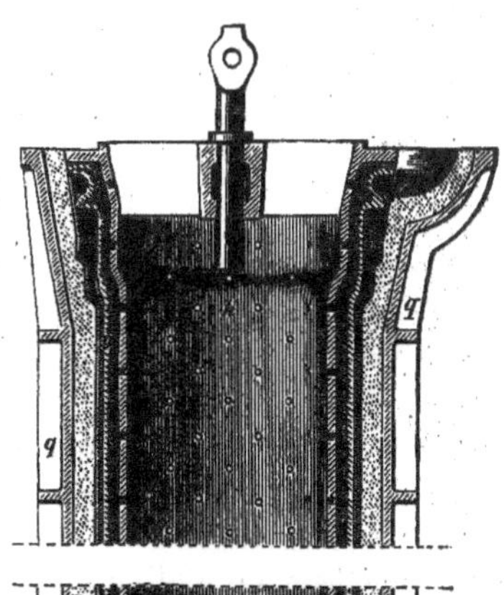

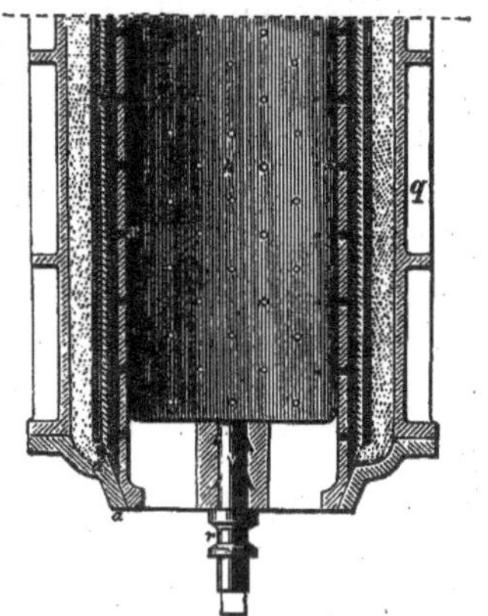

Fig. 73.

3. Die Maschinenformerei.

Die Notwendigkeit, zur Herstellung der Gufsformen denkende, geschickte und infolgedessen auch hoch zu lohnende Arbeiter zu verwenden, hatte zwar schon längst das Bedürfnis nach Maschinen wachgerufen, welche gestatten, mit nur wenigen fachgemäfs ausgebildeten Arbeitern und zahlreichen minderwertigen Hilfskräften in kurzer Zeit eine grofse Zahl vollendeter Formen herzustellen; aber dieses Bedürfnis ist erst in den siebziger Jahren dieses Jahrhunderts befriedigt worden, nachdem man vorerst davon abgesehen hatte, Maschinen zu erbauen, welche alle die zahlreichen Arbeiten des Formers ausführen können, und sich darauf beschränkte, demselben die zeitraubendsten und schwierigsten Arbeiten abzunehmen, also das Anordnen und Ausheben der Modelle und das Ausbessern der Formen. Erst seit etwa einem Jahrzehnt hat man auch die Befestigung des Formstoffes der Maschine wieder übertragen, doch ist das Stampfen durch ein Pressen ersetzt worden. Die Grundlage aller dieser Maschinen, welche heute in ungemein zahlreichen Bauarten in Gebrauch stehen, bildet die Modellplatte, die in der Durchziehplatte von Brown eine Ergänzung von kaum zu überschätzender Bedeutung erfahren hat.

Die Durchziehplatte dient als Träger des Formkastens und liegt über der Modellplatte; sie ist mit Ausschnitten versehen, welche genau dem Umrisse der Modelle entsprechen; aus diesen Öffnungen ragen die Modelle, deren Höhe um die Dicke der Durchziehplatte vergröfsert sein mufs, hervor und können mit der Modellplatte aus der Form gezogen werden, ohne eine Spur Sand mitzureifsen, da dieser ja von der Durchziehplatte getragen wird. Die Herstellung der Durchziehplatten für Modelle von starkgegliedertem Umrisse, z. B. für Zahnräder, ist sehr zeitraubend und kostspielig; man macht dann den Ausschnitt der Durchziehplatte etwas gröfser, giefst den Raum zwischen Modell und Rand des Ausschnittes mit einer Legierung aus und erhält so eine dem Modelle mit höchster Genauigkeit sich anschliefsende Durchbrechung der Platte.

Eine andere Gruppe von Formmaschinen dient dem Sonderzwecke der Herstellung von Zahnrädern. Sie verbilligt nicht, wie die der ersten, die Formerarbeit, da eine Zeitersparnis mit ihrer Hilfe kaum zu erzielen ist; wohl aber gestattet sie eine ganz erhebliche Herabsetzung der sehr hohen Modellkosten, da statt eines vollen Radmodelles nur ein solches für zwei Zähne erforderlich ist, auf dessen Herstellung die peinlichste Sorgfalt verwendet wird und liefert besonders genaue Abgüsse. Da alle Zähne über dasselbe Modell geformt werden, erhalten sie ganz genau gleiche Form und gleichen Abstand, was bei Herstellung des vollen Modelles zu erreichen fast unmöglich ist.

Die zahlreichen Maschinen lassen sich folgendermafsen übersichtlich gruppieren:

I. Formmaschinen zur Ersparnis von Formerlöhnen.
  A. Das Stampfen erfolgt von Hand; die Maschine zieht das Modell aus
    a) ohne Wenden des Kastens,
    b) mit Wenden des Kastens.
  B. Die Maschine befestigt den Formstoff und zieht das Modell aus
    a) durch Stampfen,
    b) durch Pressen.

II. Formmaschinen zur Ersparnis von Modellkosten.
  A. Die Form steht fest, das Modell kreist.
  B. Die Form dreht sich, das Modell steht fest.

Als Beispiele können aus der grofsen Zahl nur einzelne Vertreter der verschiedenen Arten beschrieben werden.

Die in Fig. 74 dargestellte, von Karl Schütze in Berlin gebaute einfache Abhebemaschine besteht aus einem eisernen Ständer, der oben eine Tischplatte, darunter eine senkrecht bewegliche Zahnstange mit einem Armkreuz trägt. Auf der Tischplatte wird ein leicht auswechselbarer Rahmen befestigt, dessen Höhe sich nach der der Modelle, also nach der erforderlichen Hubhöhe richtet, und auf dem die Modellplatte ruht. Auf letztere setzt man den Formkasten, stampft ihn voll und hebt ihn dann mittels der in den Armen des Kreuzes befestigten Abhebestifte durch Drehen des Handhebels und des auf seiner Achse sitzenden Ritzels von der Modellplatte ab. Die Abhebestifte tragen an ihrem oberen Ende mit Stiftschrauben versehene Köpfe, mit deren Hilfe man durch Auf- oder Niederschrauben Unebenheiten des Formkastens ausgleichen kann. Zahnstange und Ritzel sind zum Schutze der Verunreinigung durch Sand mit einem Blechkasten umgeben.

Die Maschine eignet sich nur für ziemlich flache Modelle; für höhere nur dann, wenn sie stark verjüngt zulaufen. Für die beiden Kastenhälften hat man zwei Maschinen nötig, oder man mufs die Modellplatte auswechseln. Soll nicht der Kasten abgehoben, sondern das Modell nach unten aus dem Sande gezogen werden, so empfiehlt es sich, eine Durchziehplatte anzuwenden.

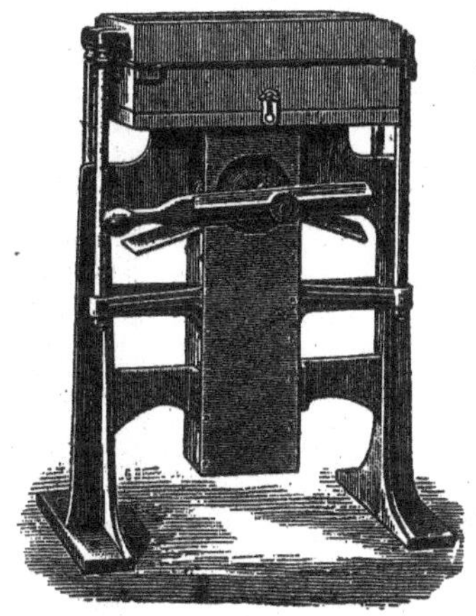

Fig. 74.

Bei den Maschinen der folgenden Gruppe wird die Modellplatte nach oben hin vom Kasten abgezogen, was ein Wenden beider zur Voraussetzung hat. Zu diesem Zwecke mufs der Formkasten auf irgend eine Weise, gewöhnlich geschieht es mit Splintbolzen und Keilen, auf der Modellplatte befestigt und diese mit Zapfen versehen werden, eine Einrichtung, die zuerst von Muir getroffen wurde. Sind geteilte Modelle einzuformen, so braucht man, um das häufige Auswechseln der Modellplatten zu vermeiden, wie bei den Maschinen der Gruppe *A a*, zwei Maschinen. Woolnough & Dehne in Halberstadt verwendeten, um mit einer Maschine auszukommen, zuerst eine zweiseitige Modellplatte. Diese ziemlich verbreitete Maschine ist in Fig. 75 abgebildet. Die Modellplatten sind, damit nicht jede einzelne mit abgedrehten Zapfen versehen zu werden braucht, in einem Rahmen *a* befestigt, der mit seinen Zapfen in Lagern ruht, welche die Kopfstücke zweier senkrecht beweglichen schmiedeeisernen Spindeln *b* bilden. Diese Spindeln befinden sich innerhalb hohler gufseiserner Säulen *c* und werden oben und unten in Stopfbüchsen geführt. Das Heben und Senken der Platte bringt man durch Drehen des Handhebels *d* hervor, dessen Bewegung sich mittels der Welle *e* auf die von Blechkapseln eingeschlossenen Schraubenräder *f* und die Spindeln überträgt, deren Gewinde nicht nur als Zahnstange, sondern auch zur genauen Regulierung der gegenseitigen Höhenlage der Zapfenlager dient. Bei Herstellung einer Form hält man die Modellplatte durch Anziehen der Klemmschrauben *g* in wagerechter Lage fest, befestigt auf ihr mittels Splintbolzen und Keilen einen

Formkasten, stampft ihn voll, hebt durch Drehung von *d* die Platte mit dem Kasten so hoch, dafs sie beim Wenden nicht anstöfst, löst die Schrauben *g*, wendet um 180°, senkt so lange, bis der Kasten auf dem Tische *h* aufsitzt, entfernt die Bolzen und hebt durch abermalige Drehung von *d* die Platte vom Kasten; sie hat jetzt die für die Anfertigung der anderen Formhälfte erforderliche Stellung. Es wird nun der mit Rädern versehene Tisch auf der von Blechträgern *i* gebildeten Bahn seitlich herausgezogen und der Kasten beiseite gesetzt, bis der andere in gleicher Weise fertig gestellt ist. Damit die Maschine für

Fig. 75.

Platten verschiedener Gröfse verwendbar ist, können die Säulen *c* auf ihrem Bette *k* verschoben werden.

Zum Einformen von Töpfen erbaut das Eisenhüttenwerk Marienhütte bei Kotzenau zwei Maschinen, die durch die Fig. 76 und 77 erläutert werden. Der in Schildzapfen *a* gelagerte Rahmen *c* trägt auf der einen Seite das Mantelmodell *o*, auf der anderen das Kernmodell *i*. Letzteres wird zuerst nach oben gedreht, der Unterkasten aufgesetzt und vollgestampft. Hierauf wendet man den Rahmen um 180°, sodafs das Mantelmodell oben liegt, befestigt den Oberkasten darüber und stampft auch diesen auf. Beide Kästen werden dann nacheinander auf den mittels des ihn tragenden Tisches heb- und senkbaren Wagen *e* abgelegt. — Zum Einformen bauchiger Töpfe mufs der Oberkasten *k* für die Mantelform und das Kernmodell *i* geteilt sein, sodafs sie nach erfolgtem Aufstampfen durch Drehen der Schraubenspindel *s* mit Rechts- und Linksgewinde von dem Modelle bezw. dem Kerne seitwärts abgezogen werden können.

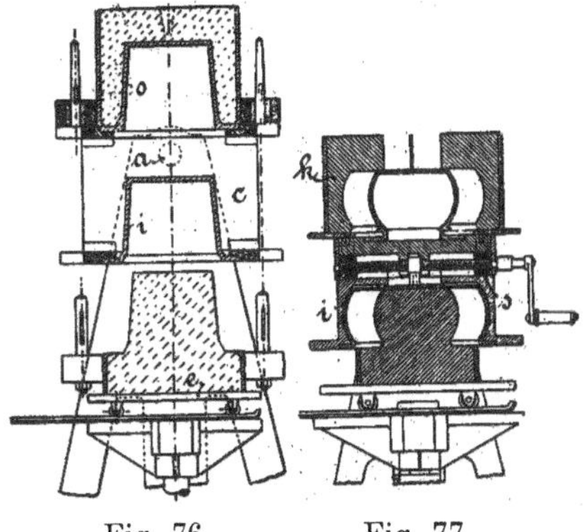

Fig. 76. Fig. 77.

Für sehr hohe Modelle mit steilen Seitenflächen ist die Durchziehplatte unentbehrlich. Ausgezeichnete Beispiele von Vorrichtungen für derartige Zwecke bilden die Riemenscheibenformmaschinen. Die in Fig. 78 abgebildete, von der Badischen Maschinenfabrik und Eisengiefserei in Durlach gebaute Maschine zeichnet sich durch ihre zweckmäfsige Einrichtung besonders aus. Sie gestattet innerhalb der durch ihre Gröfse gegebenen Grenzen die Erzeugung von Riemenscheiben beliebigen Durchmessers und beliebiger Höhe, ist leicht und rasch zu bedienen, zieht das Modell aus und hebt auch den Kasten vom Tisch ab. Die Modellringe für die verschiedenen Durchmesser sind nicht dauernd in der Maschine befestigt, wo Schmutz und Rost sie bald unbrauchbar machen, sondern werden nach Bedarf leicht und

Fig. 78.

rasch eingebaut. Das geteilte Kreuzmodell ist auf der mittleren Platte gewöhnlich dauernd befestigt und wird nur durch Einsetzen oder Herausnehmen von Ansatzstücken verändert. Nachdem das Kreuzmodell auf das hierfür bestimmte Kreuz aufgeschraubt ist und die Durchziehringe eingelegt sind, wird der Kranz auf die halbe Breite der zu formenden Riemenscheibe eingestellt und der Formkasten aufgesetzt. Nach Beendigung des Einstampfens zieht man durch Drehen an dem Handrade das Kranzmodell durch den Tisch zurück, legt unter die vier Stiftlöcher Plättchen, schraubt das Kreuz wieder in die Höhe und hebt so mittels der Centrierstifte den Kasten vom Tische ab.

Hierher sind auch die Kernformmaschinen zu rechnen, obwohl bei denselben von einer Durchziehplatte nicht gesprochen werden kann; ihre Wirkungsweise aber ist die gleiche. Fig. 79 stellt eine kleine Kernformmaschine derselben Firma dar. In halber Höhe des guſseisernen Gestelles liegt eine Welle, die einerseits ein Handrad, andererseits eine Kurbel trägt. Letztere greift an der zwischen den Ständern befindlichen Kernbüchse an und zieht sie beim Drehen des Handrades nach unten, sodaſs der feststehende Boden den Kern nach oben aus der Büchse herausschiebt. Zu einer Maschine gehören selbstverständlich Kernbüchsen verschiedenen Querschnittes, aber von gleicher Länge. Die Länge der Kerne wird durch Verstellen des Bodens geregelt, sodaſs man mit Hilfe der Maschine ebensowohl lange Kerne als flache Scheiben formen kann.

Fig. 79.

Selbstverständlich kann eine solche Maschine auch feststehende Kernbüchse und nach oben hin beweglichen Boden haben, der die Kerne aus der Büchse herausschiebt. Eine Maschine dieser Einrichtung dient z. B. zum Formen kurzer Hohlcylinder, aus denen durch Aneinanderlegen in einem aufklappbaren und an Zapfen aufgehängten Formkasten Formen für Rohre gebildet werden (Verfahren von Kudlicz).

Von den Formmaschinen der Klasse B, die auch den Formstoff befestigen, ist die erste, mit Stampfern arbeitende Gruppe veraltet und wird, abgesehen von Sondermaschinen für die Rohrformerei, nicht mehr gebaut; man ist allgemein zum Pressen des Sandes übergegangen. Zu diesem Zwecke setzt man auf den Formkasten einen Rahmen, welcher die erforderliche Sandmenge aufnimmt, und drückt nun eine hölzerne Druckplatte von oben hinein. Dadurch läfst sich aber fast nie die gleichmäfsige Dichtigkeit des Sandes erreichen wie durch Handstampfen, und zwar besonders dann nicht, wenn die Modelle hoch sind und steile Seitenflächen haben. Bei Anwendung ebener Druckplatten bleibt der Sand in den Vertiefungen und an den Seitenflächen des Modelles locker; sind die Platten aber dem Modell entsprechend ausgeschnitten, so wird der Sand zwar in den Vertiefungen mit hoher Überdeckung dicht zusammengeprefst, aber jetzt genügt an den steilen Flächen und da, wo das Modell von einer dünnen Sandschicht bedeckt ist, die Dichtigkeit nicht. Man mufs dann zu dem Kunstgriffe seine Zuflucht nehmen, die Vertiefungen der Druckplatte vor dem Pressen mit Sand auszufüllen, sodafs sich zwischen ihr und dem Modell eine überall gleich hohe Sandschicht befindet. Das Festpressen des Sandes erfolgt durch Hebelpressen, mittels Druckwassers oder Druckluft, vereinzelt auch durch Walzen.

Fig. 80.

Die Firma Karl Schütze in Berlin baut ihre oben in Fig. 74 dargestellte Abhebemaschine auch als Formpresse (Fig. 80); mittels des langen Handhebels und der untenliegenden Exzenterwelle wird das während des Aufsetzens, Füllens und Abhebens des Kastens seitlich liegende Querhaupt abwärts gezogen und auf die auf dem Sandrahmen liegende Druckplatte geprefst. Nach vollendetem Pressen wird erst der Sandrahmen, dann die Druckplatte abgenommen, der Kasten abgestrichen und abgehoben.

Eine Kniehebelpresse der Badischen Maschinenfabrik in Durlach, die hauptsächlich für die Massenerzeugung kleiner Stücke, wie Nähmaschinen- und Beschlagteile, deren Modelle sich leicht aus dem Sande ziehen, bestimmt ist, zeigt Fig. 81. Das Pressen erfolgt von oben, indem durch einen Kniehebelmechanismus der in senkrechten Schlittenführungen bewegliche Tisch gehoben wird. Der mit Sandrahmen versehene, gefüllte und von einem Prefsklotz bedeckte Kasten wird dadurch gegen den an zwei seitlichen Stangen befestigten und beim Nichtgebrauch nach hinten auslegbaren Holm geprefst. Da mit zunehmender Verdichtung des Sandes auch dessen Widerstand wächst, so ist der Kniehebel, dessen Übersetzungsverhältnis ebenfalls mit dem Hube wächst, hier besonders am Platze. — Die Modellplatte ist wendbar, so dafs die Maschine zur Erzeugung beider Formteile dient.

Die in Fig. 82 abgebildete Formpresse der Maschinenfabrik

S. Oppenheim & Co. in Hainholz bei Hannover wird mit Druckwasser betrieben. Die Modellplatte befindet sich hier oben, legt sich mit der Rückseite gegen das Querhaupt und ist um die links gelegene Säule ausschwenkbar. Zwischen den beiden Verbindungsstangen von Grundrahmen und Querhaupt gleitet der mit dem Druckkolben auf leicht lösbare Weise gekuppelte Sandrahmen auf und ab; auf ihn setzt man den Formkasten. Nachdem beide mit Sand gefüllt sind, läfst man den Kolben aufgehen, bis der Kasten an der Modellplatte anliegt, löst dann die Kuppelung, sodafs der Kolben allein höher steigt und den

Fig. 81.

Sand zusammenprefst. Beim Ablassen des Wassers trennt sich der Kasten von der Modellplatte und kann weggenommen werden. Die Formkästen werden durch Stifte an dem Rahmen annähernd in die richtige Stellung gebracht und rücken beim Aufgehen durch die in Löcher der Modellplatte eintretenden Führungsstifte von selbst in die richtige Lage.

Bei der Maschine Fig. 83 derselben Firma wird mit Druckwasser geprefst aber mit der Hand abgehoben; sie gleicht im übrigen ganz der Maschine von Woolnough & Dehne und gestattet die Herstellung beider Formhälften. Man füllt den oberen Kasten mit Sand, zieht die fahrbare Druckplatte darüber, prefst durch Heben des Kolbens, läfst diesen hierauf sinken, bis der Wagen zum Ausfahren des Kastens auf den Schienen ruht u. s. f., wie oben bei der Dehneschen Maschine beschrieben ist, zu der aufser der Prefsvorrichtung nur das Gegengewicht

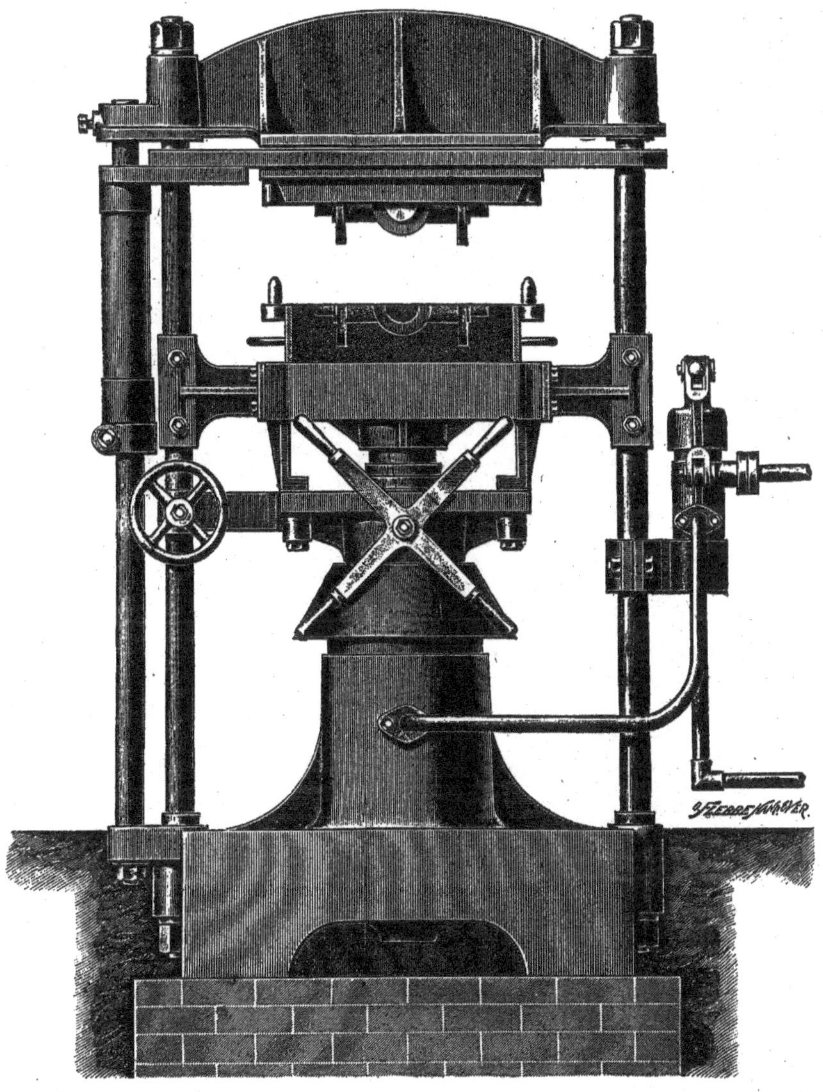

Fig. 82.

behufs Erleichterung des Hebens der wendbaren Modellplatte mit den Kästen hinzugekommen ist.

Die Firma Bopp & Reuther in Mannheim baut eine in Fig. 84 abgebildete Formpresse, die fertige zweiteilige Formen liefert, welche ohne Kästen abgegossen werden. An zwei Säulen gleitet mit Führungsbüchsen der an Ketten aufgehängte, durch Gegengewicht ausgeglichene Oberkasten, und auf zwei kleinen, seitwärts des Preſskolbens angeordneten Druckkolben ruht der Unterkasten; beide sind nach oben hin erweitert. Die Druckplatte für den ersteren ist unter dem Querhaupte befestigt, die für letzteren bildet der Kopf des Preſskolbens.

Fig. 83.

Zwischen beiden Kästen gleitet die an der linken Säule geführte und um diese ausschwenkbare Modellplatte. Die Arbeitsweise ist folgende: Nachdem bei ausgeschwungener Modellplatte der Unterkasten mit Sand gefüllt ist, bringt man jene in ihre richtige Lage, senkt mittels des Handhebels den Oberkasten, füllt ihn ebenfalls mit Sand und giebt allen drei Kolben Druckwasser; beide Kästen werden mit der Modellplatte gehoben. Der Preſskolben drückt nun den Sand zwischen seinem Kopfe und der Druckplatte am Querhaupte zusammen. Ist dies geschehen, so läfst man die Kolben mit Unterkasten und Modellplatte niedergehen; letztere wird von ihrem Stellring aufgehalten, während der Unterkasten sich von ihr trennt und weiter sinkt. Jetzt wird die Modellplatte ausgeschwenkt, der Oberkasten bis auf den Unterkasten hinuntergelassen, Druckwasser unter den mittleren Kolben gegeben und so die fertige Form nach oben aus den Kästen hinausgedrückt.

Diese Maschine, welche der Bauart nach mit einer von Leeder und einer anderen von S. Oppenheim fast ganz übereinstimmt, eignet sich nur für kleinere Formen, da sehr grofse ohne schützenden Formkasten nicht ohne Schaden zu leiden bewegt werden können. Sie liefert in der Schicht 200 bis 240 Formen von 390 mm im Quadrat, eine gröfsere 110 bis 112 Formen von 600×420 mm bei 3 Mann Bedienung.

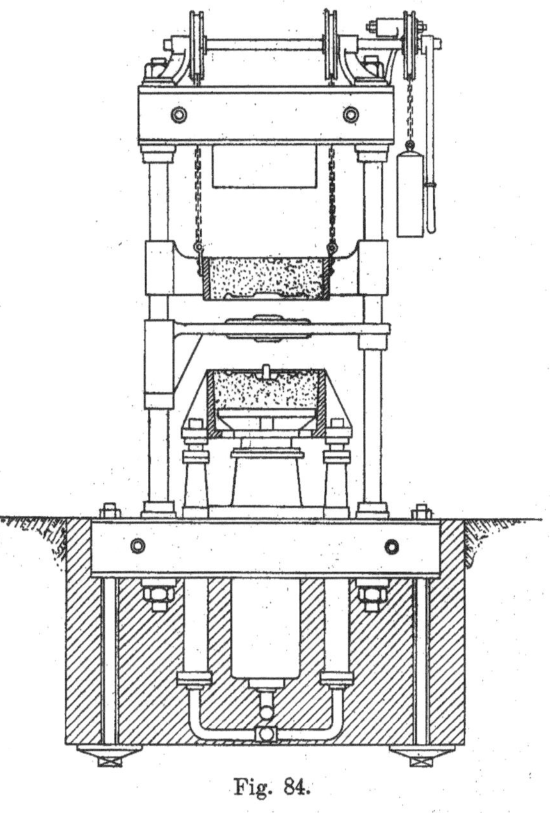

Fig. 84.

Wie oben erwähnt wurde, werden Formmaschinen auch mit Druckluft betrieben. Der Wirkungsweise nach sind zwei Arten zu unterscheiden. Die Maschinen ersterer Art, wie sie z. B. von der Badischen Maschinenfabrik und Eisengiefserei in Durlach geliefert werden, weichen in der Bauweise nicht von den mit Druckwasser betriebenen ab; der Prefskolben wird eben nur anstatt mittels Wasser von 50 kg/qcm mittels Luft von 6 kg/qcm Überdruck bewegt. An Stelle einer schweren Druckpumpe nebst Druckwassersammler braucht man nur eine kleine Druckluftpumpe mit Windkessel, welche für zwei bis drei Maschinen ausreicht. Ganz anderer Einrichtung sind die in Amerika mehrfach in Anwendung stehenden Maschinen der zweiten Art. Die ebene hölzerne Druckplatte ist bei diesen durch ein Luftkissen ersetzt, welches sich wie eine nach dem Modell ausgeschnittene Druckplatte verhält, indem es sich der Gestalt jenes anschmiegt, sodaſs der Druck auf den Sand an allen Stellen gleich stark wird.

Eine Ergänzung zu den Formmaschinen bildet die Zusammensetzvorrichtung Fig. 85; sie dient dazu, um schwere Formkästen oder auch solche, in welchen dünnwandige Gegenstände von gröſserer Höhe, wie z. B. Töpfe, oder solche mit tief eingreifenden Ballen eingeformt sind, mit vollkommenster Sicherheit, Genauigkeit und Ruhe aufeinander zu setzen. Dies geschieht in folgender Weise: Der Unterkasten ruht auf dem feststehenden Tische, wo die Kerne, wenn nötig, eingelegt werden können. Den Oberkasten legt man auf die beiden seitlichen Ständer, welche die von unten bis oben durchgehenden Führungsbolzen enthalten.

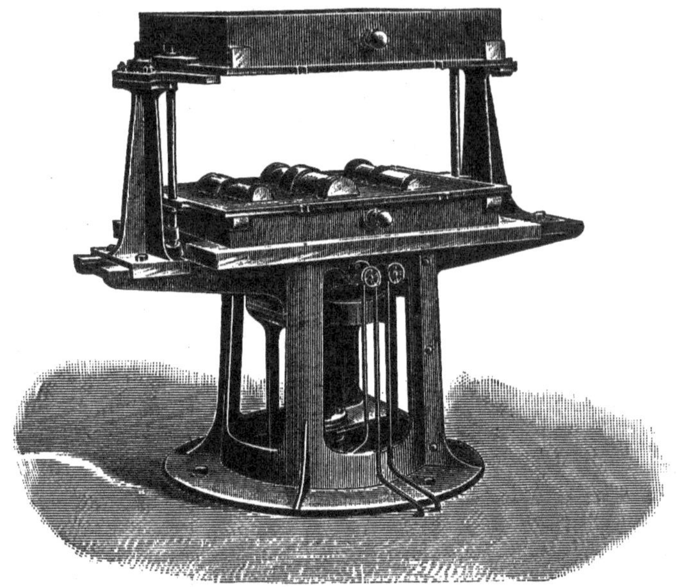

Fig. 85.

Danach wird das Druckwasser abgelassen, sodaſs das unter dem Tisch in prismatischen Führungen gehende Querhaupt ruhig und gleichmäſsig herabsinkt, bis der Oberkasten genau auf dem Unterkasten sitzt.

Die erste Zahnradformmaschine ist 1839 J. G. Hofmann in Preuſsen patentiert worden; ihre bauliche Durchbildung verdankt sie aber in der Hauptsache Scott. Als Beispiel für Maschinen dieser Bauart diene eine solche der Maschinenfabrik von H. Michaelis in Chemnitz. Sie hat mit allen anderen gleichartigen einen tief im Herde befestigten Fuſs gemein, in dem sie mit ihrer Mittelsäule sitzt. Die Säule trägt am oberen Ende das Stirnrad *a* (Fig. 86), an welchem eine durch Kapsel *b* vor Verunreinigung geschützte Schnecke läuft, deren Umdrehung von der Kurbel an der Teilscheibe *c* aus mittels der 5 sichtbaren Zahnräder erfolgt. Die Räder sind an einem Ständer gelagert, der an dem um die Säule drehbaren Ringe *d* sitzt. Über dem Ringe ist das Prisma *e* in Führungen in der Richtung des Durchmessers von *d* verschiebbar. Mit seiner Hilfe wird der Durchmesser des Rades bestimmt.

Fig. 86.

Am vorderen Ende trägt das Prisma eine Führung für den mittels des Handrades *f*, eines Getriebes und einer Zahnstange senkrecht verschiebbaren Modellträger g. Der Stellring *h* begrenzt die Abwärtsbewegung des Trägers für das Zahnlückenmodell *i*. Soll die Maschine zum

Formen von Rädern mit gekrümmten Zähnen (Modell *l*), mit Winkelzähnen (Modell *m*) oder von Schraubenrädern benutzt werden, so mufs das Modell in wagerechter Richtung ausgezogen werden, zu welchem Zwecke man die mit *k* bezeichnete Vorrichtung an *g* anbringt.

Die Herstellung einer Radform verläuft folgendermafsen: In dem festgestampften Herde wird mittels einer in dem Grundständer aufgestellten Schabloniervorrichtung, die unten bei der Schablonenformerei näher beschrieben ist, ein Hohlcylinder oder ein Hohlkegel von etwas gröfserem Durchmesser als der des Gufsstückes ausgeschnitten; dann wird die Maschine in den Ständer gesetzt, das Modell an *g* befestigt,

Fig. 87.

durch Verschieben des Prismas *e* auf den richtigen Durchmesser eingestellt und *e* mittels des Hebels *n* festgeklemmt. Man senkt nun das Modell, bis es auf der Sohle der Form aufsitzt, stampft die Zahnlücke mit Sand auf, drückt mit einer Hand ein dünnes, dem Modell entsprechend ausgeschnittenes Brettchen oder Blech auf den Sand, das als Durchziehplatte wirkt, und zieht durch Drehen an *f* das Modell aus. Durch Drehen der Kurbel vor der Teilscheibe um eine viertel, halbe oder ganze Umdrehung und Übertragung dieser durch die Räderübersetzung auf die Schnecke bewegt sich der Ring *d* um einen bestimmten, der Teilung entsprechenden Winkel weiter. Dann wird das Modell wieder gesenkt, eine neue Zahnlücke aufgestampft u. s. w. Durch Auswechseln dreier von den fünf Rädern kann der Drehwinkel beliebig geändert werden, sodafs man nach Bedarf Räder mit den verschiedensten Zähnezahlen einformen kann.

Ist der Zahnkranz eingeformt, so werden nach Wegnahme der Maschine und der Spindel die in Kernkästen hergestellten Kerne für die Zwischenräume der Arme und der Nabenkern eingesetzt, die Form mit einem auf ebener Unterlage aufgestampften Oberkasten geschlossen und zum Abgiefsen fertig gestellt.

Maschinen dieser Art haben den Nachteil, dafs sie sich weder zur Erzeugung sehr kleiner, noch sehr grofser Räder gut eignen. Letztere fallen ungenau aus, weil die Mittelsäule sich biegt, wenn das Prisma *e* sehr weit ausgezogen ist; das Einformen der ersteren hindert das grofse Rad *a*. Trotzdem sind sie für Herstellung sehr grofser Räder nicht zu entbehren.

Diesen Übelständen ist von Jackson durch die Umkehrung der Scottschen Maschine zum Teil abgeholfen worden; er stellt das Modell fest, läfst aber die Form sich drehen. Diese wird bis zu 3 m Durchmesser in Kästen hergestellt. Fig. 87 stellt eine solche Maschine dar, wie sie aus der Werkzeugmaschinenfabrik von E. Schiefs in Düsseldorf hervorgeht. Auf dem viereckigen Bett ist durch eine mit Handrad versehene Schraubenspindel *a* ein Schlitten in der Längsrichtung verschiebbar, auf welchem eine um eine senkrechte Achse drehbare Planscheibe *c* liegt. Man stellt auf diese Planscheibe den Formkasten und dreht in demselben mittels einer an der Schere *d* befestigten Schablone die Form für das Rad aus. An der rechten vorderen Ecke des Rahmens ist ein Ständer *l* befestigt, von welchem aus ein wagerechter Arm bis zur Mittelachse des Rahmens schräg hinüber reicht. An diesem Arm befindet sich ein einseitig aufgespaltener Hohlcylinder *k*, in dem der seiner Länge nach mit einer Zahnstange *m* belegte und am unteren Ende das Zahnlückenmodell tragende Cylinder *r* auf und ab gleitet; die Bewegung wird ihm durch das Handrad *p*, das Schraubenrad *q* und ein nicht sichtbares Getriebe erteilt. Die Senkung des Modelles regelt wieder ein Stellring *n*; zum Festklemmen während des Einformens dient das Handrad *o*. Durch Verschieben des Tisches mit dem Kasten gegenüber dem Modelle lassen sich Zahnräder von sehr verschiedenem Durchmesser, bis herab zum kleinsten, herstellen. Der Verlauf der Arbeit ist wie oben beschrieben. Die Teilmaschine, welche hier die Drehung um den jeweils erforderlichen Winkel besorgt, besteht aus einer mittels der Kurbel *e* in Umdrehung zu versetzenden Welle, drei Wechselrädern *f*, *g*, *h*, einer zweiten Welle mit der Schnecke *i* und dem am Tische festsitzenden Schraubenrade *b*. Zu raschem Drehen von *c* dient die an der Schneckenwelle befindliche Kurbel. Mufs das Modellstück wagerecht ausgezogen werden, so erfolgt es durch Bewegen des Tisches.

Um die Formmaschine auch während der Zeit, die zum Schablonieren der rohen Form erforderlich ist, ausnutzen zu können, haben Heintzmann & Dreyer in Bochum auf dem Bette *F* (Fig. 88 und 89) zwei um Zapfen *M* drehbare Tische *A* mit je einer besonderen Teilvorrichtung angeordnet. Da der Tisch nicht verschoben werden kann,

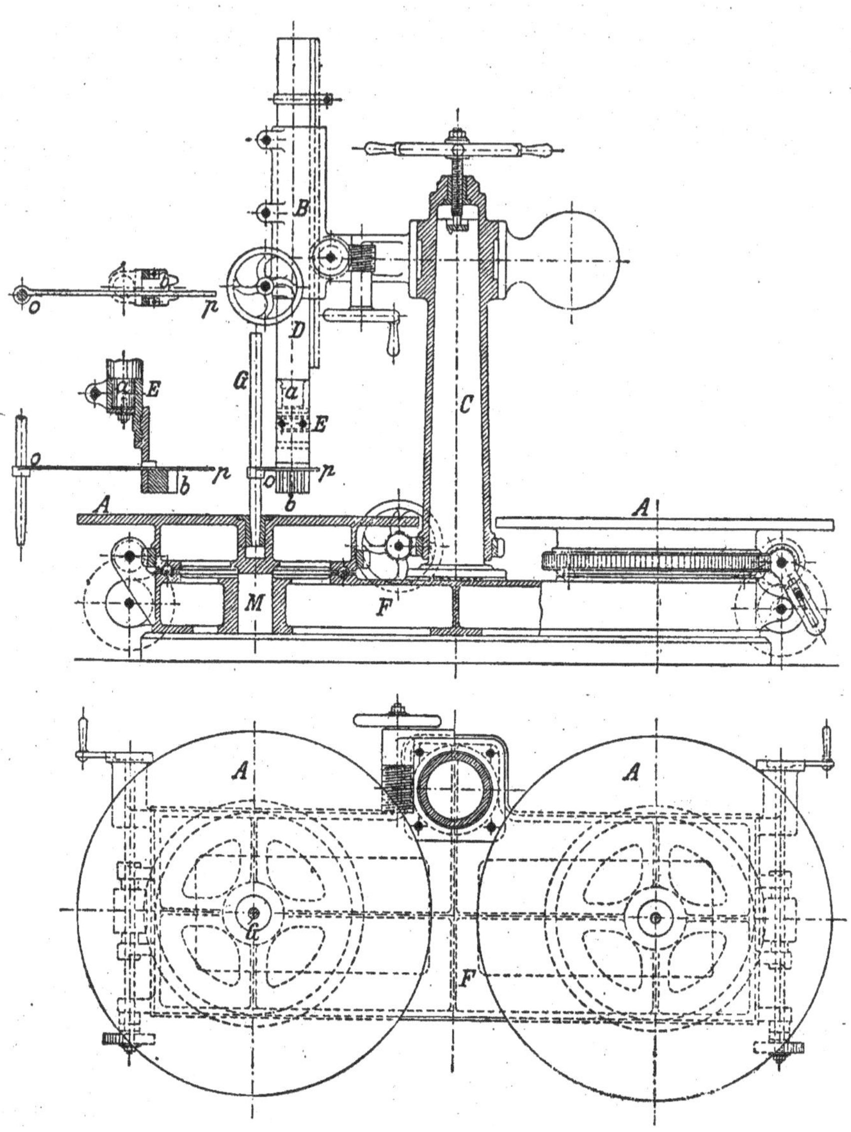

Fig. 88 u. 89.

mufs die Regelung des Durchmessers auf andere Weise erfolgen und geschieht durch Drehen des den Schlitten *D* in Büchse *B* führenden Auslegers mit seiner Säule um den kegelförmigen, auf dem Bette *F* befestigten Zapfen C; da infolgedessen auch das Modell drehbar sein mufs, ist der Modellträger E um den Zapfen a beweglich, wie aus den Nebenfiguren zu ersehen ist. Zur Bestimmung des richtigen Radhalbmessers dient ein an dem Bolzen G befestigter Mafsstab op. Während auf dem einen Tische die Zahnlücken eingeformt werden, kann man auf dem anderen mittels einer um den Bolzen G drehbaren Lehre die Rohform ausschneiden.

4. Schablonenformerei.

Wie auf Seite 26 bereits erörtert wurde, können zahlreiche gesetzmäfsig gestaltete Körper durch Fortbewegen von Schablonen (Lehren) an Leitlinien erzeugt werden. In Anwendung auf die Herstellung der Gufsformen erfolgt die Bildung der Hohlkörper mit den meist im Kreise bewegten Schablonen durch Herausschneiden aus dem Formmaterial, sei dieses Sand, Masse oder Lehm. Das Verfahren ist schwieriger und zeitraubender als das Einformen über Modelle, so dafs es mit Vorteil nur dort angewendet wird, wo die Kosten eines teuren Modelles für die Erzeugung einer nur kleinen Anzahl von Abgüssen erspart werden sollen; häufig abzugiefsende Gegenstände formt man dagegen billiger über Modelle. Weiter ist die Schablonenformerei dort am Platze, wo sie gröfsere Genauigkeit erzielen läfst als die Anwendung grofser und infolgedessen leichter sich verändernder Modelle.

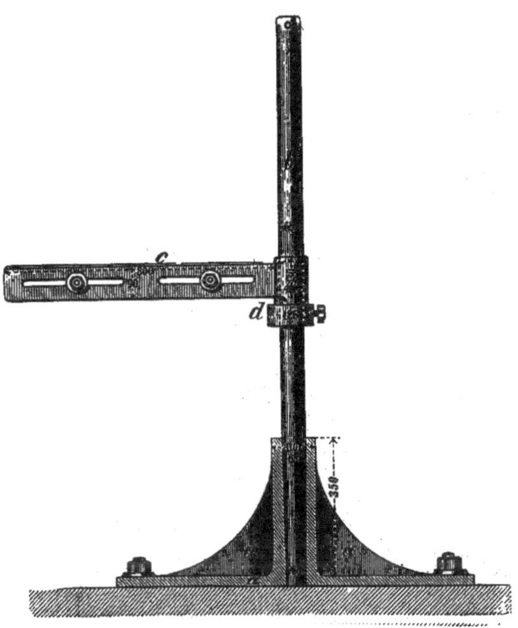

Fig. 90.

Die Schablonenformerei ist zwar schon sehr alt; denn sie wurde von den Glockengiefsern von jeher geübt; der Formstoff war jedoch ausnahmslos Lehm. Erst in der Neuzeit benutzt man sie auch zur Erzeugung von Sand- und Masseformen, sowohl im Herde als im Kasten.

Zur Führung der Schablone bedient man sich des um eine senkrechte Welle, die Spindel oder Schablonenstange b (Fig. 90), drehbaren, Schablonenhalter oder Schere genannten Armes c; die Spindel steckt in einem konisch ausgedrehten Spurlager, dem Spindelstocke oder dem Schablonenkreuze *c*. Die Höhenlage des Schablonenarmes wird durch einen Stellring *d* oder durch Keil (Fig. 91) bezw. Preßschraube in der Nabe des Schablonenhalters bewirkt. In ersterem Falle dreht sich der Arm um die Spindel, in letzterem die Spindel mit dem Arm in ihrem Spurlager. Die Löcher in der Schere sind schlitzartig gestaltet, um eine Verschiebung der mittels Schrauben zu befestigenden Schablone in radialer Richtung zu erlauben.

Die Schablone selbst ist an der Arbeitskante zugeschärft und wird für häufigen Gebrauch mit Bandeisen belegt.

Bei der Arbeit in Sand bewegt man die Schablone zum Ausschneiden in der Richtung der scharfen Kante, beim Arbeiten in Lehm in der Richtung der Abschrägung, um damit den Lehm auf der Formoberfläche glattzustreichen.

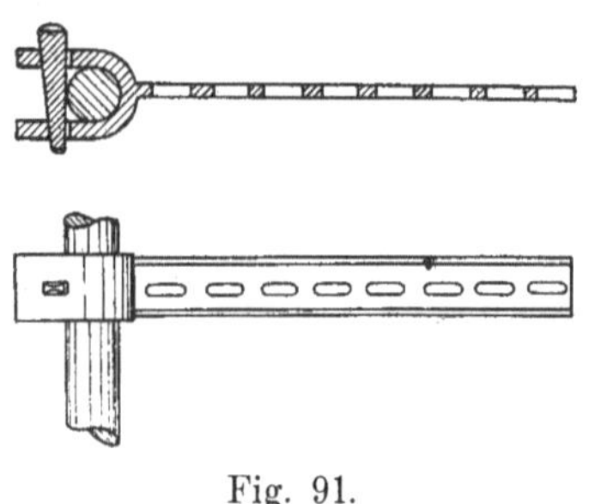

Fig. 91.

Sind in den Formen Kerne regelmäßig zu verteilen, wie z. B. in solchen für Räder, Riemenscheiben usw., so bedarf man noch einer gußeisernen Teilscheibe, deren Teilung in Halbe bis Zehntel von einem gemeinschaftlichen Nullpunkte ausgeht; an jedem Teilstriche befindet sich ein radial stehender Schlitz zum Einsetzen eines Holzes, und dieses dient als Anschlag für das Richtscheit beim Markieren von Radien, wozu man die Teilscheibe mit ihrer Nabe über die Spindel schiebt und auf die Form legt. Mit einer Meßlatte werden auf den Radien Längen abgetragen und somit die Stellung der Kerne genau festgelegt.

α. Formen im Herde.

Handelt es sich nur um die Herstellung offener Formen, so hat man den Herd um die Spindel festzustampfen und den Sand mit der Schablone auszuschneiden; dann entfernt man die Schere, zieht die Spindel aus dem Lager, verschließt dieses, dämmt das Loch im Herde mit Sand zu und kann nun die Form zum Abgießen fertigstellen.

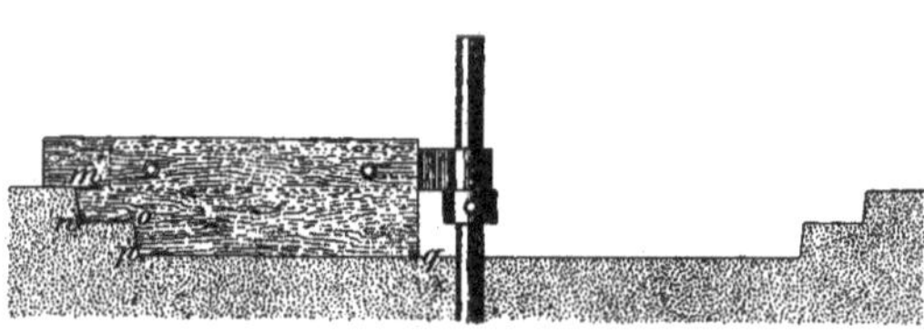

Fig. 92.

Soll dagegen verdeckter Herdguß hergestellt werden, z. B. ein Schwungrad, so schneidet man zunächst den sehr fest gestampften Herd derart aus, daß er als Modell zum Aufstampfen des Oberkastens dienen kann, wie Fig. 92 zeigt, worin *pq* die Trennungsebene beider Formhälften, die Kegelflächen *mn* und *op* aber das sogenannte „Schloß“, d. h. diejenigen Stellen bilden, welche die gegenseitige Lage der

Formteile zu einander bestimmen und sichern. Nachdem in den Herd das Modell des Armsternes, welches aus Holz oder billiger aus getrockneten Massekernen bestehen kann, eingelegt ist, wird, wie Fig. 93 darstellt, der durch Pflöcke an seinen Ecken festgelegte Oberkasten aufgestampft. Hierauf schneidet man aus dem wieder aufgegrabenen, mit frischem Sande gefüllten und weniger fest aufgestampften Herde (die Fläche *mn* mit den auf ihr angebrachten Marken für die Stellung der Armmodelle mufs selbstverständlich erhalten bleiben) nach Fig. 94 die Form für den Schwungring aus, klopft die Armmodelle an den gehörigen Stellen in den Sand ein, setzt den Nabenkern an seine Stelle und stellt die Form nach Wegnehmen der Armmodelle zum Abgiefsen fertig, wie sie Fig. 95 zeigt.

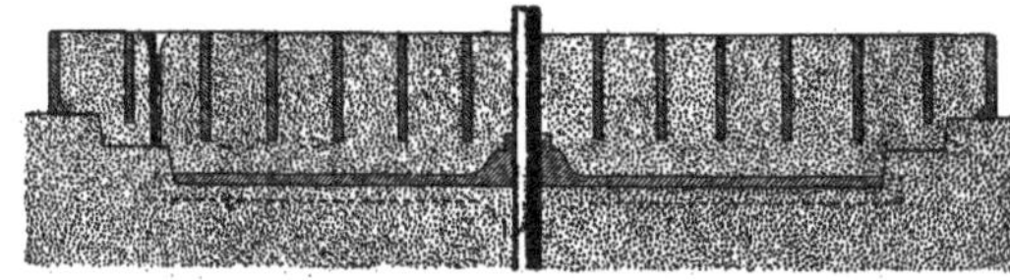

Fig. 93.

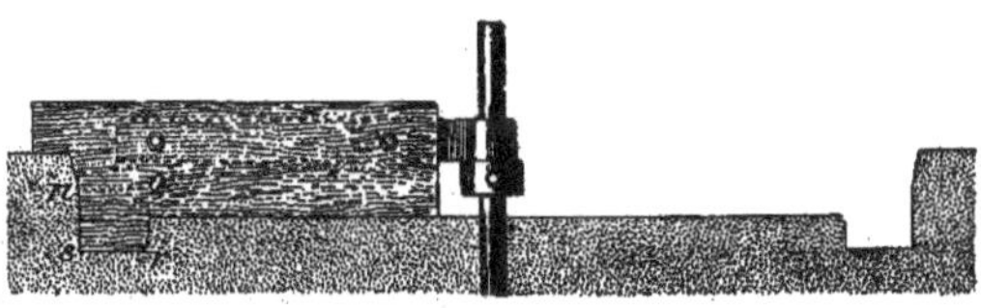

Fig. 94.

Ein schönes Beispiel für die Anwendung der Schablone bietet ferner eine neuerdings sehr verbreitete Art und Weise der Herstellung von Riemenscheiben, welche durch die Figuren 96—98 erläutert wird und von der Akt.-Ges. Weilerbacher Hütte*) herrührt. Man setzt den inneren Teil der Form aus der erforderlichen Anzahl Armkernen *kk* zusammen, deren Zwischenräume *zz* mit Sand ausgestampft und mittels der Schablone rund geformt werden. Die Aufsenwand der Form wird von dem ebenfalls schablonierten Lehmmantel *ab* gebildet, welcher an anderem Orte auf dem mit Ösen versehenen Ringe *r* erzeugt wurde. Die Form wird dann mit Lehmkernen abgedeckt, verstampft, beschwert und mit Eingufs versehen. Die Abmessungen der Kerne sind nach der Gröfse der Riemenscheibe abgestuft und entweder in Kernkästen gestampft oder auch in besonderen Formmaschinen erzeugt.

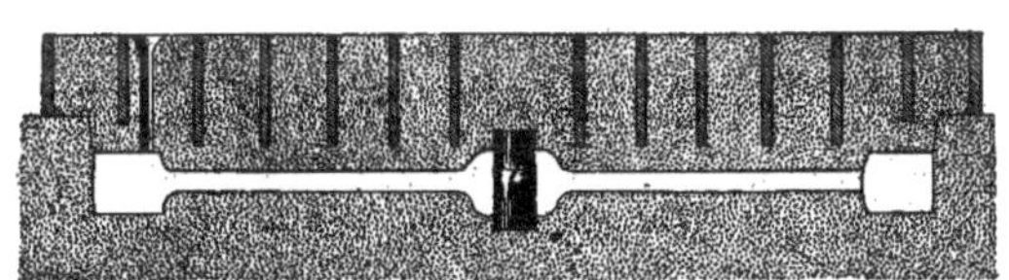

Fig. 95.

β. Formen im Kasten.

Als Beispiel diene die Herstellung des Stahlringes für eine Erzwalze. Der Spindelstock ist auf einer Platte befestigt, die Spindel aber

*) D.R.P. 88006.

geht durch eine Öffnung in der Sohlplatte des Unterkastens hindurch, wie Fig. 99 erkennen läfst. Auf der mit Masse fest aufgestampften glatten Oberfläche des Unterkastens wird zunächst der Oberkasten mit Eingufs und Steigtrichter hergerichtet und fertiggestellt; dann nimmt

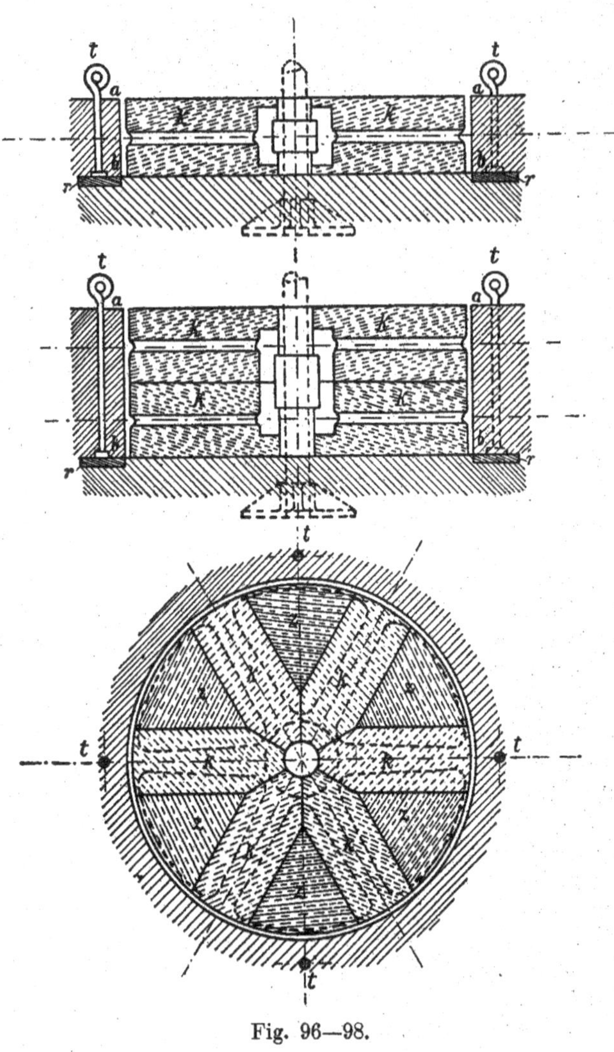

Fig. 96—98.

man ihn ab und schabloniert die cylindrische Innenfläche der Form nebst Schlofs für den einzusetzenden Kern aus. Letzteren stellt man auf einer anderen Unterlage mit Spindelstock her (Fig. 100), indem man zuerst eine Führung für die Lehre in Lehm schabloniert. Nach gehörigem Trocknen und Schwärzen wird ein mit Hängeeisen versehenes Kerneisen aufgelegt, auf diesem aus Steinen der Kernkörper aufgebaut und nun mit Hilfe der Schablone mit einer dünnen Schicht sehr fetter Masse überzogen. Nachdem sowohl der Kern wie die Kastenform getrocknet, geschwärzt und geglättet sind, baut man sie zusammen, setzt den Oberkasten auf, verankert ihn mit dem Unterkasten und kann nun zum Abgiefsen der fertigen Form (Fig. 101) schreiten.

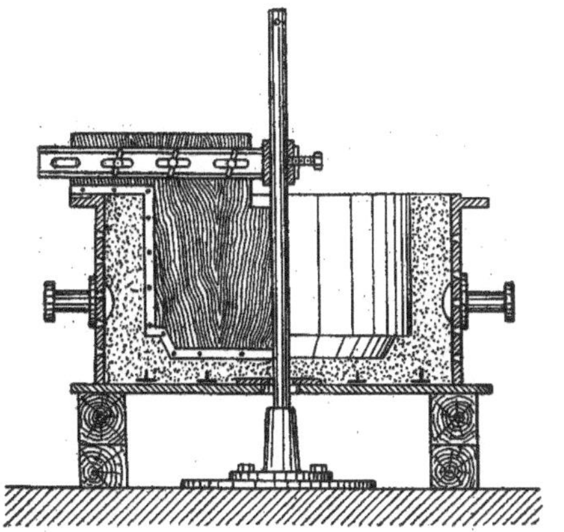

Fig. 99.

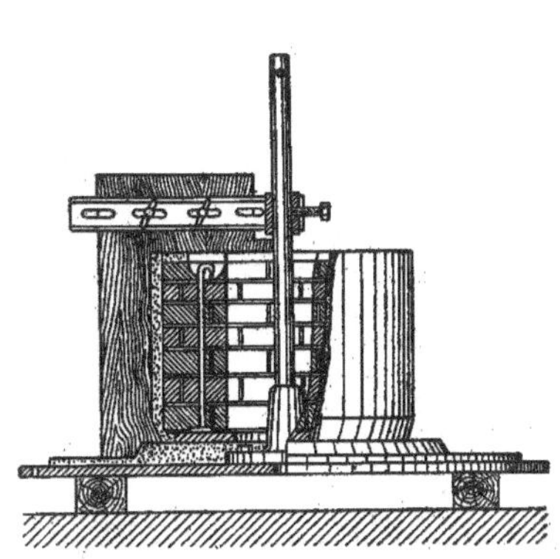

Fig. 100.

Ein in grofsen Mengen herzustellendes Erzeugnis der Schablonenformerei im Kasten sind die Weichwalzen für Metallwalzwerke. Man formt sowohl in Masse als in Lehm. Der Kasten hat cylindrische oder sechsseitig-prismatische Gestalt und ist an den beiden Kopfseiten mit Zapfen versehen, die ebenso wie der Kasten selbst durch eine achsiale Ebene geteilt und zu Lagern ausgebildet sind, so dafs eine Schablonenspindel in ihnen sicher gelagert und mittels einer Kurbel gedreht werden kann. Beim Einformen liegt jede Kastenhälfte wagerecht auf zwei Böcken und wird so weit mit Masse ausgestampft, dafs die Schablone durch Abschaben von Formstoff die Formoberfläche ausbildet. Wird in Lehm geformt, so setzt man die Kasten zunächst so weit mit Lehmsteinen aus, dafs zwischen diesen und der von der Schablone beschriebenen Fläche noch Raum zum Auftrag einer Lehmschicht bleibt, welche mit jener aufgestrichen und geglättet wird. Nach erfolgtem Verputzen der Masseform mit der Truffel, Trocknen und Schwärzen werden die Kastenhälften zusammengelegt und zum Abgiefsen aufrecht in die Dammgrube gestellt.

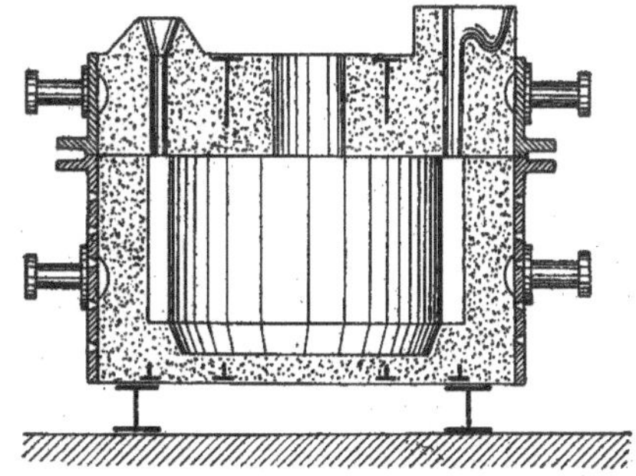

Fig. 101.

γ. Herstellung freier Formen.

Unter freien Formen versteht man solche, die ohne einen umhüllenden Kasten frei aufgebaut, teils mit Schablone, teils ohne solche aus freier Hand nach Zeichnung hergestellt werden.

Diese älteste Art der Schablonenformerei bedient sich stets des Lehmes, welchen man zur Beschleunigung des Trocknens häufig z. T. durch Lehm- oder Backsteine ersetzt. Die aus diesen aufgemauerten Formteile werden dann nur mit einer dünnen Lehmschicht überzogen. Um das Bewegen der meist schweren Formen zu vermeiden, formt man nicht selten in der Trockenkammer, in deren Fufsboden und Decke dann die Lager für die Spindel genau senkrecht übereinander angebracht sind. Neben dem oberen Lager befindet sich eine Öffnung in der Decke, welche das Ausziehen der Spindel aus der Form ermöglicht. Die Befestigung der Schablone erfolgt ebenfalls mit eisernen Armen.

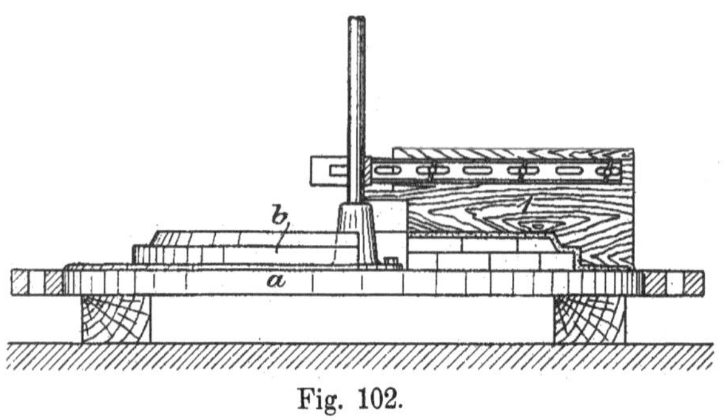

Fig. 102.

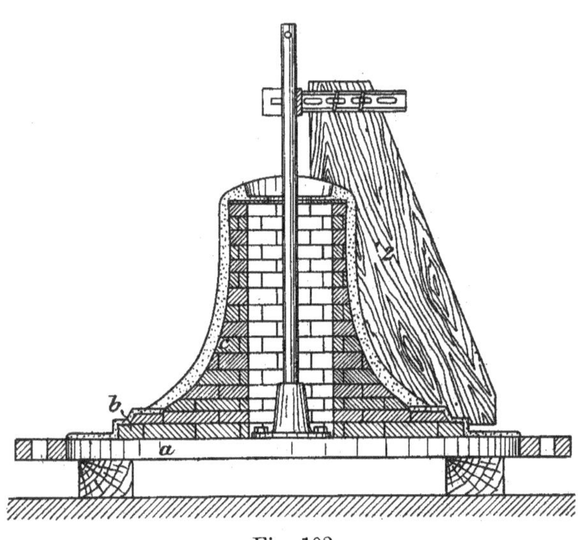

Fig. 103.

Die Lehmformen (meist für Hohlkörper bestimmt) können nach zwei Verfahren hergestellt werden. Nach dem ersten formt man zunächst den Kern, trocknet und schwärzt denselben, trägt dann eine Lehmschicht auf, welcher mit einer der Aufsenseite des Gufsstückes entsprechenden Schablone abgedreht wird, trocknet und schwärzt von neuem und formt darüber den Mantel, welcher, da er abgehoben, gegen das Treiben gesichert und unter Umständen auch geteilt werden mufs, mit einer Rüstung aus Eisenstäben versehen wird. Ist auch dieser getrocknet, so hebt man ihn ab, nachdem er vorher, wenn nötig, geteilt worden ist; man zerschlägt und entfernt die über dem Kerne liegende Lehmschicht, die falsche Metallstärke oder das Hemde, welche mit dem herzustellenden Gegenstand in Form und Gröfse vollkommen übereinstimmt. Wird dann der Mantel genau in der vorher innegehabten Lage wieder über den Kern gesetzt, so bildet der Hohlraum zwischen ihnen die Form.

Nach der anderen Arbeitsweise, bei welcher das Auftragen und Trocknen des Hemdes erspart wird, stellt man Kern und Mantel unabhängig voneinander her und setzt sie zusammen. Die genaue Innehaltung der Abmessungen ist in letzterem Falle schwieriger als in ersterem, aber die Ersparnis an Zeit und Arbeit ist so bedeutend, dafs man häufig so verfährt; da hierbei auch die Teilung des Mantels wegfällt, so werden die bei Anwendung des ersteren Verfahrens stets entstehenden Gufsnähte vermieden; es ist aber selbstverständlich nur da anwendbar, wo ein Zusammensetzen der Form bei ungeteiltem Mantel möglich ist.

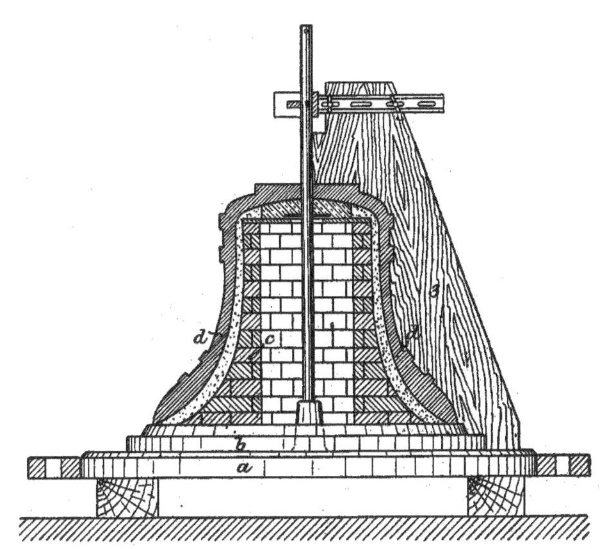

Fig. 104.

Als Beispiel für das erste Verfahren ist die Herstellung der Form einer Glocke in den Figuren 102—105 dargestellt. Die ganze Form baut sich auf einer Grundplatte *a* auf, mit welcher sie fortbewegt werden kann. Zuerst wird auf dieser aus zwei Schichten Lehm- oder Backsteinen und einer mit der Schablone 1 aufgetragenen Lehmschicht das Fundament *b* hergestellt und getrocknet, welches eine genau wagerechte Unterlage der Form und die Führung für die folgenden Schablonen abgiebt; gleichzeitig bildet es mit der schmalen Kegelfläche die Führung (das Schlofs) für den Mantel.

Auf dem Fundamente wird hierauf aus Steinen mit Lehm als Bindemittel unter Benutzung der Schablone 2 der Kern aufgemauert und mit mehreren Schichten aus zunächst groberem Lehm, dann aus ganz feinem, magerem Schlichtlehm überzogen. Jede Schicht wird für sich getrocknet, weil ein Trocknen der ganzen, verhältnismäfsig dicken Lehmschicht eine zu starke Veränderung der Abmessungen zur Folge haben würde. Die letzte Lehmschicht glättet man noch durch Überstreichen mit einer aus feiner Asche und Wasser hergestellten Schwärze, die zugleich ein Anhaften der folgenden Lehmschicht verhindert.

Über den Kern trägt man hierauf mittels der Schablone 3 abermals mehrere Lehmschichten auf, von denen die letzte wie die entsprechende Schicht des Kernes gleichfalls aus ganz feinem Lehm bestehen mufs, damit sie die Erzeugung einer ganz glatten Oberfläche gestattet. Der jetzt aufgetragene Lehmkörper ist eine genaue Nachbildung (das Modell) des Glockenkörpers, das Hemde oder die falsche Metallstärke *d*.

Die erforderliche Glätte der Oberfläche erzielt man durch Überstreichen mit einem Schmalze aus Talg und Wachs unter Anwendung der Schablone. Auf dieser Wachsschicht werden die aus einer gleichen, aber wachsreicheren Masse bestehenden Verzierungen, Schriften u. s. w., die in besonderen Gipsformen durch Giefsen erzeugt wurden, aufgeklebt.

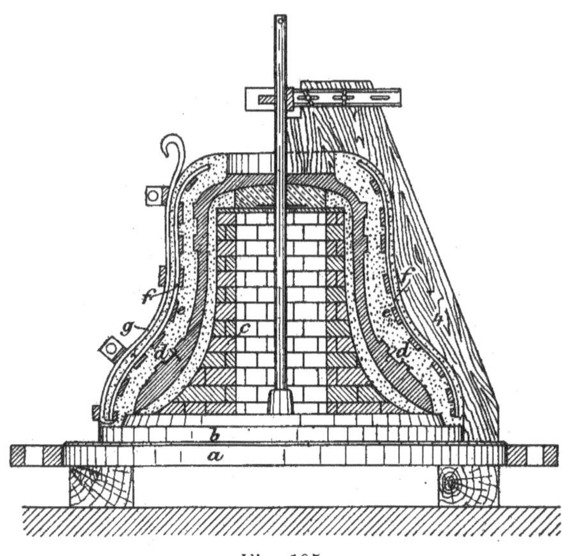

Fig. 105.

Über dem Hemde formt man dann in gleicher Weise den Mantel *e* (Fig. 105). Behufs genauer Wiedergabe der Verzierungen und der glatten Oberfläche des Hemdes wird die erste Schicht aus einem ganz feinen, mit Formsand sehr mager gemachten und mit fein durchgesiebtem Pferdedünger stark versetzten breiartigen Lehm (Zierlehm) gebildet durch Aufstreichen mit einem Pinsel, wobei alle Vertiefungen in den Verzierungen und zwischen den Buchstaben der Schrift sorgfältig gefüllt werden müssen. Ist diese Schicht angetrocknet, so trägt man eine Schicht mageren Lehmes mit der Hand auf und trocknet diese, wobei die Wachsmasse schmilzt, vom Lehm aufgesogen wird und die Verzierungen u. s. w. als Hohlraum zurückläfst. Hierüber trägt man, nach erfolgtem Trocknen jeder einzelnen, mehrere Schichten fetten Lehmes, dem durch reichlichen Zusatz von Heede und Kälberhaaren grofse Festigkeit verliehen ist, und drückt in die oberste eine Rüstung *f* aus zahlreichen, teils ringsum, teils von oben nach unten verlaufenden Eisenstäben ein, die wieder mit neuen Lehmschichten überdeckt wird. Diese Rüstung giebt dem Mantel den erforderlichen Halt, damit er ohne Gefahr abgehoben und fortbewegt werden kann. Zum Erfassen erhält der getrocknete Mantel eine zweite Rüstung *g* aus oben aufliegenden Stäben, von denen die aufwärts gerichteten am oberen Ende mit Haken versehen und am unteren so umgebogen sind, dafs sie die innere Rüstung *f* umfassen.

Die Form der Krone oder des Henkels wird für sich gefertigt und später in die dafür bestimmte Öffnung des Mantels eingefügt.

Man hebt nun den Mantel ab, was bei der nach oben stark verjüngten Gestalt der Glocke und infolge Wegschmelzens der Verzierungen u. s. w. leicht von statten geht, bessert ihn, der am Krane hängt, von unten her aus und trocknet ihn nochmals scharf.

Inzwischen wird das Hemd zerschlagen und entfernt, der Kern, wo erforderlich, nochmals ausgebessert und getrocknet, das Hängeeisen für den Klöppel in den Kern eingelassen, der Mantel darüber- und die Henkelform aufgesetzt, die ganze Form in die Dammgrube gebracht und dort durch Eindämmen in Sand für das Abgiefsen vorbereitet.

C. Das Schmelzen und Giefsen.

a. Das Gattieren des Eisens.

Abgesehen von der Verwendung erzeugungsflüssigen Eisens zum Giefsen unmittelbar aus dem Hochofen ist es in der Regel notwendig, Gattierungen (Mischungen) aus mehreren Roheisensorten herzustellen um ein Eisen zu erhalten, welches den jeweiligen Ansprüchen, die mit den Verwendungszwecken der Gufsstücke stark wechseln, Genüge leistet. Einen weiteren Grund für das Gattieren bildet die Preisfrage, die Notwendigkeit, neben gutem aber teuerem Roheisen auch billige Marken und Brucheisen in möglichst grofser Menge zu verwenden.

Ist der Eisengiefser sich darüber klar, welche Zusammensetzung das Eisen für den jeweiligen Verwendungszweck haben soll, so ist es ihm natürlich ein Leichtes, auf Grund der Analysen seiner Eisenvorräte die Mengen zu berechnen, welche er von den verschiedenen Sorten zu nehmen hat. Trotzdem möge eine kurze Erörterung über den Einflufs der für die Gattierung vornehmlich in Frage kommenden Bestandteile des Eisens gestattet sein.

Kohlenstoff und Schwefel können aufser Betracht bleiben, ersterer, weil er in jedem bei regelmäfsigem Ofengange gefallenen Eisen in ausreichender Menge enthalten ist und, wenn wirklich einmal erhebliche Abweichungen vorkommen sollten, durch das Umschmelzen die Menge sich von selbst regelt, entweder durch Wegbrennen eines Überschusses oder durch Aufnahme aus dem Brennstoffe bei Mindergehalt; letzterer darf im Giefsereiroheisen aber nur in so kleinen Mengen auftreten, dafs die Mitverwendung schwefelreichen Eisens von vornherein ausgeschlossen ist.

Die zulässige Menge des Phosphors bewegt sich in ziemlich engen Grenzen. Wird von den Gufswaren grofse Festigkeit und Zähigkeit verlangt, so wird nur phosphorarmes Eisen, Hämatiteisen, vergossen werden dürfen; sind die Ansprüche an die erwähnten Eigenschaften sehr gering, so wird die Verwendung phosphorreichen Eisens erlaubt sein. In den weitaus meisten Fällen aber wird der zulässige Phosphorgehalt ein mittlerer sein und zwischen 0,5—1 % betragen dürfen. Dann ist es angezeigt zu untersuchen, ob vorteilhafter ein entsprechendes Roheisen zu kaufen ist, oder ob es sich empfiehlt, den Phosphorgehalt durch Mischen eines billigen, phosphorreichen Eisens mit Hämatiteisen auf die zulässige Höhe zu bringen. In sehr vielen Fällen wird letzteres zutreffen.

Den Phosphorgehalt des Brucheisens analytisch festzustellen, ist nicht angängig; man ist in dieser Beziehung, soweit es nicht dem eigenen Betrieb entstammt, auf Annahmen beschränkt, für welche jedoch die Art der Gufswaren, von denen die Bruchstücke herrühren, ziemlich hinreichenden Anhalt bietet.

Dem Mangan wird man Aufmerksamkeit nur insoweit zuwenden müssen, als daran zu reiche Eisensorten von der Verwendung auszuschliefsen sind. Da seine Anwesenheit nicht zu den Bedingungen für die Güte der Gufswaren gehört, darf der Gehalt ohne erheblichen Schaden auch ziemlich weit sinken.

Den wichtigsten Bestandteil der Gattierung bildet sowohl wegen seines tiefgehenden Einflusses auf die Beschaffenheit der Gufswaren als wegen des Preises das Silicium. Durch eingehende Untersuchungen von F. Wüst ist an Gufsstücken nach Verwendung, Abmessungen und Gewicht sehr verschiedener Art der Bedarf an Silicium festgestellt worden, welcher die erforderliche Weichheit und Bearbeitungsfähigkeit gewährleistet. Danach sollen Gufsstücke verschiedener Stärke nachstehenden Siliciumgehalt haben:

Wandstärke der Gufswaren	Siliciumgehalt.
weniger als 10 mm,	2,5—2,3 %,
10—20 „	2,3—2,1 „
20—30 „	2,1—1,9 „
30—40 „	1,9—1,7 „
40 oder mehr „	1,7—1,5 „

Äufsere Umstände, welche die Graphitbildung erschweren, wie die Verwendung nasser Gufsformen, geben Anlafs, sich mehr an die oberen, günstige Einflüsse, wie sie trockene Formen und grofses Gewicht des Gufsstückes ausüben, raten, sich mehr an die unteren Grenzzahlen zu halten. Dabei ist vorausgesetzt, dafs der Mangangehalt nicht erheblich über 0,8 % steigt, andernfalls er die Graphitbildung merklich hindert, also härtend wirkt. Wegen des Abbrandes beim Schmelzen sind dem Einsatz in den Schmelzofen etwa um 15 % höhere Siliciumgehalte zu geben.

Der Siliciumgehalt des Roheisens ist selbstverständlich durch chemische Analyse festzustellen, nicht aber, wie leider noch vielfach üblich, nach dem Bruchaussehen einzuschätzen. Den Siliciumgehalt des Brucheisens wird man freilich nur schätzungsweise bestimmen können, doch bietet hier das Aussehen insofern einen wenigstens in vielen Fällen ausreichenden Anhalt, als bei normaler Beschaffenheit aus der Wandstärke auf eine der oben gegebenen Tabelle entsprechende Siliciummenge geschlossen werden darf.

Für die Herstellung besonders widerstandsfähiger Gufsstücke empfiehlt es sich nach den Ergebnissen der Schmelzversuche von Jüngst, Mischungen aus Weifseisen und Siliciumeisen oder auch aus Hämatiteisen, Schmiedeeisenabfällen und Siliciumeisen zu verwenden.

Für die Berechung einer Gattierung mit dem richtigen Siliciumgehalte mögen nachstehende Beispiele als Anhalt dienen:

Sollen Handelsgufswaren von geringer Wandstärke, wie Öfen oder Töpfe, erzeugt werden, so werden diese nicht unter 2,5 % Silicium enthalten dürfen; da beim Schmelzen etwa 15 % des Siliciums oxydiert werden, so wird das einzuschmelzende Eisen $2{,}5 + 2{,}5 \cdot 0{,}15 = 2{,}88$ % Silicium enthalten müssen. Zur Verfügung stehen Trichter und Brucheisen vom eigenen Betriebe mit 2,5 % und Roheisen mit 3,5 % Silicium. Dann sind von beiden erforderlich:

x kg Roheisen mit 3,5 % Si + (100—x) kg Brucheisen mit 2,5 % Si,
welche ergeben 100 kg Gattierung mit 2,88 % Si.

$$x \cdot 3{,}5 + (100 - x)\, 2{,}5 = 100 \cdot 2{,}88$$

$x = 38$ kg Roheisen; $100 - x = 62$ kg Brucheisen.

Oder: Herzustellen ist Maschinengufs von 25 mm Wandstärke; dieser mufs enthalten rund 2 % Silicium, die Gattierung aber $1{,}15 \cdot 2 = 2{,}3$ % Silicium. Das Roheisen enthalte 3,0 % Silicium; das grobe Brucheisen von Maschinengufs normaler Beschaffenheit kann zu 1,6 % Silicium angenommen werden. Dann ist zu setzen:

x kg Roheisen mit 3,0 % Si und (100—x) kg Brucheisen mit 1,6 % Si,
welche liefern 100 kg Mischung mit 2,3 % Si.

$$x \cdot 3{,}0 + (100 - x)\, 1{,}6 = 100 \cdot 2{,}3$$

$x = 50$ kg Roheisen; $100 - x = 50$ kg Brucheisen.

b. Das Schmelzen.

Zum Schmelzen sind, je nach der Gröfse der Güsse und dem chemischen Verhalten der Metalle, verschiedene Vorrichtungen in Gebrauch. Sollen chemische Veränderungen möglichst verhindert werden, so benutzt man Gefäfsöfen, anderenfalls direkt wirkende Öfen, in denen die oxydierenden Feuergase mit dem Schmelzgut in unmittelbare Berührung treten.

Je nach der Schmelztemperatur kommen als Schmelzgefäfse eiserne Kessel oder Tiegel aus feuerfestem Thon zur Anwendung. Die direkt wirkenden Schmelzöfen sind entweder Herdflammöfen, in denen wegen der über die ganze Schmelzdauer sich erstreckenden Wechselwirkung zwischen Feuergasen und Metall die chemische Veränderung des Einsatzes besonders grofs ist, oder Kupolöfen, das sind Schachtöfen, in welchen das Metall nur bis zum Schmelzen im Strome der Feuergase verweilt, dann aber durch die Lage des Sammelraumes und eine Schlackendecke vor deren Einwirkung geschützt ist. In den Flammöfen erleidet demnach das Metall die gröfste Veränderung, weswegen man sie nur dort anwendet, wo es nicht zu umgehen ist, oder wo die chemische Zusammensetzung des Metallbades beeinflufst werden soll. In der Metallgiefserei ist der Tiegelofen, in der Eisengiefserei der Kupolofen die verbreitetste Schmelzvorrichtung.

1. Schmelzen im Kessel.

Eiserne Kessel können als Schmelzgefäfse nur für solche Metalle von niedriger Schmelztemperatur dienen, welche sich nicht mit Eisen legieren (Blei, Zinn, Antimon und ihre Legierungen); Zink bildet mit Eisen das ziemlich wertlose Hartzink, greift also die Kesselwand allmählich an und wird deshalb besser in Tiegeln geschmolzen. Die Beheizung der Kessel erfolgt mit flammenden Brennstoffen (Braun- und Steinkohlen, Holz) von einer unter dem Boden gelegenen Feuerung aus.

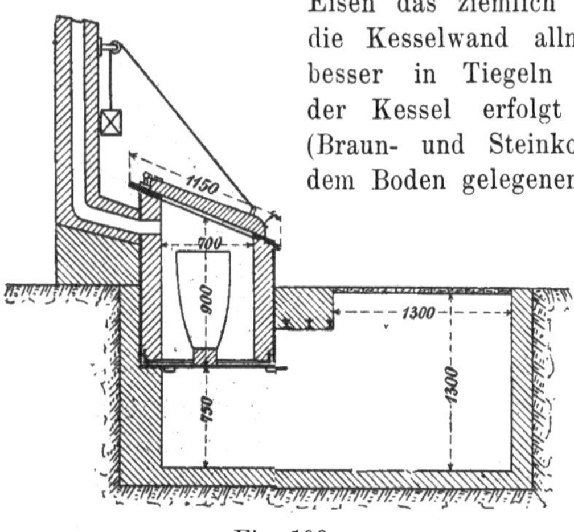

Fig. 106.

Die Entnahme des verflüssigten Metalles geschieht entweder durch Schöpfen mit Löffeln oder durch Abstechen, wozu der Kessel am Boden eine seitwärts gerichtete Abflufsröhre besitzen mufs. Wegen der besseren Haltbarkeit der Kessel ohne derartige Ansätze ist das Ausschöpfen am üblichsten. Zum Schutze gegen Oxydation und zu grofse Wärmeverluste an der freien Oberfläche bedeckt man das Metallbad entweder mit Holzkohlenlösche oder schliefst den Kessel mit einem an Ketten hängenden und mit Hilfe von Gegengewichten leicht hochzuhebenden Blechdeckel.

2. Schmelzen im Tiegel.

Die Schmelztiegel werden aus dem besten feuerfesten Thon und mehr oder weniger Magerungsmittel hergestellt, als welches neben Schamotte (oft in Gestalt gemahlener Tiegelscherben) besonders Grafit verwendet wird. Die Menge des letzteren schwankt zwischen 5 und 50 %; kleine Zusätze von Grafit zur Masse der Thontiegel haben hauptsächlich den Zweck, den Tiegelinhalt vor der oxydierenden Wirkung etwa durch die porigen Wände dringender Feuergase zu schützen; gröfsere Mengen erhöhen dagegen wegen der Unschmelzbarkeit des Grafites die Feuerbeständigkeit sehr; solche Tiegel heifsen Grafittiegel.

Die Herstellung der Tiegel erfolgt entweder durch Drehen auf der Töpferscheibe oder durch Pressen auf der Tiegelpresse und sehr allmähliches Trocknen. Vor dem Gebrauche sind die Tiegel gut anzuwärmen, weil sie bei plötzlichem Erhitzen leicht reifsen. Ihre Dauer hängt wesentlich von der Behandlung ab. Plötzliche Temperaturwechsel, wie sie das Ausheben aus dem Ofen zum Giefsen mit sich bringt, das Anfassen und Heben der gefüllten, glühenden Tiegel mit Zangen und der Angriff schmelzender Brennstoffaschen tragen viel zum raschen Verschleifs bei. Die neueren Öfen, in denen die Tiegel feststehen und die zum Giefsen mit dem Tiegel gekippt werden, verdienen deshalb weitaus den Vorzug vor den älteren unbeweglichen Öfen mit auszuhebenden Tiegeln. Während gute Tiegel bei der letztgenannten Behandlung etwa 10 mal zum Schmelzen von Legierungen dienen können, halten sie in Kippöfen bis zu 80 Hitzen aus.

Den Angriff der schmelzenden Brennstoffaschen kann man durch Verwendung aschearmer Koks, des weitaus am meisten gebrauchten Brennstoffes, nur abmindern, nicht verhindern. Aschefreie Brennstoffe (flüssige und gasförmige) werden, da Leuchtgas noch zu hohen Preis hat, in Metallgiefsereien kaum angewendet; dagegen bedienen sich einige Giefsereien für Weichgufs der Petroleumrückstände und die meisten Stahlgiefsereien der Generatorgase.

Die Tiegelöfen für festen Brennstoff sind Schachtöfen und können die Verbrennungsluft durch Schornsteine oder durch Gebläse zugeführt erhalten; sie zerfallen demnach in Zug- und Gebläseschachtöfen.

Zugtiegelöfen (Fig. 106), die verbreitetste Art, fassen in Metallgiefsereien meist nur einen, in Stahlgiefsereien vier, auch sechs Tiegel. Der Ofenschacht, welcher wegen des bequemen Aushebens der Tiegel zum Teil oder ganz unter die Hüttensohle hinabreicht, hat quadratischen oder kreisrunden Grundrifs und so grofsen Durchmesser, dafs zwischen Tiegel und Ofenwand mindestens 6—8 cm Raum für Brennstoff bleibt, und eine Höhe, die gestattet über den Tiegel noch Brennstoff zu schütten. Den Boden bildet ein Rost mit losen, behufs Reinigung leicht herauszuziehenden Stäben, auf dem unter Zwischenschaltung eines Schamottenuntersatzes, des Käses, der Tiegel steht. Der Fuchs liegt oberhalb des Tiegelrandes und führt in einen Schornstein. Am zweckmäfsigsten hat jeder Ofen seine eigene Esse; mufs eine Esse mehrere Öfen bedienen, so sollte ihr Querschnitt nicht weniger als 1/4 vom Gesamtquerschnitte der Tiegelöfen betragen. Anderenfalls verzögert ungenügende Luftzufuhr das Schmelzen, was höheren Brennstoffaufwand zur Folge hat. Den Verschlufs bildet ein Klappdeckel aus Schamotteplatten in Eisenrahmen. Die Luftzufuhr zum Aschenfall findet durch einen Gitterrost in der Hüttensohle statt. Fig. 106 stellt einen derartigen Ofen für einen Tiegel dar, in dem binnen 3 Stunden 300 kg Metall mit einem Aufwande von 27 % guten westfälischen Schmelzkoks geschmolzen werden können.

Das Schmelzen erfolgt nun so, dafs man den gefüllten, angewärmten und bedeckten Tiegel in einen bereits mit Feuer versehenen Ofen einsetzt und rings mit Brennstoff umgiebt. Ist der Ofen verschlossen, so gerät bald die ganze Koksfüllung in lebhaftes Feuer und wird nach Bedarf ergänzt. Ist der Einsatz flüssig, so zieht man die neben dem Käse liegenden Roststäbe aus, läßt dadurch den Koksrest in den Aschenraum fallen und hebt nun den Tiegel mit einer ihn umfassenden Korbzange oder, wenn er leicht ist, mit einer einfacheren, ihn nur an einer Stelle der Wand fassenden Zange aus und setzt ihn in eine Gießgabel. Schwere Tiegel erfordern einen Kran zum Ausheben.

Die Gebläseschachtöfen für Tiegel haben im Gegensatze zu den seit Jahrhunderten in Gebrauch stehenden Zugtiegelöfen ein sehr geringes Alter. Ihre Verwendung empfiehlt sich wegen der bedeutenden Abkürzung der Schmelzdauer und, in der Ausführung als Kippöfen, wegen der großen Erleichterung der Arbeit sowie der längeren Dauer der Tiegel.

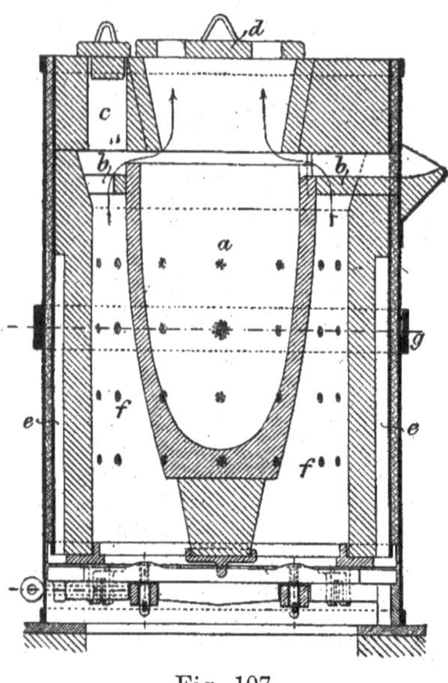

Fig. 107.

Der erste zweckmäßig eingerichtete, von Piat erfundene Kipptiegelofen hat denn auch infolge dieser Vorzüge in der von Baumann verbesserten Form in deutschen Metallgießereien schnell Verbreitung erlangt. Der Tiegel dieses Ofens dient, obgleich er wie gewöhnlich von dem brennenden Koks umgeben ist, nicht zum Schmelzen, sondern lediglich als Sammelraum für das flüssige Metall; das Schmelzen findet vielmehr in einem den Tiegel an Rauminhalt übertreffenden trichterförmigen Aufsatze statt, welchen die Feuergase durchstreichen müssen. Infolge der unmittelbaren Wärmeübertragung auf das im Aufsatz enthaltene Schmelzgut verläuft das Schmelzen sehr rasch (150 kg in 25 Min.) und mit dem geringen Brennstoffaufwand von $13^1/_8$ %.

Zum Schmelzen von Zink, also auch zur Herstellung zinkhaltiger Legierungen, eignet sich der Ofen wegen der stark oxydierenden Einwirkung der Feuergase auf den Einsatz nicht, aber beim Schmelzen bereits fertiger Legierungen beträgt der Abbrand während der kurzen Schmelzdauer doch nicht mehr als 2 %.

Einen weiteren Fortschritt bildet der Ofen von Rousseau, der in Deutschland in wenig veränderter Bauart von der Firma Basse & Selve in Altena hergestellt und verkauft wird. Er gestattet infolge der Möglichkeit, Brennstoff und Metall nachzusetzen, ohne den Ofen öffnen zu müssen, was die Wärmeverluste wesentlich vermindert, ein andauerndes Schmelzen bei geringem Koksverbrauche.

Das Wesentliche an diesem Ofen (Fig. 107) ist die Befestigung des

Tiegels *a* in seiner Stellung durch eine Ringplatte *b* mit drei Durchlässen für die Feuergase, welche ihn dicht unter dem oberen Rande umfafst, die Ofendecke mit drei rechteckigen Öffnungen *c* zum Nachfüllen des Koks und einem gelochten mittleren Deckel *d* zum Nachsetzen des Schmelzgutes sowie die Zuführung des in dem Ringraum *e* vorgewärmten Windes durch zahlreiche Öffnungen *f* in der Ofenwand. Der ursprüng-

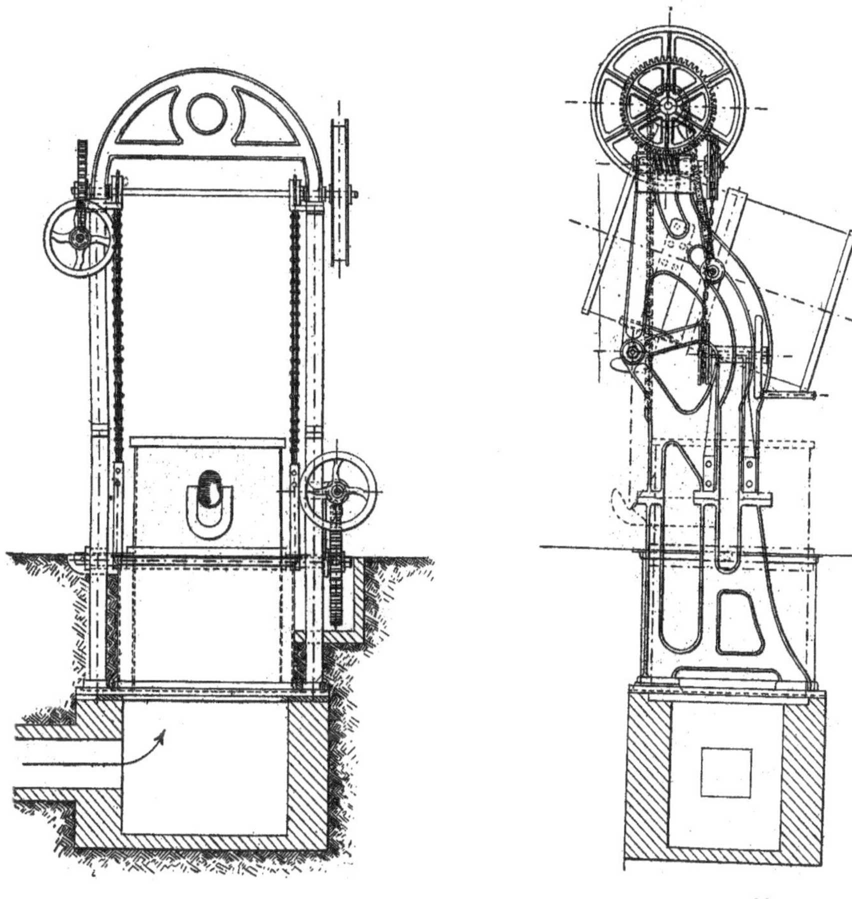

Fig. 108. Fig. 109.

liche Ofen von Rousseau hat aufser der seitlichen noch eine Windzuführung von unten her, aber nicht durch einen Rost; denn der Ofen hat keinen solchen und ist durch Bodenplatten geschlossen, sondern durch ein ziemlich hoch über den Boden hinaufragendes, oben verschlossenes, gleichzeitig als Käse dienendes Rohr mit seitlichen Öffnungen unter der Deckelkappe. Durch die Hochstellung des Tiegels wird unterhalb ein ziemlich grofser Raum für Brennstoffasche und Schlacken geschaffen, die nun nicht mehr den Luftzutritt behindern können. Das Schmelzen kann infolgedessen sehr viel länger ausgedehnt werden. Die Reinigung von Asche und Schlacken erfolgt nach Wegnahme der Bodenplatten in Kippstellung des Ofens. Dieser sitzt bis zum Schildzapfenring *g* in einer Grube mit seitlicher Windzuführung auf einer guſseisernen Ringplatte und wird mit Sand abgedichtet. Durch den in Fig. 108 u. 109 dargestellten Rädermechanismus wird der Ofen zum Ausgieſsen an Gelenkketten hochgehoben, wobei seine Schildzapfen in bogenförmigen Führungen so geleitet werden, daſs der Ausguſs beim Kippen stets an derselben Stelle bleibt, was das Auffangen des Metalles auch in engen Pfannen bezw. das Eingieſsen in die Trichter von Formen sehr erleichtert. In solchen Öfen sind ohne Unterbrechung bis zu

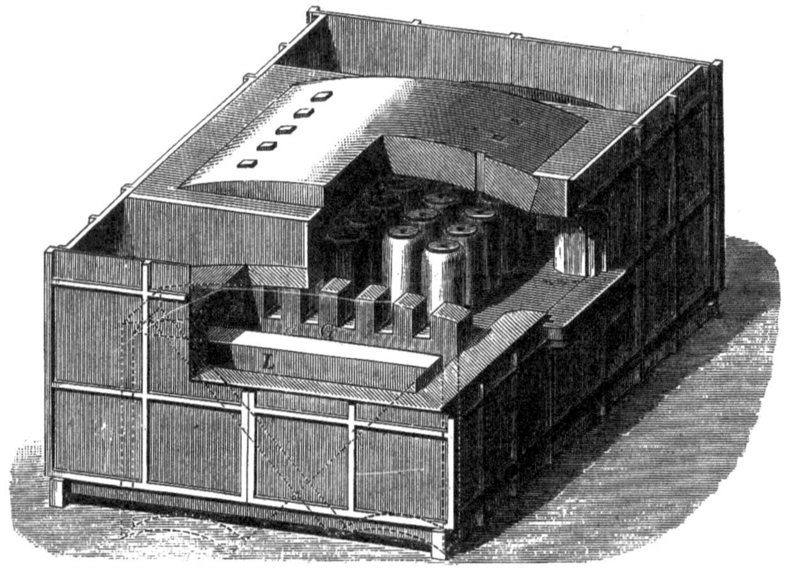

Fig. 110.

19 Schmelzungen von je 300 kg Gewicht, jede in 40 Minuten mit einem Koksverbrauche von 7,7 bis 13,4, im Durchschnitte 10,2 % von dem geschmolzenen Kupfer und Messing, möglich. Der Tiegel hält 60—80 Schmelzungen aus.

Die mit Gasfeuerung betriebenen Tiegelflammöfen werden meist unterhalb der Hüttensohle angeordnet. Sie bilden einen grabenähnlichen, durch Querwände in drei Abteilungen getrennten Raum, in dem die Tiegel in Gruppen zu je sechs in zwei Reihen Platz finden. Die Wärmespeicher liegen an den Längsseiten, zunächst der für Gas, auſserhalb der für Luft. Die eiserne Herdplatte wird mit einer hohen Lage unschmelzbaren Quarzsandes bedeckt, und darauf stehen die Tiegel, je einer vor einer Gaseintrittsöffnung. Damit die Verbrennung möglichst rasch und nicht etwa erst im gegenüberliegenden Wärmespeicher erfolge, mischt man Luft und Gas schon aufserhalb des Ofens sorgfältigst, indem man beide Ströme senkrecht aufeinander stofsen läfst. Die Ströme werden nach dem Boden des Ofens hin geführt, damit die unteren Teile der Tiegel nicht zu kalt bleiben. Zur Abdeckung der Schmelzräume dient an Stelle der Schamotteplatten eine Anzahl von Gewölbebögen aus feuerfesten Steinen, die durch einen übergespannten schmiedeeisernen Bügel zusammengehalten werden.

Seit zwei Jahrzehnten sind viele oberirdische, von aufsen anderen Gasflammöfen ganz ähnliche Tiegelöfen in Gebrauch, welche auf einem grofsen Herde 25—50 Tiegeln Platz bieten. In Fig. 110 ist ein solcher Ofen für 25 Tiegel abgebildet. Die Wärmespeicher sind wie gewöhnlich unter dem Ofen angeordnet, aber derart gruppiert, dafs jede Kammer ein von den beiden Mittellinien abgetrenntes Viertel des Grundrisses einnimmt. Gas und Luft treten durch parallele, nach obenhin sich auf die ganze Breite des Ofens erweiternde Schlote *L* und *G* in einen Mischraum, wo die Verbrennung beginnt, und gelangen dann durch die von sieben Öffnungen durchbrochene Feuerbrücke auf den mit Tiegeln besetzten Sandherd von 2,0 m Länge und 1,9 m Breite. In dem Gewölbe befinden sich über den beiden äufseren Tiegelreihen Öffnungen, durch welche Probestangen in die Tiegel eingeführt werden können.

Die äufserst anstrengende Arbeit des Aushebens aus unterirdischen Öfen wird durch Anwendung von zweiarmigen Hebeln sehr erleichtert. Diese hängen jeder an einer auf hochgelegener Schienenbahn laufenden Rolle, tragen an einem Ende eine Zugstange und am anderen eine Kette, in welche die Zange nach dem Erfassen des Tiegels eingehängt wird. Das Herausnehmen aus den oberirdischen Öfen erfolgt mit etwa 3 m langen, ähnlich aufgehängten Zangen.

Das Schmelzen verläuft in nachstehender Weise:

Die aus der Trockenkammer entnommenen Tiegel werden zunächst so sorgfältig gefüllt, dafs zwischen den in Würfeln von 1—3 cm Seite oder in Plättchen gebrochenen Stahlstückchen möglichst kleine Zwischenräume bleiben; die Füllung wiegt 25—30 kg; kohlende Zuschläge kommen auf den Boden zu liegen, schlackenbildende werden über die Füllung gestreut. Dann setzt man sie mit dem Deckel verschlossen in einen Glühofen, der gewöhnlich ein durch Rostfeuerung beheizter Flammofen ist, erwärmt sie auf Rotglut und bringt sie dann möglichst rasch in den bereits hellglühenden Schmelzofen. Trotz stärksten Heizens nimmt das Einschmelzen 2—3 Stunden in Anspruch. Während des dem Schmelzen folgenden Zeitraumes vollziehen sich chemische Reaktionen im Tiegel, bezüglich welcher auf die Beschreibung der Tiegelstahlerzeugung in Teil II verwiesen werden mufs; dabei wird durch Gasentwickelung die Schmelze ins Wallen gebracht. Ist der Stahl endlich ruhig geworden, so läfst man ihn noch $^1/_2$—$^3/_4$ Stunde abstehen und schreitet dann zum Ausgiefsen, nachdem man sich vorher durch Eintauchen einer Stahlstange durch die Öffnung im Tiegeldeckel von der

Gare des Inhaltes überzeugt hat. Der abgebildete Ofen hat nur über den äußeren Tiegelreihen Probeöffnungen, da der Stahl in den inneren Reihen ganz sicher gar ist, wenn dasselbe in den der Abkühlung mehr ausgesetzten äußeren der Fall ist. Die Tiegel werden herausgenommen und, falls die Temperatur nicht zu hoch ist, sofort ausgegossen.

Der Brennstoffaufwand zum Stahlschmelzen beträgt bei Schachtofenbetrieb 250—300 kg Koks, bei Flammofenbetrieb 120—160 kg Steinkohle auf 100 kg Metall, im letzteren Fall also sehr erheblich weniger.

3. Schmelzen im Herdflammofen.

Im Herdflammofen ist das Metall während der ganzen Schmelzdauer der Einwirkung oxydierender Feuergase ausgesetzt; denn mit reduzierender Flamme wird häufig die erforderliche Temperatur nicht erreicht, beim Eisenschmelzen z. B. nie.

Die Zusammensetzung des Schmelzgutes verändert sich infolgedessen sehr erheblich, und zwar unterliegen diejenigen Bestandteile des Einsatzes am stärksten der Oxydation, welche die höchste Verbrennungswärme haben; das sind von den Gußmetallen Zink und Zinn, im Roheisen Silicium und Mangan. Man wendet deshalb den Herdflammofen so wenig als möglich an, in der Metallgießerei z. B. nur dann, wenn die Größe des Gußstückes den Fassungsraum mehrerer großer Tiegel überschreitet, und da so schwere Gußstücke fast nur aus Bronze zu fertigen sind (Glocken, Bildsäulen), so wird auch fast nur Bronze im Flammofen geschmolzen. Zinklegierungen schmilzt man auch wegen der hohen Temperatur, die den Siedepunkt des Zinkes überschreitet, nicht im Flammofen. Der Zinnabbrand ist 2 bis $2^1/_2$ mal so groß als der Kupferabgang; man schmilzt deshalb das Kupfer zuerst ein und setzt erst kurz vor dem Abstechen die erforderliche Zinnmenge zu.

Von den während des Schmelzens entstehenden Metalloxyden löst sich immer ein geringer Teil im Metallbade auf, so auch Kupferoxydul im Kupfer, welches überdies schon durch geringe Mengen Schwefelkupfer verunreinigt zu sein pflegt. Diese beiden Fremdstoffe wirken aufeinander, bilden Schwefeldioxyd, welches zu entweichen sucht, bei zähflüssiger Beschaffenheit des Bades aber daran gehindert wird und Blasen im Gußstücke hervorruft. Diese Gasbildung wird verhindert, wenn man für Zerstörung des Kupferoxydules durch Zusatz eines Stoffes von höherer Verbrennungswärme sorgt. In Anwendung kommen für Kupfer hauptsächlich Aluminium, Silicium und Phosphor, die letzteren beiden in Form von Kupferlegierungen. Sie werden kurz vor dem Gießen zugesetzt und durch Umrühren des Bades möglichst gleichmäßig darin verteilt.

In der Eisengießerei wird der Flammofen fast nur noch dann benutzt, wenn sehr widerstandsfähige Gußstücke aus einem hellgrauen, verhältnismäßig siliciumarmen Roheisen herzustellen sind, also z. B. beim Gusse großer Dampfcylinder und beim Walzengusse, außerdem etwa noch behufs Verwertung sehr großer Gußbruchstücke.

Die Herdflammöfen für Gieſsereizwecke werden nach der Gestalt des Herdes in *deutsche* oder solche *mit gestrecktem Herd* und in *englische* oder Flammöfen *mit Sumpf* eingeteilt. Der Herd der deutschen Flammöfen bildet eine schiefe Ebene, deren tiefste Seite vor der Fuchsbrücke liegt. Das Eisen wird unmittelbar hinter der Feuerbrücke eingesetzt und sammelt sich vor der Fuchsbrücke an. Da die Tiefe des Eisenbades gering, die Oberfläche aber groſs und überdies der Stichflamme ausgesetzt ist, so ergiebt sich eine stärkere Oxydationswirkung der freien, Sauerstoff enthaltenden Verbrennungsgase als in einem Ofen mit vertieftem Herde, wie er in Fig. 111 abgebildet ist. *a* ist die Rostfeuerung (Gasfeuerungen finden des unterbrochenen Betriebes wegen nicht Anwendung), *b* die durch Luft gekühlte Feuerbrücke, *c* der Sumpf und *d* der vom Sammelraume getrennte Schmelzherd, auf welchem das Eisen aufgeschichtet wird. Um auch sehr groſse,

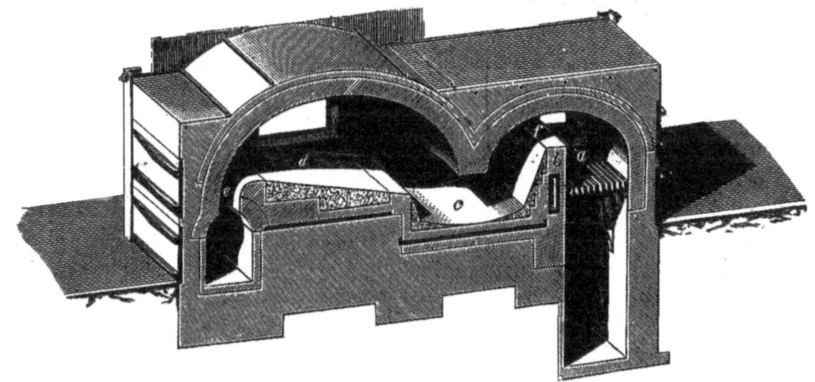

Fig. 111.

im Kupolofen nicht verwertbare Stücke, wie alte Geschütze, Teile von Walzen u. s. w. einschmelzen zu können, muſs die Einsatzthür groſs sein und das Gewölbe hoch liegen. Die Lage des Sumpfes unmittelbar hinter der Feuerbrücke und die Gestalt des an dieser Stelle weit herabgezogenen Gewölbes befördern das Warmhalten des flüssigen Eisens; auch die Oxydation ist an dieser Stelle weniger stark als vor dem Fuchs *e*. Trotzdem unterliegt das Eisen auch in Flammöfen mit Sumpf einer stärkeren Veränderung als im Kupolofen; denn der Abgang beträgt 6—10 %; es wird ärmer an Silicium und Mangan, dadurch allerdings zäher und fester, aber auch zum Weiſswerden geneigt und eignet sich nur zur Herstellung schwerer Guſsstücke, bei denen auf groſse Festigkeit und Zähigkeit Wert gelegt wird. Infolge des niedrigen Gasdruckes im Ofen ist die Gasaufnahme seitens des Eisens gering, und man erhält leichter dichte Güsse als von Eisen, das im Kupolofen geschmolzen ist.

In jedem Flammofen soll die Temperatur auf allen Teilen des Herdes möglichst gleich hoch sein; das ist nur der Fall, wenn die Geschwindigkeit der Gase mit der Entfernung von der Verbrennungsstelle, also auch mit der Abkühlung wächst, so daſs jeder dem Fuchse näher liegende Querschnitt des Ofenkanales in der Zeiteinheit von einer gröſseren Menge weniger heiſsen Gases durchströmt wird. Das macht eine allmähliche Verengung des Ofens vom Flammloche nach dem Fuchse hin nötig. Dieser Forderung läſst sich aber bei Gieſsereiflammöfen nur sehr unvollkommen Rechnung tragen, da das Gewölbe sich gerade kurz vor dem Ende des Herdes, wo das Eisen aufgestapelt wird, stark erheben muſs. Die Folge ist eine verhältnismäſsig ungünstige Ausnutzung der Brennstoffe; auf 1 t einzuschmelzendes Eisen sind 0,250—0,8 t Steinkohlen zu rechnen, und zwar um so mehr, je kleiner der Einsatz ist, welcher im Mittel etwa 5 t beträgt.

Die wichtigeren Maſse der Gieſsereiflammöfen bewegen sich zwischen nachstehenden Grenzen:

Herdfläche (H) auf 1 t Einsatz 0,5—0,6 qm bei groſsen, 0,8—1,0 qm bei kleinen Öfen; Herdlänge 3—4 m. Herdbreite: Herdlänge = 1 : 2 bis 2,75. Ganze Rostfläche R = 0,33 H. Freie Rostfläche = 0,33—0,5 R; Tiefe der Feuerung 0,4—0,6 m; Flammloch (0,4—0,7 m hoch) = 0,5—0,7 R; Fuchsquerschnitt 0,11—0,10 R; Schornsteinquerschnitt bei 18—25 m Höhe 0,05—0,1 qm.

Das Rauhgemäuer besteht in der Regel aus Backsteinen und wird mit Guſseisenplatten verankert; das feuerfeste Futter ist einen halben Stein stark. Der Herd wird von starken Herdplatten getragen und z. T. aus Masse aufgestampft.

Über den Betrieb eines solchen Ofens ist wenig zu sagen. Das Einsetzen erfolgt in der Regel vor dem Anheizen. Während des Schmelzens hat man nur das Feuer gehörig zu unterhalten; nach Beendigung desselben wird bei verschlossenen Thüren einige Zeit stark gefeuert, um das Eisen zu überhitzen, und dann kann zum Abstechen geschritten werden. Ein Schmelzen dauert 6—10 Stunden.

4. Schmelzen im Schachtofen.

Die der Eisengieſserei eigentümliche und weitaus am meisten in Anwendung stehende Schmelzvorrichtung ist ein Kupolofen genannter Schachtofen. Da seine Aufgabe ausschlieſslich in der Verflüssigung des Metalles, nicht aber in der Vollziehung chemischer Reaktionen besteht, so gilt es, den Heizwert des Koks, des fast allein in Anwendung kommenden Brennstoffes, durch Verbrennen zu Kohlendioxyd möglichst vollkommen auszunutzen. Die Erreichung dieses Zieles wird durch Verwendung sehr dichter Brennstoffe (also keiner Holzkohlen) und sehr gute Verteilung des Windes befördert.

Daſs beim Umschmelzen nicht alle chemischen Vorgänge ausgeschlossen sind, wurde schon oben (S. 4) erörtert; das glühende und das flüssige, in den Herd tropfende Metall befindet sich in einer oxydierenden Atmosphäre und wird durch sie seiner Zusammensetzung nach verändert. Die Oxydation sowie die Absorption von Gasen wird aber um so geringer sein, je rascher das Schmelzen verläuft, je gröfsere Mengen in der Zeiteinheit verflüssigt werden. Die Asche der Brennstoffe und der am Eisen haftende Sand sind durch Kalkstein zu verschlacken. Die erforderliche Menge Zuschlag liefse sich erheblich vermindern, wenn die Eisengiefser mehr Wert auf die chemische Zusammensetzung als auf das Bruchaussehen des Roheisens legen wollten; dann könnte das Eisen in eiserne Masselformen abgestochen und frei von Sand geliefert werden. Schwefelreiche Koks erfordern behufs Überführung des Schwefels in die Schlacke höheren Kalksteinsatz als schwefelarme.

Die Giefserei-Kupolöfen, teils als Tiegel-, teils als Spuröfen zugestellt, sind nur 3—5 m hoch, 0,5—1,5 m weit und haben cylindrischen, höchstens in der Schmelzzone verengten Schacht aus 150—300 mm starken feuerfesten Steinen, der von einem Blechmantel oder von Gufseisenplatten zusammengehalten wird. Der Herd (bei Spuröfen auch der Schacht) besitzt aufser dem Stichloch und dem Schlackenstiche noch eine gröfsere, während des Betriebes mit Steinen ausgesetzte und durch eine eiserne Thür verschlossene Öffnung, welche sowohl zum Ausziehen der Brennstoffreste und Schlacken als zum Einsteigen in den Schacht beim Ausbessern dient. Über der Gicht setzt sich der Ofen gewöhnlich noch bis oberhalb des Hüttendaches fort und bildet einen Schornstein zur Abführung des Gichtgases.

Der Schacht des Kupolofens hat, da Verhältnisse, welche gebieterisch eine andere Gestalt verlangen, nicht vorliegen, in der Regel Cylinderform, also sowohl für den Aufbau als für die Wärmeverluste die günstigste Gestalt. Verstärkungen des Futters im unteren Teil und dadurch bedingte Verengungen des Schachtes werden meist nur der rascheren Abnutzung wegen angewendet. Als Baustoff dienen weitaus am häufigsten keilförmige Schamottesteine, die sehr sauber zusammengepafst und fast ohne Fuge vermauert werden. Dieses Futter ist aber sowohl in der Herstellung als in der Erhaltung kostspielig, letzteres, weil die oft sauren Schlacken stark lösend auf die Schamotte einwirken. Man ersetzt deshalb die Ausmauerung häufig durch gestampfte Futter aus einem mageren, thonerdereichen Thon (Kaolin), an dessen Stelle auch eine Mischung von fettem Formsand mit Quarzsand verwendet wird, deren gerühmte Haltbarkeit sich leicht aus der chemischen Widerstandsfähigkeit gegen saure Schlacken erklärt. Für die über der Schmelzzone gelegenen Teile des Schachtes eignet sich Stampffutter nicht, wegen zu geringer mechanischer Festigkeit; diese Teile sind auszumauern, und zwar, da die Schamottensteine bei Erneuerung des gestampften Herdfutters zum Teil herausgenommen werden müssen, wobei ihrer viele zu Bruche gehen, zweckmäfsig nach Bolze mit hohlen Keilsteinen aus schwer schmelzbarem Eisen, die behufs Verhinderung der Oxydation durch die heifsen Verbrennungsgase an den dem Schachtinnern zugekehrten Flächen von einem schwer schmelzbaren, aber sehr festhaftenden Emailgrund geschützt werden; gröfsere Wärmeverluste verhütet man durch Ausfüllen der hohlen Steine mit gebrauchtem Formsande. Diese Steine widerstehen der mechanischen Abnutzung durch das Einwerfen der Masseln und die Reibung der Schmelzmassen vorzüglich und können immer wieder eingebaut werden, wenn das Stampffutter zu erneuern war. Die Anordnung eiserner Schachtwände oberhalb der Schmelzzone ist übrigens nicht neu; denn Gmelin baute schon vor Jahrzehnten einen Kupolofen, dessen Schacht bis zu den Windformen herunter aus einem doppelwandigen, durch Wasser gekühlten Blechcylinder bestand.

Die zahlreichen Bauweisen des Kupolofens unterscheiden sich hauptsächlich durch die Art der Windzuführung und Windverteilung. Mit der einzigen Ausnahme des Ofens von Herbertz, in den die Verbrennungsluft mittels Dampfstrahles eingesaugt wird, betreibt man heute alle Kupolöfen mit Gebläsewind. Die Zuführung erfolgt vom Umfange aus entweder in einer Ebene, und zwar durch eine mehr oder minder grofse Anzahl Formen bezw. durch rundumlaufende Schlitze oder in mehreren verschieden hoch übereinander angeordneten Formreihen. Die Schwierigkeit, den nur schwach geprefsten Wind bis in die Mitte eines Ofens von gröfserem Durchmesser zu treiben, veranlafste West, eine Windform mitten durch den Boden bis über den Schlackenstich zu führen.

Fig. 112.

Bei Betrachtung des Entwickelungsganges der Kupolöfen darf der älteste Ofen mit ausreichender Windzuführung, d. h. der von Schmahel, nicht unerwähnt bleiben, da dessen Erbauer sich zuerst von der Anschauung freimachte, dafs der Kupolofen wie ein kleiner Hochofen zu betreiben sei und hochgespannten Wind durch wenige, enge Formen erhalten müsse; er erkannte den weiter unten näher begründeten Vorteil, welcher in der Zufuhr einer grofsen Menge Wind niedriger Spannung liegt, und gab deshalb seinem Ofen 8—12 cylindrische Formen von 8 bezw. 17 cm Durchmesser, die er in einer Ebene oder auch, zu besserer Sicherung der Standfestigkeit des Mauerwerkes, in einer Schraubenlinie anordnete. Der Windkanal von rechteckigem Querschnitte ist aufsen am Mantel angenietet und hat in der Verlängerung jeder Form eine mit Schauöffnung versehene Klappe zum Reinigen jener von Schlackenansätzen. Der Schacht ist cylindrisch. Diese einfachste Bauart des Kupolofens hat sich durchaus bewährt und wird auch heute noch mit Vorteil angewendet, vorausgesetzt, dafs der Gesamtquerschnitt der Formen ausreichend grofs ist.

Die vollkommenste Verteilung des Windes haben natürlich die Öfen, welche ihn durch einen rundumlaufenden Schlitz zuführen, wie die von Mac Kenzie, Fauler und Herbertz. Bei ersterem wurde das gesamte Mauerwerk oberhalb des Windeinlasses von einem am Mantel angenieteten Gufseisenring getragen, der jedoch beim Verschleifse des Ofenfutters in Mitleidenschaft gezogen wurde und deshalb häufiger Er-

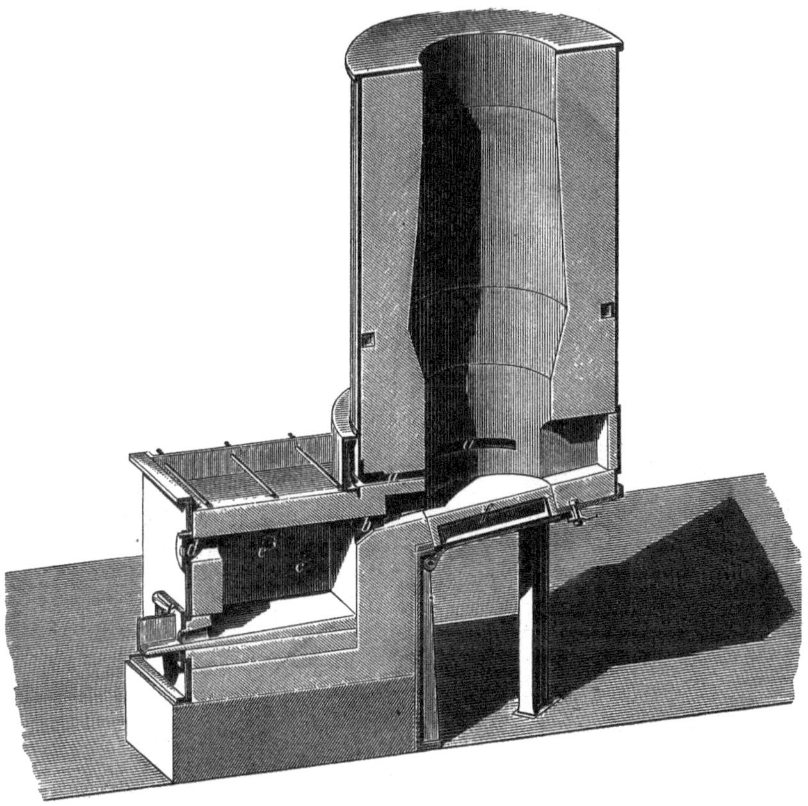

Fig. 113.

neuerung bedurfte. Fauler ordnete zwischen Herd- und Schachtfutter einen Ring aus eisernen Formstücken an, die jedes aus zwei Platten mit radialen Stegen dazwischen bestehen und so einen Ringschlitz bilden. Der Herbertz-Ofen ist weiter unten beschrieben.

Zu den Öfen mit Windzuführung in einer Ebene zählen ferner die verschiedenen Formen des Kupolofens von Krigar & Ihssen in Hannover. Nach der ältesten Bauart (Fig. 112) steht der an den kurzen Seiten des rechteckigen Schachtes liegende Windkanal *a* nicht durch einzelne Formen, sondern über die ganze Länge des Schachtes durch breite Schlitze *b* mit dem Ofeninnern in Verbindung. Der ebenfalls rechteckige Herd erstreckt sich vorn und hinten ähnlich wie bei den Sumpföfen unter den von starken schmiedeeisernen Balken *i* getragenen Schachtwänden hinweg. In der Thür der Vorderwand liegt das Stichloch *f*, in der hinteren, die Ziehöffnung verschlieſsenden der

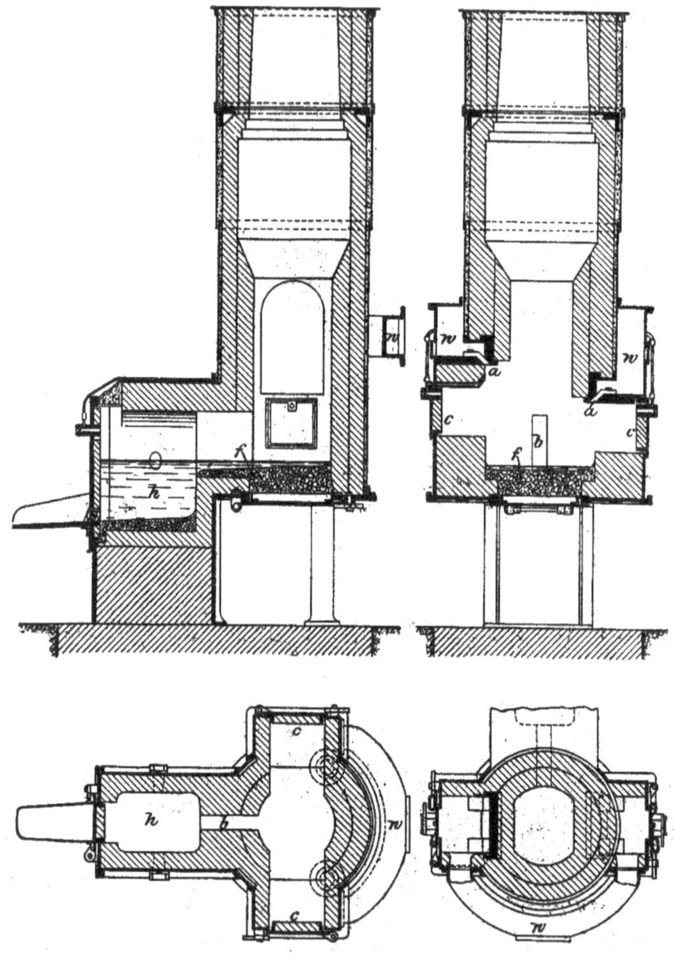

Fig. 114.

Schlackenstich *e* (in der Zeichnung etwas zu tief). Die Öffnungen *d* über den Thüren sind Schau- und Störlöcher. Die einfache Gestalt der ganzen Schmelzvorrichtung gestattet die Herstellung der Ummantelung aus Herdguſsplatten.

Um das geschmolzene Eisen schnellstmöglich dem Einflusse des Koks zu entziehen, verwandelte Krigar seinen Sumpfofen bald in einen Spurofen, versah ihn also mit Vorherd und ermöglichte dadurch die

Anbringung einer das Entleeren aufserordentlich erleichternden Bodenklappe. Die Windzufuhr in den jetzt runden, in der Schmelzzone und nach der Gicht zu etwas zusammengezogenen Schacht erfolgte aus einem an den Mantel angenieteten Windkanal durch zwei nach Form und Gröfse einer Ausziehthür gleichenden, zu beiden Seiten angeordneten Öffnungen. In dieser Gestalt hat der Krigar-Ofen viel Anerkennung und weite Verbreitung gefunden, obgleich er in den ersten Abstichen ziemlich kaltes, für feinere Gegenstände ungeeignetes Eisen liefert, das häufig erneutes Schmelzen erfordert.

Später wurden die beiden grofsen Windeinlafsöffnungen durch drei über einen grofsen Teil des Umfanges sich erstreckende Schlitze *a* (Fig. 113) ersetzt. Aufser dem Schachte hat auch der Vorherd eine durch die Thür *e* verschliefsbare Einsteigöffnung. *cc* sind Schlackenstiche, welche mit dem Steigen des Eisenspiegels nacheinander benutzt werden. Die Schauöffnung *d* gestattet die Beobachtung und die Reinigung der Spur *b*. Der Schacht ist auf Säulen gestellt, zwischen denen die Bodenklappe *f* nach unten schlagen kann.

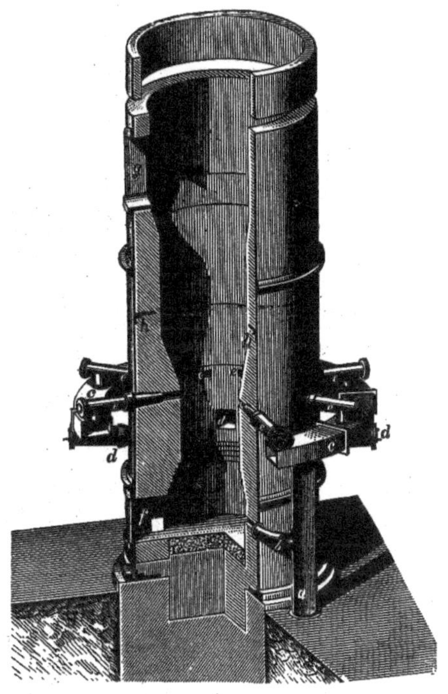

Fig. 115.

Die in Fig. 114 dargestellte neueste Form desselben Ofens zeigt ebenfalls den Vorherd *h*, die Spur *b*, die Bodenklappe *f* und die beiden grofsen seitlichen Öffnungen in der Schachtwand, welche durch Einsteigethüren *c* verschlossen sind. Der Wind tritt hier jedoch aus dem Kanale *w* nur durch zwei schräg nach unten gerichtete, zufolge ihrer Lage an der Aufsenseite der Schachtwand vor dem Verschlacken geschützte Schlitze *a* in den Ofen; kleine Windmengen werden auch durch je eine enge, zugleich als Schauöffnung dienende Düse in den Thüren *c* und in der Vorderwand des Vorherdes eingeführt. Da die Windschlitze hier nicht mehr in derselben wagerechten Ebene liegen, so bildet die jüngste Bauart des Krigarofens den Übergang zu den Kupolöfen mit mehreren Düsenreihen.

Der verbreitetste Vertreter dieser Gruppe ist der Kupolofen von I r e l a n d, dessen stark verengter, cylindrischer Schmelzraum es erlaubt, den Windkanal innerhalb des Blechmantels in dem starken Mauerwerk

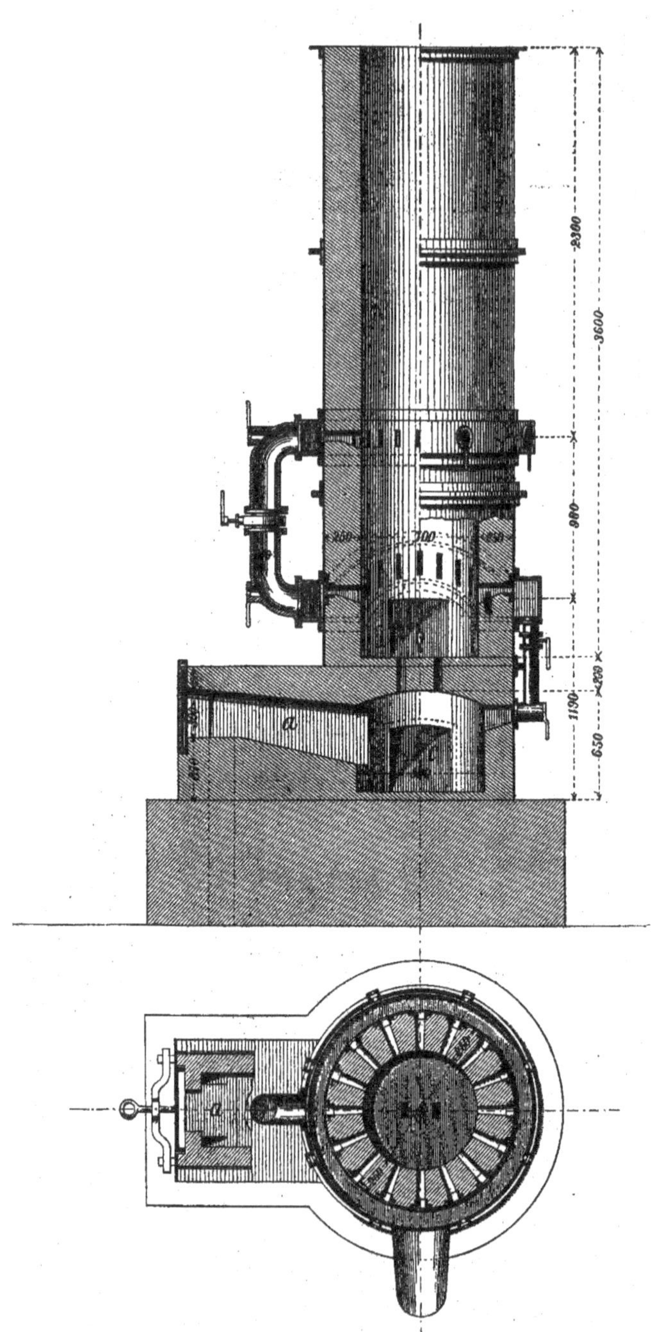

Fig. 116.

auszusparen. Dieser Kanal hat eine solche Höhe, dafs von ihm zwei Düsenreihen gespeist werden können; eine Ringplatte trennt den ausgesparten Hohlcylinder in zwei mittels zweier einander gegenüberliegender Schieber in Verbindung zu setzende Kanäle, deren unterer den Wind durch 3 oder 4 weite Düsen in den Ofen führt, während von dem oberen 6 oder 8 kleinere Düsen ausgehen. Die Summe der Querschnitte der unteren Formenreihe verhält sich zu der der oberen wie 1 : 1 bis 3 : 1. Man kann nach Belieben mit beiden oder bei geschlossenen Schiebern nur mit der unteren Formenreihe schmelzen.

Der in Fig. 115 abgebildete, stündlich 10 t Roheisen niederschmelzende Ofen ist insofern zweckmäfsiger eingerichtet, als der Windkanal, ein Rohr *c* von rechteckigem Querschnitte, aufserhalb des Mantels liegt; es trägt unten die vier weiten Düsen *d*, oben die acht engen *e*; dadurch wird die Schwächung des Futters gerade da, wo es am stärksten der Abnutzung unterliegt, vermieden. Zwei senkrechte Röhren *a* führen den Wind aus der unterirdischen Leitung in das Kranzrohr. An jedem dieser Rohre *a* befindet sich noch eine Düse *b*, welche in den Herd mündet und während des Anwärmens benutzt wird. Durch Drehen von *b* um 90° schliefst die das Windrohr umfassende Muffe den Windauslafs selbstthätig ab. *f* ist die Zieh-, *g* die Aufgebeöffnung; das Stichloch ist in der Abbildung nicht sichtbar. Über der Rast ist mittels Winkeleisens ein wagerechter Blechring am Mantel befestigt, auf welchem das Futter des Schachtes ruht, so dafs beim Ersatze des unteren Teiles das Mauerwerk nur bis dorthin ausgebrochen zu werden braucht.

Der jüngere, aber ebenfalls weit verbreitete Kupolofen von Ibrügger (Fig. 116) stimmt in der Windzuführung mit dem vorigen grundsätzlich überein, unterscheidet sich vom Irelandofen aber sowohl durch die Zahl und Gestalt der Formen als durch den gröfseren Unterschied (bis 90 cm) in der Höhenlage beider Reihen. In jeder Reihe liegen 16 rechteckige Formen, die unteren 3 cm breit und 12,5 cm hoch, die oberen 3 cm und 8,33 cm breit bezw. hoch; die Summen der Querschnitte beider Reihen verhalten sich demnach wie 3 : 2. Da wo die Ziehöffnung *b* die Schachtwand durchbricht, läuft die untere Düsenreihe in einem Bogen über jene hinweg. Die Zustellung ist die eines Spurofens, weicht aber darin von der üblichen wesentlich ab, dafs die Spur im Boden und der Vorherd *c* unter der Ofensohle liegt. Der langgestreckte Raum *a* dient zum Vorwärmen metallischer Zuschläge zum Eisenbade, wie z. B. von weifsem Roheisen, Stahl oder Schmiedeeisenabfällen, Siliciumeisen u. s. w.

Das äufserste Glied der Reihe von Kupolöfen mit Windzuführung in verschiedenen Höhen bildet der Ofen von Greiner & Erpf, welcher nicht nur vier Formreihen aufweist, sondern dieselben auch in noch gröfserem Abstande liegen hat. In der Schmelzzone besitzt er, wie üblich, eine Reihe weiter Düsen, mindestens 1 m höher die unterste von drei je 50 cm von einander abstehenden Reihen enger Düsen.

Zweck der Einführung von Wind in mehreren Ebenen übereinander ist die nachträgliche Verbrennung des vor der unteren Düsenreihe gebildeten Kohlenoxydes und damit bessere Ausnutzung des Brennstoffes. Inwieweit diese Absicht erreicht wird, das unterliegt unten näherer Betrachtung.

Die Schwierigkeit, in Kupolöfen von grofsem Durchmesser den schwach geprefsten Wind über den ganzen Querschnitt zu verteilen, suchte West durch Anordnung einer Windform in der Herdsohle neben den gewöhnlichen, von einem Ringkanal aus gespeisten Formen zu überwinden. Figur 117 läfst diese Einrichtung deutlich erkennen. In der Wand des cylindrischen Schachtes liegen sechs Formen von 406 mm Breite und 76 mm Höhe; über dem Boden erhebt sich eine bis oberhalb der Windformen reichende kegelförmige Düse *a* aus Gufseisen mit Schutzbekleidung aus feuerfester Masse. Diese Düse ist unten 250, oben 200 mm weit und trägt an drei bis vier Eisenstäben eine gufseiserne, ebenfalls mit feuerfesten Stoffen überkleidete pilzförmige Haube *b* von 100 mm gröfserem Durchmesser als die Düse. Unterhalb der Haube bleibt ein 63 mm hoher Ring für den Windeintritt frei. Das senkrechte Windrohr hat eine Reinigungsöffnung zum Entfernen hineingefallener Schlacken; die Herdsohle wird von zwei Bodenklappen und Stampfmasse gebildet. Die Haltbarkeit dieser inneren Düse darf bezweifelt werden; wenigstens sprechen die wiederholt von West an seinem Ofen vorgenommenen Änderungen für die Verbesserungsbedürftigkeit der Einrichtung. Versetzt sich die Form z. B. mit Schlacken, so ist eine Reinigung im Betriebe ausgeschlossen.

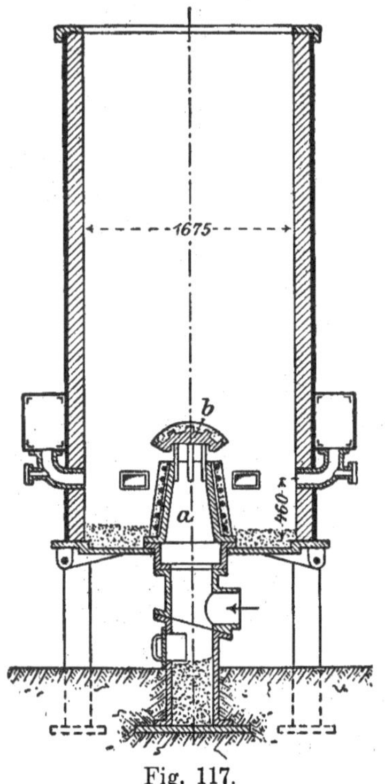

Fig. 117.

Abweichend von allen den beschriebenen Öfen ist der Saugkupolofen von Herbertz, in seiner ursprünglichen Gestalt ein getreues Abbild des in den sechziger Jahren auch in Deutschland an einzelnen Orten in Anwendung gewesenen Ofens von Woodward, von dem er sich gegenwärtig aber durch den beweglichen Herd und den Glockenverschlufs der Gicht unterscheidet. Der 3,3 m hohe, oben 900 mm, im Schmelzraume 775 mm weite und 0,55 m höher bis auf 500 mm zusammengezogene Schacht ist an vier Säulen aufgehängt, die in ihrem Innern Schraubenspindeln zum Auf- und Abwärtsbewegen des

850 mm weiten Sammelherdes mit Klappboden bergen; mit ihrer Hilfe kann der Lufteinlafsschlitz *a* (Fig. 118) auf beliebige Weite eingestellt werden. In der Schmelzzone sind, ebenso wie oberhalb im Schachte, mit Klappen verschlossene Öffnungen zum Reinigen von Schlackenansätzen bezw. zur Beobachtung des Schmelzganges angeordnet. Die Bewegung des Gas-

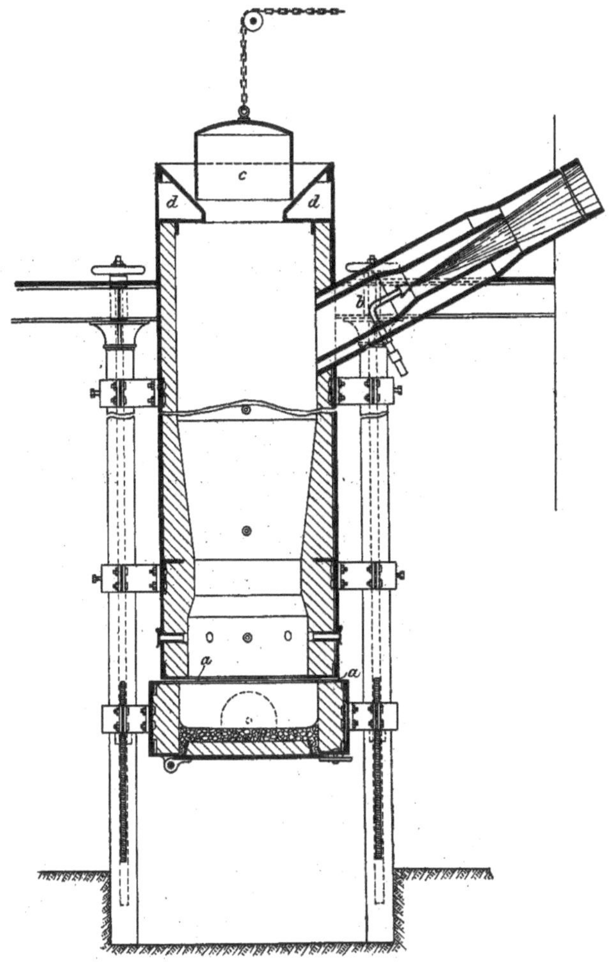

Fig. 118.

stromes im Ofen wird durch den Dampfstrahlsauger *b* bewirkt, welcher einen Unterdruck von 60 bis 80 mm Wassersäule erzeugt. Die Gicht dieses Ofens mufs infolgedessen, abweichend von allen anderen Kupolöfen, geschlossen sein. Der Verschlufs ist einer Aufgebevorrichtung für Hochöfen nachgebildet und besteht aus dem Trichter *d* mit der an einer Kette aufgehängten Glocke *c*. Die aufzugichtenden Massen bringt man in den ringförmigen Raum um die Glocke und läßt sie durch Aufziehen dieser in den Schacht hinabrollen. Der geringe Spannungsunterschied zwischen der Atmosphäre außerhalb und innerhalb im Ofen erschwert das Vordringen der Luft bis in die Mitte des Schachtquerschnittes; er darf folglich nicht groß sein, oder man muß ihm andere als kreisrunde Form geben, z. B. elliptische oder rechteckige, wie sie die Herbertzöfen der Isselburger Hütte und der Akt.-Ges. Lauchhammer besitzen.

Bei der Wahl eines Kupolofens und der Bestimmung seiner Abmessungen sind drei Umstände zu berücksichtigen: die in der Zeiteinheit umzuschmelzende Eisenmenge, der Brennstoffverbrauch und die Höhe des Abbrandes.

Die zu schmelzende Eisenmenge hängt nur von dem Querschnitte des Ofens im Schmelzraume und von der Menge des in der Zeiteinheit verbrannten Brennstoffes, schließlich also von der eingeführten Luftmenge ab, die ihrerseits wieder von dem Querschnitte der Lufteinlaßöffnungen und dem Winddrucke bestimmt wird.

Der Ofendurchmesser darf an keiner Stelle, also auch nicht in dem etwa verengten Schmelzraume, 50 cm unterschreiten, weil andernfalls das Einsteigen eines Mannes unmöglich und die Ausbesserungsarbeit erschwert wird. Gießereikupolöfen haben selten 1 m oder mehr Durchmesser; dagegen giebt man solchen für Bessemer- und Thomashütten, die in einer Stunde 20 t und mehr Eisen durchschmelzen müssen, Durchmesser bis mehr als 2 m.

Da langsames Schmelzen größere Wärmeverluste bedingt als rasches, so soll man die Öfen lieber zu weit als zu eng machen und ihnen möglichst große Formenquerschnitte geben.

Nach Beobachtungen im Gießereibetriebe ist zum Niederschmelzen von 1 t Eisen in der Stunde an Ofenquerschnitt im Schmelzraum erforderlich:

bei Verwendung sehr dichter Koks und sehr reichlicher Windzufuhr	700 qcm;
bei Verwendung minder guter Koks und mittler Windmenge	800—1000 qcm;
bei sehr mäßiger Windzufuhr	1100—1500 qcm.

Die Summe der Formenquerschnitte bewegt sich zwischen 10 und 80 % vom Querschnitte des Schmelzraumes (vergl. die Beispiele); die Bemessung erfolgt, wie besonders die verschiedenen Ausführungen des Irelandofens beweisen, durchaus willkürlich; auch heute sind noch nicht alle Eisengießer zu der Erkenntnis gelangt, daß es vorteilhafter ist, den Wind mit niedriger Spannung durch weite Formen und in möglichst gleichmäßiger Verteilung auf den ganzen Ofenumfang eintreten zu lassen, als ihn durch wenige enge Öffnungen mit großem Drucke in den Ofen zu treiben, wo er mit der ihm erteilten großen Geschwindigkeit rasch und zum Teil noch unverbrannt bis in höher gelegene Zonen vordringt.

Je poriger ein Brennstoff ist, desto mehr Luft kann in das Innere der Stücke gelangen, besonders wenn sie mit großer Geschwindigkeit

Art des Ofens	Durchm. des Schmelzraumes cm	Zahl der Formen	Durchmesser der Formen cm	Abstand der Formreihen	Verhältnis des Querschnittes der unteren zu dem der oberen Reihe	Der Gesamt-Formen-Querschnitt beträgt vom Querschn. d. Schmelzraumes %
Alter cylindr. Ofen	50	2	15	—	—	18
"	80	4	27	—	—	45,5
Schmahel	63	8	8	—	—	12,8
"	80	8	17	—	—	36
Ireland	40	u. 4 o. 8	11¼ □ 8 □	45	1 : 1	81
"	50	u. 4 o. 8	15 10	50	10 : 9	68
"	60	u. 4 o. 8	18 12 □	50	8 : 9	77
"	70	u. 3 o. 6	15 7,5 □	60	3 : 2	22½
"	80	u. 4 o. 8	25 12,5·10	55	2 : 1	59
"	120	u. 4 o. 16	20 7,5	50	9 : 5	17,3
"	125	u. 4 o. 8	25 17 □	80	1 : 1,175	34,8
Ibrügger	70	u. 8 o. 8	16·4 16·4	67	1 : 1	26,6
"	70	u. 16 o. 16	12,5·3 8,33·3	90	3 : 2	22,8
Krigar	85	2	40·48	—	—	64
"	120	2	40·40	—	—	28,3
West	167,5	Mantel 6 Boden 1	40,6·7,6 62,8·6,3	—	—	10,17
Krigar, neue Bauart	80	2	40·3	—	—	4,8
"	66	2	30·2,5	—	—	4,4
"	100	2	?	—	—	2,0
Greiner & Erpf	75	4	2 △, s=15 2 □ 15·20			
		12	2,5	90—330	3 : 1	20,2

und mit hohem Drucke darauf stöfst. Dieses Vordringen ins Innere setzt eine weit gröfsere Oberfläche der Verbrennung aus, als wenn ein sehr dichter Brennstoff unter Zufuhr schwach geprefster Luft nur an der Oberfläche oxydiert wird. Im ersteren Falle wird die Bildung von Kohlenoxyd, im letzteren die von Kohlendioxyd begünstigt. Die Erfahrung lehrt, dafs sehr porige Brennstoffe, wie Holzkohle und schaumige Koks, sich aus diesem Grunde zum Kupolofenbetriebe viel weniger eignen als dichte, gut geschmolzene Koks mit nur wenig und kleinen Poren, sowie dafs der Kupolofen um so stärkere Gichtflamme zeigt, je leichter und poriger der Brennstoff ist und mit je höherem Drucke geblasen wird. Der Beweis hierfür ist überdies durch Untersuchung der Verbrennungsgase von Kupolöfen erbracht worden, die teils mit sehr niedrig gespanntem Winde (Saugkupolöfen mit 60 mm Wassersäule Vakuum) und verschieden dichtem Brennstoffe, teils mit hoher Pressung (400—600 mm Wassersäule) und durchaus dichtem Koks erzeugt waren.

Art des Ofens	Brennstoff	Wind spannung	Durchschnittliche Zusammensetzung des Gichtgases		
		mm	CO_2	CO	O
Herbertz	Gaskoks	60	11,5	3,4	8,2
„	Schmelzkoks	60	13,03	0,0	7,89
„	„	60	10,7	0,0	6,7
Ireland	„	400	13,18	7,88	0,0
„	„	600	15,0	8,0	0,0
Krigar	„	?	16,11	4,49	0,0
„	„	?	13,23	8,68	0,0
„	„	?	13,16	6,25	0,0
„	„	?	15,51	5,74	0,0
„	„	540	11,08	14,67	1,18
Schmahel	„	500	14,48	6,65	1,68
Greiner & Erpf	„ „	u. 330 o. 150—90	18,66	0,96	1,70

Tritt die Luft mit geringer Pressung in den Ofen, so konzentriert sich die Verbrennung auf eine niedrige Zone vor und über den Formen; tritt sie unter hoher Pressung ein, so beginnt die Verbrennung dagegen erst ein Stück oberhalb der Formen und erstreckt sich auf einen erheblichen Teil des Schachtes, und das um so mehr, wenn durch zwei Reihen von Formen geblasen wird. Während z. B. in einem Saugkupolofen trotz Verwendung von Gaskoks nur 28 cm über dem Luftschlitz das Gas neben 13,2 % CO_2, 0 % CO und 4,4 % freien O enthält, die Verbrennung an der betr. Stelle somit, da auch die Gichtgase bis zu 7,1 freien Sauerstoff aufweisen, als vollendet angesehen werden mufs, wurde in den Gasen eines Irelandofens im Mittel gefunden:

0,5 m über den oberen Formen	0,0 % CO_2,	2,7 % CO,	14,4 % O
1 m „ „ „ „	13,6 % „	8,6 % „	0,7 % „
1,5 m „ „ „ „	12,8 % „	11,5 % „	0,0 % „,

d. h. die Verbrennung hatte 0,5 m über den oberen = 1 m über den unteren Formen kaum begonnen und erfolgte vorwiegend in einer 0,5 m hohen, im Mittel 1,25 m über den unteren Formen, aber nur 1,1 m unter der Gicht gelegenen Zone, so dafs die Wärme der Gichtgase sehr schlecht ausgenutzt wurde und eine heifse, hohe Gichtflamme sich bildete. Abgesehen hiervon bringt die Verlegung der heifsesten Zone in so grofse Höhe den Nachteil mit sich, dafs das Eisen mit einer dem Schmelzpunkte nahegelegenen Temperatur oder schon flüssig sich eine grofse Strecke durch einen oxydierenden Gasstrom bewegen mufs, was starken Abbrand und infolgedessen hartes, siliciumarmes Eisen ergiebt oder zur Verwendung siliciumreicherer, also auch teuerer Mischungen zwingt. Thatsächlich beträgt denn auch der Abbrand in den Gebläsekupolöfen 6—8 %, zuweilen noch mehr, in Saugkupolöfen dagegen nur 2,5 %.

Der leitende Gedanke für die Anwendung zweier Formreihen in 50 bis 80 cm Abstand war der, durch den oberen Windstrom das vom unteren gebildete Kohlenoxyd zu verbrennen und so den Brennstoff voll auszunutzen; dafs diese Absicht nicht erreicht wird, lehrte die Erfahrung sehr bald. Der Grund ist in dem zu kleinen Abstande beider Formenreihen zu suchen. Angenommen, die Verbrennung des unteren Windstromes finde sofort vor und über den unteren Formen statt, so besitzt der vom aufsteigenden Gasstrome vorgewärmte von oben niederrückende Koks bereits so hohe Temperatur, dafs er nun zu Kohlenoxyd verbrennt, der Übelstand also verschlimmert wird. Ist dagegen der untere Windstrom infolge zu grofser Geschwindigkeit noch nicht verbrannt, so vereinigt er sich lediglich mit dem oberen; die Verbrennungszone wird in der vorhin geschilderten Weise nach oben gerückt und ausgedehnt.

Greiner & Erpf nehmen ganz richtig an, dafs es oberhalb des Windeinlasses eine Ebene geben müsse, in der der Gasstrom zwar noch die Entzündungstemperatur besitze, der niederrückende Koks aber noch nicht so weit erhitzt sei, dafs er durch Verbrennen des Kohlenoxydes auf die zur Kohlenoxydbildung erforderliche Temperatur gebracht werde. In dieser Ebene müsse, so sagten sie, der Oberwind eingeführt und das Kohlenoxyd verbrannt werden, um die Wärmeleistung des Brennstoffes voll auszunutzen. Sie legten deshalb eine gröfsere Anzahl enger Düsen in beträchtliche Höhe über die Hauptformen und ordneten sie, um bei jedem Schmelzen den Oberwind an der passenden Stelle einführen zu können, in einer Schraubenlinie oder in drei etwa je 50 cm von einander abstehenden Reihen an. Jede Düse (bezw. drei übereinanderliegende zusammen) hatte ihr besonderes, auf dem unteren Kranzrohre stehendes senkrechtes, mit Drosselklappe versehenes Windrohr, um die jeweils nicht gebrauchten Düsen ganz abschliefsen und die Windpressung für die blasenden genau regeln zu können; denn der Oberwind mufs entsprechend schwächer geprefst sein. Wenn z. B. unten der Winddruck 56 cm Wassersäule beträgt, blasen die oberen Formen nur mit 35 cm. Diese Einrichtung erfordert, soll sie ihrem Zweck entsprechen, sehr sorgfältige Beobachtung des jeweiligen Schmelzganges und gewissenhafte An- oder Abstellung einer Anzahl oberer Düsen; dann sind aber auch die Ergebnisse gut, insofern der Kohlenoxydgehalt der Gichtgase auf wenige Hundertteile und der Koksverbrauch fast auf die theoretisch erforderliche Menge herabgeht.

Die umständliche Bedienung hat zur Folge gehabt, dafs die Greiner & Erpf'sche Einrichtung an vielen mit ihr versehenen Öfen nicht gebraucht wird. Deshalb ist es vorteilhafter, den Fehler der Kohlenoxydbildung von vornherein zu vermeiden, als ihn nachträglich möglichst wieder gut zu machen.

Schliefslich sei für jeden mit dem Verbrennungsvorgange vertrauten Techniker zum Überflusse darauf hingewiesen, dafs die Erhitzung des Gebläsewindes im Kupolofenbetriebe nicht nur keinen Vorteil bringt, sondern geradezu Schaden anrichtet, da sie infolge Steigerung der Verbrennungstemperatur die Kohlenoxydbildung begünstigt.

Was die noch nicht erörterten Abmessungen des Kupolofens anlangt, so ist die Höhe des Schachtes von den Formen bis zur Gicht auf mindestens 2 und höchstens 4 m zu bemessen. Das erstere Maſs erlaubt noch eben, die den Gichtgasen innewohnende Wärme halbwegs auszunutzen; das letztere bildet die Grenze, bei der der Widerstand, welchen der Gasstrom in der Beschickungssäule findet, noch so gering ist, daſs zum Betriebe Flügelrad- und Kapselgebläse ausreichen.

Der Inhalt des Sammelraumes für die flüssigen Massen wird durch die im gewöhnlichen Betriebe zu einem Guſsstücke erforderliche gröſste Metallmenge bestimmt; für auſsergewöhnlich schwere Güsse muſs man entweder einen gröſseren Ofen verwenden oder das Metall z. T. auſserhalb des Ofens ansammeln. Damit der Boden des Herdes noch genügend heiſs bleibt, darf er nicht tiefer als 0,8—1,0 m unter den Formen liegen, was zur Folge hat, daſs man den Ofen dort häufig gegenüber dem Schmelzraum erweitert. Freier kann man sich bewegen, wenn der Sammelraum einen Vorherd bildet, doch ist das Warmhalten desselben noch schwieriger. Sowohl die neueren Krigar- als die Ibrüggeröfen haben kleine Windformen an den Vorherden, um durch Verbrennen des aus dem Ofenschacht eintretenden Gases das flüssige Eisen warm zu halten bezw. den Vorherd mittels Koks vorzuwärmen.

Die Gröſse des Windbedarfes läſst sich aus der Zusammensetzung der Gichtgase leicht bestimmen. Wenn sämtlicher Sauerstoff des Windes zur Kohlendioxydbildung aus Koks verbraucht würde, wären für jedes Kilogramm zu verbrennenden Kohlenstoff 8,89 cbm Luft erforderlich; die Gichtgase beständen dann aus 21 R-% Kohlendioxyd und 79 R-% Stickstoff. In Wirklichkeit enthalten sie neben Kohlendioxyd immer mehr oder weniger Kohlenoxyd und sind im Durchschnitt aus vielen Analysen folgender Zusammensetzung:

14 R-% CO_2, 6,5 R-% CO und 79,1 R-% N.

In 100 cbm dieses Gases sind enthalten:

17,65 cbm O und 11,266 kg C.

Da der Sauerstoffgehalt einer Luftmenge von 84,21 cbm entspricht, so bedurfte 1 kg C 7,47 cbm Luft.

Dem Stickstoffgehalte der Gase entsprechen dagegen 100,08 cbm, d. i. auf 1 kg C 8,88 cbm Luft, also fast genau die theoretisch erforderliche Menge. Zur Verbrennung des Kohlenstoffes ist aber nur so viel Sauerstoff verbraucht worden, als 7,47 cbm Luft enthält; demnach muſs die dem Unterschiede der beiden berechneten Luftmengen entsprechende, d. h. der in 8,88—7,47 = 1,41 cbm Luft enthaltene Sauerstoff anderweit verbraucht sein, nämlich zur Oxydation von Eisen und seinen Nebenbestandteilen. Man wird deshalb gut thun, bei Bestimmung des Windbedarfs eines Kupolofens die theoretisch zur Kohlendioxydbildung nötige Menge anzunehmen. Wenn die Gichtgase aber, wie die vom Saugkupolofen, freien Sauerstoff enthalten, so ist der Luftbedarf natürlich entsprechend höher.

Sehr vorteilhaft arbeitende Kupolöfen verbrauchen an Schmelzkoks selten unter 60 kg auf 1 t Roheisen, ungünstig arbeitende bis zu 120 kg, zuweilen mehr. Angenommen, dafs die Öfen unter Zufuhr sehr reichlicher Windmengen die Höchstleistung erreichen und auf je 700 qcm Querschmitt des Schmelzraumes stündlich 1 t Eisen schmelzen, sowie dafs der Koks 10 % Asche, aber nur unerhebliche Mengen Wasser enthalte, so braucht ein Ofen:

von 50 cm Durchm. zum Schmelzen von $2\frac{3}{4}$ t Eisen in der Stunde 165 kg Koks = 150 kg C und 22 cbm Wind in der Minute,
von 60 cm Durchm. zum Schmelzen von 4 t Eisen in der Stunde 240 kg Koks = 215 kg C und 32 cbm Wind in der Minute,
von 80 cm Durchm. zum Schmelzen von 7 t Eisen in der Stunde 420 kg Koks = 380 kg C und 56 cbm Wind in der Minute,
von 100 cm Durchm. zum Schmelzen von 9 t Eisen in der Stunde 485 kg Koks = 485 kg C und 72 cbm Wind in der Minute,

bei hohem Koksverbrauch aber bis zur doppelten Windmenge.

Zur Erzeugung des Windes dienen nur äufserst selten Cylindergebläse, da zur Überwindung des geringen, von der sehr grobstückigen Beschickung entgegengesetzten Widerstandes hoher Überdruck nicht erforderlich ist, so dafs Flügelrad- und Kapselgebläse vollkommen ausreichen.

Fig. 119.

Die **Flügelradgebläse** (Ventilatoren) schleudern bei raschem Umlauf infolge der Zentrifugalwirkung die Luft von der Achse nach dem Umfange; es bildet sich dadurch an der Achse ein Vakuum, in das die Luft von aufsen durch *a* (Fig. 119) einströmt, während am Umfange die zusammengeprefste Luft austritt. Sie wird dort durch ein das Ganze umschliefsendes Gehäuse *b* zusammengehalten und durch eine einzige Öffnung *c* tangential abgeleitet. Der Querschnitt des Luftweges soll in allen Teilen des Rades möglichst dieselbe Gröfse besitzen, weshalb die Flügel am Umfange schmäler sind als in der Nähe der Achse.

Das Gehäuse ist zweckmäfsig nicht konzentrisch zum Rade, sondern bildet besser eine Spirale um dasselbe, so dafs der Luftweg nach der Ausflufsöffnung hin weiter wird. Seitlich geschlossene Räder mit gebogenen Flügeln sind vorteilhafter als offene und solche mit geraden Flügeln, welche leicht sehr unangenehm heulen und weit mehr Kraft erfordern als die ersteren, da bei ihnen die Wirbelbildung und die Reibung der Luft an der Wand grofsen Widerstand verursachen. Bei geschlossenen Rädern erfordern die Widerstände das 1,2fache, bei offenen das 12,7fache der zum Zusammenpressen der Luft nötigen Arbeit. Da

Öfen einen geprefsten Luftstrom von grofser Geschwindigkeit gebrauchen, haben Flügelradgebläse selten über 1 m Durchmesser, laufen aber sehr rasch; die Umfangsgeschwindigkeit der Flügel beträgt 50—80 m. Die Windmenge hängt sowohl von der Flügelgeschwindigkeit als vom Ausflufsquerschnitt ab, die Pressung dagegen nur von ersterer. Bei geschlossener Ausflufsöffnung saugt die Maschine keine Luft an. Die Nutzleistung ist selbst bei guten Ventilatoren nur 0,3; alle übrige Arbeit wird zur Überwindung der Luft- und Zapfenreibung verbraucht.

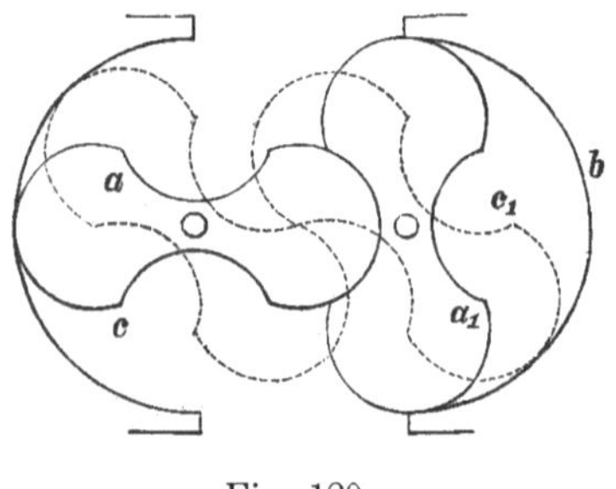

Fig. 120.

Die Ventilatoren von Schiele & Co. in Frankfurt a. M. haben 0,40—1,5 m Durchmesser und geben bei 675—3000 Umdrehungen 25—400 cbm Wind von 120—320 mm Wassersäule Überdruck. Der Kraftbedarf bewegt sich von 1,3—20 Pferdekräften.

Seit drei Jahrzehnten sind die Flügelradgebläse fast ganz durch Kapselgebläse verdrängt worden, welche die Luft durch bewegliche starre Körper vor sich her drücken wie die Kolben der Cylindergebläse; diese Kolben machen aber nicht eine hin- und hergehende, sondern eine

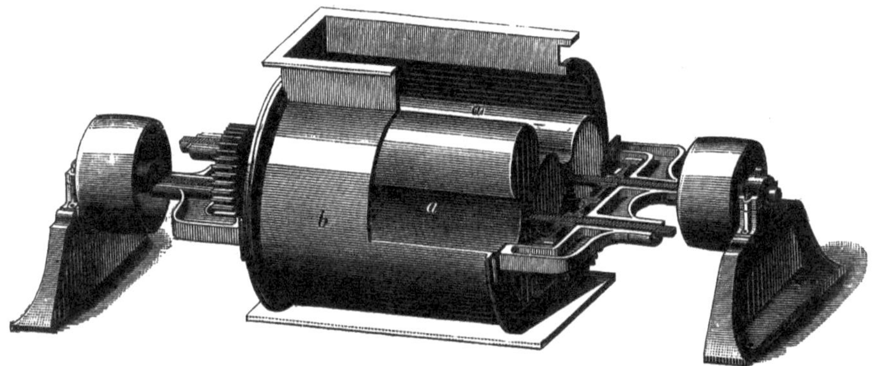

Fig. 121.

Drehbewegung. Trotz geringerer Geschwindigkeit erzeugen sie doch stärker geprefsten Wind als die Flügelradgebläse.

Das älteste und verbreitetste Kapselgebläse von Root besteht aus zwei in entgegengesetzter Richtung umlaufenden Flügeln a und a_1 (Fig. 120 u. 121), von der Form einer 8, die aus eisernen Rippen gebaut und mit Holz belegt sind. Da die Flügel aneinander sowie am Gehäuse b in jeder Stellung dicht anschliefsen, so entstehen zwischen ihnen und diesem bewegliche Kammern c und c_1, welche die Luft unten aufnehmen und oben austreiben. Die Ein- und die Austrittsöffnung erstrecken sich über die ganze Länge der Maschine.

Die erforderliche gute Dichtung wird aufser durch sorgfältigen Bau durch Schmieren mit Grafit oder mit einem Gemische von Wachs und Grafit erzeugt. Die die Bewegung von einer Flügelachse auf die andere übertragenden Zahnräder nutzen sich nun aber erheblich stärker ab als die Flügel, so dafs im Betriebe bald Undichtheiten und Klemmungen auftreten, welche den Wirkungsgrad erheblich beeinträchtigen. Trotz wesentlich geringerer Umdrehungszahl kann von einem gut dichtenden Gebläse die Pressung des Windes doch bis auf 600 mm Wassersäule gebracht werden. Die Bläser haben meist zwischen 1,3 und 2,5 m Länge, 0,8—1,2 m Breite und 0,7—1,1 m Höhe; bei 300—250 Umdrehungen liefern sie 20—130 cbm Wind in der Minute und bedürfen 1—8 Pferdekräfte.

Roots Bläser sowohl als Ventilatoren erfordern der grofsen Umdrehungsgeschwindigkeit wegen sehr breite Lager. Der Antrieb der Maschinen erfolgt durch Riemen.

Verbesserte Formen des Kapselgebläses bilden das Hochdruckgebläse von C. H. Jäger in Leipzig und das Schraubengebläse von Krigar & Ihssen in Hannover. Beide zeigen im Innern zwei umlaufende Teile, das Jägersche im besonderen erstens einen Kolbenkörper, bestehend aus einer kreisrunden Antriebscheibe, auf welcher drei Kolben *k* (Fig. 122) sitzen, die sich in dem ringförmigen Cylinderraume *a* bewegen, der gebildet wird aus je einer feststehenden inneren und äufseren Cylinderwand; zweitens einen Steuercylinder in dem oberen Cylinderraume mit drei Höhlungen *h*. Beide durch aufsen liegende Zahnräder mit gleicher Umlaufszahl angetriebene Körper drehen sich, so dafs die Kolben *k* jeweils in die Höhlungen *h* treten, in welchen sie von der Druck- zur Saugseite zurückgeleitet werden, während die konvexen Cylinderflächen des oberen Drehkörpers an der konkaven feststehenden Cylinderfläche *op* die Dichtung bewirken. Sowie der betreffende Kolben *k* die Höhlung *h* verläfst, schliefst er den Ringraum *a* am Eintrittstutzen ab und treibt die zwischen ihm und dem vorhergehenden Kolben *k* befindliche Luft vorwärts, bis dieser den Raum *a* an der Austrittsseite öffnet, die Luft vom nachfolgenden Kolben also zum Stutzen hinausgedrückt wird. Die bei dem Fortdrücken etwa zwischen dem Kolben *k* und den Cylinderwänden zurücktretende Luft wird stets durch den nachfolgenden Kolben aufgefangen, so dafs die Verluste auf ein sehr geringes Mafs beschränkt sind. Die Kolben *k* haben in den Höhlungen *h* nach allen Seiten reichlich Spielraum, da beide umlaufende Körper nicht

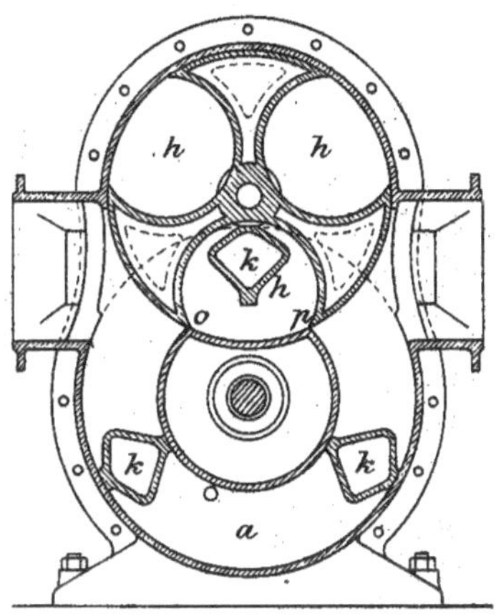

Fig. 122.

gegeneinander, sondern gegen die Cylinderwandungen abdichten. Das Gebläse arbeitet nach beiden Seiten gleich gut.

Das Schraubengebläse von Krigar ist ganz ähnlich gebaut. Auch hier finden wir die drei im Ringcylinder *a* (Fig. 123) kreisenden Kolben *k*, die in die Höhlungen des Steuercylinders eintreten. Der einzige Unterschied besteht darin, daſs die Kolben *k* nicht parallel zur Achse liegen, sondern in der Richtung einer steilen Schraubenlinie gestellt sind. Sie gehen nicht durch die ganze Länge des Cylinders, sondern bloſs bis zur Mitte; die Kolben der anderen Längshälfte sind entgegengesetzt gerichtet, d. h. sie bilden eine linksgängige Schraube, so daſs die beiden zusammengehörigen Kolbenhälften *k* die Gestalt von Winkelzähnen haben.

Die Betriebsarbeiten zerfallen in die Vorbereitung der Schmelzmaterialien und in die eigentliche Ofenarbeit. Der Koks bedarf einer

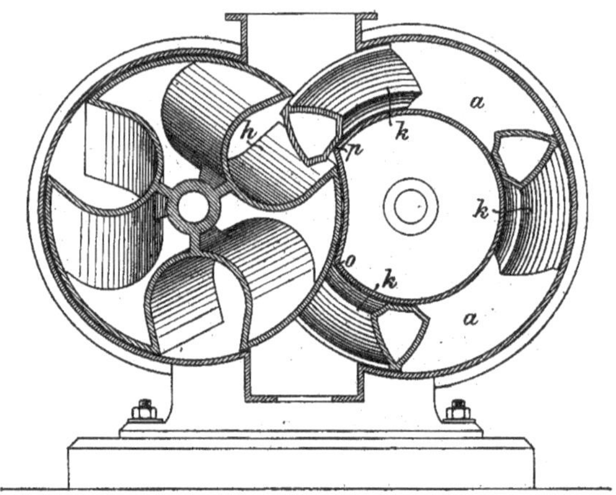

Fig. 123.

weiteren Vorbereitung nicht, es sei denn, daſs zu groſse Stücke für den Verbrauch in sehr engen Öfen etwas zerkleinert werden müssen, damit nicht zu groſse Hohlräume in der Beschickung entstehen, welche dem Winde zu rasch aufzusteigen gestatten; ebenso ist der Kalkstein klein zu schlagen, damit er gut über den ganzen Ofenquerschnitt verteilt werden kann. Die Roheisenmasseln können nur in ganz groſse Kupolöfen, wie sie im Stahlwerksbetrieb angewendet werden, ohne Schaden unzerkleinert aufgegeben werden; die wesentlich engeren Gieſsereikupolöfen erfordern unbedingt eine Zerkleinerung der Masseln und sehr grober Guſsbruchstücke, weil sie sonst leicht hängen bleiben und den regelmäſsigen Niedergang des Schmelzgutes hindern.

Das Zerschlagen der Masseln mit dem Vorhammer ist eine anstrengende und zeitraubende Arbeit, um so mehr, je besseres und zäheres Eisen verschmolzen wird. Groſse Gieſsereien verwenden für diese Arbeit

Fallwerke, für die Masseln insbesondere Riemenfallwerke, die durch Spannen des Riemens von Hand und dadurch bewirktes Aufziehen des Fallklotzes mittels einer mechanisch angetriebenen Riemenscheibe bethätigt werden oder auch die in den letzten Jahren von der badischen Maschinenfabrik in Durlach, sowie von Bopp & Reuther in Mannheim gebauten Masselbrecher mit Druckwasserbetrieb. Die Vorrichtung der letztgenannten Firma ist in Fig. 124 abgebildet.

In einem schweren Gufseisengestell ist ein ungleicharmiger Hebel so gelagert, dafs seine Stirn mit einem Aufsatz auf dem Gestelle das Brechmaul bildet. Der Aufsatz hat an beiden Seiten je eine, der Hebel in der Mitte ebenfalls eine stählerne Brechschneide; in das von diesen Schneiden gebildete Brechmaul werden zwei Roheisenmasseln gelegt, in den rechts gelegenen Cylinder aber wird mittels eines Fufshebels Druckwasser gelassen. Der Kolben steigt und hebt den langen Arm des Hebels; der kurze drückt mit seiner Schneide gegen die Masseln und bricht diese durch. Ein Mann kann mit diesem Brecher in 1 Stunde etwa 100 Masseln zerkleinern, da er diese nur einzulegen und mit dem Fufse das Druckwasserventil zu öffnen hat.

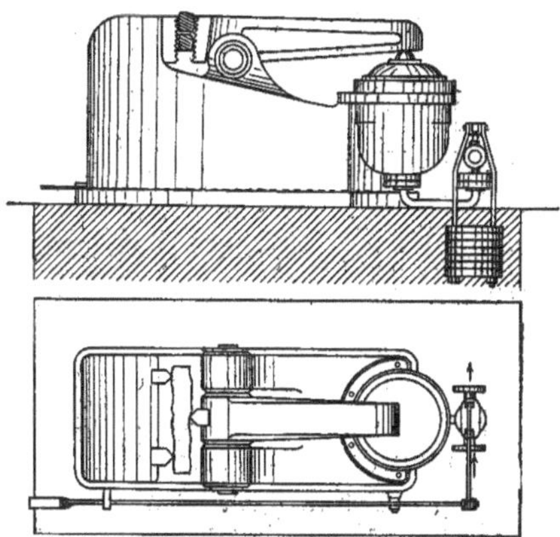

Fig. 124.

Die Beförderung der Schmelzmassen auf den Setzboden erfolgt mit Aufzügen, die meist durch Dampf, neuerdings nach Einführung des Druckwassers in den Giefsereibetrieb jedoch auch mit diesem betrieben werden. In beiden Fällen pflegt man, um den Weg des Kolbens abzukürzen, dessen Bewegung durch Einschalten einer Hebelvorrichtung oder eines Flaschenzuges ins Schnelle zu übersetzen.

Der Setzboden soll Raum bieten für die ganze Beschickung, insbesondere zur Aufstellung der bereits abgewogenen Roheisensätze eines Schmelzens, damit die Aufgeber während des Ofenganges nur das Abwägen des Brucheisens und des Koks und das Aufgeben zu besorgen haben, also ihre volle Aufmerksamkeit dem genauen Einhalten der vorgeschriebenen Gattierung zuwenden können.

Die Arbeit am Ofen beginnt mit dem Anwärmen einige Stunden vor dem Blasen, bestehend im Entzünden eines Feuers im Herde, dem man durch Zuschütten von Koks (Füllkoks) bis auf $^1/_3$ oder $^1/_2$ der Schachthöhe für längere Zeit Nahrung giebt. Anfangs strömt die Luft durch Stichloch und Ausziehthür, später nur durch ersteres ein. Die Einführung eines schwachen Windstromes in den Herd selbst (s. Fig. 116) beschleunigt das Anwärmen wesentlich. Mit dem Setzen der Gichten wird begonnen, sobald sich Feuer vor den Formen zeigt, mit dem Blasen nach erfolgtem Füllen. Die Menge des Füllkoks richtet sich selbstverständlich nach der Gröfse des Ofens und beträgt etwa 10 kg auf 1 qdm des Ofenquerschnittes, d. i. für Öfen von

50	60	70	80	90	100 cm Durchmesser,
200	280	400	500	650	800 kg Koks.

Auch die Gröfse der Gichten richtet sich nach dem Ofenquerschnitte, wobei jedoch zu beachten ist, dafs auf den Füllkoks zunächst eine weit gröfsere Menge Eisen gesetzt werden kann, als die späteren Gichten enthalten. Nach Ledebur beträgt der Kokssatz auf 1 qm Schachtquerschnitt zweckmäfsig 80 kg, der Eisensatz das 14—20fache, das ist 1,1—1,6 t auf die Flächeneinheit, während von anderen Seiten 55 kg Koks und die 13fache Menge Eisen (720 kg) angegeben wird. Der Aufwand an Schmelzkoks beläuft sich auf mindestens 4, meist auf 6—7 kg, zuweilen mehr, für je 100 kg Eisen. Die Höhe des Zuschlagsatzes hängt ab vom Aschengehalte des Koks und von der Menge des am Eisen haftenden Sandes. 15—20 % vom Koksgewicht genügen in der Regel, doch wird man gut thun, dem Füllkoks etwas mehr zuzuschlagen, um die Anreicherung des ersten Eisens an Schwefel aus dem grofsen Koksüberschusse zu verhindern. Schwefelreiche Koks erfordern ebenfalls höheren Kalksteinsatz. Saurere Schlacken als Singulosilikate zu bilden, ist aus diesem Grunde nicht ratsam. Auch aus Rücksicht auf die Erhaltung des Schamottefutters empfehlen sich basischere Schlacken mehr als stark sauere.

Nach dem Anlassen des Gebläses bleibt das Stichloch behufs Anwärmens der Sohle offen, bis genügend heifses Eisen ausfliefst; zu kaltes wird ausgegossen und wieder aufgegeben. Vorherde sind besonders anzuwärmen. Hat sich im Herd eine genügende Menge Eisen angesammelt, so sticht man es in die Giefspfannen ab, schliefst das Stichloch, sobald die Schlacke erscheint, und wiederholt das Abstechen, wenn abermals ausreichend Eisen niedergeschmolzen ist. Während des Schmelzens müssen die Formen häufig von erstarrten Schlackenansätzen gereinigt werden; denn diese hindern den Windeintritt und verlangsamen so das Schmelzen erheblich. Ist sämtliches Eisen aufgegeben, so läfst man die Gichten etwa 2 m niedergehen, vermindert dann den Winddruck und bläst, bis kein flüssiges Eisen mehr vor den Formen niedertropft. Dann stellt man den Wind ab, sticht das letzte Eisen und die Schlacke ab, öffnet die Ausziehthür oder die Bodenklappe, zieht durch erstere die Koksreste aus dem Ofen oder läfst sie durch die Bodenöffnung herausfallen und löscht sie ab. Nach dem Erkalten des Ofens werden schadhafte Stellen mit Masse oder mit Steinen ausgebessert.

Die Bedienungsmannschaft besteht aus einem Schmelzer und einem oder zwei Aufgebern.

c. Das Giefsen.

Sehr häufig ist es nötig, die zur Füllung einer Form erforderliche Metallmenge wenigstens annähernd zu bestimmen, sei es um die Gröfse des Einsatzes in den Schmelzofen, den Inhalt des für die Beförderung des Metalles zu verwendenden Gefäfses oder die Anzahl der Tiegel zu kennen, welche zur rechten Zeit gleichmäfsig gar sein müssen. Diese Menge läfst sich aus dem Rauminhalte des Gufsstückes und dem Volumengewichte des Gufsmetalles natürlich leicht berechnen, aber die Bestimmung der ersten Gröfse ist in der Regel ziemlich umständlich. Man hilft sich dann durch Wägen des Modelles und Vervielfältigung des erhaltenen Gewichtes mit einer von dem Volumengewichte des zum Modelle verwendeten Stoffes und dem des Gufsmetalles abhängenden Verhältniszahl. Wird ohne Modell geformt, so bleibt nichts anderes übrig, als den Inhalt der Form aus der Zeichnung des Gufsstückes zu berechnen.

Zu dem gefundenen Gewicht ist ein den Umständen entsprechender Betrag für Trichter, verlorenen Kopf und einen übrig zu behaltenden Rest zuzusetzen.

Eine Zusammenstellung der Verhältniszahlen zwischen den Gewichten der Modelle und Gufsstücke bringt folgende Tabelle:

Das Modell besteht aus	Der Abgufs besteht aus			
	Eisen	Messing	Rotgufs od. Bronze	Zink
Fichten- oder Tannenholz	13,0–14,5	15,8	16,6–17,1	13,5
Eichenholz	9,0–10,0	10,1	10,4–10,9	8,6
Buchenholz	9,7–10,5	10,9	11,4–11,9	9,4
Lindenholz	13,4	15,1	15,6–16,3	12,9
Birnbaumholz	10,2	11,5	12,0–12,5	9,8
Birkenholz	10,6–13,5	11,9	12,3–12,9	10,2
Erlenholz	12,8–13,5	14,3	14,8–15,5	12,2
Messing	0,84–0,95	0,93	0,99–1,00	0,81
Zink	1,00	1,13	1,17–1,22	0,96
Gufseisen	0,97	1,09	1,13–1,18	0,93
Aluminium	2,75	3,2	3,3–3,4	2,60

Wird der Hochofenbetrieb so geleitet, dafs des Roheisens Zusammensetzung den Bedürfnissen des Giefsereibetriebes entspricht, so kann es erzeugungsflüssig vergossen werden. Der Kokshochofenbetrieb liefert aber nur ausnahmsweise ein solches Erzeugnis, weshalb man sich auf den Gufs ganz grober Gegenstände wie Belagplatten, Gufsschalen für Hochöfen u. s. w. beschränkt. Ganz allgemein erzeugte man früher aus Holzkohlenroheisen Gufswaren erster Schmelzung, da sich dies für Öfen, Topfwaren und anderen Handelsgufs vorzüglich eignete, bezw. durch Füttern die erforderliche Zusammensetzung erhalten konnte. Heute wird jedoch fast nur noch umgeschmolzenes Eisen vergossen.

Wenn die Gufsformen nahe dem Stichloche des Schmelzofens und tiefer liegen als dieses, so kann man das Metall unmittelbar in sie fliefsen lassen. Das ist z. B. der Fall, wenn die Herdgufsformen dicht beim Masselbette des Hochofens hergerichtet oder wenn hohe Formen in einer Dammgrube untergebracht sind. Man bedarf jedoch dann immer noch einer Vorrichtung zur Regelung der Stromstärke.

Da es ferner wichtig ist, die Temperatur des Metalles der Größe und Wandstärke des Gußstückes anzupassen, so muß in der Regel noch ein Behälter für dasselbe, ein Sumpf, zwischen Ofen und Form eingeschaltet werden. Man stellt ihn aus Sand her, unterstützt die Seitenwände durch Eisenplatten oder Stapel von Masseln und versieht ihn an der Ausflußstelle mit einem Schützen, welcher die Stromstärke regelt sowie Schlacken und andere auf dem Eisen schwimmende Unreinigkeiten zurückhält.

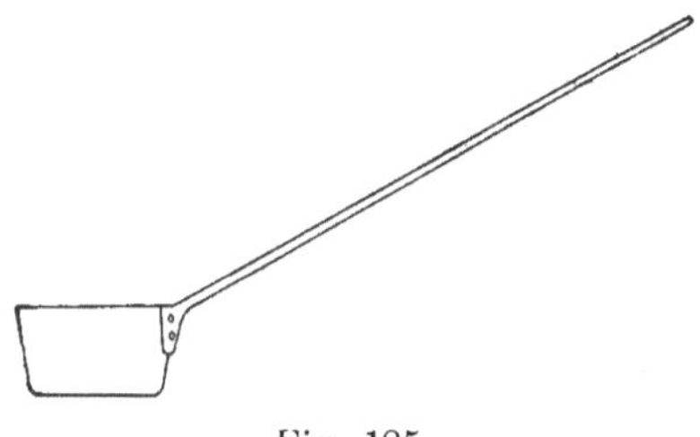

Fig. 125.

Die oben beschriebenen neueren Tiegelöfen sind zum unmittelbaren Gusse besonders hergerichtet worden; der Tiegel ist in ihnen so befestigt, daß er auch beim Kippen des ganzen Ofens seine Stellung nicht verändert. Kleine Piatöfen können sogar samt Inhalt an eine beliebige Stelle der Gießhalle getragen werden.

Viel häufiger findet die Beförderung des flüssigen Metalles vom Ofen zur Form in Gießpfannen statt. Das sind eiserne, mit einer schützenden Schicht ausgekleidete Gefäße, welche getragen oder durch Krane bewegt werden. Die kleinsten von einem Arbeiter zu tragenden Handpfannen oder Kellen (Fig. 125) haben entweder Halbkugelform oder die Gestalt eines kegeligen Topfes, sind aus Gußeisen hergestellt, mit einem angenieteten Stiel versehen und fassen etwa 10—15 kg Eisen. In Scher- oder Gabelpfannen (Fig. 126) kann schon bis zu

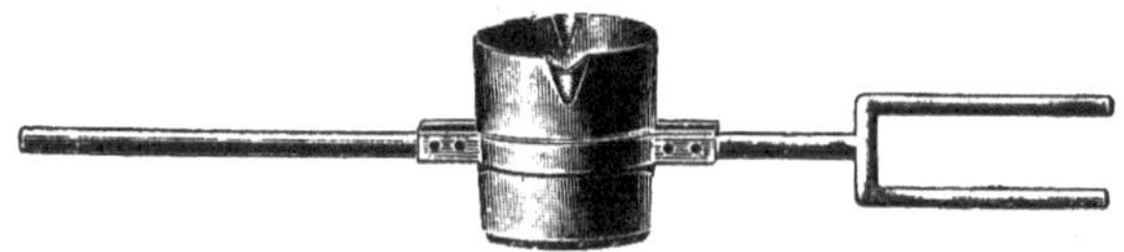

Fig. 126.

100 kg Metall fortbewegt werden; sie bestehen aus Kesselblech, haben Eimergestalt und werden in einer Schere oder Gabel, d. i. ein Ring mit einer gabel- und einer stielförmigen Handhabe oder auch mit zwei gabelförmigen, getragen, wozu mindestens zwei Mann, oft aber drei oder vier erforderlich sind. Größere Metallmengen müssen in Kranpfannen fortbewegt werden. Diese bestehen gleichfalls aus 5—10 mm starkem Kesselbleche und sind in einem Ringe befestigt, an dessen Schildzapfen der Kranbügel eingreift. Gekippt werden sie mit Gabeln, die man über die am Ende vierkantigen Zapfen schiebt (Fig. 127) oder mit Wurmgetriebe und Schraubenrad (Fig. 128). Eine Sicherung gegen freiwilliges Umschlagen ist im letzteren Falle nicht nötig, wohl aber bei einfacheren Kippvorrichtungen, und zwar um so mehr, als behufs leichteren Kippens der Schwerpunkt der gefüllten Pfanne über der Auf-

hängeachse zu liegen pflegt; man bringt dann einen über den Kranbügel greifenden Überwurf an. Die Fig. 126 und 127 sind Abbildungen von Erzeugnissen der Firma C. Senssenbrenner in Düsseldorf-Oberkassel.

Pfannen für Flufseisen giefsen in der Regel nicht über den Rand, sondern durch ein Ventil am Boden, welches aus einem Schamotteformstück für den Ausflufs und einem am unteren Ende der mit feuerfester Masse umkleideten Stopfenstange befestigten Schamottestopfen besteht. Zum Öffnen und Schliefsen des Ventiles bedient man sich eines Hebels, der an dem die Stopfenstange am oberen Ende fassenden Gleitstück angreift. Tiegelflufseisen wird unmittelbar aus den Tiegeln vergossen, deren Beförderung wie die einer Gabelpfanne erfolgt.

Beim Kippen ändert sich die Lage der Ausgufsstelle gegenüber dem Eingusse, so dafs die Pfannen sowohl in senkrechter als in wage-

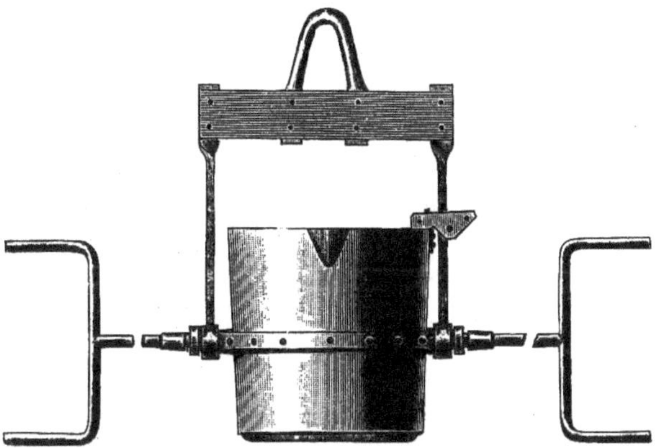

Fig. 127.

rechter Richtung bewegt werden müssen, damit der Metallstrahl immer in den Eingufs fliefst. Um dies zu vermeiden, keilt Rast auf einem der Zapfen einen Kreisausschnitt *a* (Fig. 129) fest, der durch eine Kette *b* mit dem losen Trum der in *o* angehängten Krankette *c* verbunden ist.

Für das Gelingen des Gusses ist die Beurteilung der Temperatur des flüssigen Metalles von hoher Wichtigkeit. Die Temperatur darf um so niedriger sein, je massiger das Gufsstück ist; dünne Querschnitte erfordern auch dünnflüssiges, heifses Eisen. Die Lebhaftigkeit des Spieles des Eisens bietet einen Anhalt für das Schätzen. Das mit hoher Temperatur dem Ofen entströmende Metall läfst man in der Pfanne genügend weit abkühlen, wobei auch ein erheblicher Teil der gelösten Gase entweicht; dann entfernt man alle fremden Körper vom Flüssigkeitspiegel und hindert die sich bildenden Oxydschichten durch Vorhalten des Krampstockes am Eintritt in die Form. Das Zurückhalten der Schlacken wird sehr erleichtert durch eine Querwand, wie sie Pacher in der Pfanne anbringt (Fig. 130) oder durch besondere Eingußstücke aus Schamotte, die ebenfalls mit Querwänden versehen sind, unter denen her das Eisen erst zum Eingußtrichter gelangen kann.

Die Geschwindigkeit des Gießens hängt von der Form des Gußstückes ab; auf jeden Fall muß das Eisen so rasch aus der Pfanne fließen, daß der Eingußkanal stets gefüllt ist; jede Unterbrechung des Eisenstromes kann unganze Stellen verursachen; denn infolge Bildung einer Oxydschicht auf dem bereits in die Form eingetretenen Metalle

Fig. 128.

findet häufig nur unvollkommene Vereinigung mit dem nachfließenden statt.

Um die Stromgeschwindigkeit des Metalles zu Beginn des Gießens zu mäßigen, schließt man die Windpfeifen vielfach mit lose aufgelegten Thonkugeln. Die aus der Form entweichenden Gase, Destillate des Steinkohlenpulvers, setzt man sofort in Brand.

Es verdient noch erwähnt zu werden, daß zur Erzeugung dichter Güsse die Formen sehr oft eine Fortsetzung nach oben hin erhalten, welche ebenfalls mit Eisen gefüllt und der verlorene Kopf genannt wird. Er ist vor dem Gebrauche des Gußstückes zu entfernen und hat zum Zwecke, die aus dem flüssigen Metalle sich entwickelnden Gase und andere in die Form gelangten fremden Körper aufzunehmen, sowie die Bildung von Lunkern infolge des Schwindens zu verhüten. Damit er diesen Zweck erfülle, muſs das Eisen aus ihm in den Abguſs nachflieſsen können; er muſs zuletzt erstarren. Die Verbindung zwischen beiden wird unter Umständen durch Pumpen, d. h. durch Auf- und Abbewegen einer Eisenstange in dem Abgusse aufrecht erhalten, und wiederholt gieſst man heiſses Eisen nach, sobald der Flüssigkeitsspiegel sinkt. Beim Stahlformguſs ist dieses Nachgieſsen durch den verlorenen Kopf besonders lange fortzusetzen, da die Schwindung des Fluſseisens sehr groſs ist. Das frühzeitige Erstarren des Kopfes verhindert man dadurch, daſs seine Wand von einem glühenden Tiegel ohne Boden gebildet wird, den man über den Einguſs setzt und mit Masse umgiebt.

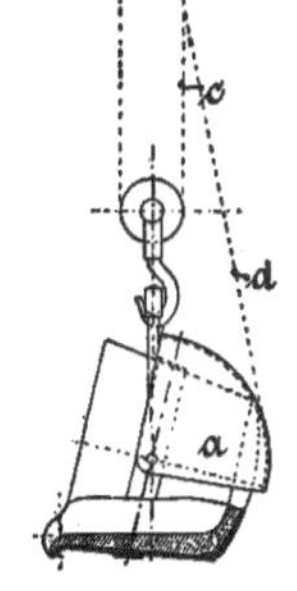

Fig. 129.

Das fälschlich Anschweiſsen genannte Verfahren, welches im Angieſsen eines Teiles an ein schon fertiges Guſsstück besteht und sehr häufig zur Wiederherstellung wertvoller Gegenstände, wie z. B. kaliberierter Eisenwalzen, von denen ein Zapfen abgebrochen ist, benutzt wird, ist mit dem leicht oxydablen Eisen schwieriger auszuführen als mit anderen Metallen. Es gilt, die metallisch reine Bruchfläche bis zum Schmelzen zu erhitzen, damit sich das aufgegossene Metall mit dem vorhandenen Stück in derselben Art wie auf Eis gegossenes Wasser mit diesem vereinige.

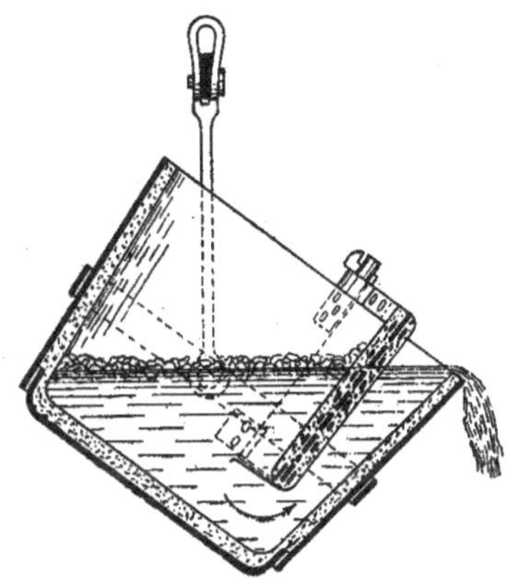
Fig. 130.

Man gräbt zu diesem Zwecke das Guſsstück in die Dammgrube ein, setzt die sorgfältig getrocknete Form für den anzugieſsenden Teil auf, erhitzt die durchaus reine Bruchfläche mit Holzkohlen bis zum Glühen und läſst dann so lange heiſses Eisen durch die hierfür eingerichtete Form flieſsen, bis die Bruchfläche weich geworden ist, wovon man sich durch Tasten mit einem Eisenstab überzeugt. Dann füllt man die Form und den verlorenen Kopf mit Metall und läſst erkalten. Es hat sich wiederholt gezeigt, daſs die Festigkeit an der Vereinigungstelle nicht nur ebenso groſs, sondern zuweilen sogar gröſser ist als an anderen.

d. Fertigstellen der Guſswaren, Verschönern und Schutz gegen Rost.

Ehe die aus der Form kommenden Guſsstücke in den Handel oder zu weiterer Verarbeitung gelangen können, müssen sie von den anhaftenden Formstoffen gereinigt, von Gufsnähten, Graten und Trichte befreit und geputzt werden. In kleineren Giefsereien wird dies Arbeit noch ausschliefslich mit der Hand verrichtet; in gröfseren sin dafür mechanische Einrichtungen vorhanden.

Beim Putzen von Hand werden mit scharfen Drahtpinseln un -Bürsten die lose anhaftenden, mit Sandsteinen, Schleifsteinen un Smirgelscheiben die angebrannten Formstoffe, mit Hammer, Meifsel un Feile die Grate und Reste von Trichtern entfernt. An Stelle der dr letztgenannten Werkzeuge tritt heute schon hie und da der Druc luftmeifsel von Coy, der durch seine 8000—10000 Schläge in d Minute durchaus saubere und glatte Flächen erzeugt. Ein mit ihm au gerüsteter Arbeiter leistet mi destens so viel als vier die alt Werkzeuge handhabende.

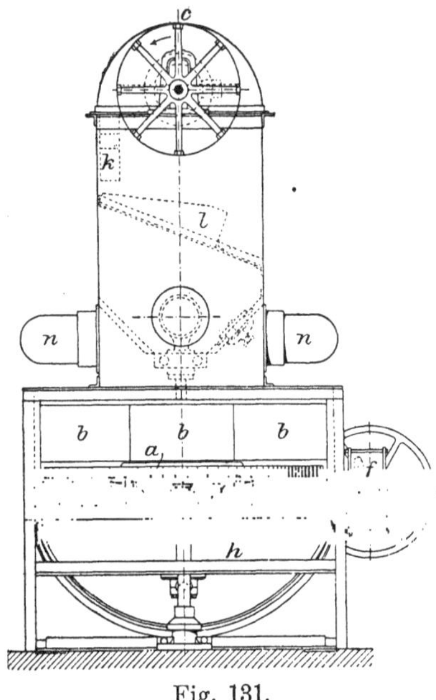

Fig. 131.

Gegenstände von kleinen Al messungen und einfacher Gesta lassen sich gut in umlaufend eisernen Scheuertrommeln od Rollfässern reinigen, wenig einfach gestaltete gegliederte Gege stände aber nicht, weil das gege seitige Abreiben des Sandes nur a der Oberfläche, nicht aber in d Vertiefungen erfolgt. Sie hab 0,5 bis 1 m Durchmesser und 1 b 2 m Länge.

Die zu vielseitigster Verwe dung geeignete Putzvorrichtung i das von Tilghman erfunde Sandstrahlgebläse. Die Ei richtung eines solchen aus d Fabrik von A. Gutmann, Ak Ges. für Maschinenbau in Hambur Ottensen, ist in den Fig. 131 und 132 dargestellt. Ein Drehtisch mit Rostplatte (für den Durchlafs des Sandes) trägt die zu putzend Gegenstände; über ihm hängen Kautschuklappen *b* herab, so dafs d gröfsere, innerhalb des Gehäuses befindliche Teil, auf dem das Putz vor sich geht, von dem kleineren, herausragenden Teil, auf dem d Auflegen der zu putzenden Gufsstücke und das Abnehmen der geputzt erfolgt, getrennt ist. Der Kautschukvorhang läfst die Gufsstücke hi durchtreten, hält aber den Sand zurück. Die Bewegung des Tisch erfolgt von der Riemenscheibe *c* aus durch den Riementrieb *de* u ein Winkelgetriebe *f*. Der Sand wird von dem Riemenbecherwerke aus einem Behälter unter dem Tische geschöpft, oben auf die Lutte geschüttet und fällt durch das Sieb *l* in einen das Windrohr *m* u gebenden trichterförmigen Kasten, von dem aus er in die Düse *g* gelan um von dem Windstrom auf die Gufsstücke geschleudert zu werden. Durch den Tisch gelangt der Sand über die schiefe Ebene *h* wieder in den Schöpfraum. Durch die Rohre *n* wird aus dem Putzraume mittels eines Saugers feiner Staub entfernt.

Die Einrichtung des Gebläses geht aus den Fig. 133—135 hervor. Die Öffnungen des Trichterkastens zu beiden Seiten der schlitzförmigen Düse sind durch je eine Klappe (Fig. 135) mehr oder weniger verschliefsbar und lassen dann entsprechende Sandmengen austreten; diese gelangen in zwei wagerechte Kanäle, aus denen sie der Windstrom ansaugt und durch die Düse abwärts schleudert. Mehrere Blechwände in dem Rohre *m* dienen zu gleichmäfsiger Verteilung des Windstromes von 500 mm Wassersäule Spannung.

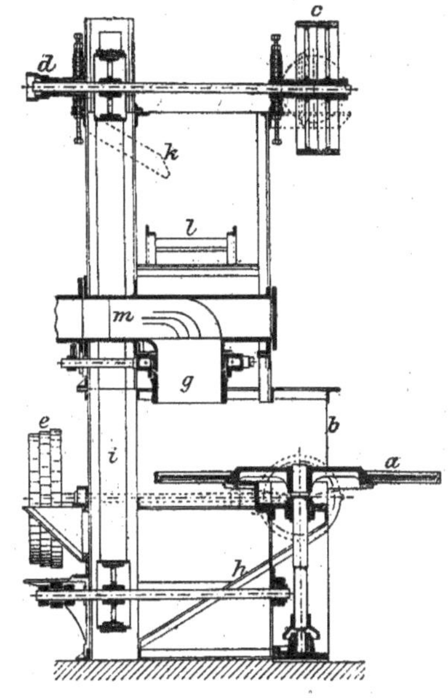

Fig. 132.

Je nach der Gröfse erfordert ein Sandstrahlgebläse **1** oder **2** Mann Bedienung, die in der Stunde **600** bis **1500** kg Gufswaren putzen, und **3** bis **10** PS Arbeitsaufwand. Obgleich sich die Vorrichtung in der beschriebenen Einrichtung am besten für Gufsstücke von mäfsigen Abmessungen eignet, wird sie doch auch für Stücke von mehr als 2 m Länge, 300 mm Breite und 350 mm Höhe gebaut. Zum Putzen noch schwererer Stücke wird die Düsenvorrichtung beweglich aufgehängt und der Wind- oder Dampfstrom durch Schläuche zugeleitet.

Die Badische Maschinenfabrik hat an ihrer Gufsputzmaschine den Windstrahl durch die Schleuderwirkung eines rasch umlaufenden Zellenrades ersetzt.

Die Wirkung des scharfen Sandes beschränkt sich nicht auf das Entfernen der Formstoffe, sondern erstreckt sich auch auf die Gufshaut, so dafs die Gufsstücke ihre blauschwarze Farbe verlieren und die graue des Eisens erhalten. Der Sandstrahl wirkt demnach ähnlich wie saure Beizen, die ebenfalls Anwendung gefunden haben. Nach Stahl wird seit einigen Jahren in Pittsburgh für diesen Zweck Flufssäure mit **1** bis höchstens **2** % Fluorwasserstoff verwendet, welche vor den anderen sonst gebrauchten Säuren (Schwefelsäure, Salzsäure) den Vorzug besitzt, nicht nur Eisen, sondern auch den Sand zu lösen und die Gufshaut rascher anzugreifen. Man beizt bei gewöhnlicher Temperatur in Holzgefäfsen 1 bis 2 Stunden lang und wäscht diejenigen Gufsstücke, die blank bleiben sollen, in heifsem alkalisch gemachtem Wasser. Das Verfahren eignet sich nur für kleine Gegenstände.

Die Bearbeitung mittels Werkzeugmaschinen und sonstige Schlosserarbeit fällt aufserhalb des Gebietes der Eisengiefsereien; nur das Beschlagen von Öfen, Fenstern und anderen Handelsgufswaren wird meist von ihnen selbst ausgeführt.

Beim Putzen sowohl als bei den Nacharbeiten werden Gufsstücke mit kleinen Löchern und Sprüngen gefunden, die zwar das Aussehen stören, nicht aber den Gebrauchswert beeinträchtigen. Solche unganze Stellen kann man mit Kitt oder leichtflüssigen Legierungen ausfüllen, z. B. einer solchen aus 9 T. Blei, 2 T. Antimon und 1 T. Wismut, welche sich beim Erstarren ausdehnt.

Obwohl die meisten Gufswaren in rohem Zustande verwandt werden, so bedürfen doch auch viele eines Schutzes vor Rost und andere eines ansprechenden Äufseren. Die Zahl der Behandlungsweisen solcher Gufswaren ist grofs.

Das einfachste ist das Schleifen auf Schleifsteinen oder Smirgelscheiben; der dann erforderliche Schutz gegen Oxydation wird, wenn

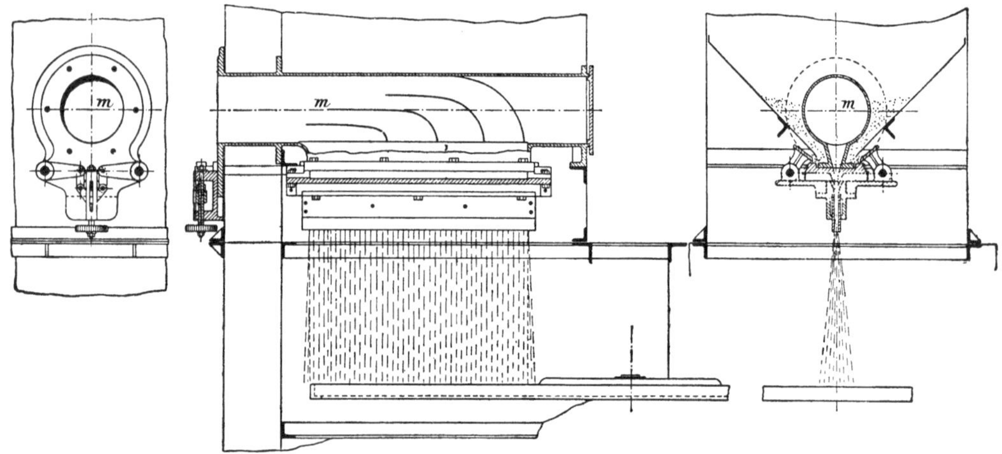

Fig. 133—135.

die Gufswaren nicht erwärmt werden, mittels eines durchsichtigen Lacküberzuges erzielt.

Metallische Überzüge können aufgeschmolzen werden, wie z. B. solche von Zinn oder Zink; meist stellt man sie aber auf galvanischem Wege her, wie solche von Kupfer, Nickel oder edlen Metallen.

Asphaltieren nennt man das Überziehen von Gufswaren mit eingedicktem Steinkohlenteer, welcher rasch trocknet und ihnen eine schwarze, glänzende Oberfläche giebt. Das Verfahren findet ausgedehnte Anwendung auf Röhren, die man in einem geeigneten Flammofen auf etwa 300^0 erhitzt und in ein Teerbad wirft; nach dem Herausnehmen läfst man sie entweder einfach ablaufen oder verreibt den Teer mit einem Pinsel. Da der Inhalt des Teerkessels durch etwas zu heifse Röhren nicht nur leicht in Brand gesetzt wird, sondern auch bei normaler Temperatur derselben nach und nach in dickes Pech übergeht, das keine gleichmäfsige Schicht mehr bildet, so ist es zweckmäfsiger, die Röhren ganz mittels des Pinsels zu überziehen.

Unter Anstreichen versteht man das Überziehen mit undurchsichtiger Farbe, unter Firnissen und Lackieren aber das Anbringen eines durchsichtigen Überzuges, der allerdings häufig einen farbigen Anstrich zum Grund hat.

Das Emaillieren besteht im Aufschmelzen eines Glases, eines Silikates, das leichter schmilzt als das Metall selbst und nach dem Erkalten so fest an dessen Oberfläche haftet, dafs es Schutz gegen chemische Einflüsse gewähren kann. Damit die Emaille auch bei Temperaturänderungen nicht abspringt, darf sie nicht spröde sein, und ihr Ausdehnungskoeffizient mufs dem des Gufseisens möglichst nahe kommen. Diese schon nicht leicht zu erfüllenden Bedingungen werden noch verschärft, wenn auch Freiheit von giftigen Metalloxyden gefordert wird, wie z. B. bei Emaillen für Kochgeschirre; denn gewöhnlich stellt man sie durch Zusammenschmelzen von Kieselsäure mit kohlensauren Alkalien und Bleioxyd her; das letztere mufs dann durch andere Basen, wie Kalk, Thonerde, Magnesia ersetzt werden. Die genannten Bestandteile geben ein durchsichtiges Glas, welches durch Zusatz des nicht giftigen Zinnoxydes undurchsichtig und weifs, durch Kobaltoxyd blau gefärbt wird. Der Quarz und das Zinnoxyd wirken auf Strengflüssigkeit, Bleioxyd und Borax auf Leichtschmelzigkeit des Glases, der letztere auch auf Sprödigkeit. Die Leichtflüssigkeit wird deshalb besser durch gleichzeitige Verwendung mehrerer Erdbasen erzielt.

Der Kohlenstoff des Gufseisens wirkt reduzierend auf das Zinnoxyd und entwickelt Kohlenoxyd; dadurch erhält die Emaille nicht nur ein unschönes Aussehen, sondern wird auch blasig; es mufs deshalb unmittelbar auf das Eisen ein zinnoxydfreies Glas, der Grund, zu liegen kommen, und erst darauf kann man eine dünne Schicht der gefärbten und glänzenden Deckmasse oder Glasur aufschmelzen.

Der strengflüssige und nicht spröde Grund besteht im wesentlichen aus Thonerdesilikat mit 65—75 % Kieselsäure, dem man noch Borax, Alkalien, Kalk, Magnesia, und wenn es gestattet ist, auch Bleioxyd zusetzt. Zur Entfärbung von Metalloxyden und Zerstörung organischer Substanzen dient Salpeter. Die Glasur besteht aus denselben Stoffen, nur wird noch der Farbstoff zugefügt, und der Kieselsäuregehalt ist nicht höher als 25—45 %. Die in eisernen Pfannen bezw. in hessischen Tiegeln eingeschmolzenen Gläser werden zu feinem Pulver gemahlen und mit Wasser zu sirupdicken Flüssigkeiten angemacht.

Das Emaillieren geschieht in folgender Weise: Das Gufsstück wird mit scharfem Sande blank gescheuert, nicht gebeizt, in kochendem Wasser erwärmt und rasch getrocknet. Dann übergiefst man den Gegenstand mit der Grundmasse, reibt diese mit einer scharfen Bürste in die Poren des Eisens ein, übergiefst noch einmal damit und läfst den Überschufs ablaufen.

Die dünne, feuchte Schicht (dick aufgetragen bröckelt der Grund ab oder er bildet Blasen) wird an einem warmen Orte getrocknet und dann in einem Muffelofen, der Schutz gegen Flugasche u. s. w. gewährt, bei heller Rotglut binnen 10—20 Minuten eingebrannt, wobei sie nur sintern, nicht schmelzen darf. In zu hoher Hitze wird der Grund infolge Bildung von Eisenverbindungen schwarz; in zu niedriger Temperatur bleibt er lose und läßt sich abreiben. Behufs Auftragens der Glasur feuchtet man die grundierten Gegenstände mittels eines Schwammes an, gießt die flüssige Deckmasse darüber, trocknet sie erst schwach, dann stärker, bis ein Wassertropfen darauf siedet und brennt sie nochmals 10—20 Minuten bei Rotglut.

Eine gute, brauchbare Emaille muß nach dem Trocknen so weich sein, daß sie mit dem Finger abgerieben werden kann, durch das Brennen soll sie aber vollständig fest werden, keine Blasen werfen, sich erhitzen lassen und Stöße aushalten, ohne abzuspringen. Emaillierte Kochgeschirre werden noch heiß äußerlich mit Teer geschwärzt.

Ein neueres Schutz- und Verschönerungsverfahren, das Inoxydieren, d. h. die Erzeugung einer dünnen Schicht von Eisenoxyduloxyd, die angenehm schieferblaue Farbe hat und von den Atmosphärilien nicht beeinflußt wird, hat sich nicht bewährt, da bei mäßiger Temperatur die Schutzschicht nicht dick genug wurde und bei genügender Höhe die Gußstücke ihre Form veränderten.

D. Die Herstellung besonderer Arten von Gußwaren.

a. Hartguß.

Als Hartguß bezeichnet man Gußstücke, welche teils aus grauem, teils aus weißem Roheisen bestehen, und zwar derart, daß das letztere die harte, für Werkzeuge unangreifbare Schale, das erstere den weichen, zähen und die Festigkeit des Ganzen gewährleistenden Kern bildet. Dazu kann nur ein solches Roheisen verwendet werden, in dem der grafitbildende Einfluß des anwesenden Siliciums insoweit durch den Mangangehalt ausgeglichen wird, daß es in der Hand des Gießers liegt, durch Regelung der Abkühlung das Eisen als weißsstrahliges oder als graues erstarren zu lassen. Gießt man derartiges Eisen in ganz oder teilweise aus Metall bestehende Formen, welche der Oberfläche der Gußstücke die Wärme so rasch entziehen, daß deren Erstarrung fast augenblicklich nach dem Einfließen erfolgt, so zeigt sie die erwünschte harte weißsstrahlige Kruste, während das allmählich erkaltende Innere feinkörnig und grau erstarrt.

Das erforderliche Verhältnis des Mangans zum Silicium läßt sich nicht zahlenmäßig angeben, da ja die Temperatur und Stärke der eisernen Gußformen, der Kokillen, und die Temperatur des flüssigen Eisens auf den Grad der Abschreckung ebenfalls von Einfluß sind. In der That arbeitet man auch mit verschieden zusammengesetzten Eisensorten. Während in Deutschland, Österreich und Frankreich Hartguß aus stark halbiertem, sehr festem Eisen, wenn möglich aus Holzkohlenroheisen in verhältnismäfsig dünnen Kokillen erzeugt wird, pflegen sich die englischen Werkstätten, weil ihnen vorwiegend schwachhalbiertes Koksroheisen zu Gebote steht, sehr schwerer Gufsschalen (bis zum $1^1/_2$fachen Gewichte der Gufsstücke) zu bedienen.

Der Schwerpunkt der Hartgufserzeugung liegt in der Auswahl des Roheisens, die um so vorsichtiger erfolgen mufs, als aufser dem Weifswerden der Kruste auch der Unterschied der Ausdehnungskoeffizienten des weifsen und des grauen Teiles und die dadurch hervorgerufene Spannung Beachtung erfordert. Auf keinen Fall darf sich die Spannung nach aufsen hin bemerklich machen, weder durch Werfen noch durch Bildung von Hartborsten, d. s. Risse im gehärteten Teile, welche dadurch entstehen, dafs derselbe schon stark schwindet, während das Innere entweder noch flüssig ist und nicht oder beim Erstarren als graues Eisen doch weniger stark schwindet. Diese Risse klaffen dann entweder auseinander oder füllen sich mit dem noch flüssigen Eisen, das aber durch die jetzt erhitzte Gufsschale nicht mehr genügend gehärtet wird, so dafs das Erzeugnis auf alle Fälle eine Fehlstelle aufweist und unbrauchbar ist.

Diese Hartborsten entstehen auf jeden Fall, wenn die Elasticität und Festigkeit der stärker schwindenden abgeschreckten Schale nicht grofs genug ist, um dem hohem Drucke des weniger schwindenden Kernes Widerstand zu leisten. Man schützt sich vor ihnen durch Prüfung des Roheisens bezw. der für Hartgufszwecke hergestellten Eisenmischung auf die in Frage kommenden Eigenschaften, indem man Stäbe von bestimmtem Querschnitt auf eine gewisse Länge freitragend aufhängt und mit einem gleichbleibenden Gewichte belastet; sie dürfen dabei weder dauernde Formveränderungen annehmen noch brechen. Eine zweite Prüfung bezieht sich auf den Abschreckungsgrad des Eisens und wird ausgeführt, um über die erforderliche Dicke der Gufsschale Klarheit zu erlangen. Man giefst es zu diesem Behuf in eine Form, die z. T. aus Eisen besteht und deren Fähigkeit zur Wärmeentziehung der Gröfse nach bekannt ist, z. B. in eine Cylinderform, deren Boden eine Eisenschale bildet, während sie im übrigen aus Sand besteht. Die Dicke der weifsen Kruste giebt dann den erwünschten Aufschlufs.

Die Dicke der weifsen Schicht mufs sich in gewissen Grenzen halten; sie kann bei schweren, starken Gufsstücken natürlich stärker sein als bei leichten und dünnen, und da sie aufser von der Zusammensetzung des Eisens auch von dem Gewichte der Kokille abhängt, so hat sich dieses jedesmal den Verhältnissen anzupassen, sich nach dem Gewichte des Abgusses zu richten. Während zu schwere Kokillen dünne Abgüsse durch und durch abschrecken und somit spröde machen, ist die Wirkung zu leichter nur schwach, da sie rasch heifs werden, sich ausdehnen und dann, nachdem sie den schwindenden Abgufs nicht mehr berühren, auch nicht mehr Wärme entziehen können. Die Entstehung der Hartborsten wird durch den Hohlraum zwischen Form und Abgufs ebenfalls begünstigt. Bei der Formgebung metallener Gufsschalen ist ferner darauf zu achten, dafs die Abgüsse in denselben schwinden können und nicht von einzelnen Formteilen daran gehindert werden.

Um die Anwendung sehr schwerer Gufsschalen zu vermeiden und trotzdem kräftiges Abschrecken des Eisens zu erzielen, werden sie zum Kühlen mittels Wasser mit entsprechenden Hohlräumen versehen. Eine Regelung der Temperatur und damit der abschreckenden Wirkung kann durch gleichzeitiges Einlassen von Dampf erreicht werden. Andererseits läfst sich der Einflufs einer Eisenschale abmindern, indem man sie mit einer dünnen Schicht Lehm oder Formmasse ausstreicht. Um in dieser Schicht Gasabzüge zu schaffen, werden in Einschnitte der Schale Wachsfäden gelegt, die beim Trocknen der Lehm- oder Masseschicht ausschmelzen und feine Kanäle zurücklassen. Wird die Schutzschicht nur sehr dünn gemacht (2 mm), so wird die Wirkung der Gufsschale nicht vermindert aber verlangsamt, so dafs die Oberfläche des Gufsstückes weniger spröde ausfällt, als wenn die Form nur mit Grafit ausgestrichen ist.

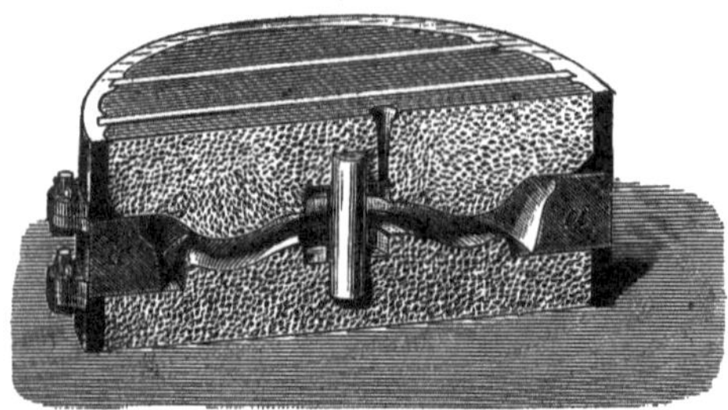

Fig. 136.

Sollen die Gufsstücke nur an einzelnen Flächen gehärtet werden, so macht man auch nur die betreffenden Formteile aus Metall, die übrigen aus Sand oder Masse, für Laufräder z. B. nur den für die Lauffläche (*a* in Fig. 136), für Hartwalzen den für den Bund (Fig. 137) u. s. w. Die Schalen- und Kastenteile werden durch Dübel und Ösen in der bekannten Weise aufeinander befestigt. Vor der Benutzung werden die Schalen sorgfältig von Rost gereinigt, mit trockenem gepulverten Grafit abgerieben und behufs Vermeidung des Springens sowie zur Entfernung an der Oberfläche verdichteter Gase schwach angewärmt.

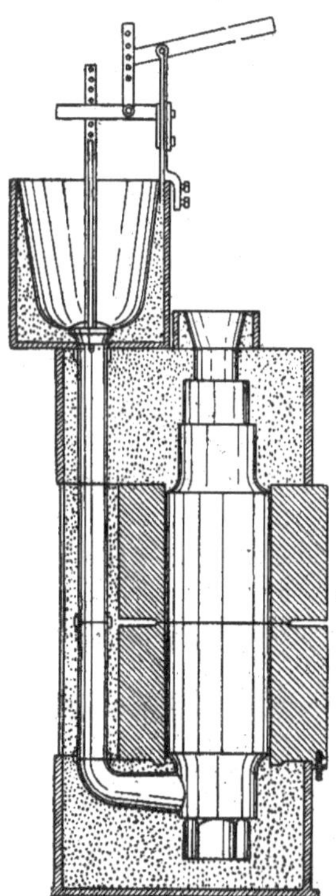

Fig. 137.

Die Temperatur, welche das Eisen beim Vergiefsen hat, ist hier nicht nur von der Schwindung, sondern in höherem Grade von der zu erzielenden Dicke der harten Schicht und der Gröfse des Abgusses abhängig. Je mehr sich die Temperatur dem Erstarrungspunkte nähert, desto kräftiger wirkt die Form wärmeentziehend; desto leichter erhalten auch schwere Gufsstücke harte Oberfläche; je leichter und dünner der Abgufs ist, desto wärmer mufs auch das Eisen vergossen werden.

Die Abkühlung der Hartgufsstücke bedarf besonders grofser Aufmerksamkeit, da sie sowohl Neigung zum Werfen wie zum Zerspringen haben; ersterem begegnet man durch Festspannen der Abgüsse auf der eisernen Form, letzterem durch allmähliches Erkaltenlassen in derselben bezw. in besonders dazu hergerichteten, vor raschem Luftwechsel geschützten Räumen.

b. Temper- oder schmiedbarer Gufs.

Es sind zwei durchaus verschiedene Vorgänge, die man Tempern nennt; der Umstand, dafs die Wirkungen beider in einer in die Augen fallenden Hinsicht einander ziemlich nahe kommen, nämlich darin, dafs durch dieselben harte und spröde Gufswaren weich, zäh und für Werkzeuge angreifbar gemacht werden, ist die Ursache, dafs beide mit demselben Namen belegt wurden und dafs der Unterschied nicht immer erkannt wird.

Die Erfahrung lehrte, dafs weifse, spröde Gufsstücke durch anhaltendes Glühen unter Luftabschlufs grau und weich werden. Während aber in dem einen Falle die Änderung nur in der Überführung des gebundenen Kohlenstoffes in freien (Grafit) besteht, so dafs das Material auch nach dem Glühen noch Roheisen ist, wird dasselbe im anderen entkohlt und in schmiedbares Eisen verwandelt. Der erste Prozefs ist ohne gröfsere Bedeutung und dient wohl nur als gelegentliches Aushilfsmittel, um wider Willen weifs gewordene Gufsstücke gebrauchsfähig zu machen. Der zweite Prozefs hat sich dagegen zu hoher Blüte entwickelt, da mit seiner Hilfe kleinere Gegenstände, wie Teile von Näh-, Strick- und landwirtschaftlichen Maschinen, Schlofsteile und Schlüssel, Förderwagenräder u. dgl. wesentlich billiger ebenso dauerhaft hergestellt werden können, wie durch Herausarbeiten aus dem Vollen in schmiedbarem Eisen.

Das Verfahren beruht darauf, dafs das Roheisen, wenn es in glühendem Zustande mit Oxydationsmitteln (als solche dienen gewöhnlich gemahlener Roteisenstein, Brauneisenstein, Hammerschlag, Auslaugungsrückstände) dauernd in Berührung bleibt, Kohlenstoff verliert. Die Oxydation des letzteren, welche auf Kosten des Sauerstoffgehaltes der Glühmittel stattfindet, erfolgt natürlich zuerst an den Berührungsflächen zwischen diesen und dem Eisen, erstreckt sich aber nach und nach bis in das Innere des Gufsstückes und geht bis zu fast vollkommener Entkohlung. Ein Eisenstück, welches nicht genügend lange der oxydierenden Einwirkung ausgesetzt war, ist nahe seiner Oberfläche fast entkohlt; der Kohlenstoffgehalt nimmt aber nach dem Innern hin zu. Man glaubt deshalb, dafs der Kohlenstoff von Molekül zu Molekül durch das feste Eisen wandert, bis er an der Oberfläche vergast wird; denn je länger der Prozefs anhält, desto weitere Fortschritte macht die Entkohlung.

Dieser eben geschilderten Einwirkung unterliegt aber nur gebundener Kohlenstoff; es kann also nur weißes Roheisen mit Erfolg getempert werden. Die Zusammensetzung desselben ist nicht gleichgiltig. Der Kohlenstoffgehalt soll nicht sehr hoch sein, etwa 3—3,5 %, da mit der Menge desselben die Dauer des Prozesses wächst; noch mehr drängt aber die Gefahr der Umwandelung in Grafit durch das mitanwesende Silicium zur Wahl kohsenstoffarmer Eisensorten. Man begegnet ihr durch Vermeidung irgend erheblicher Siliciummengen und beschränkt dieses Element auf etwa 0,6 %. Der Mangangehalt soll 0,6 % ebenfalls nicht überschreiten, da ein höherer Betrag die Entkohlung ungemein erschwert bezw. verhindert. Wenn wir noch beachten, daß manganreiches Eisen besonders stark schwindet, gern lunkert und Spannungen annimmt und daß es große Lösungsfähigkeit für Gase besitzt, so ist die Notwendigkeit des Fernhaltens größerer Manganmengen nach jeder Richtung dargethan. Außer dem Kohlenstoff unterliegt kein anderer Bestandteil der Oxydation; ihre Menge bleibt dieselbe; der Prozentsatz wächst um ein Geringes. Das ist besonders hinsichtlich des Schwefels und des Phosphors zu beachten, die auch in kleinen Mengen auf schmiedbares Eisen viel schädlicher einwirken als auf Roheisen; man darf deshalb nur sehr reine Eisensorten verwenden. Allerdings wird dadurch das Gießen erschwert; man muß sich aber zwecks Erzeugung zäher und fester Waren diese Schwierigkeit gefallen lassen und darf sie nur durch Vermehrung des Siliciumgehaltes bis auf die zulässige Grenze abzumindern suchen.

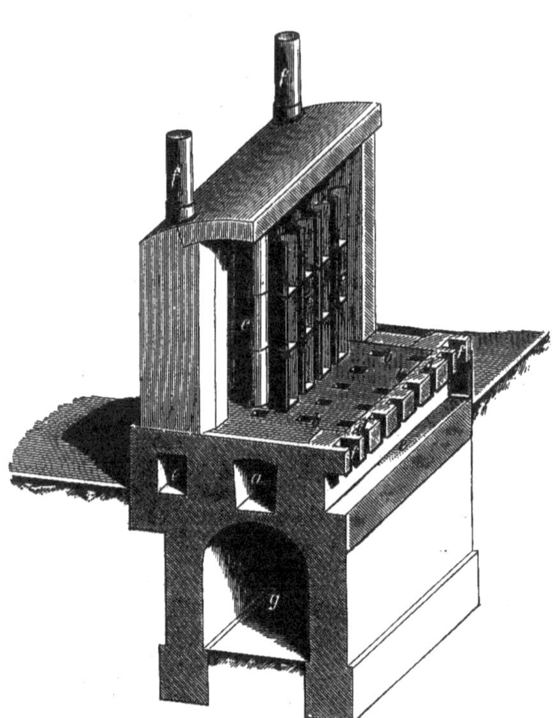

Fig. 138.

Das Einschmelzen des Eisens erfolgt, wenn es sich um Herstellung kleiner Gegenstände handelt, vielfach im Tiegel, weil es dabei nur wenig verändert wird. Für Massenerzeugung, z. B. der getemperten Förderwagenräder, schmilzt man natürlich im Kupolofen, muß aber dann die unvermeidliche Einwirkung des Umschmelzens auf das Eisen von vornherein in Rücksicht ziehen.

Das Tempern wird entweder in gufs- bzw. flufseisernen Gefäfsen oder in gemauerten Räumen ausgeführt; das letztere ist, trotz des schwierigeren Ein- und Austragens, bei gröberen Gegenständen üblich. Fig. 138 stellt einen Ofen zum Glühen in Töpfen *c* dar, welche zu je dreien übereinander stehen und von der auf dem Rost *a* erzeugten und durch zahlreiche Öffnungen *b* in den Heizraum eintretenden Flamme allseitig umspült werden. Die beiden Längswände des Ofens enthalten die Abzugskanäle *d* für die in *e* sich sammelnden und durch die Schornsteine *f* abzuführenden Verbrennungsgase; *g* ist der Aschenfall.

Die zu tempernden Gegenstände werden, nachdem der Boden der etwa 0,3 m weiten und 0,5 m hohen Töpfe mehrere Centimeter hoch mit Glühpulver bedeckt ist, mit gröfster Sorgfalt und unter Vermeidung jeder Berührung untereinander oder mit dem Gefäfs eingelegt; die Zwischenräume füllt man mit Pulver aus, bedeckt sie mit einer Schicht desselben, wiederholt das Einlegen und fährt so bis zu vollständiger Füllung fort; die mit dünnen Deckeln verschlossenen Gefäfse werden dann in den Ofen gesetzt, den man zumauert, langsam anheizt, eine der Wandstärke der Gufsstücke entsprechende Zeit auf Hellrotglut hält und zum Herausnehmen der Gefäfse wieder abkühlen läfst. Die grofsen Wärme- und Zeitverluste, welche diese Betriebsweise mit sich bringt, können sehr vermindert werden durch Anwendung der v. Querfurth'schen Öfen mit beweglichem Herde, die das Ausfahren der geglühten und unmittelbar darauf das Einfahren neuer Töpfe in den heifsen Ofen gestatten.

Glüht man in gemauerten Kammern, die von zahlreichen Gaskanälen umgeben sind, so erfolgt das Eintragen auf ähnliche Weise. Ist der Glühraum bis auf einige Späheöffnungen vermauert, so heizt man an und bringt ihn binnen zwei Tagen auf Hellrotglut, erhält ihn auf dieser drei Tage und läfst allmählich, während etwa zwei Tagen, abkühlen. Je gröfser die Gufsstücke sind, und je weiter sie entkohlt werden sollen, desto länger ist die höchste Temperatur einzuhalten. In zu niedriger Temperatur schreitet der Prozefs sehr langsam voran, in zu hoher verbrennen die Gefäfse rasch; das z. T. reduzierte Glühpulver sintert mit den Gufsstücken zusammen und verunziert dieselben.

Der Oxydationsvorgang wird nach Rott ferner erheblich beschleunigt durch Herstellung inniger Berührung zwischen Gufsstück und Oxydationsmittel. Diese erzielt man durch Anrühren des gepulverten Roteisensteines mit Kalk und Wasser zu einem Brei, in den die noch warmen Gufsstücke wiederholt eingetaucht werden; er bildet so eine am Eisen festhaftende Kruste, die durch Aufstreuen von Erzpulver bis zu 1 cm verstärkt wird.

Die Stücke kommen nun ohne weitere Einpackung in die dünnwandigen, immer auf Glühhitze gehaltenen Tempergefäfse, in denen sie rasch glühend werden, so dafs der Oxydationsvorgang nach 1—2 Stunden beginnt. Die rasche Erhitzung, die infolge der innigeren Berührung viel kräftigere Entkohlung, und eine geeignete Bauart des Ofens, welche ohne Herausnehmen der Gefäſse das Ein- und Austragen der Guſsstücke gestattet, bewirken zusammen, daſs diese nach 48 Stunden durchgetempert sind. Starke Guſsstücke brauchen einen Tag mehr, wenn man sie nicht mittels der Abhitze vorher in einem Glühofen vorgewärmt hat, in dem man sie nach dem Tempern auch wieder abkühlen läſst. In ähnlicher Weise verfährt von Querfurth, der aus Temperpulver, Kalk- und Lehmmilch einen dicken Brei herstellt, die zu tempernden Gegenstände in Holzgefäſse legt und mit dem Brei übergieſst. Dann wird das Ganze getrocknet, das Holzgefäſs abgezogen und der verbleibende Kern mit einer feuerfesten Masse zum Schutze der Guſsstücke gegen die Flamme überzogen. So werden gleichzeitig die raschem Verbrennen unterliegenden Tempergefäſse ganz gespart.

Nach dem Abkühlen und Austragen wird jedes Stück auf Weichheit geprüft und geputzt; nicht genügend entkohlte, also noch zu harte Stücke, werden einer zweiten Glühung unterworfen.

c. Fluſseisenguſs.

Als Guſsmetall kam in früherer Zeit, d. h. in den ersten 25 Jahren nach der Erfindung des Stahlformgusses, nur Tiegelstahl in Frage; heute dagegen wird weitaus der meiste Stahlformguſs aus Martinmetall erzeugt. Die öfter wiederholten Versuche, auch das Birnenfluſseisen zu vergieſsen, sind erst in den letzten 6—7 Jahren von Erfolg gekrönt worden. Von einigen wenigen Gieſsereien wird auch nach dem Verfahren von Nordenfeldt ganz weiches, im Tiegel umgeschmolzenes Eisen zu den Mitis- oder Weichguſs genannten Erzeugnissen vergossen.

Bezüglich der Erzeugung der verschiedenen Fluſseisensorten muſs auf Teil II dieses Werkes, die „Eisenhüttenkunde“, verwiesen werden; es sei nur erwähnt, daſs die Hindernisse, welche sich der Verwendung von Birnenfluſseisen entgegenstellten, nämlich dessen zu groſser Gasgehalt und zu niedrige Temperatur, wenn es in kleinen Birnen erzeugt wurde, durch die Erfindung von Walrand und Légénisel überwunden worden sind. Der Kunstgriff besteht darin, daſs man nach vollendeter Entkohlung dem Bade Siliciumeisen zusetzt und noch kurze Zeit bläst; das verbrennende Silicium entwickelt so viel Wärme, daſs das Metall sehr dünnflüssig wird und gleichzeitig entgast. Hohe Temperatur des Metalles ist aber Erfordernis, damit die Formen groſser, dünnwandiger Guſsstücke, wie man sie besonders in Schweden in vorzüglicher Ausführung herstellt, gut auslaufen. Auch das Martinmetall ist bei so hoher Temperatur zu schmelzen, daſs nicht alles Silicium oxydiert, andernfalls das Bad zu viel Gas aufnimmt.

Die Menge des zurückbleibenden Siliciums soll, wenn man den höchsten Grad von Zähigkeit zu erreichen wünscht, 0,25 % nicht überschreiten und der Gehalt an Mangan so gering wie möglich sein. Ist die Erreichung hoher Festigkeit beabsichtigt, so soll das möglichst durch Erhöhung des Kohlenstoffgehaltes oder noch besser durch Zusatz einer genügenden Menge Nickel oder Chrom geschehen.

Das häufig angewendete Mittel, Dünnflüssigkeit des Metalles durch Zusatz einer, wenn auch geringfügigen Menge Aluminium zu erzielen, hat sich in schwedischen Stahlgiefsereien als nicht einwandsfrei herausgestellt; es scheint, dafs ein Zusatz von 0,002 % Aluminium ausreicht, die Zugfestigkeit des Metalles zu vermindern; jedenfalls aber befördert er bereits deutlich die Neigung des Eisens, im Innern schwerer Stücke mit grofsen Flächen zu krystallisieren. Diese Krystalle sind durch Ausglühen nur zum Teil wieder zu zerstören. Man wendet deshalb dort Aluminium nur beim Gusse von Handelswaren, nicht aber von Geschossen, Geschützen und Panzerplatten an.

Man giefst das Metall aus der Birne oder sticht es aus dem Martinofen ab in eine grofse Pfanne mit Ventil im Boden und läfst es in dieser für den Gufs schwerer Stücke entsprechend abkühlen, für den Gufs leichter und dünner aber läfst man die erforderliche Menge in Tiegel- oder Handpfannen fliefsen und giefst aus diesen, weil man die Beobachtung gemacht hat, dafs der Gufs glätter ausfällt, da ein schwächerer Strom nicht so leicht Teilchen von der Formwand hinwegspült. Tiegelstahl wird immer unmittelbar aus den Schmelztiegeln vergossen.

Für die Gufsformen selbst genügte die allgemein gebräuchliche Masse aus Schamotte, Tiegelscherben und fettem, feuerfestem Thon, solange man nur kleine Stücke erzeugte und harten Stahl mit niedriger Schmelztemperatur vergofs; an grofse Stücke und an weiches, sehr heifses Flufseisen brennt sie stark an, hindert auch durch ihre Festigkeit das Schwinden kräftig gegliederter Formstücke. Man ging deshalb zur Verwendung von Sand mit klebrigen Bindemitteln über und benutzt heute entweder ganz reinen, weifsen Quarzsand, wie er z. B. bei Herzogenrath vorkommt, oder ganz reinen gemahlenen Quarzit, beide von 99 % Kieselsäuregehalt, und bindet diese mageren, gänzlich unbildsamen Stoffe mit Melasse, Lösung von Tischlerleim, Bier, Weizenmehl oder auch wenig sehr fettem Thon. Von Wichtigkeit ist die Einhaltung eines bestimmten Feinheitsgrades, damit die Formen gut durchlässig sind und doch nicht durch zu grobes Korn rauhe Oberflächen erzeugen. Als bester Überzugstoff hat sich eine Aufschwemmung von Infusorienerde in Leimlösung erwiesen.

Die Formen müssen gut Luft haben und, falls für kleine Gufsstücke bestimmt, sehr vollständig getrocknet sein. Schwere Güsse sind nicht so empfindlich gegen etwas Feuchtigkeit in der Form.

Da das Flufseisen sehr stark schwindet, so lunkern die Güsse leicht; man verhindert das durch sehr lange fortgesetztes Pumpen und Nachgiefsen, oder, wenn die Form ersteres nicht gestattet, durch Aufsetzen eines glühenden Ringes aus Schamotte oder eines Tiegels ohne Boden auf den Eingufs, den man aufsen mit Formsand umhüllt, um die

Abkühlung zu verlangsamen, innen aber mit flüssigem Metalle füllt. Aus diesem Vorratsbehälter, dessen heiße Wände das Erstarren des Inhaltes verzögern, fließt dann noch lange Zeit Metall durch den Einguß in die Form nach und füllt sie in allen ihren Teilen an. Dieses Nachfließen dauert oft sehr lange, um so länger, je größer das Gußstück ist.

Eine nie zu vernachlässigende Vollendungsarbeit besteht im Ausglühen der fertigen Gußstücke. In besonders dazu erbauten Flammöfen werden letztere, falls man sie nicht noch heiß einsetzt, allmählich auf Rotglut erhitzt (und das ist immer vorzuziehen), worauf man sie allmählich kalt werden läßt. Zweck des Ausglühens ist einmal in den Erzeugnissen vorhandene, durch die Unnachgiebigkeit der Schamotteformen hervorgerufene Spannungen verschwinden zu machen, ein andermal eine Umlagerung der Moleküle zu veranlassen, mit anderen Worten, das krystallinische Gefüge zu zerstören.

Zweite Abteilung.

Formgebung auf Grund der Dehnbarkeit. Schmieden, Walzen, Ziehen.

Von

Professor **Albert Brovot,**
Direktor des Stahlwerkes Differdingen.

A. Die Formen des bearbeiteten Eisens.

Das schmiedbare Eisen kommt nur in geringer Menge in der Gestalt in den Handel, in der es erzeugt wird. Den weitaus gröfseren Teil bringt der Eisenhüttenmann in eine für die weitere Bearbeitung durch den Handwerker oder für unmittelbare Verwendung geeignete Form.

Ein Teil dieser Formgebungsarbeit erfolgt unter Hämmern, ein anderer zwischen Walzen, und wir können deshalb das aus dieser Arbeit hervorgehende Eisen zunächst in die beiden grofsen Gruppen der Hammerwerkserzeugnisse oder Schmiedestücke und der Walzwerkserzeugnisse trennen.

Die Formen der Schmiedestücke sind so zahlreich wie die Bedürfnisse, die diesen ihre Form vorschreiben. Die Herstellung derselben erfolgt darum jeweils nach besonderen Angaben und kann aus diesem Grunde niemals in demjenigen Sinne Gegenstand hüttenmännischer Massenerzeugung werden wie die des Walzeisens, dessen einfache prismatische Formen mit stark vorwaltender Längenentwickelung eine mehr schablonenmäfsige Herstellung erlauben.

Die Erzeugnisse des Walzwerkes nennen wir:

Stabeisen, wenn die Länge gegenüber dem verhältnismäfsig einfachen vollen Querschnitte stark vorherrscht;

Blech, wenn sie zwei besonders stark entwickelte Abmessungen besitzen;

Draht, wenn der Querschnitt sich auf die allereinfachsten geometrischen Figuren beschränkt und gegenüber der Länge verschwindend klein ist, und

Röhren, wenn sie bei stark vorherrschender Längsrichtung einen hohlen prismatischen Körper vorstellen.

a. Das Stabeisen.

Dasselbe zerfällt in drei durch die Verwendung scharf von einander getrennte Gruppen, die wir als Handelseisen, Baueisen und Eisenbahnmaterial bezeichnen können. In Nachstehendem mögen die wichtigsten Vertreter der einzelnen Gruppen kurz beschrieben werden.

Unter Handelseisen verstehen wir diejenigen Stabeisensorten, welche vorzugsweise dem handwerksmäfsigen Gebrauche gewidmet sind und darum auf dem Wege des Kleinhandels in den Verkehr kommen. Es wird in zahlreichen, aber meist geometrisch einfachen Querschnittsformen (Taf. I Fig. 1—11) erzeugt und führt bei einem kleineren Querschnitte als 7 qcm Inhalt den Namen Feineisen. Hierhin gehören vor allem das Quadrateisen und das Rundeisen, deren Querschnittsform durch den Namen beschrieben ist und das Flacheisen — von rechteckigem Querschnitte —, welches in Breite und Dicke die gröfste Verschiedenartigkeit der Abmessungen zuläfst und dessen über 150 mm breite Sorten den Namen Breiteisen führen, während die sehr dünn ausgewalzten Sorten als Bandeisen bezeichnet werden. Alle diese Stabeisensorten werden durch einfache Angabe der Querschnittsmafse bestimmt. Für Bandeisen bestehen aufserdem besondere Lehren, deren Nummern bestimmte Dicken des Bandeisens bedeuten. Besonders gebräuchlich sind die deutsche, die englische und die süddeutsche Lehre. Letztere bezeichnet mit 1-, $1^1/_4$-, $1^1/_2$-fachem und doppeltem Bandeisen solches, dessen Dicke 10 bezw. $12^1/_2$, 15 und 20 % von der Breite beträgt.

Zu den Handelseisen gehören auch eine Reihe von Profilen, welche durch kleine Abweichungen vom rechteckigen Querschnitte entstehen und als Radreifen-, Hufstab-, Roststab-Eisen u. dergl. im Handel geführt werden, sowie eine Reihe sogenanter Formeisen, welche, wie Geländereisen und Karniefseisen als Ziereisen dienen oder wie Fenstereisen u. a. einer praktischen Aufgabe entsprechen.

An Baueisen werden hauptsächlich Winkel-, **T**-, **I**- (Doppel-**T**), **U**-, **Z**-, Quadrant- und Belageisen erzeugt. Die im Jahre 1879 für all' diese Profile aufgestellten Normalien (Deutsches Normalprofilbuch für Walzeisen) haben sich im Laufe der Zeit allgemein eingebürgert, die abweichenden Formen der verschiedenen Werke zum Teil verdrängt und eine gewisse Ordnung und Einheit, sowohl bei der Erzeugung wie bei der Verwendung dieser Eisen herbeigeführt. Die 1897 erschienene 5. Auflage des Buches hat die Reihe der Normalprofile noch um eine bedeutende Zahl erweitert.

Das Winkeleisen (**L**) wird als gleichschenkeliges und ungleichschenkeliges, letzteres mit den Schenkelverhältnissen $b : B = 1 : 1^1/_2$ und $1 : 2$ gewalzt (Taf. I Fig. 12, 13 und 14). Für jedes Profil sind zwei, für die meisten gleichschenkeligen sogar drei Normalstärken vorgesehen; hiervon abweichende Stärken können sehr leicht durch entsprechende Anstellung der Walzen erzielt werden. Alle Sorten Winkeleisen können auch in der sog. scharfkantigen Form, d. h. ohne innere und äufsere Abrundung der Schenkel, hergestellt werden. Die Skala der Winkeleisen umfafst bei den gleichschenkeligen die Nummern von $1^1/_2$ bis 16 (d. h. von 1,5 bis 16 cm Schenkelbreite) und bei den ungleichschenkeligen von No. 2/3 bis 10/15 (2 × 3 cm bis 10 × 15 cm) bezw. Nr. 2/4 bis 10/20 (2 × 4 cm bis 10 × 20 cm).

Für die Bedürfnisse des Schiffbaues werden aufserdem noch eine gröfsere Anzahl nicht normaler ungleichschenkeliger Winkel hergestellt, an denen die verschiedenartigsten Schenkelverhältnisse vorkommen.

Von T-Eisen (**T**) haben wir ebenfalls zwei Sorten zu unterscheiden, das breitfüfsige ($b = 2\,h$) (Taf. I Fig. 15) und das hochstegige ($b = h$) (Taf. I Fig. 16). Bei ersterem ist $d = 0{,}15\,h + 1$ mm, bei letzterem $d = 0{,}1\,h + 1$ mm; $R = d$, $r = 0{,}5\,d$, $r_1 = 0{,}25\,d$. Die Skala der breitfüfsigen T-Eisen umfafst die Nummern 6/3 bis 20/10 ($b = 6$ bis 20 cm, $d = 3$ bis 10 cm), die der hochstegigen die Nummern 2/2 bis 14/14 ($b = h = 2$ bis 14 cm).

Die Doppel-T-Eisen (**I**), wegen ihrer hauptsächlichen Verwendung bei Bauten auch kurzweg Träger genannt, werden in so zahlreichen verschiedenen Profilen und die einzelnen derselben wieder in so gewaltigen Mengen gewalzt, dafs sie in ihrer Gesamtheit wohl den weitaus gröfsten Teil aller Walzwerkserzeugnisse ausmachen (Taf. I Fig. 17). Ihre Skala geht von No. 8 bis No. 55 ($h = 8$ bis 55 cm), und zwar von No. 8 bis No. 30 in Abstufungen von 1 cm, von No. 30 bis No. 40 in solchen von 2 cm, von No. 40 bis No. 50 in solchen von 2,5 cm, worauf dann noch No. 55 mit einem Zwischenraume von 5 cm folgt.

Für $h \leqq 25$ cm ist $b = 0{,}4\,h + 1{,}0$ cm, $d = 0{,}03\,h + 1{,}5$ mm,
„ $h > 25$ „ „ $b = 0{,}3\,h + 3{,}5$ cm, $d = 0{,}036\,h$;
$t = 1{,}5$; $R = d$; $r = 0{,}6\,d$.

U-Eisen (**⊔**) (Taf. I Fig. 18) findet aufser zu Eisenbauten sehr ausgedehnte Verwendung im Eisenbahnwagenbau; für letzteren Zweck werden neben den Normalprofilen noch sechs ältere angefertigt, No. $10^1/_2$, $11^3/_4$, $14^1/_2$, $23^1/_2$, 26 u. 30). Die Skala der Normalprofile reicht von No. 3 bis No. 30 (d. h. von 3 bis 30 cm Höhe). Für diese gilt $b = 0{,}25\,h + 2{,}5$ cm; $R = t$; $r = 0{,}5\,t$. d und t sind hier nicht nach einer festen Regel gebildet.

Z-Eisen (**Z**) (Taf. I Fig. 19) ist ein Profil, welches sich besonders zu Dachkonstruktionen eignet. Die inneren Flächen der Flanschen liegen den äufseren parallel. Es giebt elf Normalprofile (No. 3 bis No. 20 von 3 bis 20 cm Höhe). Bei diesen ist $b = 0{,}25\,h + 3$ cm; $d = 0{,}035\,h + 3$ mm; $t = 0{,}05\,h + 3$ mm; $R = t$ und $r = 0{,}5\,t$.

Quadrant-Eisen (**⌊**) (Taf. I Fig. 20) dient zur Herstellung genieteter Säulen. Die Reihe der Normalprofile enthält die Nummern 5, $7^1/_2$, 10, $12^1/_2$ und 15 (d. h. $R = 5$ bis 15 cm). Jede Nummer wird in zwei verschiedenen Stärken angefertigt. $b = 0{,}2\,R + 2{,}5$ cm; $r = 0{,}12\,R$; $r_1 = 0{,}06\,R$.

Belag- oder Zorès-Eisen (**⌒**) (Taf. I Fig. 21) dient zur Bildung sehr tragfähiger und feuersicherer Decken. Bei den fünf Normalformen N. 5, 6, $7^1/_2$, 9 u. 11 (entspr. $h = 5$, 6, 7,5, 9 und 11 cm) ist

$b = 2\,h + 2$ cm; $a = 0{,}5\,h + 8$ mm; t bei No. 5 = 5 mm, nimmt in jeder folgenden Nummer um 1 mm zu; $d = 0{,}5\,t + 0{,}5$ mm; $R = 0{,}5\,b$; $r = t$; $r_1 = d$; $r_2 = d - 0{,}5$ mm; $r_3 = t$; $r_4 = 0{,}6\,d + 1{,}3$ mm.

Den besonderen Bedürfnissen des Schiffbaues gewidmet ist das Wulst-Eisen (ꝗ) (Taf. I Fig. 22). Die Skala steigt von No. 13 bis No. 40 (entsprechend h = 13 bis 40 cm). Bei den meisten Profilen ist $k = 0{,}2\,h - 1$ mm; $R = 0{,}07\,h$.

Zu den Eisenbahnmaterialien gehören Schienen, Schwellen, Laschen, Radreifen (Bandagen) und als sog. „Kleineisenzeug" die Unterlags- und Klemmplatten.

Die Schienen, welche für Eisenbahnen mit Lokomotivbetrieb meist die Form der Vignolschienen haben, weichen in ihren Maſsen und den Einzelheiten ihrer Form stark von einander ab. Für normalspurige Bahnen schwanken die Gewichte derselben zwischen 25 und 50 kg auf 1 m (Taf. I Fig. 23 und 24); leichtere Profile — bis zu 4 kg auf 1 m — finden für Gruben-, Feld- und Industriebahnen Verwendung (Taf. I Fig. 25 und 26).

Straſsenbahnen verwenden gewöhnlich die sog. Rillenschiene, und zwar in den verschiedensten Gröſsen (siehe Taf. I Fig. 27, 28 und 29).

Nicht minder groſse Verschiedenheit der Formen zeigen die Schwellen. Taf. I Fig. 30, 31 und 32 stellen gebräuchliche Profile von Querschwellen, Fig. 33 ein solches für Langschwellen und die Fig. 34, 35 und 36 solche von Schwellen für Gruben- u. dergl. Bahnen vor.

Die Laschen für Vignolschienen kommen in zwei Formen, als Flasch- und Winkellaschen vor (Taf. I Fig. 37 und 38). Die Rillenschienen erfordern für ihre eigenartigen Profilverhältnisse auch besondere Laschenformen. Beispiele dazu bieten die Fig. 39 und 40 auf Taf. I.

Die Radreifen (Taf. I Fig. 41) stimmen in der Form des Profiles fast vollständig überein; jedenfalls weichen dieselben nur hinsichtlich der einen oder anderen Abmessung von einander ab.

Die Unterlagsplatten (Taf. I Fig. 42 und 43) und die Klemmplatten (Taf. I Fig. 44 und 45) sind insofern von geringerer Bedeutung, als sie nur zur Befestigung dienen, erfordern aber, ihrer Erzeugung als Stabeisen wegen, immerhin Erwähnung.

b. Das Blech.

Die Bleche zerfallen zunächst nach der Dicke in schwere Bleche und in Sturzbleche (die Grenze liegt bei 5 mm), nach dem Stoffe in Fluſseisen- und in Schweiſseisenbleche. Die erste Gruppe unterscheidet man wieder in Panzerplatten und Schiffbleche, in Kesselbleche und in Bau- oder Behälterbleche. Alle diese Sorten werden durch Angabe ihrer Dicke bezeichnet. Die Unterschiede liegen nicht in der Form oder Gröſse, sondern in der Güte des Stoffes. Die Dampfkesselüberwachungsvereine unterscheiden z. B. drei Sorten Kesselblech und geben demselben, je nach den Anforderungen, die es zu erfüllen hat bezw. nach der Art der Verwendung die Namen Feuerblech, Bördelblech, Mantelblech, wenn es aus Schweifseisen, Feuerblech, Mantelblech I und Mantelblech II, wenn es aus Flufseisen besteht. In Rheinland und Westfalen werden meist fünf Gütearten unterschieden, die in aufsteigender Reihenfolge genannt werden:

II a Koks- oder Behälterbleche,
gewöhnliche Kesselbleche,
Best-Qualität (zum Bördeln und Schweifsen),
Feuerbleche oder Best-Best-Feinkornbleche (für direktes Feuer);
I a Feuerbleche, I a Lokomotivkesselbleche, Holzkohlenbleche, Extra-Best-Best- oder auch Low-Moor-Bleche.

Die Kesselbleche werden von den Hütten auch vielfach in Form gekümpelter Kesselböden geliefert. Ferner kommen für Beläge viel geriffelte Bleche und Buckelplatten, gelochte und Wellbleche, geprefste Dachpfannen u. s. w. in den Handel. Mittel- und Feinbleche werden meist nach bestimmten Lehren, z. B. nach der deutschen, der englischen oder der französischen Blechlehre gewalzt.

Aufser den reinen Eisenblechen, den Schwarzblechen, werden sehr bedeutende Mengen mit anderen Metallen überzogene hergestellt, z. B. verzinkte, verbleite, verkupferte, vernickelte und vor allem verzinnte Bleche; die letzteren heifsen Weifsbleche und bilden den Rohstoff der Klempner. Man unterscheidet sie wieder in Bleche mit Hochglanz und in matte oder Ternbleche; die ersteren sind mit reinem Zinn, die letzteren mit einer Legierung von Zinn und Blei überzogen. Die verbleiten Bleche vertreten häufig die verzinkten, weil sie sich besser drücken lassen als diese. Die weitaus meisten Weifsbleche werden in England erzeugt; in Deutschland betreiben z. Z. nur sechs Werke diesen Fabrikationszweig.

c. Der Draht.

Der meiste Draht hat kreisrunden Querschnitt; es giebt aber auch ovalen, vier- und dreikantigen, halbrunden, ja sternförmigen und anders gestalteten Draht. Die Dicke des runden Drahtes zeigt trotz der ziemlich engen Grenzen aufserordentlich viele für die Verwendung wichtige Abstufungen, welche mit besonderen Mefsinstrumenten, den Drahtlehren, ermittelt und in verschiedenen Nummersystemen ausgedrückt werden. Die deutschen Drahtwerke bedienen sich gegenwärtig meist der deutschen Millimeterdrahtlehre, deren Nummern die Dicke in Zehntelmillimetern angeben; No. 55 ist z. B. 5,5 mm, No. 8 aber 0,8 mm dick.

In Frankreich ist ebenfalls eine Millimeterlehre, in England dagegen meist die auf englisches Mafs gegründete „Birmingham wire gauge“ (im Handelsverkehr durch die Buchstaben B. W. G. bezeichnet) in Gebrauch. Die Drahtdicken schwanken zwischen 0,2 und 10 mm. Sehr viel Draht wird verzinkt, verbleit, verkupfert und vernickelt. Eine Besonderheit auf dem Gebiete der Drahterzeugung bildet der Stachelzaundraht.

d. Die Röhren.

Die Erzeugung schmiedeeiserner Röhren hat sich in neuerer Zeit aufserordentlich vielgestaltig entwickelt. Neben der nicht mehr hüttenmännischen Herstellung durch Falzen und Nieten giebt es mehrere von einander verschiedene Verfahren, welche sich des Schweifsens bedienen. Zu diesem gesellen sich weiter diejenigen Verfahren, nach welchen die Röhren durch Walzen aus dem vollen Block (Mannesmann) oder aus einem aufgedornten bezw. hohl gegossenen Block erzeugt werden.

B. Die Vorrichtungen zum Erwärmen der Arbeitstücke.

Die an dem schmiedbaren Eisen auszuführenden Formgebungsarbeiten beruhen, soweit sie hier zur Besprechung kommen, zum weitaus gröfsten Teile auf der Dehnbarkeit des Metalles. Wir nehmen deshalb auch die wichtigsten dieser Arbeiten in demjenigen Zustande des Eisens vor, in welchem seine Dehnbarkeit möglichst grofs ist, nämlich im Zustande der Erwärmung. Der Temperaturgrad, welcher hierzu dem zu verarbeitenden Stoffe erteilt wird, ist sowohl abhängig von der Beschaffenheit des letzteren, als auch von der vorzunehmenden Behandlung und kann schwanken zwischen dunkeler Rotglut und Schweifstemperatur.

Es möge deshalb in dem vorliegenden Abschnitt unsere Aufgabe sein, diejenigen Apparate und Einrichtungen, welche die vorbereitende Arbeit der Erwärmung an dem Eisen verrichten, nach Form und Wirkungsweise kennen zu lernen.

In erster Linie ist hier das Schmiedefeuer zu erwähnen, welches in seinen verschiedenen Gröfsenverhältnissen sowohl beim gewöhnlichen Schmied, als auch im grofsen Hammerwerksbetrieb im Gebrauche gefunden wird und dessen Aufgabe gewöhnlich darin besteht, ein Arbeitstück teilweise, d. h. so weit zu erwärmen, als sich die Bearbeitung desselben während der Dauer einer Hitze erstrecken kann. Soll das Arbeitstück ganz und durchaus gleichmäfsig erwärmt werden, so tritt an Stelle des Schmiedefeuers der Flammofen, und zwar in verschiedenen Gestalten, als Schweifsofen, wenn mit der Umformungsarbeit zugleich die Vereinigung zweier oder mehrerer Eisenstücke verbunden sein soll, als Rollofen, wenn es sich um die Erwärmung von Flufseisenblöcken im ununterbrochenen Betriebe handelt und die Blöcke vom kälteren Teile des Ofens allmählich durch Umkanten (Rollen) nach dem wärmeren Teile desselben befördert werden.

a. Die Schmiedefeuer.

Die gewöhnlichen Schmiedefeuer sind flache Vertiefungen von 200 bis 400 mm Länge und Breite und etwa 100 bis 150 mm Tiefe in der Oberfläche eines etwa 1 m hohen Mauerkörpers. In diesen Vertiefungen befindet sich das Feuer, welchem der von Lederbälgen, Flügelrad- oder Kapselgebläsen gelieferte Wind durch eine in halber Höhe der Grube einmündende Form (Düse) zugeführt wird. Die abziehenden Verbrennungsgase werden durch einen Rauchfang dem Schornsteine zugeführt. An einer Seite des Mauerkörpers ist ein eiserner Wasserkasten, der Löschtrog, angebracht, in welchem die Werkzeuge gekühlt und, wenn nötig, fertige Arbeitstücke abgelöscht werden. Das in Fig. 139 dargestellte Schmiedefeuer ist ganz aus Eisen gebaut und hat den Vorteil, dafs der Wind von unten mitten in die Feuergrube eintritt, wodurch eine gleichmäfsigere Erwärmung der Arbeitstücke erzielt wird. *a* ist die Feuergrube, *b* die Form, *c* der Windkasten, welcher mit der durch den Schieber *d* abzusperrenden Windleitung in Verbindung steht, *e* der Löschtrog und *f* sind die Kohlenkästen. Kleine bewegliche Schmiedefeuer heifsen Feldschmieden; mit ihnen sind die Gebläse fest verbunden. Zum Erhitzen von Arbeitstücken besonderer Gestalt erhalten die Feuer gleichfalls eigentümliche Formen; z. B. hat man runde Feuer zum Schmieden von Rädern u. s. w. Wenn es sich lediglich um die

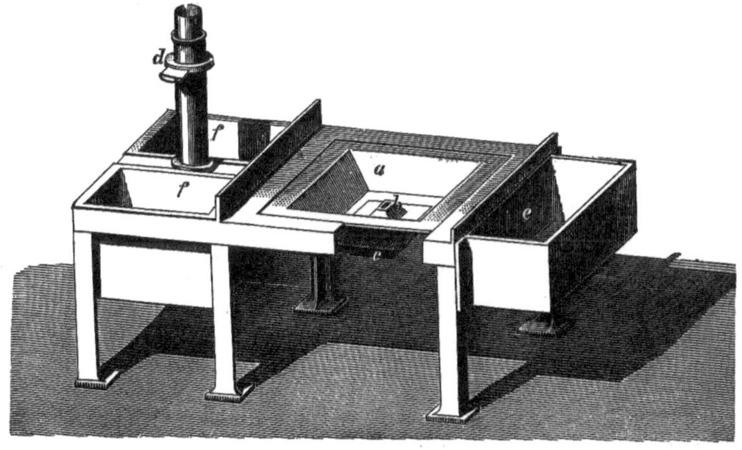

Fig. 139.

Herstellung von Stäben aus Schirbeln oder Packeten handelt, dienen die Frisch- bzw. Schweifsherde gleichzeitig zum Auswärmen derselben.

Der Brennstoff ist eine gut backende Steinkohle in kleinen Stücken, gewöhnlich Nüsse No. 3 oder 4; diese bildet sehr bald über dem Verbrennungsherd ein Koksgewölbe, welches, zumal es an der Oberfläche wiederholt mit Wasser besprengt wird, das Durchschlagen der Flamme verhindert und in etwa zur besseren Ausnutzung der Wärme beiträgt. Man steckt das Arbeitstück in das Feuer, umgiebt es allseitig mit Kohlen, schlägt dieselben über ihm fest und überläfst es nun so lange der Einwirkung der Hitze, bis es Hellrotglut erreicht hat. Ist die Kohle im Innern ausgebrannt, so schlägt man das Gewölbe ein und giebt frischen Brennstoff auf. Bei Schmiedefeuern für grofse Arbeitstücke erzielt man ein besseres Zusammenhalten der Wärme durch eine feuerfeste Ummauerung des Feuers, welche mit einer entsprechend grofsen Einsatzöffnung zur Einführung des Werkstückes und des Brennstoffes versehen ist. Zum Bewegen schwerer Werkstücke nach dem Schmiedefeuer dienen drehbare Krane oder Laufkatzen auf festen Schwebebahnen.

b. Die Flammöfen.

Hier ist in erster Linie des Schweifsofens zu gedenken, eines Flammofens mit flachem, ziemlich stark nach dem Fuchse geneigtem, aus reinem Sande gebildeten Herde. Aus dem Sande des Herdes und den beim Erwärmen der Arbeitstücke entstehenden Oxyden bildet sich eine leichtflüssige Schlacke, welche auf der geneigten Herdfläche ab- und durch eine am Fuchse vorgesehene Öffnung ausfliefst. Hat der Schweifsofen die Aufgabe, die Werkstücke eines Hammerwerkes zu erwärmen, also nur eine kleine Anzahl derselben gleichzeitig aufzunehmen, so kann der Herd kleiner sein, als an Öfen für den Walzwerkbetrieb, welche gröfsere Mengen von Arbeitstücken gleichzeitig erwärmen müssen.

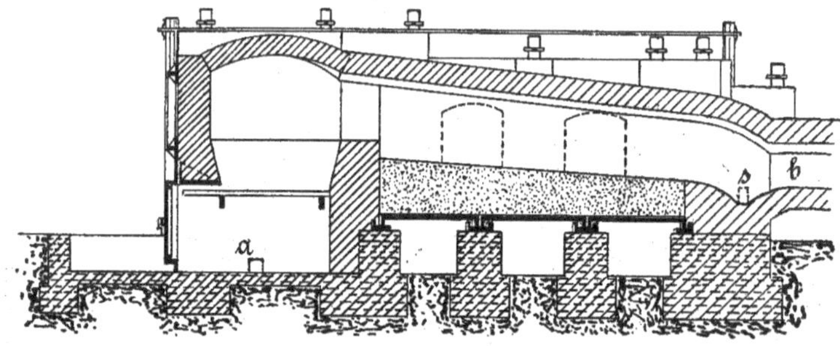

Fig. 140.

Die Beheizung des Schweifsofens kann durch jede der bekannten Feuerungsarten erfolgen. Am gebräuchlichsten sind aber die einfache Rostfeuerung, unterstützt durch Flügelrad- oder Dampfstrahlgebläse und die Gasfeuerung nach Bicheroux oder anderen.

Die Fig. 140 u. 141 stellen einen Schweifsofen vor, wie er etwa bei der Erzeugung schwerer Bleche oder zum Betriebe einer Grobeisenstrafse erforderlich ist, beheizt mit Planrostfeuerung und Unterwind (*a* Eintrittsöffnung für den Gebläsewind).

Die Abmessungen des Herdes sind 3,50 $\times$ 2,00 m, die der Feuerung 1,50 $\times$ 1,25 m. Der Fuchs *b* ist zweiteilig angeordnet um eine gleichmäfsige Ausbreitung der abziehenden Verbrennungsgase und damit eine gleichmäfsige Erwärmung des Herdes und der Wände im hinteren Teile des Ofens zu erreichen. Der Abflufs der Schlacke erfolgt durch die Öffnung *s*. Der ganze Herdkörper ruht auf starken gufseisernen Platten, welche durch Mauerpfeiler gestützt sind.

Über die zum Zusammenhalte des schwachen — etwa 25 cm starken — Ofengemäuers erforderliche Plattenummantelung und die Ofenverankerung wird weiter unten einiges für Flammöfen allgemein Giltiges gesagt werden.

Der Betrieb der Schweifsöfen erfolgt satzweise, d. h. es wird eine gewisse Anzahl von Packeten eingesetzt und, nachdem dieselben die zur Verarbeitung erforderliche Temperatur erlangt haben, wieder herausgezogen. Ein Neubesetzen des Ofens erfolgt erst nach vollständiger Entleerung desselben. Die beschränkte Zahl von Packeten, die ein Schweifsofen in einem Satze zu fassen vermag, bedingt nun für den Betrieb eines Walzwerkes immer eine gröfsere Anzahl solcher Öfen. Den bedeutenden Kohlenverbrauch, der dadurch veranlafst wird, sucht man abzumindern, indem man die Abhitze der Schweifsöfen zur Heizung von Dampfkesseln verwendet, welche in den meisten Fällen dicht hinter jenen angeordnet sind.

Eine von dem Schweifsofen sehr abweichende Flammofenform finden wir in denjenigen Walzwerkbetrieben, denen nur die Verarbeitung von Flufseisen obliegt. Es ist der sog. Rollofen, ein Flammofen mit 8 bis 12 m langem Herde, der seinen Namen deshalb führt, weil die zu erwärmenden Blöcke am hinteren Ende des Ofens eingesetzt und nach und nach durch Umkanten (Rollen) nach der Feuerbrücke, also dem

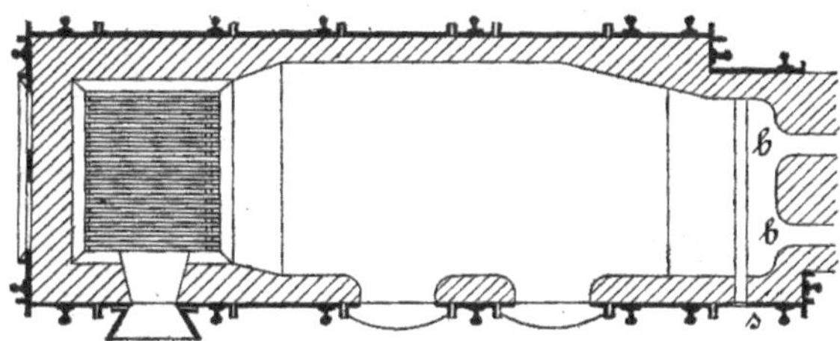

Fig. 141.

wärmeren Teile des Ofens, befördert werden. Vor dem Schweifsofen hat dieser Ofen zwei wesentliche Vorzüge. Während die aus vielen, zum Zusammenschweifsen bestimmten Stücken bestehenden Packete eine erhebliche Ortsveränderung im Ofen gewöhnlich nicht vertragen, sondern meist so lange an einer Stelle verbleiben müssen, bis sie die erforderliche Temperatur besitzen, gestatten die Rollöfen dadurch eine vorzügliche Wärmeausnutzung, dafs das Gegenstromprinzip angewendet werden kann, indem die kalten Blöcke an der Stelle in den Ofen kommen, wo die Verbrennungsgase am kältesten sind und mit zunehmender Temperatur in immer wärmere Teile des Ofens gelangen. Während ferner bei den Schweifsöfen nur ein satzweises Arbeiten möglich ist, d. h. der Ofen erst dann wieder mit kaltem Einsatze beschickt werden kann, wenn sämtliche Packete verarbeitet sind, kann bei den Rollöfen ein ununterbrochener Betrieb stattfinden, da beim Herausziehen eines durchgewärmten Blockes die dahinterliegenden weiter vorgerollt werden und so jedesmal Platz zum Einsetzen eines kalten Blockes geschaffen wird.

Die Wirkung der beschriebenen beiden Vorzüge giebt sich kund in dem aufserordentlich geringen Verbrauche der Rollöfen an Wärmkohlen

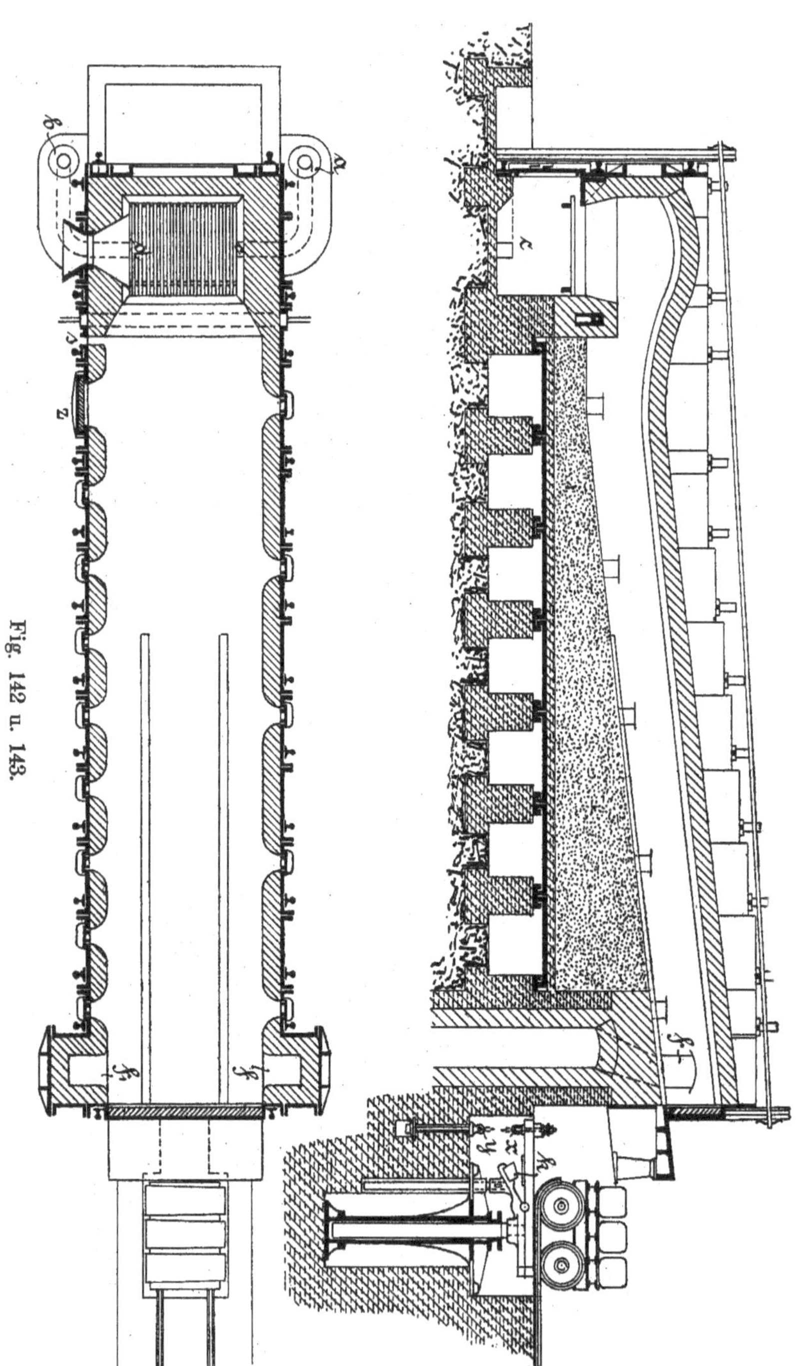

Fig. 142 u. 143.

und in der bedeutend gesteigerten Erzeugungsfähigkeit der Walzwerke bei verminderter Ofenzahl; denn zwei gut betriebene Rollöfen genügen im allgemeinen selbst den gröfsten Anforderungen.

Die Herdlänge eines Rollofens ist abhängig von der Art seines Betriebes. Werden im allgemeinen kalte, d. h. vom Blocklager genommene und nicht erzeugungswarme Blöcke erwärmt, so empfiehlt sich ein langer Herd, einmal behufs voller Wärmeausnutzung, und dann, damit die Blöcke auf ihrem Wege bis zur Feuerbrücke hinreichend Zeit haben, die Temperatur des Ofens anzunehmen. Es wäre indessen falsch, die Herdlänge aus den angeführten Gründen ungebührlich zu steigern; denn es ist zu bedenken, dafs mit der Verlängerung des Herdes auch die Zahl der Ofenleute und damit die Kosten der Erzeugung zunehmen, ohne durch den Geldwert der gewonnenen Wärmemenge ersetzt zu werden.

Bei Verwendung frischgegossener oder überhaupt solcher Blöcke, welche noch glühend in den Rollofen eingesetzt werden, kann der Herd erheblich kürzer sein; denn es müssen die Verbrennungsgase an der Einsatzthür eine höhere Temperatur haben als die Blöcke. Bezüglich der frisch gegossenen Blöcke verdient noch der Umstand Beachtung, dafs deren Temperatur im Innern viel höher ist als aufsen, und dafs der Rollofen hier meist nur die Aufgabe hat, die aufsen fehlende geringe Wärmemenge zuzuführen, was in verhältnismäfsig kurzer Zeit, also auch auf ziemlich kurzem Herde geschehen kann. Ein zu langer Herd würde nur schädlich wirken, und zwar sowohl dadurch, dafs bei zu langem Aufenthalt im Ofen die aus der Frischhütte mitgebrachte und von den Walzwerken sehr geschätzte innere Weichheit des Blockes verloren geht, obgleich er äufserlich die richtige Temperatur besitzt, als aus dem schon angeführten wirtschaftlichen Grunde der Arbeitverschwendung.

Eine Anordnung von Dampfkesseln hinter Rollöfen empfiehlt sich im allgemeinen nicht, wenn es sich um einzeln stehende und auf kalten Einsatz gehende Öfen handelt. Wo dagegen mehrere Öfen zusammenstehen und vorwaltend warme Blöcke eingesetzt werden, und wo der Ofenbetrieb ein so lebhafter ist, dafs trotz des geringen Kohlenverbrauches auf die Tonne Einsatz doch ein erklecklicher Gesamtverbrauch stattfindet, da mag es auch lohnend sein, die gesamten Abgase vor dem Schornstein noch unter einen oder einige Kessel zu leiten.

Die Fig. 142 u. 143 stellen Längsschnitt und Grundrifs eines Rollofens für grofse Blöcke vor, Fig. 144 die äufsere Ansicht eines ebensolchen. Der aus Kleinschlag von reinem Sandstein gebildete Herd hat, um das Rollen der Blöcke zu erleichtern, eine Neigung von 1 : 9 gegen die Feuerbrücke hin und wird getragen von gufseisernen durch Mauerpfeiler gestützten Platten. In dem hinteren Teile des Herdes liegen zwei starke Flacheisen, welche ebenfalls nur den einen Zweck haben, die Fortbewegung der Blöcke zu erleichtern bezw. das Aufwühlen des Herdbettes durch dieselben zu verhüten. In dem vorderen Teile des Ofens sind diese Eisen nicht anwendbar, weil sie dort wegen der hohen Temperatur erstens mit den Blöcken zusammenschweifsen und zweitens auch sehr bald abbrennen würden. Die Heizung des Ofens erfolgt ebenfalls durch Planrostfeuerung mit Unterwind; letzterer soll erzeugt werden

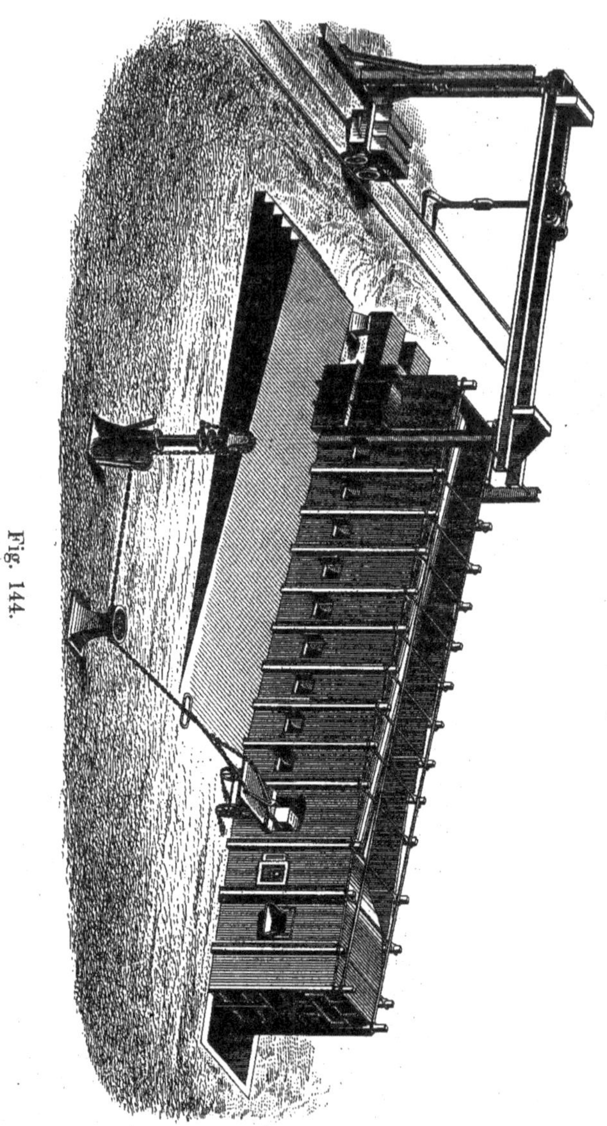

Fig. 144.

durch zwei bei *a* und *b* aufgestellte Dampfstrahlgebläse und bei *c* und *d* unter den Rost treten.

Die Feuerbrücke ist gekühlt durch einen gufseifsernen Kühlkörper mit eingegossenem schmiedeeisernem Rohre, durch welches ununterbrochen ein Strom kalten Wassers fliefst.

Die entstehende Schlacke fliefst dicht hinter der Feuerbrücke aus dem Schlackenloche *s*.

Zum Ausziehen der warmen Blöcke dient die Ziehthür *z*; alle übrigen Öffnungen in den Längswänden sind sog. Rollthüren, d. h. sie sind nur so grofs, als zu bequemem Einführen der zum Umwenden der Blöcke dienenden Eisenstangen (Spitzen) erforderlich ist.

An dem abgebildeten Rollofen sind auch in der Hinterwand eine Anzahl von Rollthüren vorgesehen, weil die Fortbewegung schwerer

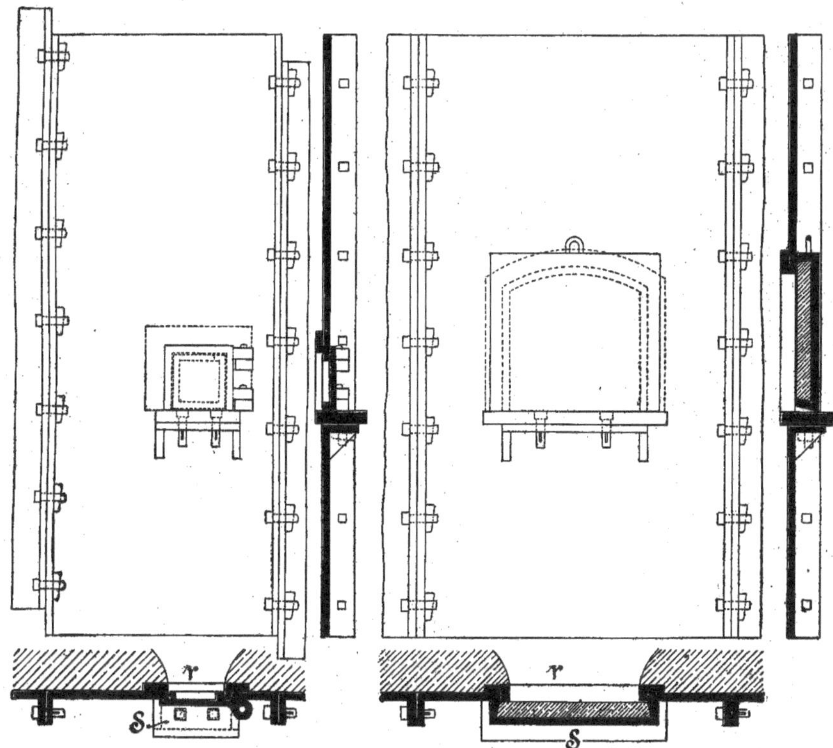

Fig. 145 u. 146.

Blöcke leichter von statten geht, wenn diese von zwei Seiten angegriffen werden können. Vielfach findet man an Stelle der dritten oder vierten Rollthür eine grofse Thür angeordnet. Diese hat den Zweck, das Wiedereinsetzen solcher Blöcke, welche aus irgend einem Grund aus dem Walzwerke zurückkommen, an derjenigen Stelle des Ofens zu ermöglichen, welche der Temperatur eines solchen Blockes entspricht. Wo diese Thür nicht vorhanden ist, setzt man derartige Blöcke wie neu ankommende am hinteren Ende des Ofens ein und läfst sie noch einmal durch den ganzen Ofen rollen. Die Anordnung von Rollthüren in der Rückwand des Ofens kann da unterbleiben, wo es sich um Verarbeitung leichter Blöcke handelt; ebenso darf in diesem Falle die Herdneigung geringer sein.

Die Verbrennungsgase teilen sich am hinteren Ende des Ofens und gelangen dort durch die Fuchsöffnungen f u. f_1 in den nach dem Schornstein führenden Kanal. Diese seitliche Anordnung der Fuchsöffnungen hat den Vorteil, dafs sie die ganze Hinterwand des Ofens frei giebt für das Einsetzen der Blöcke.

An dieser Stelle möge einiges über die Armierung der Flammöfen Platz finden.

Die bei all diesen Öfen periodisch auftretenden Temperatur-Unterschiede, schwankend zwischen der höchsten Betriebstemperatur und der vollständigen Erkaltung beim Stillstande des Betriebes, insbesondere die hierdurch hervorgerufene Bewegung des Mauerwerkes, sowie der Druck des Feuer- und Herdgewölbes auf die Widerlager, machen es notwendig, das ganze Ofengebäude mit einem starken eisernen Gehäuse zu umgeben und die gegenüberliegenden Wände kräftig gegen einander zu verankern. Die gewöhnlichste Art der Armierung besteht in einem Gehäuse aus gufseisernen Platten, welche durch Flanschen mittels Bolzen und Keil miteinander verbunden sind. Fig. 145 stellt eine solche Platte mit einer Rollthür, Fig. 146 die Ziehthürplatte dar. Die Rollthüren sind einfache gufseifserne Klappen, welche um zwei Angeln drehbar sind. Die Zieh- und Einsatzthür bildet einen flachen gufseisernen Kasten, welcher mit feuerfestem Stoff ausgefüllt ist. Zur Herbeiführung eines guten Verschlusses macht man diese Thüren an der unteren Kante spitzwinkelig (siehe Fig. 146), d. h. man giebt ihnen ein Kippmoment nach der zu verschliefsenden Öffnung hin. Die Freigabe der Thüröffnung erfolgt durch Hochziehen der Thür mittels eines zweiarmigen Hebels oder mittels einer über Rollen geführten Kette, an deren anderem Ende ein Gegengewicht hängt.

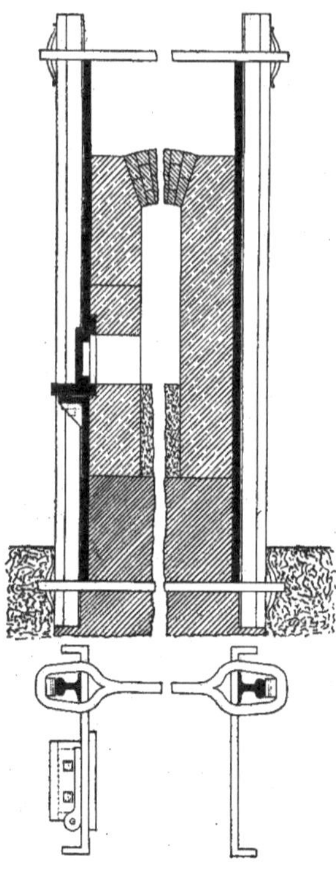
Fig. 147.

Um die Armaturplatten am Rande der Thüröffnungen gegen die verbrennende Wirkung etwa austretender Flammen zu schützen, kann man die Schutzrahmen r anwenden, deren Ersatz leichter ausführbar ist als der einer ganzen Platte. Noch wäre der Schaffplatten S zu gedenken, welche, auf angegossenen Konsolen befestigt, vor allen Öffnungen angebracht werden als Stützpunkte für das einzuführende Gezähe.

In betreff der Verankerung der gegenüberliegenden Ofenwände bietet Fig. 147 ein Beispiel der Ausführung. Das angewendete Schienenprofil ist um deswillen gewählt, weil es als Altschiene käuflich und darum billiger erhältlich ist als irgend ein anderes, gegen Biegung besonders widerstandsfähiges Profil. Die in den Ankerösen vorgesteckten Federn sollen eine gewisse Ausdehnung des Ofenkörpers gestatten.

Das Einsetzen und Ausziehen der Blöcke kann bis zu einer gewissen Grenze von Hand besorgt werden, d. h. der kalte Block wird auf ein sog. Schiefs gelegt und mittels desselben durch eine seitliche Thür in den Ofen geschoben; der warme Block wird mittels der Ofenzange herausgezogen und irgendwie an die Verarbeitungsstelle geschafft. Je schwerer die Blöcke werden, desto mehr regt sich der Wunsch nach maschinellen Hilfsmitteln zu ihrer Bewältigung.

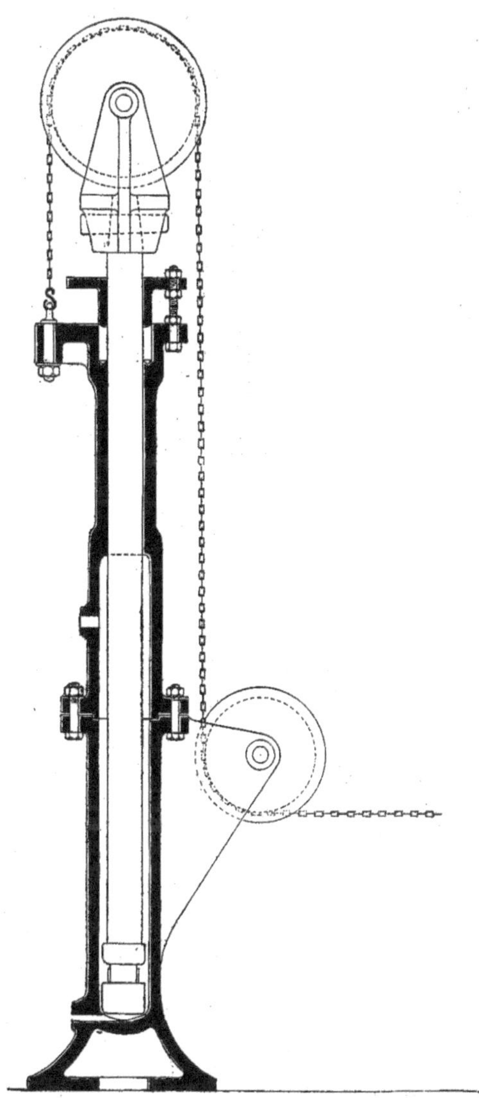

Fig. 148.

Der einfachste Weg zu bequemem Einsetzen der Blöcke ist immer der, dafs man die Oberfläche des Blockwagens in die Herdebene bringt und die Blöcke unmittelbar in den Ofen hineinrollt. Da nun aber die Rollöfen nach hinten meist stark ansteigen, so mufs man entweder das Blockwagengeleise ebenfalls ansteigen lassen oder, wenn dies nicht möglich ist, den Blockwagen maschinell heben. In Fig. 142 ist eine solche, und zwar hydraulisch betriebene Hebevorrichtung zu sehen. Durch diese wird der Blockwagen nicht nur auf die Höhe der Einsetzplatte gehoben, sondern demselben auch eine beliebig grofse Neigung nach dem Ofen hin gegeben, so dafs die Blöcke ohne grofse Nachhilfe in den Ofen gelangen. Letzteres erreicht man dadurch, dafs die zwischen x und y befindliche Kette eine senkrechte Drehung des oberen Tischteiles bewirkt, sobald sie beim Hochgehen des Tauchkolbens straff gezogen wird. Dieser steigt dann noch so lange weiter, bis die geneigte Platte auf dem Klotze k zur Ruhe kommt.

Eine andere Einsetzvorrichtung ist in Fig. 144 dargestellt. Diese empfiehlt sich für den Fall, dass es nicht thunlich ist, das Blockwagengeleise dicht an den Rollofen zu führen. Die Bahn der für den Transport der Blöcke bestimmten Laufkatze ist um eine über dem Ofen liegende Achse drehbar, während am anderen Ende derselben die Kolbenstange eines mit Dampf oder Druckwasser betriebenen und von Hand gesteuerten Cylinders angreift. Läſst man nun den Kolben steigen, so läuft die mit einem Blocke beladene Katze zum Ofen. Läſst man dann die Bahn sinken, so versinkt die Traggabel in dem Schlitze der Einsetzplatte und läſst den Block auf dieser zurück.

Wichtiger noch als beim Einsetzen der Blöcke ist die maschinelle Hilfe beim Ausziehen der warmen Blöcke und Packete; denn hier bedeutet jeder Zeitverlust einen Verlust an der Blocktemperatur und jedes längere Offenhalten der Ziehthür eine unangenehme Abkühlung des Ofens. Hier finden wir nun als Hilfsmittel von Hand oder mit Dampf betriebene Winden, öfters aber den sog. hydraulischen Blockzieher, wie wir ihn in Fig. 148 im senkrechten Schnitt und in Fig. 144 in seiner Anordnung gegenüber dem Ofen dargestellt sehen. Das Anziehen der Blockzange erfolgt ohne weiteres durch das Hochgehen des Tauchkolbens mit der Kettenrolle.

c. Die Gjers'schen Gruben.

Eine von den bisher beschriebenen sehr verschiedene Einrichtung zum Erwärmen des Werkstückes begegnet uns in manchen Fluſseisenwalzwerken unter dem Namen Wärmgruben, besser Ausgleich- oder Durchweichungsgruben, nach ihrem Erfinder auch Gjers'sche

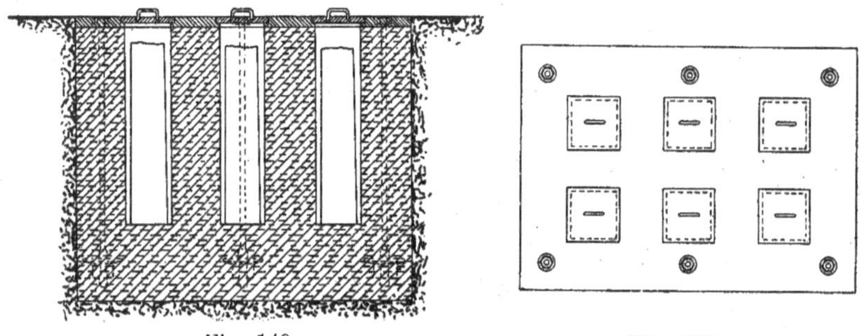

Fig. 149. Fig. 150.

Gruben genannt (Fig. 149 u. 150). Die Thatsache, daſs ein frisch gegossener Fluſseisenblock im Inneren noch sehr weich, vielleicht noch flüssig ist und nur auſsen infolge der Berührung mit der kalten guſseisernen Blockform die niedrigere Erstarrungstemperatur angenommen hat, war dem Erfinder Veranlassung, solche Blöcke ohne Aufwand von Brennstoff auf die Walztemperatur zu bringen. Das Verfahren besteht einfach darin, daſs man die aus dem Stahlwerke kommenden Blöcke in senkrechte, durch Deckel verschlossene Schächte versenkt, deren Wände aus feuerfesten Steinen gebildet und deren Abmessungen nur wenig gröfser sind als die der Blöcke; man läfst sie darin so lange verweilen, bis sich die innere und äufsere Temperatur des Blockes gegeneinander ausgeglichen haben. Bedingung für die Ausführbarkeit ist, dafs sich die Wände der Gruben im Zustande der hellen Rotglut befinden, weil sie sonst den Blöcken Wärme entziehen. Diese Bedingung ist aber auch gerade ihre schwächste Seite; denn wenn auch die einmal vorgewärmten Gruben ganz in dem gewünschten Sinne wirken, gut durchweichte Blöcke liefern und für viele Grofsbetriebe sehr geeignet sind, so ist doch der Umstand, dafs sie bei den sonntäglichen und vor allem bei noch gröfseren Betriebsstillständen teilweise oder vollständig erkalten, ein grofses Uebel. Die Wiederanwärmung derselben kann nur durch wiederholtes Einsetzen warmer Blöcke erfolgen, welche dabei natürlich so kalt werden, dafs sie sich zur Verarbeitung schlecht oder gar nicht mehr eignen.

Man hat zwar diesem Uebelstande dadurch abzuhelfen gesucht, dafs man die Durchweichungsgruben heizbar gemacht hat; indessen geht damit wieder ein wesentliches Stück ihres Hauptvorzuges, der Brennstoffersparnis, verloren, und es ist die Thatsache wohl begreiflich, dafs sich die heizbaren Gruben viel weniger eingebürgert haben als die ungeheizten.

C. Die Hämmer.

a. Die Formen der Hämmer.

Die Bearbeitung der Metalle ist eine uralte Kunst und der Hammer wohl ihr ältestes Werkzeug. Die Arbeitsfähigkeit eines fallenden Gegenstandes oder eines geschwungenen Körpers mufste sich dem Menschen ja sehr bald als ein Mittel aufdrängen, durch welches er die Wirkung seiner eigenen Kraft erhöhen könne. Im Laufe der Zeit hat sich dann dieses an sich so einfache Werkzeug sowohl hinsichtlich seiner Form und Gröfse, als auch der an ihm wirkenden Betriebskräfte in der mannigfaltigsten Weise entwickelt, sodafs wir es heute mit einer überaus grofsen Zahl von Hammerformen zu thun haben.

Alle diese Formen können wir aber zunächst einteilen in die zwei grofsen Gruppen der Winkelhämmer und Parallelhämmer, und zwar verstehen wir unter Winkelhämmern diejenigen Hämmer, deren schlagende Fläche mit der geschlagenen Ambofsfläche während der Bewegung der ersteren einen Winkel bildet, und unter Parallelhämmern diejenigen, deren Schlagfläche sich parallel zu sich selber und zur Ambofsfläche hebt und senkt.

Die Führung der Winkelhämmer in der gewünschten Richtung erfolgt durch den Stiel (Helm), die der Parallelhämmer dadurch, dafs man den Hammerkörper zwischen Geradführungen (Rahmen) gleiten läfst, sodafs wir die beiden Gruppen auch als Stielhämmer und Rahmenhämmer unterscheiden können.

1. Die Winkelhämmer.

Die Bewegung der Hämmer erfolgt sowohl durch Menschen- als durch Elementarkraft. Durch Menschen bewegte Winkelhämmer können eine bewegliche oder eine festliegende Drehachse haben; erstere sind die Handhämmer, deren Drehachse im Hand-, Ellenbogen oder Achselgelenk des Arbeiters liegt; letztere heifsen Tritthämmer. Die Handhämmer werden teils einhändig (Bankhammer) teils zweihändig (Vor- oder Zuschlaghammer) geführt; die Tritthämmer lassen beide Hände frei. Einhändige Schmiedehämmer sind 1—2,5 kg schwer und haben 400 mm lange Stiele; Vorhämmer wiegen 3—10 kg, und ihr Helm ist 500—600 mm lang.

Die Stiel-, besonders die Handhämmer sind meist prismatische Eisenstücke, deren Schlagfläche, Bahn genannt, verstählt ist. In diesem Eisen, dem Hammerkopfe, befindet sich ein Loch zur Befestigung des Helmes von zähem Holze. Eine Bahn, die lang aber sehr schmal ist und gewöhnlich einen Cylinderabschnitt bildet, heifst Finne. Die Schmiedehämmer haben einerseits eine Bahn, andererseits eine Finne, die senkrecht zum Stiele liegt. Hämmer, deren Finne parallel mit dem Stiel gerichtet ist, heifsen Kreuzschläge, solche mit zwei Bahnen Abschlichthämmer, und die mit zwei Finnen Schweifhämmer.

Die Ambosse für das Schmieden von Hand wiegen 20 bis 300 kg; sie sind geschmiedet und an der Oberfläche (der Bahn) verstählt und geschliffen, oder aus Stahl gegossen und an der Bahn gehärtet. Die Bahn ist gewöhnlich rechteckig, 400—450 mm lang und 100—120 mm breit; sehr häufig sitzt an einer Schmalseite des Ambosses ein kegelförmiger Fortsatz, ein Horn; seltener sind Ambosse mit zwei Hörnern. Der Stauchambofs ist eine an einer Langseite befindliche, schräg nach unten gerichtete Fläche. Kleine quadratische Ambosse mit zwei grofsen Hörnern werden Sperrhörner genannt. Der untere Teil des Ambosses kann sehr verschiedene Form haben; in den einzelnen Ländern sind aber immer nur ganz bestimmte Formen in Gebrauch, sodafs man deutsche, französische u. s. w. Ambosse unterscheidet. Schwere Ambosse werden einfach auf die obere Fläche eines dicken, mit Reifen gebundenen Holzblockes, des Ambossstockes gesetzt, und durch einen Zapfen in diesem am Verschieben gehindert; leichtere läfst man mit einer Angel in ihn ein.

Die mechanischen Stielhämmer haben eine festliegende Drehachse. Je nach der Lage des Angriffspunktes der Daumenwelle unterscheiden wir:

Stirnhämmer, bei denen der Angriff am Kopfe stattfindet,

Aufwerfhämmer, bei denen die Daumen zwischen Hammerkopf und Drehachse angreifen und

Schwanzhämmer, deren Angriffspunkt hinter der Drehachse auf der Verlängerung des Stieles liegt.

Die Stirnhämmer (Fig. 151) sind sehr schwer, 2,5—8 t und oft mit Stiel und Drehachse in einem Stücke gegossen. Die auch als Finne verwendbare kreuzförmige Bahn ist in den Hammerkopf, der gleichgestaltete Ambofs in die Chabotte, d. i. der schwere eiserne Ambofsstock, eingesetzt. Die Zahl der Schläge beträgt 50—100 in der Minute, die Hubhöhe 0,3—0,6 m. Das grofse Gewicht des Stieles bewirkt, dafs der Schwerpunkt ziemlich weit hinter dem Hammerkopfe liegt und dafs infolgedessen die Wirkung nicht mit der Gröfse des Hammers in Einklang steht. Stirnhämmer sind deshalb selten. Den Übergang zu den Aufwerfhämmern bildet der Brust- oder Patschhammer, dessen

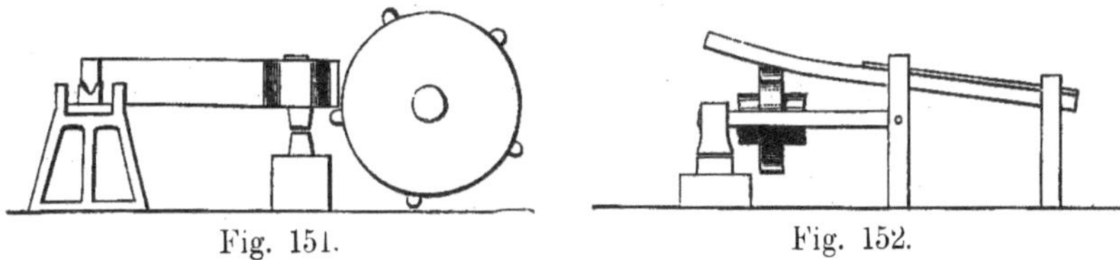

Fig. 151. Fig. 152.

Antriebswelle hinter dem Hammerkopfe und unter dem Helme liegt; dadurch wird der Ambofs zugänglicher.

Bei den Aufwerfhämmern (Fig. 152) liegt die Antriebswelle seitlich vom Hammerstiel und parallel zu ihm. Oberhalb desselben ist im Hammergerüst ein Holzbalken befestigt, welcher als Prellvorrichtung dient und Reitel genannt wird. Da die Hubhöhe ziemlich grofs ist (0,5—0,7 m), so würde es bei raschem Gange leicht vorkommen, dafs schon ein neuer Daumen angreift, bevor der Schlag erfolgt ist. Die Prellvorrichtung soll nicht nur durch Beschleunigung des Falles derartige Vorkommnisse verhindern, sondern gleichzeitig durch ihre Federkraft den Schlag verstärken. Der Hammerkopf wiegt 150 bis 280 kg und macht 80—100 Schläge in der Minute.

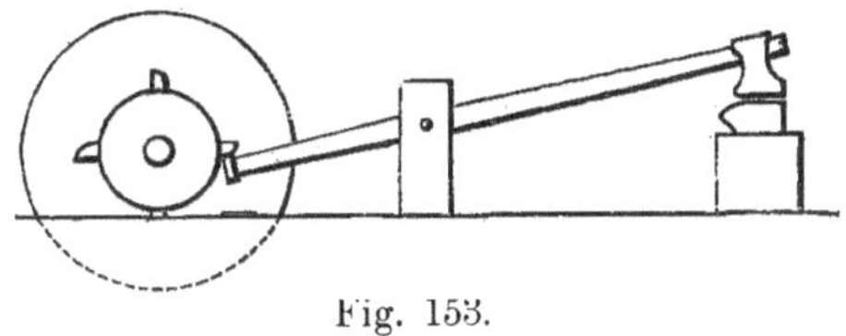

Fig. 153.

Am bequemsten hinsichtlich ihrer Zugänglichkeit sind die Schwanzhämmer (Fig. 153). Diese haben Hammerköpfe von 50 bis 350 kg Gewicht, Hubhöhen von 150 bis 500 mm und führen 120 bis 400 Schläge in der Minute aus. Auch die Schwanzhämmer besitzen eine Prellvorrichtung in der sog. Reitelplatte, einer eisernen Platte, gegen welche das mit eisernen Reifen bewehrte, von den Daumen niedergedrückte hintere Ende des Stieles schlägt.

Die Umtriebsmaschinen der mechanischen Stielhämmer sind fast ausnahmslos Wasserräder.

2. Die Rahmenhämmer.

Die Erfindung der Rahmenhämmer dürfte wohl aus dem Wunsche hervorgegangen sein, ein Werkzeug zu schaffen, welches mit seiner Leistung den maschinellen Stielhämmern überlegen ist; denn der Umstand, dafs bei allen Winkelhämmern Ambofsbahn und Hammerbahn nur in einer einzigen Stellung parallel sind und dafs die Hubhöhe derselben und damit die Gröfse des Arbeitstückes ein gewisses Mafs nicht überschreiten können, sind Übelstände, welche diesen Hämmern von Natur anhaften und sie hindern, mit den gesteigerten Anforderungen der Gewerbe gleichen Schritt zu halten.

Ihr Arbeitsvermögen erhalten die Rahmenhämmer entweder durch den Fall des mit entsprechend grofsem Gewichte begabten Schlagkörpers (Bär) oder durch Dampfdruck, den Druck geprefster Luft oder auch durch die Spannkraft von Federn.

Findet die Anwendung von Dampfkraft in der Weise statt, dafs Dampfmaschine und Hammer zu einem Ganzen verbunden sind, so nennen

Fig. 154.

wir die Vorrichtung einen Dampfhammer. Ist dagegen die Übertragung der Dampfkraft auf den Hammer eine mittelbare, so nennt man diesen einen Transmissionshammer.

Jeder Dampfhammer besteht aus folgenden vier Hauptteilen:

1. dem Hammergerüste, welches die ganze Vorrichtung trägt;
2. dem Ambofsstocke mit dem Ambofs;
3. dem Hammerbär und
4. dem Dampfcylinder mit der Steuerung.

Das Hammergerüst schwerer Hämmer besteht aus zwei sehr starken aus Blech genieteten Säulen, auf welchen der ebenfalls aus Blech hergestellte Träger der ganzen Einrichtung ruht (Fig. 154).

Bei kleineren Hämmern macht man das Gerüst aus Gufseisen, und bei den kleinsten giefst man sogar das Gerüst mit samt dem Cylinder und dem Ambofsstocke in einem Stücke. Der Ambofsstock oder die Chabotte ist ein Gufsstück, welches ein der Schlagwirkung des Bären entsprechendes, meist recht grofses Gewicht hat. Für den 50 t-Hammer einer grofsen rheinischen Hütte wurde ihm z. B. ein Gewicht von 1500 t gegeben. Die Gründung des Ambofsstockes mufs natürlich mit seinem grofsen Gewicht im Einklange stehen und eine recht massige und tiefgehende sein. Es ist üblich, zwischen Ambofsstock und Grundmauerwerk einige Schichten Holz in kreuzweiser Lage anzuordnen. Man erreicht dadurch aufser einer gewissen Elasticität vor allem eine gleichmäfsige Verteilung der Schlagwirkung auf die ganze Oberfläche des Grundmauerkörpers und verhütet so die örtliche Zerstörung des letzteren an der Berührungsfläche mit dem Ambofsstocke. Der eigentliche Ambofs ist ein dem Verschleifs unterworfener Teil und darum leicht auswechselbar mittels Schwalbenschwanz und Verkeilung in dem Ambofsstocke befestigt. Er besteht aus Schmiedeeisen oder Stahlgufs.

Der Hammerbär ist ebenfalls zweiteilig und besteht aus dem eigentlichen Bär, d. h. dem das Fallgewicht darstellenden gufseisernen Teil und dem schlagenden Teil oder Bäreinsatz, welcher ebenfalls aus Schmiedeeisen oder Stahlgufs hergestellt und leicht auslösbar in dem Bärkörper befestigt wird.

Der vierte und wichtigste Teil, der Dampfcylinder, unterscheidet sich von dem Cylinder einer gewöhnlichen Dampfmaschine nur durch den Dampfverteiler, d. h. durch Form und Wirkungsweise des Schiebers, und zwar insofern, als dieser hier von Hand bewegt wird, um ganz dem Willen des Schmiedes unterworfen zu sein und nach dessen Wunsch den Ein- und Austritt des Dampfes in den Cylinder zu regeln.

In Bezug auf die Arbeitsweise der Dampfhämmer sind nun im Laufe der Zeit zwar vielerlei Formen aufgetaucht; es haben aber nur einige derselben Bestand gehabt.

Unterscheiden wir die Hämmer zunächst mit Rücksicht auf die Wirkungsweise des Dampfes, so haben wir:

1. Hämmer, welche nur mit Hebedampf arbeiten, also den Bär anheben und dann durch den Fall allein wirken lassen;
2. Hämmer, welche den Hebedampf in zweiter Linie zur Verstärkung der Schlagwirkung benützen, und
3. Hämmer, welche diese Verstärkung des Schlages durch frischen Oberdampf bewirken.

Eine andere Einteilung, welche sich aber mit der obigen beinahe deckt, leitet sich aus der Form der Hämmer her, und wir haben danach:

1. den Hammer von Nasmyth (Fig. 155) mit schwerem, an dünner Kolbenstange hängendem, zwischen Gleitflächen geführtem Bär;
2. den Hammer von Daelen (Fig. 156) mit sehr dicker, nur an einer Cylinderseite austretender Kolbenstange und darum zwischen Führungen gleitendem Bär, und

3. den Hammer von Morrison (Fig. 157) mit ebenfalls dicker, aber an beiden Cylinderseiten durch Stopfbüchsen geführter Kolbenstange.

Bei allen nur mit Unterdampf arbeitenden Hämmern ist es natürlich notwendig, dafs die atmosphärische Luft zu dem Raum über dem Kolben freien Zutritt hat. Das einfachste Mittel, dies zu erreichen, besteht in der Anbringung von Öffnungen am oberen Ende des Cylinders, etwas unterhalb der Hubgrenze des Kolbens, aus welchen die Luft beim Aufgange des Kolbens entweichen und durch die sie beim Niedergange desselben wieder eintreten kann. Die oberhalb der Öffnungen durch den hochgehenden Kolben abgeschlossene Luftmenge dient dann als Prellkissen zum Schutze gegen das Durchschlagen des Cylinderdeckels und nützt gleichzeitig dadurch, dafs sie den Schlag einleitet und seine Wirkung verstärkt.

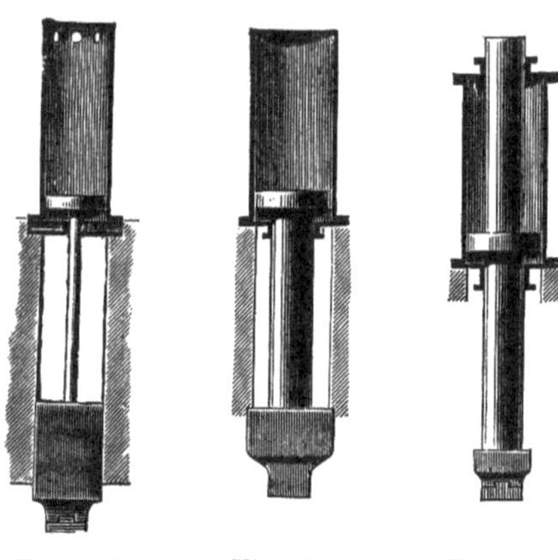

Fig. 155. Fig. 156. Fig. 157.

Manche Hämmer dieses Systemes haben neben den Luftlöchern noch ein kleines Ventil im Cylinderdeckel, welches, durch den aufsteigenden Kolben geöffnet, etwas frischen Dampf über den Kolben treten läfst, welcher die eingeschlossene Luft in ihrer Wirkung unterstützen soll.

Der in Fig. 154 dargestellte, von der Firma G. Brinkmann & Co. in Witten gebaute Hammer vertritt seiner äufseren Form nach die Gruppe der nur mit Unterdampf arbeitenden grofsen Hämmer. Sein Steuermechanismus besitzt jedoch eine Vorrichtung, welche es in jedem Augenblicke gestattet, ihn mit Oberdampfwirkung arbeiten zu lassen. Der Hammermaschinist hat seinen Standpunkt anf der durch die Geländerstäbe kenntlich gemachten Plattform. Bei Inbetriebsetzung des Hammers öffnet er zunächst mittels des Handrädchens das Dampfabsperrventil, sodafs der Dampf in das Schiebergehäuse eintritt, welcher das eigentliche, durch den Steuerhebel bewegliche Dampfverteilungsorgan enthält.

Der Maschinist reguliert nun die Schläge des Hammers genau nach dem Zurufe des Schmiedes. Soll blofs mit Hebedampf gearbeitet werden, so legt man den in der Nähe des Hebeldrehpunktes angebrachten Handgriff A (Fig. 158) in seine linke Stellung, sodafs die tiefste Stellung des Steuerhebels S durch die Fläche B des Arretierungskörpers bezeichnet wird. Hierbei ist es dem Maschinisten wohl möglich, durch Anheben des Steuerhebels den Einströmungskanal für den Hebedampf freizugeben und den Bär zu heben; der Niedergang des Kolbens mufs dagegen ohne Oberdampf vor sich gehen, weil der Hebel nicht tief genng kommt, um den oberen Einströmungskanal zu öffnen. Letzterer dient in diesem Falle nur für den Ein- und Austritt der atmosphärischen Luft über dem Kolben.

Wird der Handgriff A in die Rechtsstellung gebracht, so läſst sich auch der obere Einströmungskanal für den Dampf öffnen, d. h. der Hammer arbeitet mit Oberdampf.

Das Eigentümliche von Daelens Hammer besteht in der Dampfverteilung und in der Benutzung einer und derselben Dampfmenge zum Heben und Schlagen. Die groſse Dicke der Kolbenstange bewirkt, daſs die obere Kolbenfläche erheblich gröſser ist als die untere, und daſs während des Anhubes der dampferfüllte Raum im Cylinder immer kleiner wird.

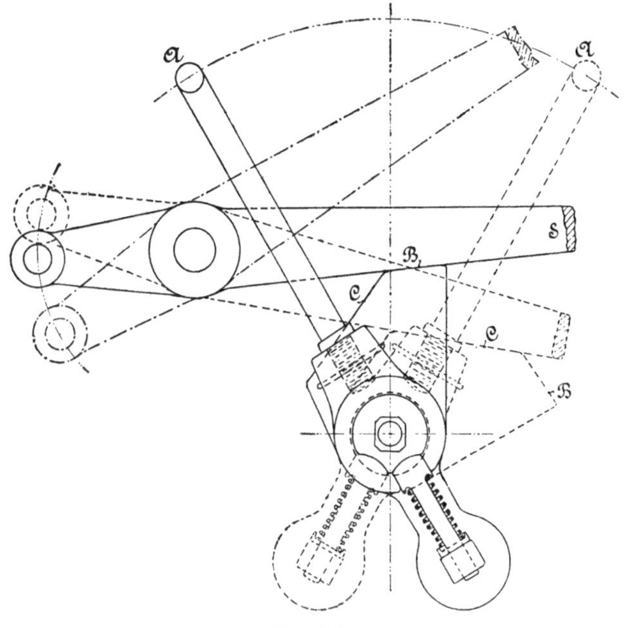

Fig. 158.

Der Hub beginnt mit dem Eintritte des Dampfes unter den Kolben unter gleichzeitigem Ausblasen des Oberdampfes. In einer gewissen Kolbenstellung schlieſst das Steuerorgan sowohl Ein- wie Ausströmung, verbindet dagegen die beiden Räume über und unter dem Kolben miteinander, sodaſs ein Teil des Hebedampfes nach oben überströmt und dann in beiden Cylinderteilen gleiche Spannung herrscht. Infolge des groſsen Unterschiedes der Kolbenflächen würde schon jetzt der Überdruck des Oberdampfes zur Geltung kommen können, wenn nicht der Bär infolge des ihm erteilten Arbeitsvermögens noch weiter aufwärts stiege. Da aber hierbei der dampferfüllte Raum durch die Kolbenstange verkleinert, also die Dampfspannung vergröſsert wird, so erfährt auch die nunmehr eintretende Schlagwirkung eine Vergröſserung. Mit dem Senken des Kolbens und dem Austritte der Kolbenstange wird der

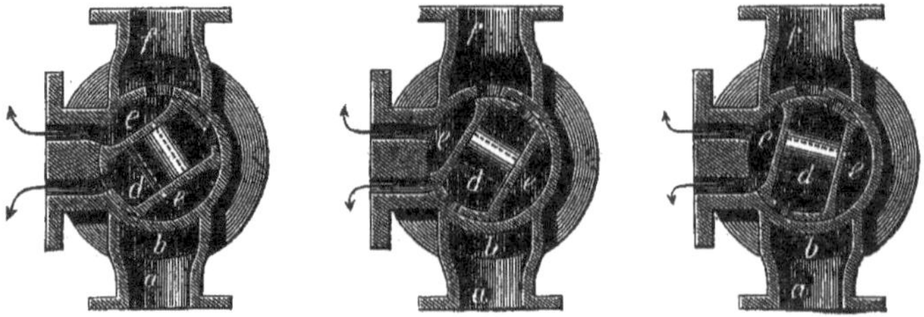

Fig. 159—161.

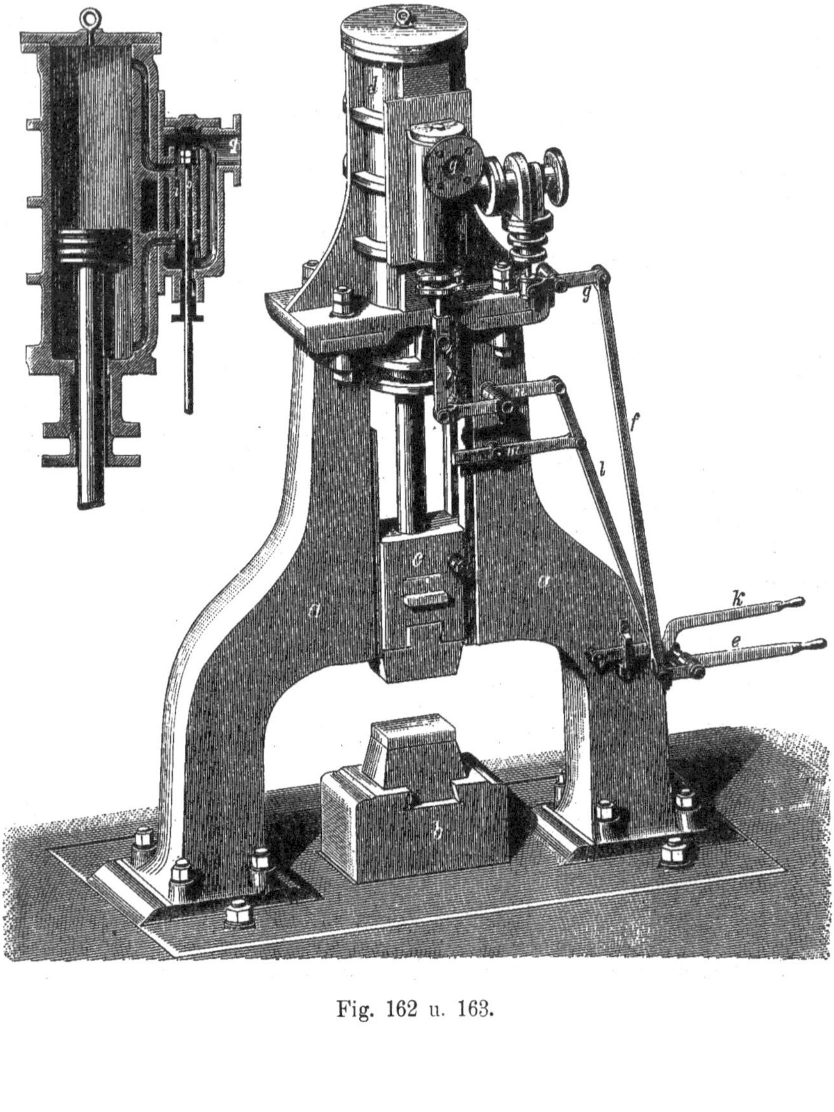

Fig. 162 u. 163.

Dampfraum grölser und der Dampf kann expandieren. Die Einleitung eines neuen Hubes erfolgt durch Umstellen des Steuerorganes seitens des Hammerführers. Der Abschlufs der Einströmung wird durch den Hammer selbst bewirkt, indem der Bär bei Erreichung einer bestimmten Höhe gegen einen Hebel anschlägt, welcher das Steuerorgan beeinflufst. Geringe Veränderungen in der Länge der Zugstange, welche die Hebeldrehung auf das innere Steuerorgan überträgt, bewirken auch ein entsprechend früheres oder späteres Absperren des Dampfes und damit Veränderung der Hubhöhe und der Schlagwirkung. Die Fig. 159—161 zeigen uns die drei Stellungen eines bei Daelens Hämmern öfter angewendeten entlasteten Wilsonschen Hahnes. Der frische Dampf strömt durch *a* und den Kanal *b* nach beiden Enden des Hahngehäuses, um dort in das hohle Kücken *d* zu gelangen. Die Räume *e* aufserhalb desselben stehen durch einen Kanal in Verbindung, welcher verhindert, dafs ein einseitiger Druck die Drehung erschwert. In der ersten Stellung tritt der Dampf aus *d* unter den Kolben, der Abdampf durch *e* in das Ausblaserohr *f*; in der zweiten Stellung ist der Cylinder oben und unten abgesperrt; der Hebedampf expandiert; der Kolben steigt noch und prefst den Rest des Abdampfes zusammen. Bei der dritten Hahnstellung stehen beide Cylinderteile miteinander in Verbindung; der Dampf strömt über, bewirkt Hubbegrenzung und Schlag. Durch Zurückführen des Hahnes in die erste Stellung beginnt ein neuer Hub.

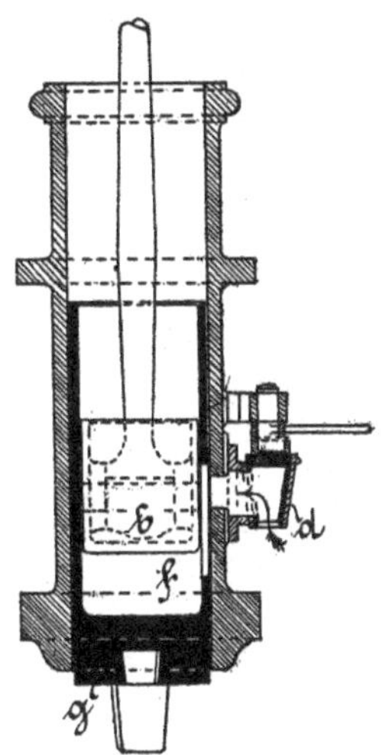

Fig. 164.

Von derjenigen Klasse der Hämmer, welche mit frischem Oberdampf arbeiten, stellen Fig. 162 u. 163 ein Beispiel dar. Dieser Hammer, welcher beiläufig ein Fallgewicht von 500 kg und eine Hubhöhe von 0,8 m hat, besitzt als Steuerorgan einen Kolbenschieber *o*, beeinflufst durch den Steuerhebel *k* mit der Zugstange *l* und dem Übertragungshebel *n*.

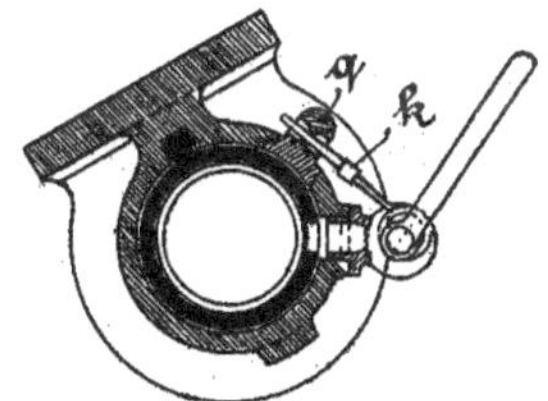

Fig. 165.

Das zweite vorhandene Hebelsystem *e-f-g* dient nur zum Öffnen des Absperrschiebers *i*. Die Figuren stellen den Kolbenschieber in einer Stellung dar, wie er sie während des Schlages einnimmt. Der obere Einströmungskanal ist geschlossen, sodafs der Oberdampf expandiert, während der geöffnete untere Einströmungskanal den Hebedampf nach dem Ausblaserohr *q* entweichen läfst. Soll ein neuer Schlag eingeleitet werden, so zieht der Hammerführer durch Anheben des Hebels *k* den Schieber so weit nach unten, dafs der untere Einströmungskanal mit dem Innenraume des Schiebers verbunden wird und der unter den Kolben tretende Dampf den Bär hebt. Hat dieser eine bestimmte Strecke zurückgelegt, so ergreift der Anschlag *p* den linken Arm des

Hebels *m*, treibt dadurch den Schieber wieder nach oben und sperrt zunächst den Hebedampf ab. Der Kolben steigt aber infolge der Expansion des Dampfes und des dem Bär erteilten Arbeitsvermögens noch

Fig. 166.

höher; auch der Schieber rückt aufwärts, schliefst erst den oberen Einströmungskanal ab, sodafs der Cylinderinhalt über dem Kolben eine Zusammendrückung erleidet und als Puffer gegen das Hinausschlagen des Cylinderdeckels wirkt, und setzt endlich *i* mit dem Cylinder über dem Kolben in Verbindung; frischer Oberdampf tritt ein, und der Schlag erfolgt. Zur Einleitung eines neuen ist abermaliges Anheben von *k* erforderlich. Je weiter der Absperrschieber in *i* geöffnet ist, desto rascher füllt sich der Cylinder mit frischem Dampfe, desto rascher und höher steigt der Bär, desto stärker ist der Schlag.

Zu den mittelbar betriebenen oder Transmissionshämmern zählt der in den Fig. 164—166 dargestellte Luftdruckhammer, dessen Wirkungsweise aus einer Betrachtung der Schnittzeichnungen klar wird.

Nachdem durch Umdrehen des Handhebels der Riemen auf die Festscheibe gelegt und die Antriebswelle des Hammers in Umlauf versetzt ist, wird der Kolben *b* durch die Kurbelscheibe in eine auf- und abgehende Bewegung versetzt. Solange nun der Lufthahn *d* verschlossen gehalten wird, mufs bei jedem Kolbenaufgang in dem Raume *f* unter dem Kolben ein Vakuum entstehen, welches veranlafst, dafs der als Luftcylinder ausgebildete Bär *g* durch den Druck der Atmosphäre in die Höhe gehoben wird. Beim Niedergange des Kolbens erfolgt dagegen eine Kompression, welche einen Schlag veranlafst, der in seiner Wirkung dadurch unterstützt wird, dafs das Arbeitsvermögen des aufsteigenden Bärs und des niedergehenden Kolbens der eingeschlossenen Luft eine grofse Spannung von kurzer Dauer erteilen.

Der schon erwähnte Lufthahn dient als Steuerorgan zur Regelung der Schläge. Läfst man nämlich Luft in den Raum *f* eintreten, so unterbricht man die Wirkung des Vakuums und kann zugleich durch Vorschieben des Keiles *k* den Bremsklotz *q* gegen den Luftcylinder (Bär) andrücken und diesen beliebig lange in seiner gehobenen Lage festhalten. Man ist somit in der Lage, dem Arbeitstücke in aller Ruhe die richtige Lage zu geben. Schliefst man den Hahn wieder, so erfolgt beim nächsten Niedergange des Kolbens der Schlag.

Fallgewicht und Hubhöhe der Hämmer sind je nach der Aufgabe der letzteren verschieden. Hämmer von weniger 1000 kg Fallgewicht finden nur in Schmiedewerkstätten, gröfsere dagegen vorzugsweise in den eigentlichen Hüttenbetrieben Verwendung. Hämmer unter 7,5 t Bärgewicht pflegt man meist, schwerere nur ausnahmsweise mit Oberdampf zu betreiben. Nachstehende Tabelle bietet eine Übersicht der für die einzelne Zwecke gebräuchlichen Bärgewichte, Hubhöhen und Hubzahlen.

Verwendung	Bärgewicht t	Hubhöhe m	Hubzahl in d. Min.
zum Schmieden kleiner Gegenstände . . .	0,05— 0,5	0,15—0,6	200—400
„ „ gröfserer „ . . .	0,5 — 1,0	0,6 —1,0	100—200
„ Zängen von Luppen	1,5 — 2,5	1,0 —1,5	80—100
„ Schweifsen kleiner u. mittlerer Packete	2,5 — 5,0	1,25—1,8	80—100
„ „ grofser Blechpackete . . .	5,0 —10,0	1,5 —2,4	60—80
„ Dichten von Schienen- u. ähnl. Blöcken	10 —20	2,0 —3,0	60—80
„ „ sehr grofser Flufseisenblöcke	20 —50	3,0 —3,2	60

3. Formgebende Ergänzungsstücke.

Die Form, welche der zu bearbeitende Gegenstand auf der geschlagenen Fläche erhält, ist von der Gestalt des Hammers und der Unterlage abhängig; sind diese eben, so bilden sich auch Ebenen am Arbeitstücke. Gilt es bestimmte, von den Bahnen der Hämmer und Ambosse abweichende, z. B. gegliederte Formen zu erzeugen, so kann das zwar in gewissem Maſse durch die Art der Arbeit, einfacher aber durch Einschaltung besonderer, entsprechend gestalteter Werkzeuge zwischen Arbeitstück und jene erfolgen. Diese Werkzeuge heiſsen Setzhämmer und Gesenke. Erstere sind hammerartige, mit Helm versehene Eisenkörper, deren profilierte Bahn auf das Arbeitstück aufgesetzt wird, während die andere ebene Bahn den Schlag des Hammers empfängt. Zur Vermeidung des Prellens gegen die Hand macht man die Stiele häufig aus elastischen Weidenruten u. dgl. Die Formen der Setzhämmer beschränken sich auf die allereinfachsten, z. B. auf eine schmale lange Finne oder einen Cylinderabschnitt.

Die Gesenke sind metallene Hohlformen, deren Innenfläche genau der Gestalt des zu erzeugenden Schmiedestückes entspricht; sie zerfallen in Unter- und Obergesenke; das erstere bildet die Unterlage und wird mit einem Zapfen in ein dafür bestimmtes quadratisches Loch der Amboſsbahn eingesetzt; das zweite nimmt die Stelle des Setzhammers ein und wird wie dieser an einem Stiele geführt oder mit einer Zange gehalten. Soll die Oberfläche des Schmiedestückes eben sein, so genügt das Untergesenk zur Profilierung und die Hammerbahn zum Abschlusse desselben.

Bei Dampfhämmern befestigt man auch wohl das Untergesenk an Stelle des Ambosses in dem Amboſsstock und das Obergesenk im Bär. Wo indessen die Arbeit des Hammers eine oft wechselnde oder wo das Auswechseln von Hammer und Amboſs wegen des hohen Gewichtes dieser Stücke zu mühsam ist, da legt man das Untergesenk einfach auf den Amboſs und hält das Obergesenk, nachdem es auf das Schmiedestück aufgelegt ist, mit der daran befestigten eisernen Stange fest.

Zum Abtrennen einzelner Teile dienen der Schrotmeiſsel, d. i. ein Setzhammer mit scharfer Bahn, und der Abschrot, das gleich dem Untergesenk in den Amboſs einzusetzende Gegenstück. Bei der Erzeugung von Löchern unter Abscherung eines Lochputzens benutzt man Durchschlag und Lochring. Der Durchschlag ist ein Stahlstempel von dem Durchmesser des herzustellenden Loches, der Lochring die Unterlage mit einer gleichgestalteten etwas weiteren Öffnung.

Vereinigt man mehrere Untergesenke in einer gemeinschaftlichen Unterlage und bringt man die zugehörigen Obergesenke über ihnen an einer Exzenterwelle derart an, daſs sie sich in Führungen genau senkrecht auf und ab bewegen und in der tiefsten Stellung die Gesenke schlieſsen, so erhält man eine Schmiedemaschine. Durch aufeinanderfolgendes Einlegen eines Schmiedestückes in die einzelnen Gesenke kann man demselben in kurzer Zeit bestimmte Formen geben, welche durch wirkliches Schmieden (die Obergesenke wirken mehr drückend als schlagend) nur bei unverhältnismäfsig gröfserem Zeit- und Arbeitsaufwand zu erzielen wären. Diese Maschinen eignen sich, weil die Herstellung der Gesenke sehr kostspielig ist, nur für die Erzeugung sehr grofser Mengen gleichartiger Gegenstände, wie Schienennägel, Schrauben, Bolzen, Gewehr- und Schlofsteile, schmiedeeiserne Verzierungen, als Geländerspitzen, Rosetten u. s. w.; für diesen Zweck sind ihre Leistungen aber auch nicht durch andere Vorrichtungen zu übertreffen.

b. Das Schmiedeverfahren.

Die Arbeit des Schmiedes besteht einesteils in der vorbereitenden Erwärmung des Werkstückes und anderenteils in der eigentlichen formgebenden Behandlung desselben mittels des Hammers und der sonst notwendigen Werkzeuge. Über die Einrichtungen zum Erwärmen der Schmiedestücke ist oben S. 142 ff. das Erforderliche gesagt worden. Es möchte aber hier am Platze sein, einer Vorsichtsmafsregel Erwähnung zu thun, welche beim Erwärmen solcher Stücke zu beachten ist, die im Laufe der Bearbeitung eine bedeutende Streckung erfahren. Ist das zu einem solchen Arbeitstücke gehörige Packet (der Block) zunächst in einem Flammofen als Ganzes erhitzt, so mufs man mit der Bearbeitung in der Mitte beginnen und möglichst dahin streben, mit der ersten Hitze den mittleren Teil fertig zu bearbeiten, weil man sonst wegen der bedeutenden Ausreckung des Werkstückes sehr bald aufser stande wäre, die Mitte desselben zur Erteilung einer zweiten Hitze in das Feuer zu bringen. Die Wiedererwärmung der kalt gewordenen Enden dagegen hat keine besonderen Schwierigkeiten. Man steckt das betreffende Ende in den Ofen und setzt, da man die Thür nicht schliefsen kann, den offen bleibenden Raum derselben mit Steinen aus.

Die gewöhnliche Schmiedearbeit, wie sie alltäglich etwa von einem Meister mit seinem Zuschläger ausgeführt wird, darf wohl als hinlänglich bekannt vorausgesetzt werden, und wir können uns deshalb darauf beschränken, diejenigen besonderen Hantierungen zu beschreiben, welche mit der Arbeit an maschinell betriebenen Hämmern und schweren Schmiedestücken verbunden sind.

In erster Linie gehört dahin die Bewältigung der Werkstücke, sobald deren Gewicht über diejenige Gröfse hinausgeht, welche sich noch von Hand zwischen Feuer und Ambofs bewegen läfst. Ein sehr einfaches mechanisches Hilfsmittel für Werkstücke mittleren Gewichtes besteht in einer sogen. Luftbahn zwischen Feuer und Hammer. An der Achse der auf dieser Luftbahn laufenden Katze hängt mittels Kette oder Hängestange eine Zange, mit welcher das Arbeitstück aus dem Feuer gezogen und zum Hammer hingebracht werden kann. Für die Fortbewegung schwererer Stücke benutzt man die zweiräderige Blockkarre.

Aber auch während der Bearbeitung selbst bedürfen wir der mechanischen Hilfsmittel. Eines derselben besteht in der Anordnung von zweiarmigen, löffelförmigen Hebeln, welche in ihren Drehpunkten von Hängestangen erfafst und etwa in einem Knotenpunkte des Dachwerkes oder an einer besonderen Tragkonstruktion befestigt werden. Das lange Ende dieser Hebel befindet sich in der Hand der Arbeiter; auf dem kurzen ruht das Arbeitstück bzw. ruhen die über den Ambofs hinausragenden Teile desselben.

Handelt es sich um Schmiedestücke, welche während der Bearbeitung häufige, aber bestimmt bemessene Drehungen erfahren und insbesondere auch in labilen Stellungen gehalten werden müssen, so wendet man eine über eine Rolle geführte Kette ohne Ende an, welche das Schmiedestück umschlingt. Mittels zweier, durch die Glieder dieser Kette gesteckten Eisenstangen ist man dann in der Lage, das Werkstück um jedes gewünschte Mafs zu drehen und es in jeder Lage festzuhalten.

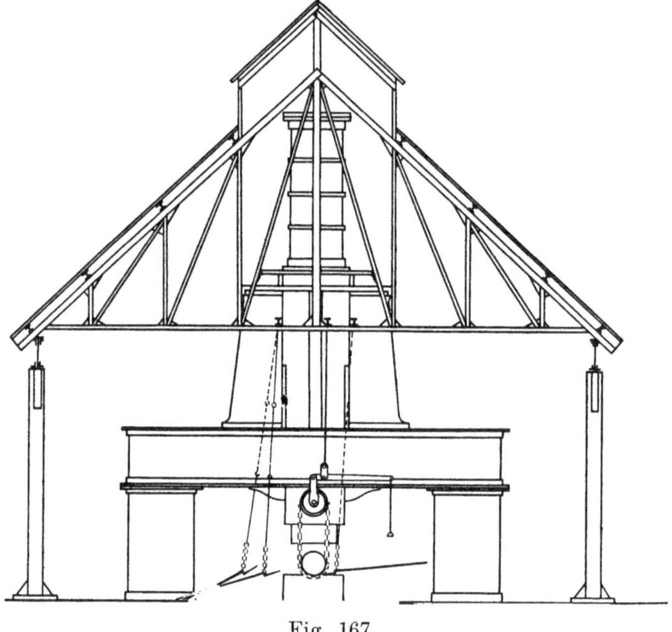

Fig. 167.

Fig. 167 zeigt uns in schematischer Weise die Anordnung der Hebel und den Gebrauch der Kette. Der die Rolle tragende Hebel ist notwendig zum Strammziehen und zum Lösen der Kette.

Nicht selten findet man statt dieser einfachen Hilfsmittel einen Drehkran angewendet. Dieser hat jedenfalls den Vorteil, dafs er eine gröfsere Zahl verschiedenartiger Bewegungen gestattet und gleichzeitig dazu dient, das Arbeitstück aus dem Ofen zu ziehen und nach dem Hammer zu bringen.

Die eigentliche Schmiedearbeit setzt sich nun zusammen aus einer Reihe einzelner Umformungsarbeiten, deren wichtigste etwa folgende sind:

1. Das Strecken. Dies besteht in einer Verdünnung des Querschnittes an der geschlagenen Stelle, wobei durch das allseitige Hinaustreten des verdrängten Stoffes eine Vergröfserung sowohl der Länge als

der Breite bewirkt wird (Strecken und Breiten). Erfahrungsgemäfs streckt man am besten mit der Finne des Handhammers bzw. mit einem maschinellen Hammer von sehr schmaler Bahn. Die von den einzelnen Hammerschlägen hinterlassenen Unebenheiten werden dadurch geschlichtet, dafs man das Schmiedestück in die Längsrichtung der Hammer- und Ambofsbahn legt und mit leichteren Schlägen bearbeitet (Fig. 168 u. 169).

Eine besondere Art des Streckens ist das Treiben, mittels dessen man aus Platten Hohlkörper herstellt, indem durch einen Schlag in

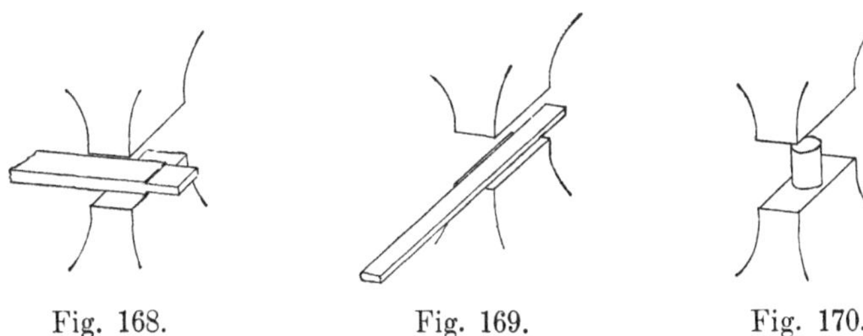

Fig. 168. Fig. 169. Fig. 170.

der Mitte eine örtliche Streckung, die sich als Beule äufsert, erzeugt und dann das Strecken in gleichmäfsiger Weise von diesem Punkte aus fortgesetzt wird.

2. Den Gegensatz zum Strecken bildet das Stauchen (Fig. 170), d. h. die Verdickung des Querschnittes durch Verkürzen des Arbeitstückes. Auch durch Stauchen lassen sich aus Platten Hohlkörper erzeugen, wenn man mit der Arbeit am Rande beginnt; man nennt dies Verfahren Aufziehen.

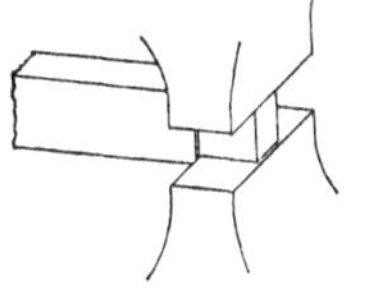

Fig. 171.

3. Unter Ansetzen versteht man die Bildung eines durch plötzliche Querschnittsverdünnung entstandenen Vorsprunges. Man erhält einen solchen, indem man das Arbeitstück mit dem anzusetzenden Ende auf den Rand des Ambofses legt, den Setzhammer daraufsetzt und durch Hammerschläge die Verdünnung bewirkt. Setzt man den Setzhammer so auf, dafs seine Kante mit der Ambofskante eine senkrechte Ebene bildet, so entsteht ein doppelter Ansatz, d. h. das verdünnte Stück springt unten und oben gegen das nicht geschlagene zurück (Fig. 171).

4. Das Biegen, welches bei der gewöhnlichen Handarbeit dadurch erfolgt, dafs man mit dem Hammer auf den über den Ambofs hinausragenden Teil des Schmiedestückes schlägt und dann auf dem Horn oder der Ambofskante die Biegung rund oder winkelig ausgestaltet, kann bei maschinellen Hämmern nur so ausgeführt werden, dafs man das zu biegende Stück zwischen zwei Unterstützungspunkten hohl legt und dann mit dem Hammer auf ein mitten darüber gehaltenes Stück schlägt, so dafs dessen Kraft nur auf einen bestimmten Punkt wirkt (Fig. 172).

5. Das Zerteilen, wozu auch das Abtrennen überflüssiger Länge und schlechter Enden gehört, wird wie beim Handbetriebe mittels Schrot-

meifsel und Abschrot, so beim Grofsbetrieb durch das Hineinschlagen keilförmiger aber nicht scharfer Setzstücke besorgt (Fig. 173).

6. Das Lochen kann mittels Durchschlag und Lochring erfolgen, wobei ein Putzen abfällt, indem man das Schmiedestück auf den Ring

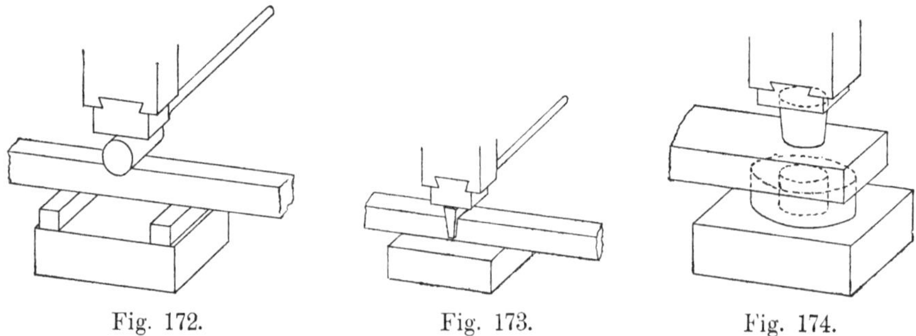

Fig. 172. Fig. 173. Fig. 174.

legt und dann den Durchschlag durch dasselbe bis in den Ring hineintreibt (Fig. 174), oder durch Aufhauen, d. h. durch Bildung eines Schlitzes mittels des Schrotmeifsels und Aufweiten desselben zu einer runden oder eckigen Öffnung mit einem entsprechend geformten Dorn. Dabei fällt kein Putzen ab, und es wird die Schwächung des Arbeitstückes an der gelochten Stelle vermieden.

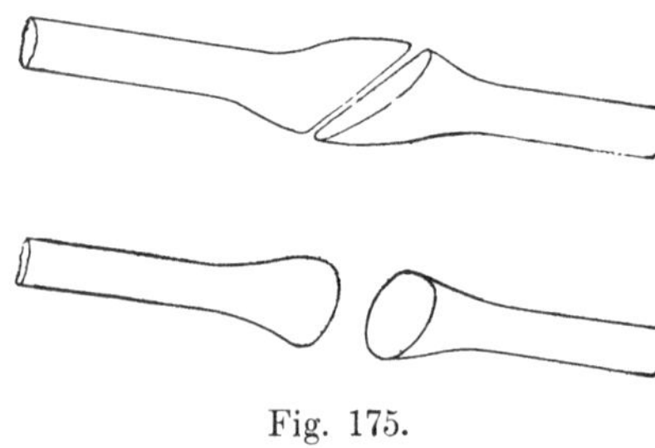

Fig. 175.

7. Das Schweifsen oder die Vereinigung zweier oder mehrerer Eisenstücke, welche auf Weifsglut erhitzt wurden, durch Hammerschläge oder sonstigen entsprechenden Druck. Bevor die eigentliche Schweifshitze gegeben wird, müssen die beiden zusammenzufügenden Enden erst gestaucht und dann abgeschrägt werden. Die Stauchung ist notwendig, weil sonst durch die bei der Schweifsung erforderlichen Hammerschläge eine Verdünnung des Querschnittes herbeigeführt würde, und die Abschrägung bietet den Vorteil gröfserer Anhaftungsflächen und damit eine gröfsere Zuverlässigkeit der Schweifsung (Fig. 175). Für schwierige Schweifsungen, z. B. von Stahl auf Eisen, wird das Eisen zweckmäfsig aufgehauen und der Stahl dazwischen gelegt. Sind zahlreiche Eisenstücke zu vereinigen, so werden sie vorher packetiert.

c. Die Wirkung der Hämmer.

Die von jeher übliche Herstellungsweise des gewöhnlichen Handhammers aus dem eisernen Schlagkörper und dem hölzernen Stiel ist der einfachste Ausdruck für die Erfahrung, dafs dieses Werkzeug gerade so am besten wirkt. Theoretisch ausgedrückt besagt diese Lehre, dafs bei einem guten Hammer der Schwerpunkt in dem schlagenden Teile liegen mufs.

Bei den für den Handgebrauch bestimmten Hämmern ist diese Forderung erfüllt.

Bei den maschinellen Winkelhämmern dagegen ist man häufig genötigt, den Stiel um der Haltbarkeit willen aus Eisen zu machen und ihm dadurch ein mehr oder weniger beträchtliches Gewicht zu geben. Die Folge davon ist eine entsprechende Verschiebung des Schwerpunktes nach dem Stiele hin, und von dem ganzen in Bewegung gesetzten Hammergewichte kommt nur ein Teil auf dem Ambofse zur Wirkung. Ein Beispiel möge dies näher erklären. Der in Fig. 176 dargestellte Hammer, dessen schlagender Teil ein aus den Abmessungen berechnetes Gewicht von 207 kg habe, sei mit einem aus zwei U-Eisen hergestellten Stiele von 4 m Länge und 224 kg Gewicht versehen. Die Bestimmung des Schwerpunktes des ganzen Hammers mit Hilfe des Momentensatzes ergiebt als Entfernung desselben vom Drehpunkte des Hammers

$$(207 + 224)\ x = 207 \cdot 4125 + 224 \cdot 2000 \text{ oder}$$
$$x = 3020 \text{ mm}.$$

Der Schwerpunkt liegt also um 1105 mm von der Mitte des schlagenden Teiles entfernt.

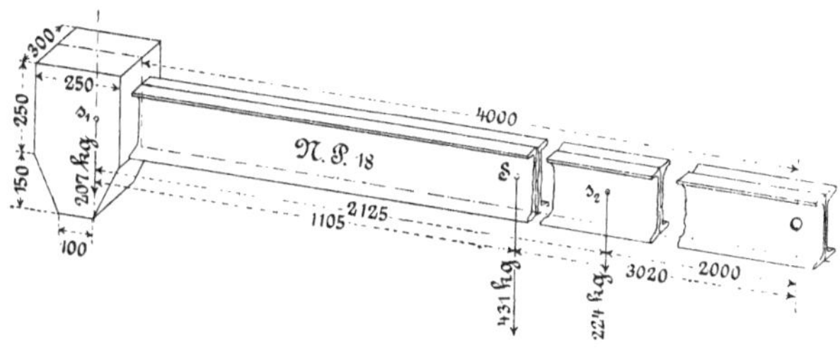

Fig. 176.

Um nun zu finden, wieviel von dem Gewichte des ganzen Hammers beim Schlagen zur Geltung kommt, verfahren wir wie bei der Berechnung des Auflagerdruckes eines Trägers und setzen

$$P \cdot 4125 = 431 \cdot 3020$$
$$P = 316 \text{ kg}.$$

Hiernach kämen also von dem angehobenen Gewichte nur etwa drei Viertel zu der beabsichtigten Wirkung.

Zu den früher schon erwähnten Mängeln, welche den maschinell betriebenen Winkelhämmern anhaften, hätten wir also noch einen recht bedeutenden hinzuzufügen.

Die Rahmenhämmer leiden an diesem Übelstande nicht; vielmehr kommt bei diesen im Schlage das volle Bärgewicht zur Geltung.

Die Leistung eines Hammers ist auszudrücken durch die Formel

$$L = \frac{m \cdot v^2}{2}$$

worin m die Masse des Bäres und v die Geschwindigkeit ist, mit welcher derselbe auf dem Arbeitstücke ankommt. Für solche Hämmer, welche ohne Oberdampf arbeiten, bestimmt sich v nach den Gesetzen des freien Falles, ist also abhängig von der Fallhöhe des Hammerschwerpunktes.

Setzen wir nun $m = \frac{G}{g}$ und $v^2 = 2 \cdot g \cdot h$, so geht unsere Formel für L über in

$$L = G \cdot h$$

d. h. die Leistung eines Fallhammers ist gleich dem Produkte aus seinem Gewichte und der Fallhöhe seines Schwerpunktes.

Theoretisch betrachtet müfste nun ein Hammer von geringem Bärgewichte die gleiche Arbeit verrichten können wie ein schwerer Hammer, wenn nur in beiden Fällen das Produkt $\frac{m\,v^2}{2}$ dieselbe Gröfse hätte. Die Praxis zeigt uns jedoch einen wesentlichen Unterschied der beiden Leistungen insofern, als die Wirkung des leichten Hammers eine nur oberflächliche ist, während die des schweren mehr in die Tiefe des Schmiedestückes eindringt. Die Ursache dieser eigentümlichen Erscheinung ist zu suchen in der Trägheit der Moleküle des Schmiedestückes, welche durch den Schlag des Hammers in Bewegung gesetzt werden sollen. Ein Beispiel möge dies klar machen. Es seien vorhanden zwei Fallhämmer A und B von gleichem Arbeitsvermögen und mit gleich grofsen Schlagbahnen. Die von beiden zu bearbeitenden Eisenstücke seien ebenfalls von ganz gleicher Beschaffenheit. Führen wir uns den Bewegungsvorgang der beiden Hämmer zu gleicher Zeit rechnerisch vor Augen und setzen wir

	für Hammer A	für Hammer B
Das Fallgewicht	10 000 kg	5000 kg
die Fallhöhe	1 m	2 m
also die Arbeit	10 000 mkg	10 000 mkg
ferner den Widerstand der zu bewegenden Stoffteile		
in beiden Fällen	200 000 kg	200 000 kg

so ergeben sich zunächst die bez. Geschwindigkeiten, mit welchen die beiden Hämmer unten ankommen

$v = \sqrt{2\,gh}$	$\sqrt{2 \cdot 9{,}81} = \sqrt{19{,}62} = 4{,}4\,m$	$\sqrt{2 \cdot 9{,}81 \cdot 2} = \sqrt{39{,}24} = 6{,}2\,m$

Sobald nun die beiden Hämmer die Schmiedestücke treffen, beschreiben sie, in diese eindringend, noch eine kurze Wegstrecke mit geringeren, durch den Widerstand von 200 000 kg verzögerten Geschwindigkeiten, bis diese gleich Null werden. Die Berechnung dieser Verzögerung ergiebt

$p = \frac{P}{m}$	$\frac{200\,000 \cdot 9{,}81}{10\,000} = 196{,}2\ m$	$\frac{200\,000 \cdot 9{,}81}{5000} = 392{,}4\ m$

und die zu diesen Verzögerungen notwendigen Zeiten sind

$t = \frac{v}{p}$	$\frac{4{,}4}{196{,}2} = 0{,}0224$ Sek.	$\frac{6{,}2}{392{,}4} = 0{,}0158$ Sek.

Wir sehen also, dafs die Geschwindigkeit und damit auch die Arbeit des schneller fallenden Hammers in viel kürzerer Zeit gleich Null wird als die des anderen. Bedenken wir nun, dafs zur Übertragung der Bewegung von einem Molekül auf das andere eine gewisse Zeit notwendig ist, so leuchtet uns auch ohne weiteres ein, dafs diese Übertragung in einem Zeitraume von 0,0224 Sekunden weiter fortschreitet als in 0,0158 Sekunden, dafs also der Eindruck des schwereren Hammers auf das Schmiedestück tiefer sein mufs als der des leichteren, ungeachtet der gleichen theoretischen Arbeitsfähigkeit. Es nimmt eben mit zunehmender Geschwindigkeit die Wirkungsdauer des Hammers ab.

In Übereinstimmung mit dem soeben Erkannten sehen wir, dafs die Praxis sich überall da schwerer Hämmer bedient, wo es sich um Verdichtungsarbeit an schweren Packeten und Blöcken handelt, für kleinere Schmiedearbeit dagegen Hämmer von geringem Bärgewichte gebraucht und deren Energie durch Anwendung von Oberdampf verstärkt.

Nach den Gesetzen des Stofses zerlegt sich die einem Hammer innewohnende Arbeitsfähigkeit in dem Augenblicke, wo er das Arbeitsstück trifft, in zwei Teile, von denen der eine das Einrammen des Ambofsstockes besorgt, während der andere die beabsichtigte Umformungsarbeit verrichtet. Das Verhältnis der beiden Arbeitsteile ist abhängig von dem Gewichte des Hammers und dem der Ambofsunterlage. Bezeichnen wir die umformende Arbeit mit E_f, die rammende mit E_r, das Bärgewicht mit G, und das der Unterlage mit Q, so ist das Verhältnis dieser vier Gröfsen zu einander auszudrücken durch die Gleichung

$$\frac{E_r}{E_f} = \frac{G}{Q}.$$

Man hat also bei dem Bau eines Hammers dafür zu sorgen, dafs das Verhältnis des Bärgewichtes zu dem der Unterlage möglichst klein werde, damit ein möglichst grofser Teil der aufgewendeten Arbeit dem eigentlichen Zwecke des Hammers zu gute komme.

D. Die Schmiedepressen.

Durch die Erfindung der neueren Frischprozesse (Bessemer-, Thomas- und Martinverfahren) ist die Gewinnung grofser Mengen schmiedbaren Eisens in flüssigem Zustande und damit die Herstellung schwerer Blöcke so leicht geworden, dafs auch die Verbraucher sehr bald Gefallen fanden an der Verwendung derselben zur Verfertigung grofser und schwerer Maschinenelemente und anderer Bauteile. Hierbei machte sich sehr bald das Bedürfnis nach kräftigeren Bearbeitungsmaschinen fühlbar, und zwar in erster Linie bei den Hämmern, denen jetzt in besonders hohem Mafse die Aufgabe gestellt wurde, durch eine möglichst tiefgehende Schlagwirkung die Verdichtung der mit mancherlei Hohlräumen behafteten Flufseisenblöcke zu besorgen.

Die Mängel, welche indessen den Hämmern von Natur anhaften, dafs nämlich

1. ein Teil der aufgewendeten Energie zu nutzloser Rammarbeit verwendet wird,
2. wegen der notwendigen Fallgeschwindigkeit die Wirkungsdauer

eine nur aufserordentlich kurze und die Wirkung selbst darum immer eine mehr oder weniger oberflächliche ist,

3. mit der zunehmenden Gröfse der Hämmer auch die Anlagekosten wegen der ungeheuren Grundbauten ganz ungebührlich anwachsen und
4. die mit dem Hammerbetriebe verbundenen Erderschütterungen sich schliefslich zu einer wahren Plage und grofsen Schädigung für einen grofsen Nachbarschaftskreis auswachsen,

führten sehr bald zu der Erkenntnis, dafs die Hämmer der neuen Aufgabe gegenüber nicht mehr das richtige Werkzeug seien.

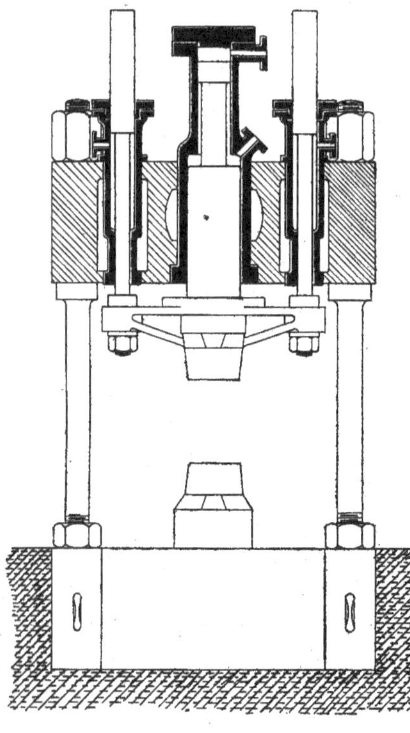

Fig. 177.

So gelangte man zur Verwendung des Druckes hydraulischer Pressen für die Schmiedearbeit.

Der Unterschied der Prefsarbeit gegenüber der der Hämmer besteht in der Möglichkeit, den von dem arbeitenden Teile (dem Prefsbären) ausgeübten Druck mit jeder beliebigen Dauer wirken zu lassen, so dafs eine zuverlässige Übertragung desselben in das Innere des Arbeitstückes stattfindet, dafs ferner wegen der vollständig stofsfreien Wirkung der Presse die ganze aufgewendete Kraft auf die Umformungsarbeit verwendet wird und keinerlei Erschütterung der Umgebung erfolgt.

Wie die Fig. 177, 179 und 180 zeigen, ist allen gebräuchlichen Bauweisen das gemeinsam, dafs zwei sehr starke Querhäupter, von denen das untere den Ambofs, das obere den hydraulischen Cylinder enthält, durch vier starke schmiedeeiserne Ankersäulen miteinander verbunden sind, welche den zwischen Prefsbär und Arbeitstück auftretenden Druck als Zugbeanspruchung aufzunehmen haben. Gemeinsam ist allen Schmiedepressen ferner, wenn auch in der Ausführungsform verschieden, dafs das Heben des Prefsbäres durch einen oder mehrere besondere Kolben stattfindet, welche beständig unter Druck stehen und sofort ihre Thätigkeit beginnen, wenn das Druckwasser aus dem Prefscylinder austritt, ein Umstand, welcher bedingt, dafs beim Niedergange des Prefskolbens das die Hebekolben belastende Wasser in den Druckwasserbehälter bzw. falls man zum Heben Dampf anwendet, dieser in die Leitung zurückgedrückt wird.

Unterschieden sind die zahlreichen Ausführungen von Schmiedepressen, wenn wir absehen von den kleinen Abweichungen der Form, der Anzahl der Hebecylinder und dergleichen, nur durch die Art ihres Betriebes, und in dieser Beziehung können wir sie trennen in:

1. Pressen mit Druckwasserbetrieb unter Vermittelung eines Druckwassersammlers (Akkumulators),
2. Pressen mit Druckwasserbetrieb ohne Sammler und
3. Pressen mit Dampfbetrieb und Druckwasserübersetzung.

Ein Beispiel der ersten Art zeigt die in Fig. 177 dargestellte Schmiedepresse des Bochumer Vereines, welche mit einem Wasserdrucke von 500 kg/qcm arbeitend, einen Höchstdruck des Prefsbäres von 4 000 000 kg auszuüben vermag. Um jedoch diesen gewaltigen Druck nicht auch auf Schmiedestücke (die gröfsten vom Verfasser in der Bearbeitung gesehenen Blöcke hatten ein Gewicht von 55 000 kg) von geringerem Gewichte anwenden zu müssen, hat man dem Prefskolben eine Gestalt gegeben, welche eine dreifache Abstufung des Druckes gestattet, jenachdem man das Druckwasser blofs auf den unteren oder blofs auf den oberen Kolben oder auf beide zugleich wirken läfst. Die Hebung des Prefsbäres erfolgt durch zwei Druckwassercylinder, indem die beiden von den Tauchkolben nach unten geführten Kolbenstangen an dem mit dem Prefsbären verbundenen Querhaupt anfassen und ihn hochziehen, sobald das Druckwasser aus dem Prefscylinder ausfliefst.

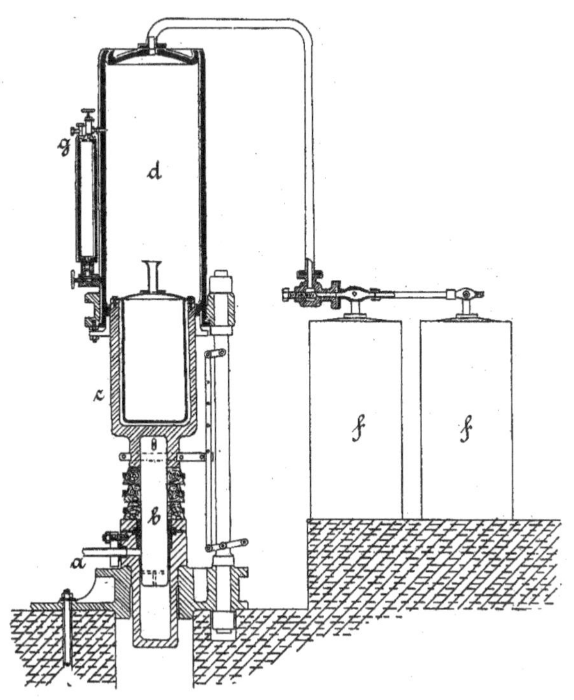

Fig. 178.

Zum Betriebe dieser Presse dienen zwei Druckwassersammler, einer mit hohem Drucke zur Bedienung der Prefscylinder und ein kleinerer mit niederem Drucke für die Hebecylinder. Beide können als gewöhnliche Sammler mit üblicher Gewichtsbelastung gebaut werden, nur zeigen sich bei Anwendung so hoher Wasserdrucke, wie sie z. B. auf der Bochumer Gufsstahlfabrik gebraucht werden, mancherlei Übelstände, wie Undichtwerden der Packungen und gefährliche Beschleunigungen des

Belastungsgewichtes bei rascher Wasserentnahme. Man hat deshalb im Jahre 1890 an Stelle des gewöhnlichen einen Sammler von Prött & Seelhoff gesetzt, welcher mit einer Belastung von verdichteter Luft oder Kohlensäure arbeitet. Die Einrichtung desselben ist durch Fig. 178 erläutert.

Das von der Pumpe erzeugte Druckwasser tritt durch das Rohr *a* unter den Tauchkolben *b* (Wasserkolben) und bewirkt, indem es diesen anhebt, zugleich ein Aufsteigen des Tauchkolbens *c* (Luftkolben) in dem mit geprefster Luft oder Kohlensäure gefüllten Blechcylinder *d*. Der von der geprefsten Luft auf den Kolben *c* ausgeübte Druck tritt also an Stelle der Gewichtsbelastung der gewöhnlichen Druckwassersammler und hält dem Wasserdruck auf den Kolben *b* das Gleichgewicht. Macht man nun die Durchmesser der beiden Kolben gleich grofs, so ist auch der Druck im Wassercylinder gleich dem im Luftcylinder, während man, wie in vorliegendem Beispiele geschehen, durch Verwendung eines Wasserkolbens von kleinerem Durchmesser einen entsprechend höheren Druck des Wassers erzielen kann.

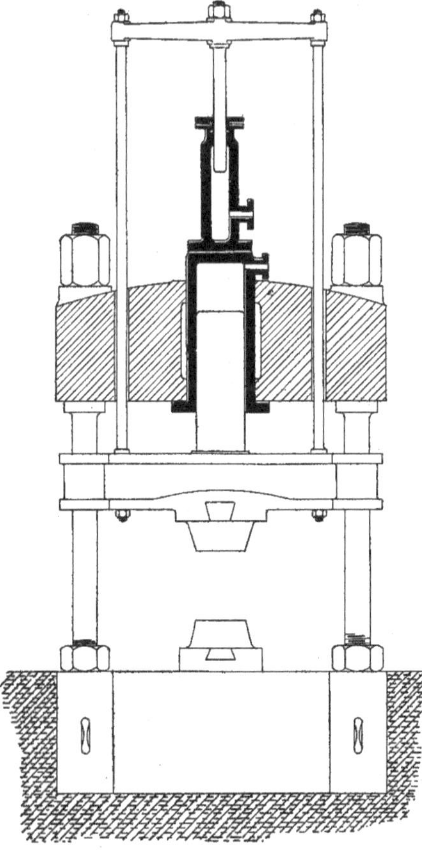

Fig. 179.

Um durch das Auf- und Absteigen des Kolbens keine zu grofsen Druckschwankungen im Luftcylinder zu verursachen, kann man mit demselben eine Anzahl von Luftbehältern *f* verbinden. Man verkleinert dadurch das Verhältnis der Veränderung des Inhaltes zum Gesamtinhalt und damit die Druckschwankungen. Die Einführung der geprefsten Luft in den Luftcylinder erfolgt mittels einer Luftpumpe, welche bei *g* angeschlossen wird. Von besonderer Wichtigkeit ist die Abdichtung des Luftkolbens. Da derselbe aus Gufseisen oder Stahlgufs besteht, so ist er bei dem hohen Druck im Blechcylinder einigermafsen luftdurchlässig. Man setzt deshalb in den Hohlraum des Kolbens ein etwas kleineres Blechgefäfs, welches mit dem Luftcylinder in Verbindung steht und für sich vollständig luftdicht ist und füllt den zwischen dem Blechgefäfs und der Kolben-Innenwand verbleibenden Raum so weit mit Öl an, dafs dieses auch noch die Stopfbüchsenpackung zwischen Luftkolben und Blechcylinder bedeckt. Man erreicht dadurch, dafs alle diese Abdichtungen nur für Öl undurchlässig zu sein brauchen.

Die in Fig. 179 dargestellte Schmiedepresse zeigt uns eine Form, wie sie von der Märkischen Maschinenbauanstalt vorm. Kamp & Co. in Wetter gebaut und für unmittelbaren Betrieb durch die Pumpe ohne Einschaltung eines Sammlers eingerichtet wird. Da nur ein einfacher Prefskolben vorhanden ist, so werden Steigerungen des Druckes durch schnelleren Antrieb der Pumpe herbeigeführt. Das

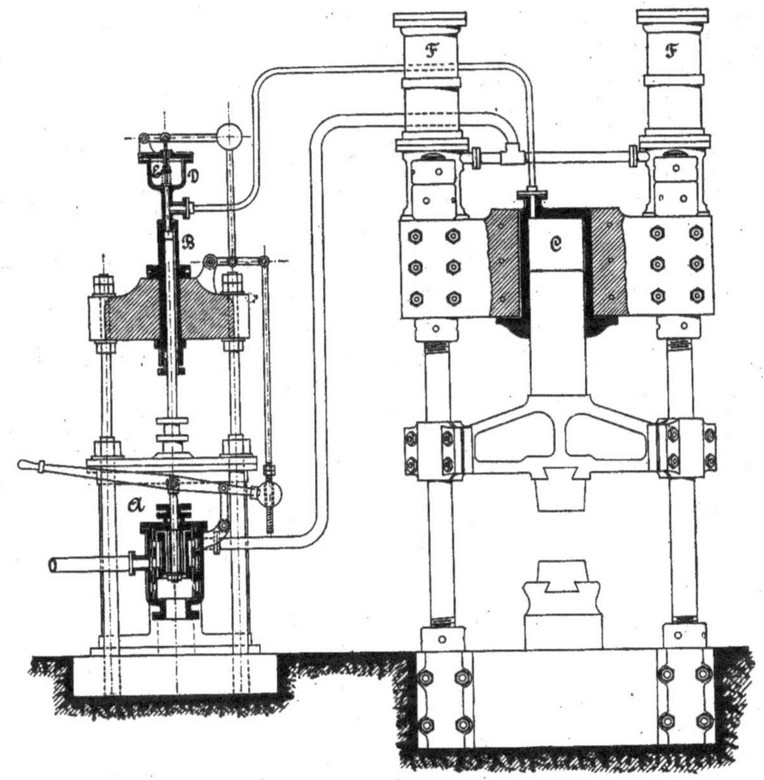

Fig. 180.

Heben des Prefskolbens wird hier durch nur einen Kolben besorgt, welcher mittels Querhaupt und Zugstangen an dem durch die Ankersäulen gerade geführten Prefsbär angreift.

Der an dritter Stelle erwähnten Bauweise entspricht die von der Kalker Werkzeugmaschinenfabrik ausgeführte und in Fig. 180 skizzierte Presse mit Dampfbetrieb und Druckwasserübersetzung. *A* ist ein von Hand gesteuerter Dampfcylinder, dessen Kolben, durch den Dampf gehoben, mittels der in einen Tauchkolben endigenden Kolbenstange auf das in dem Wasserdruckcylinder *B* und dem mit ihm in Verbindung stehenden Prefscylinder *C* befindliche Wasser einen Druck ausübt, dessen Wirkung auf die Flächeneinheit zu der Dampfspannung im umgekehrten Verhältnisse der Kolbenflächen steht.

Um das dem Prefscylinder zugeführte Druckwasser wieder zu ersetzen, wird das über dem Wasserdruckcylinder angebrachte Gefäfs *D* durch Zuleitung aus einem höher gelegenen Wasserbehälter stets gefüllt gehalten, so dafs sich beim Niedergange des Dampfkolbens und gleichzeitigem Öffnen des Ventiles *E* eine neue Füllung in den Cylinder ergiefst.

Der tote Gang des Prefskolbens, d. h. der widerstandslose Niedergang desselben bis zur Berührung des Arbeitstückes erfolgt nicht durch Anwendung von Druckwasser, sondern unter sog. Vorfüllung aus dem schon genannten Behälter, indem der Prefskolben durch sein eigenes Gewicht abwärts geht und dabei das Wasser des Hochbehälters durch die Druckleitung ansaugt. Beim Hochgehen des Prefskolbens verdrängt dieser eine entsprechende Wassermenge aus dem Prefscylinder, welche durch die Druckleitung und das Füllgefäfs *D* in den Hochbehälter zurückkehrt und gleichzeitig den Wasserdruckcylinder *B* durch das zu dieser Zeit geöffnete Ventil *E* anfüllt.

Zum Anheben der Prefstraverse sind zwei einfach wirkende Dampfcylinder *F* vorhanden, welche von der Steuerung der Treibvorrichtung mit beeinflufst werden.

Diese Steuerung, ein einfacher Kolbenschieber, ist so eingerichtet, dafs sie in ihrer tiefsten Stellung den Kesseldampf in den grofsen Treibcylinder treten läfst und so die Druckwirkung der Presse hervorbringt, während sie in der höchsten Stellung den Dampf nach den Hebecylindern gelangen läfst. Das in dem Wassertreibcylinder angeordnete Ventil *E* ist durch ein Zuggestänge derart von dem Steuerhebel abhängig gemacht, dafs es in der tiefsten Stellung des Kolbenschiebers geschlossen ist, beim Hochgehen desselben aber so frühzeitig geöffnet wird, dafs beim Eintritte des Dampfes in die Hebecylinder und beim Anheben der Prefstraverse das aus dem Prefscylinder verdrängte Wasser dasselbe offen findet.

E. Die Walzwerke.

a. Die Einrichtung der Walzwerke.

Walzwerke sind formgebende Vorrichtungen, welche ähnlich der Schmiedepresse mit ununterbrochenem Druck über die ganze Länge des Arbeitstückes wirken. Die formgebenden Teile, Walzen genannt, bilden Kreiscylinder (glatte Walzen) oder cylindrische Rotationskörper (Kaliberwalzen), welche parallel zu einander gelagert sind und sich in einander entgegengesetzten Richtungen um ihre Achsen drehen. Infolge der zwischen Arbeitstück und Walzen auftretenden Reibung wird ersteres von diesen erfafst, bei der dann folgenden Abwickelung zwischen den Walzen durchgezogen und bis auf ihren Abstand zusammengedrückt. Der dadurch erzielten Verminderung des Querschnittes entspricht natürlich eine Vergröfserung der Länge. Die an dem Arbeitstücke vorzunehmende Umformungsarbeit ist meist so bedeutend, dafs eine gröfsere Anzahl von Durchgängen nötig ist. Es mufs deshalb, falls das Walzwerk aus zwei stets in derselben Richtung umlaufenden Walzen besteht (Duo-Walzwerk), das Arbeitstück nach jedem Durchgange wieder auf die vordere Seite zurückgegeben werden. Der dadurch entstehende Arbeit- und Zeitverlust wird vermieden, wenn man drei Walzen übereinander anordnet (Trio-Walzwerk), von denen die obere und untere den gleichen Drehsinn haben, während die mittlere entgegengesetzt umläuft. Dies ermöglicht es, das Zurückgeben des Arbeitstückes gleichzeitig mit einem Teile der Umformungsarbeit zu verbinden. Bei einem Duo-Walzwerke läfst sich dieser Vorteil nur dadurch erreichen, dafs man nach jedem Stiche die Drehrichtung der Walzen umkehrt, wie es bei den Reversier- oder Kehrwalzwerken geschieht.

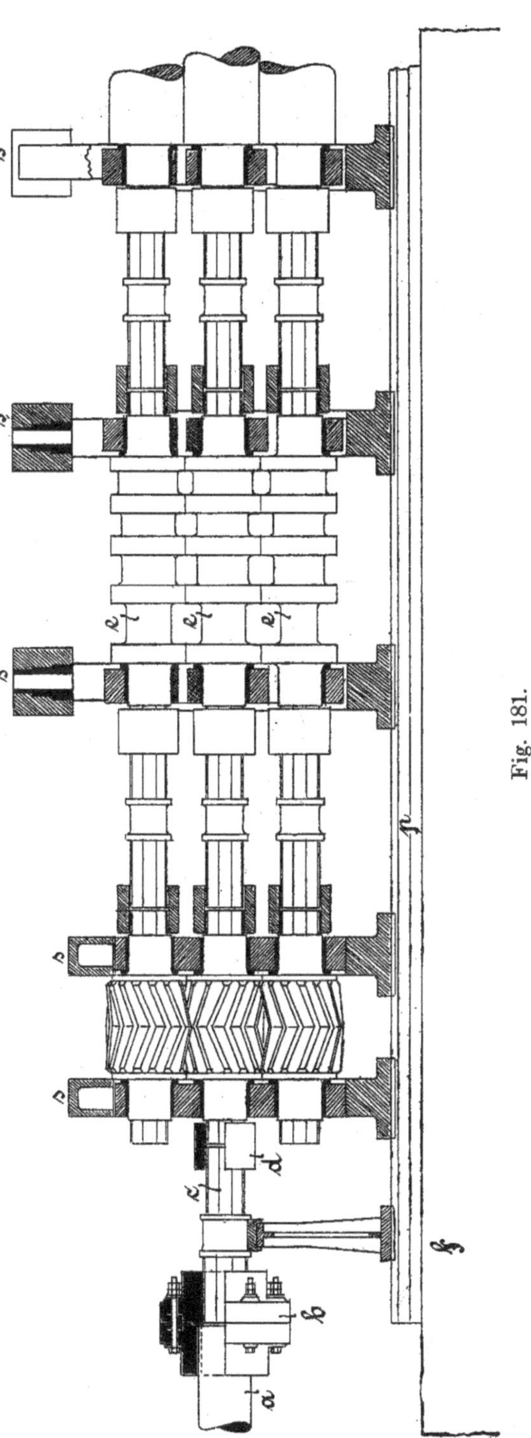

Fig. 181.

Als Kraftmaschine zum Antriebe der Walzen dient in weitaus den meisten Fällen eine Dampfmaschine, nur selten noch eine Turbine oder ein Wasserrad, deren Umdrehungen durch Vermittelung von Zahnrädern, den sog. Kammwalzen, auf die Walzen übertragen werden.

Fig. 181 möge diese Bewegungsübertragung veranschaulichen. Auf dem Ende der Schwungradachse *a* ist die mit runder Bohrung versehene Hälfte einer Scheiben- oder Klauenkuppelung *b* aufgekeilt, während die andere, sog. lose Hälfte derselben mit ihrer kreuzförmigen Aussparung die ebenfalls kreuzförmigen Querschnitt besitzende Angriffspindel *c* umschliefst. Diese steht nun dem kreuzförmigen Kuppelzapfen der mittleren Kammwalze genau gegenüber und ist samt diesem von der aufsen cylindrischen, innen mit kreuzförmiger Aussparung versehenen Kuppelmuffe *d* umschlossen. Die auf diese Weise auf die mittlere Kammwalze übertragene Drehbewegung der Schwungradachse teilt sich nun infolge des Zahneingriffes zunächst der oberen und unteren Kammwalze mit und wird von da mittels Kuppelmuffeln und Spindeln auf die entsprechenden Arbeitswalzen *e* des ersten Gerüstes, sowie in ganz gleicher Weise auf jedes noch folgende Trio übertragen. Fig. 181 zeigt uns zugleich die wesentlichsten Bestandteile eines Walzwerkes. Auf der von dem Fundamente *f* getragenen gufseisernen Sohlplatte *p* erheben sich die Walzenständer *s* mit den Lagern für die Zapfen der Walzen.

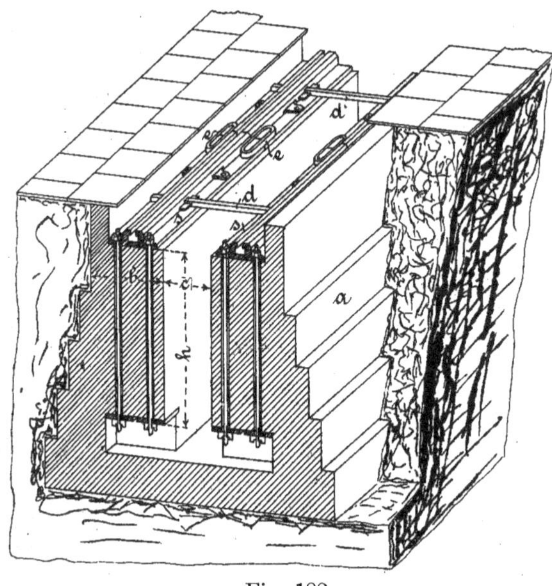

Fig. 182.

1. Das Fundament.

Auf möglichst breiter Grundfläche erhebt sich der in Abstufungen verjüngte und durch den sog. Walzkanal bis zu einer gewissen Tiefe geteilte Mauerkörper *a* (Fig. 182), welcher bestimmt ist, im Vereine mit den Sohlplatten *s* dem Walzwerk als Unterlage zu dienen. In diesen Mauerkörper ragen die Ankerbolzen zur Befestigung der Sohlplatten hinab, welche nach Aufbringung der Sohlplatten in die entsprechenden Aussparungen im Mauerwerke versenkt und durch Vorstecken eines

Nasenkeiles gegen das Herausziehen versichert werden. Diese in der Tiefe des Fundamentkörpers vorzunehmende Befestigungsarbeit wird ermöglicht durch Mauernischen, welche einem Arbeiter den Zugang zu den Enden der Ankerbolzen gestatten.

Die Gröfsenverhältnisse des Fundamentes hängen ab von der Gröfse des betr. Walzwerkes. Man giebt ihm folgende Abmessungen:

Art des Walzwerkes	*b*	*c*	*h*	
Drahtstrafse	0,875 m	0,600 m	1,800 m	Als Baustoffe sind ebensowohl Bruchsteine wie Backsteine anwendbar; als Bindemittel sollte man nur Zementmörtel verwenden.
Feinstrafse	1,000 „	0,650 „	2,000 „	
Mittelstrafse	1,250 „	0,700 „	2,250 „	
Stabstrafse	1,300 „	0,750 „	2,500 „	
Grobstrafse	1,500 „	0,950 „	3,500 „	
Schwere Blechstrafse . .	1,650 „	1,000 „	3,750 „	

Die Sohlplatte kann verschiedenartig gestaltet sein.

Die in Fig. 182 dargestellte Querschnittsform derselben ist wohl die mit Recht beliebtere. Die aus der eigentlichen Grundplatte hervorragenden und in der Längsrichtung der Platten verlaufenden Prismen sind in ihrer äufseren Begrenzung bearbeitet und dienen als Geradführung beim Verschieben der Ständer, während der **T**-förmige Schlitz im Innern zur Aufnahme der Schrauben dient, mit denen die Ständer auf der Sohlplatte befestigt werden. Die Längsverbindung der zu einer Sohlplatte gehörigen Gufsstücke erfolgt durch Schrumpfbänder *e*, welche um angegossene entsprechende Nocken gezogen sind. Auch eine Querverbindung der beiden Sohlplatten ist erforderlich und wird erreicht durch die kräftigen Anker *d*, deren jeder mit vier Keilen an den Geradführungen befestigt ist. Für kleinere Walzwerke giefst man die beiden Sohlplatten in einem Stücke. Da hierbei die verbindende Platte den Walzkanal verdeckt, so bringt man in derselben Löcher an, welche ein Einsteigen gestatten und das Abfliefsen des von den Walzen kommenden Kühlwassers ermöglichen.

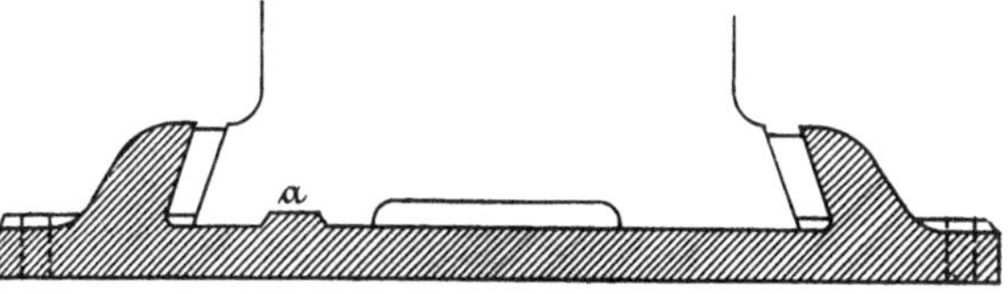

Fig. 183.

Eine etwas ältere, aber weniger zweckmäfsige Form der Sohlplatte ist in Fig. 183 dargestellt. Die Befestigung des Ständers erfolgt hier durch Keile zwischen kräftigen Nocken, die Geradführung durch eine kleine Arbeitsleiste *a*.

Damit die Sohlplatte, wie man zu sagen pflegt, an allen Punkten gut getragen wird, d. h. mit dem Fundament in Berührung ist, wird sie sorgfältig mit Zement untergossen.

2. Die Walzenständer.

Dies sind die gufseisernen Rahmen, welche die Lagerkörper für die Walzenzapfen umschliefsen. Hinsichtlich der Form unterscheiden wir die aus einem Stücke gegossenen Rahmenständer und die mit getrenntem Oberteile (Deckel oder Kappe) hergestellten Kappenständer. Die geschlossenen oder Rahmenständer machen, falls sich die Walzen nicht seitlich durch die Rahmenöffnung schieben lassen, ein Verschieben der Ständer beim Ausbauen der Walzen nötig. Es empfiehlt sich also, um den dadurch verursachten Zeitverlust zu verhüten, an allen Strafsen, die einen häufigen Walzenwechsel erfahren, oder deren Walzendurchmesser gröfser sind als die Weite der Ständer, die sogen. Kappenständer zu verwenden, während sich die Rahmenständer besser für Block-, Blech- und Universalstrafsen eignen. Hinsichtlich des Verwendungszweckes haben wir zu unterscheiden die Ständer zur Aufnahme der Kammwalzen und die für die Arbeitwalzen. Während bei ersteren, der Unveränderlichkeit des Zahneingriffes wegen, die Lagerkörper (Einbaustücke) in fester Lage angeordnet sind, mufs bei diesen die Möglichkeit vorliegen, ihre Lage zu einander jederzeit zu verändern, weshalb hier die Einbaustücke verstellbar angeordnet werden.

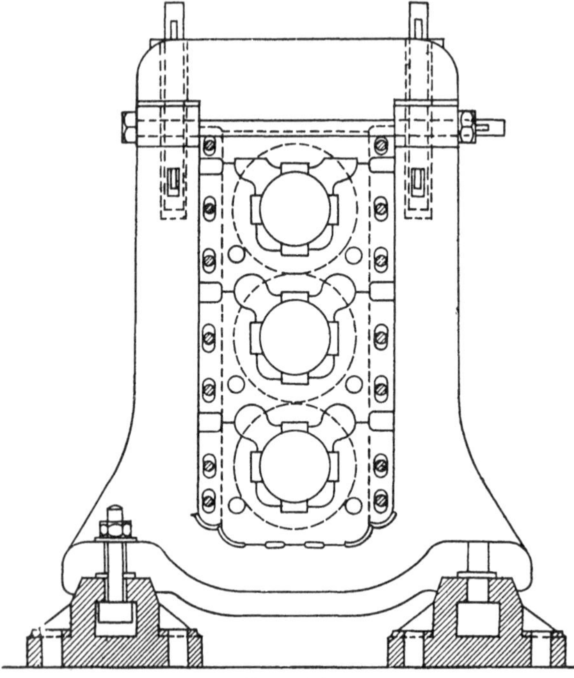

Fig. 184.

Fig. 184 u. 185 stellen ein Kammwalzengerüst in zwei Ansichten dar. Die Ständer sind, des bequemeren Aus- und Einbauens der Kammwalzen wegen, als Kappenständer ausgeführt. Die Einbaustücke, von denen jeweils das obere auf dem unteren ruht, sind mit ihren Flanschen an den Ständersäulen angeschraubt und enthalten die aus Rotgufs oder Weifsmetall hergestellten Lagerschalen, welche die Zapfen an vier Stellen berühren, dazwischen aber hinreichenden Raum für die Beibringung der Schmiermittel freilassen. Auf dem obersten Decklager ruht die Ständerkappe, welche mit den Ständersäulen durch starke verkeilte Bolzen fest verbunden ist. Gegen seitliche Inanspruchnahme sind die Ständersäulen durch Ankerschrauben gesichert. Die Vereinigung der beiden Ständer zu einem sogenannten Gerüst ist aus Fig. 185 erkennbar. Die kastenartigen Ansätze an den Ständersäulen sind an der Innenseite offen und gestatten so die Einführung der Verbindungsschrauben.

Als Beispiel eines Arbeitständers bieten uns die Fig. 186 bis 188 einen vollständig ausgerüsteten sog. Erdmann-Ständer. Dieser wird hauptsächlich in zwei Formen ausgeführt, und zwar entweder mit festliegender Unterwalze oder mit festliegender Mittelwalze wie in unserer Darstellung. In den meisten Fällen läfst man die Betriebmaschine an der Mittelwalze angreifen; es ist deshalb wünschenswert, dafs sämtliche Mittelwalzen einer Strafse mit der Schwungradachse der Maschine in einer geraden Linie liegen, dafs sie also in unveränderlicher Lage im Ständer angeordnet werden. Es wird darum das untere Einbaustück der Mittelwalze von kräftigen, an die Ständersäulen angegossenen Konsolen *a* getragen. Damit aber auch der zwischen Unter- und Mittelwalze auftretende Walzdruck eine Hebung der letzteren nicht zuwege bringt, wird dieser Druck durch den schmiedeeisernen Daumenhebel *b* auf die Ständersäulen übertragen. Das aus dem Ständer hervorragende Ende dieser Hebel stützt sich auf eine in dem Schlitze *c* geführte Schraube, welche zugleich ein beliebig festes Anziehen des Decklagers gestattet. Der festliegenden Mittelwalze gegenüber mufs nun, um die Entfernung der Walzen voneinander nach Bedarf regeln zu können, sowohl die Unter- als auch die Oberwalze verstellbar sein. Das Heben und Senken der Unterwalze, welche nur einen senkrecht abwärts gerichteten Druck erfährt und deshalb keines Decklagers bedarf, wird mittels der Daumenhebel *d* durch Drehen der Schraubenmuttern *m* bewirkt. Der Arbeitsdruck auf die Oberwalze ist stets aufwärts gerichtet und deshalb ihr Oberlager so gestaltet wie das Unterlager der anderen Walzen, während ihr Eigengewicht beim Leerlaufe von dem mit Lagerschalen versehenen schmiedeeisernen Bügel *f* getragen wird, welcher durch Schrauben mit dem Einbaustücke verbunden ist. Durch die in letzterem festgekeilten Hängeschrauben *h*, deren Muttern sich auf starke Spiral-

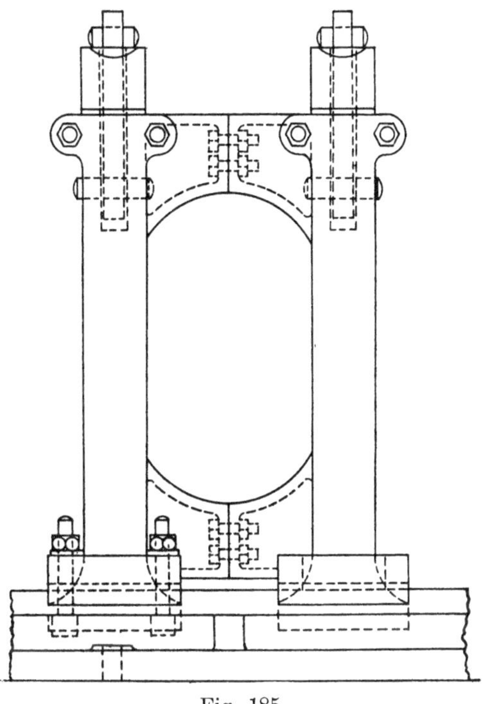

Fig. 185.

federn (Bufferfedern) stützen, wird die ganze Lagerung der Oberwalze zu einer elastischen und hängenden. Um die Oberwalze nun gegenüber dem Walzdruck in einer bestimmten Lage festzuhalten, bedient man sich der Druckspindel *s*, welche den doppelten Zweck hat, einesteils die

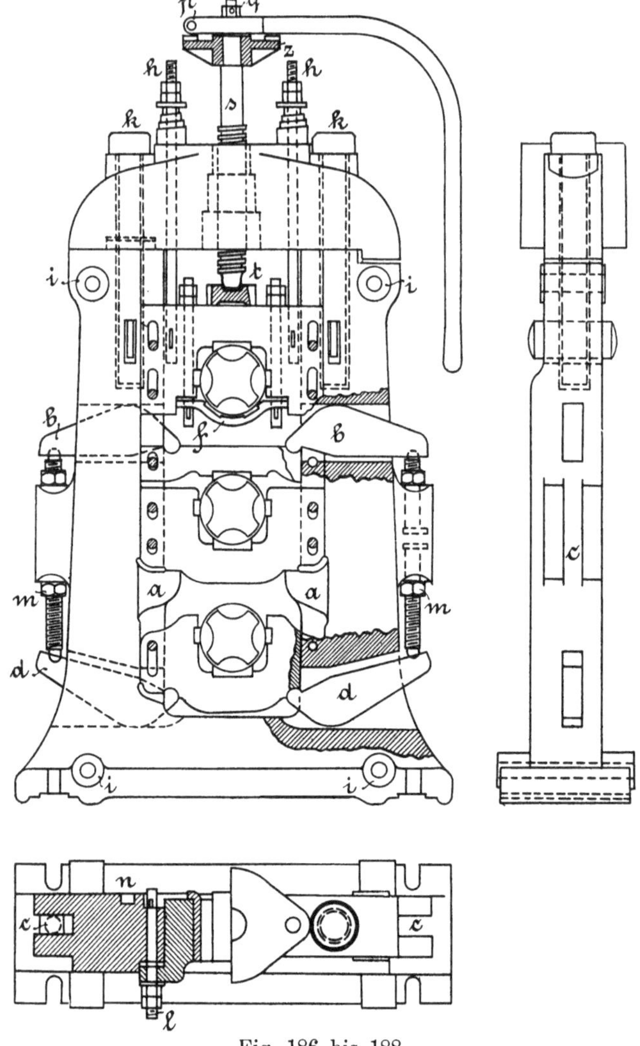

Fig. 186 bis 188.

Stellung der Oberwalze zu regeln und anderenteils den Walzdruck zunächst auf den Ständerdeckel und von da durch Vermittelung der Ankerbolzen *k* auf die Ständersäulen zu übertragen. Das Muttergewinde zur Druckspindel befindet sich in einer in den Deckel eingepafsten, stufenförmig sich verjüngenden Rotgufsmutter. Als geeignete Gewindeform empfiehlt sich die rechteckige oder trapezförmige.

Der Druck der Spindel wirkt nicht unmittelbar auf das Einbaustück, sondern zwischen beide ist eine Sicherheitsvorrichtung, der sog. Brechtopf *t*, eingeschaltet, dessen Tragfähigkeit so bemessen werden mufs, dafs er zur Uebertragung eines zulässigen Walzdruckes gerade ausreicht, bei gefährlichem Anwachsen des Walzdruckes aber zerbricht und so die Walzen vor dem Zerbrechen bewahrt. Damit bei solcher Gelegenheit niemand durch umherfliegende Eisenstücke gefährdet werde, umgiebt man den Brechtopf mit einem lose sitzenden schmiedeeisernen Mantel.

Die Drehung der Spindel erfolgt bei kleineren Ständern durch einen Schlüssel, welcher auf die vierkantige Endung jener gesteckt wird. Um nun bei gröfseren Ständern den abwärts gebogenen Schlüssel nicht umstecken zu müssen, setzt man auf das Vierkant der Spindel die verzahnte Scheibe *z*, in welche ein entsprechender Zahn des Schlüssels eingreift. Durch Hochheben des Schlüssels am Handende dreht sich dieser mit dem anderen gegabelten Ende um das Scharnier *p*, welches mittels der Mutter *q* auf der runden Endung der Spindel drehbar befestigt ist, und kann so an einer anderen Stelle der verzahnten Scheibe zum Eingriffe gebracht werden.

Um beim Ein- und Auslegen der Walzen von dem Ständerdeckel nicht behindert zu sein, braucht man ihn nicht vollständig abzuheben; es genügt vielmehr, wenn er nach Entfernung des rechten Deckelankers *k* um den linken zur Seite gedreht wird.

Die seitliche Anstellung der Walzen, d. h. die Feststellung ihrer Lage in wagerechter Richtung, erfolgt durch Anziehen der Lagerschrauben *l*, mit denen die Flanschen der Einbaustücke am Ständer befestigt sind. Damit diese Schrauben die für das Stellen der Walzen nötige senkrechte Bewegung der Einbaustücke nicht hindern können, müssen die entsprechenden Löcher in den Flanschen von länglicher Form sein.

Noch sind die Ankerlöcher *i* zur Befestigung der Querverbindungen zu erwähnen, durch welche die zwei Ständer eines Gerüstes miteinander vereinigt werden, und die Nuten *n*, in denen die weiter unten zu besprechende Ausrüstung befestigt wird.

Als Lagerschalenmetall dient für die Zapfen der Arbeitwalzen gewöhnlich eine Legierung von Blei und Antimon (Hartblei); unter sehr grofsem Zapfendrucke zeigt jedoch diese Legierung, je nach der Höhe ihres Antimongehaltes, Neigung zum Zerbrechen oder zum Ausquetschen, so dafs man in diesem Falle Rotgufs oder besser Weifsmetall verwendet.

Wegen der grofsen Mannigfaltigkeit der den verschiedenen Ständerformen eigentümlichen Mittel zum Anstellen der Walzen möge hier noch eine andere Art kurz beschrieben werden. Die Fig. 189—192 zeigen, dafs wir es hier mit einem geschlossenen oder Rahmenständer zu thun haben.

Die Mittelwalze liegt fest auf Konsolen. Unter- und Oberwalze sind durch die Schraube *s* senkrecht verstellbar. Der nach oben gerichtete Druck sowohl der Mittel- als der Oberwalze wird dadurch, dafs

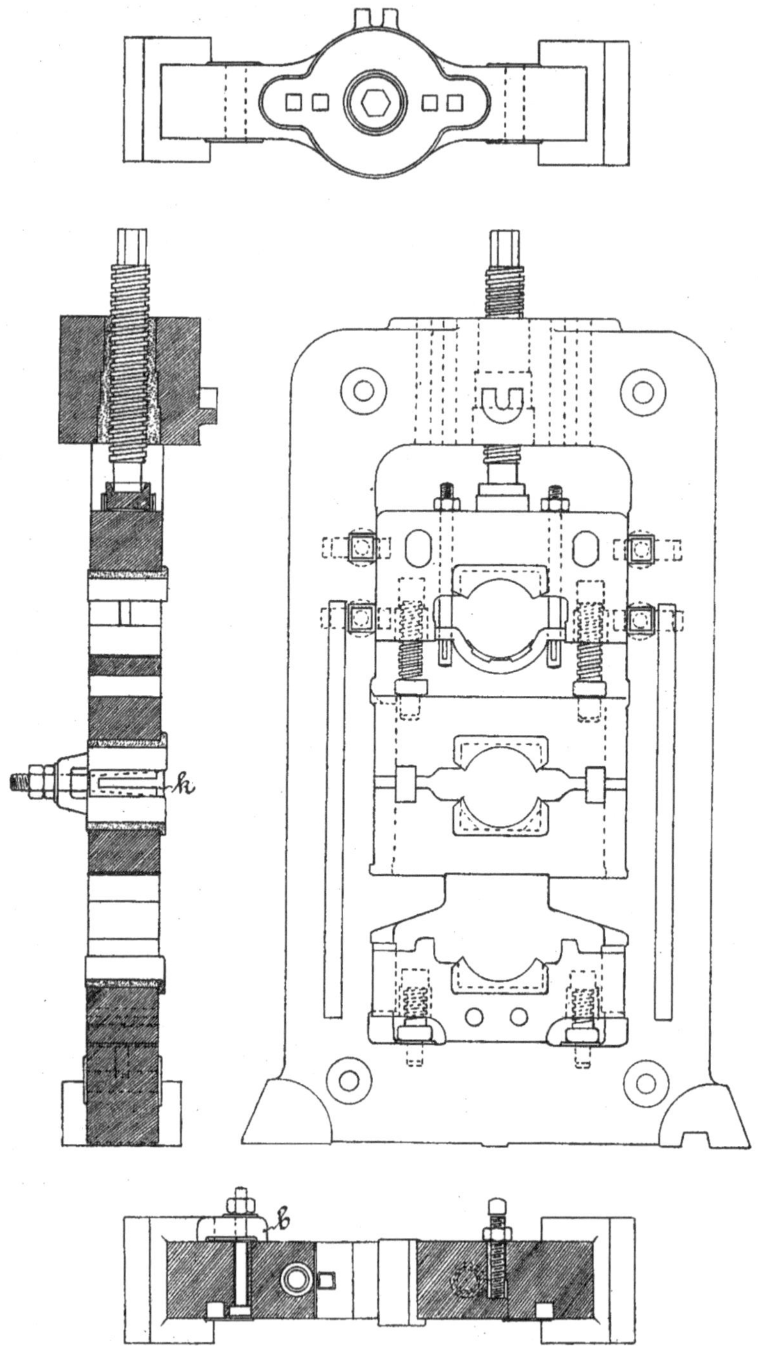

Fig. 189 bis 192.

deren Einbaustücke sich aufeinander stützen, auf die Druckspindel übertragen. Um durch den Druck der Spindel eine unzulässige Bremsung der Mittelwalzzapfen zu verhüten, sind zwischen deren beiden Lagerhälften die Stellkeile *k* angeordnet. Die Einbaustücke der Unter- und der Mittelwalze haben an der Innenseite Flanschen, mit denen sie sich in einen entsprechenden Falz des Ständers legen, und an welchen die zur Verschiebung der Walzen in wagerechter Richtung dienenden Stiftschrauben *f* angreifen. Für den Oberwalzen-Einbau ist der Falz nicht vorhanden, weil dieses Lager beim Umbau der Walzen von aufsen abnehmbar sein mufs. Die seitliche Anstellung der Walzen erfolgt hier durch die Spannbügel *b*.

Bauregeln.

Den meistgefährdeten Querschnitt eines Walzenständers nimmt man für Fein-, Stab- und Grobstrafsen zu 0,25 D^2 (D = Walzendurchmesser), für Drahtstrafsen zu 0,3 D^2 und für Blechstrafsen bis zu 0,35 D^2 an. Dabei wählt man das Verhältnis der Seiten dieses rechteckigen Querschnittes je nach der Gröfse der Strafse zwischen 1 : 1,3 und 1 : 1,5. Das Mafs der gröfseren Rechteckseite ist auch das Höhenmafs für die Kappe bzw. den oberen Teil des Rahmenständers.

In der Mitte wird die Kappe so breit gemacht, dafs nach Abzug der Bohrung für die Mutter der Druckspindel noch ein Querschnitt von 0,4 bis 0,5 D^2 übrig bleibt.

Die lichte Weite des Ständers nimmt man etwa gleich $1^1/_8$ D.

Der Druckspindel gewöhnlicher Strafsen giebt man den Durchmesser $^1/_4$ D,. von Blechstrafsen $^1/_3$ D und wählt rechteckiges oder trapezförmiges Gewinde.

3. Die Walzen.

Wir unterscheiden an dem Walzenkörper drei Teile und bezeichnen den arbeitenden Teil als den Walzenbund oder -Ballen, die in den Lagern ruhenden cylindrischen Teile als Walzenzapfen und die prismatische Fortsetzung derselben als die Kuppelzapfen (auch Rosetten- und, falls sie dreiteilig sind, Kleeblattzapfen).

Der Walzenballen kann ein glatter Cylinder sein (z. B. bei den Blechwalzen); er kann aber auch eine durch eingedrehte Furchen (Kaliber) profilierte Form haben (Kaliberwalzen).

Den an die Walzen gestellten verschiedenartigen Arbeitsansprüchen gegenüber werden zur Herstellung derselben auch verschiedene Materialien verwendet, deren wichtigstes noch immer das Gufseisen ist. Bei besonders hoher Biegungsbeanspruchung verwendet man Walzen aus Flufseisen, und zwar sowohl gegossene als geschmiedete. Unter den gufseisernen Walzen unterscheidet man wieder Weichwalzen, halbharte Walzen und Hartwalzen. Zu ersteren verwendet man ein zähes, graues Eisen und giefst sie in Lehmformen, zu den halbharten eine Mischung von grauem und weifsem Eisen und giefst sie in eisernen Gufsschalen, welche mit einer dünnen Schicht Formmaterial ausgestrichen sind. Durch die abschreckende Wirkung der Gufsschale auf das eingegossene Metall entsteht eine vom Formmateriale gemilderte, nach innen abnehmende Härtung der Walze. Zur Erzielung ganz harter Walzen verwendet man vorwaltend oder ausschliefslich halbiertes Eisen, welches entweder in die nackte oder doch nur sehr dünn ausgestrichene Gufsschale gegossen wird. Wann und wo die verschiedenen Härtegrade zur Verwendung zu kommen haben, läfst sich nicht mit wenigen Worten sagen; indessen mag folgendes immerhin zur Richtschnur dienen. Für alle Walzen mit tiefen Kalibereinschnitten wählt man das weiche Material; für Blechwalzen, Walzen für mittleres und feines Handels- und Profileisen, d. h. für alle Walzen, deren Kaliber beim Eindrehen die gehärtete Kruste der Walze nicht überschreiten, läfst sich das halbharte Material mit

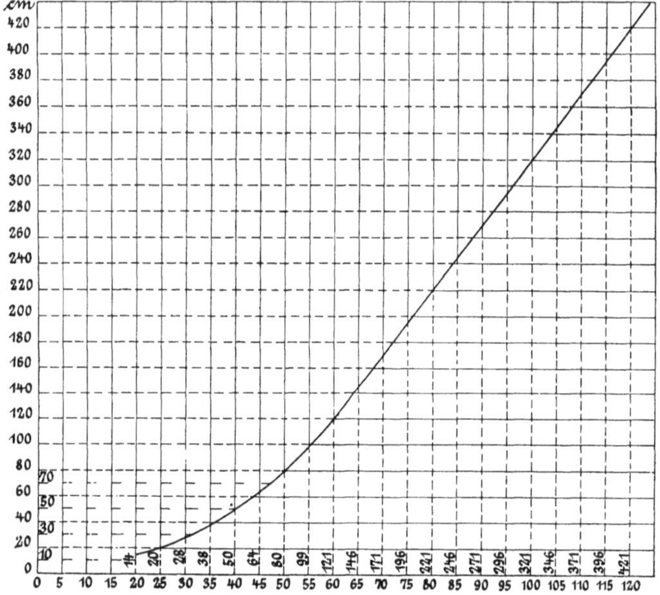

Fig. 193.

Vorteil verwenden; Hartwalzen dienen in erster Linie als Polierwalzen für Bandeisen, dann aber auch für das Fertigkaliber von feinen Profil- und Handelseisen.

Bauregeln.

Durch die Entfernung der Walzenmittel voneinander ist auch für profilierte Walzen ein idealer Durchmesser gegeben, welcher der Berechnung anderer, von ihm abhängiger Abmessungen zu Grunde gelegt wird.

Für die Ermittelung der zu einem bestimmten Walzendurchmesser zu nehmenden Ballenlänge läfst sich eine für alle Beispiele passende Formel nicht wohl aufstellen; indessen giebt die in Fig. 193 dargestellte Schaulinie, welche aus zahlreichen bewährten Beispielen hervorgegangen ist, sicher brauchbare Mafse.

Man trägt den gegebenen Walzendurchmesser auf der Abscissenachse auf und dividiert mit der im Endpunkte sich ergebenen Ordinate der Schaulinie in das Widerstandsmoment des idealen Walzenquerschnittes. Hat z. B. eine Walze 80 cm Durchmesser, so ergiebt sich beim Auftragen desselben eine Ordinate von 221 cm; das Widerstandsmoment des kreisförmigen Querschnittes $= \frac{D^3 \pi}{32}$ ist 50 176, welche Zahl mit der Länge der Ordinate = 221 dividiert eine Ballenlänge von etwa 227 cm ergiebt.

Den Zapfendurchmesser Z nimmt man bei Drahtstrafsen 0,58 D, bei Fein- und Mittelstrafsen 0,55 D, bei Stab- und Grobstrafsen 0,53 D und bei Blechstrafsen 0,60—0,63 D (D = Walzendurchmesser). Den Durchmesser des Kuppelzapfens nimmt man 8 bis 15 mm kleiner als Z, die Länge des Laufzapfens l = Z und die Länge des Kuppelzapfens $l_1 = \frac{Z}{2} + 40$ mm.

4. Die Kammwalzen.

Dies sind Zahnräder, welche wegen des bedeutenden Zahndruckes eine grofse Breite der Zähne erfordern und sich so zu Walzen ausgestalten (Fig. 194). Der Verschleifs der Zähne ist trotz guter Schmierung und trotz der Verteilung des Zahndruckes auf thunlichst grofse Flächen sehr bedeutend, so dafs man genötigt ist, die Zähne so stark wie möglich bezw. ihre Anzahl so klein zu machen, als es die Rücksicht auf guten Eingriff zuläfst. Man wählt die Evolventen-Zahnform, weil diese kleine Veränderungen in den Entfernungen der Kammwalzen gestattet, und Winkelzähne wegen des besseren Eingriffes.

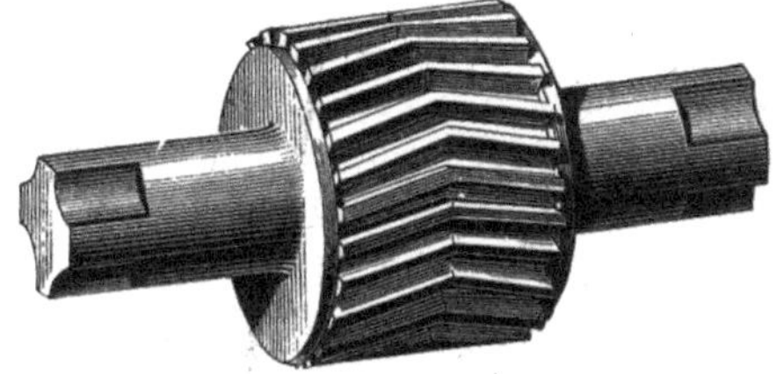

Fig. 194.

Als Material wird ausschliefslich Stahlgufs verwendet. Kleine Kammwalzen werden samt Lauf- und Kuppelzapfen aus einem Stücke gegossen; gröfsere fertigt man wohl aus zwei Teilen, einer gegossenen Welle (Spindel) und dem auf dieser festgekeilten Zahnmantel, wobei man den Vorteil hat, falls die Zähne verschlissen sind, nur den Zahnmantel ersetzen zu müssen.

Bauregeln.

Den Teilkreisdurchmesser D_1 nimmt man etwas kleiner als den Walzendurchmesser D, mit Rücksicht auf die Abnahme des letzteren beim Nachdrehen der gebrauchten Arbeitwalzen. Die Ballenlänge macht man $1\frac{1}{3} D_1$. Die Teilung der kleinsten Kammwalzen beträgt etwa 25 π, der gröfsten (Grobstrafsen) etwa 50 π; bei Blechstrafsen nimmt man sogar 60—65 π.

5. Die Kuppelungen.

Über diese zur Übertragung der Drehbewegung von der Betriebsmaschine auf die Walzen dienenden Teile ist Seite 178 schon einiges gesagt worden. Die auf der Maschinenachse sitzende sog. Angriffkuppelung, welche ihrer Form nach ebensowohl eine Klauen- oder Zahnkuppelung, als auch eine nicht ausrückbare Scheibenkuppelung sein kann, wird am besten aus Stahlgufs hergestellt. Ihre feste Hälfte wird nach vorhergegangener Erwärmung, also unter Schrumpf, auf die Maschinenachse aufgezogen und festgekeilt. Die Querschnittform der Kuppelspindeln sowie die entsprechende Hohlform der Kuppelmuffen ist entweder die vierteilige Rosette oder die dreiteilige sog. Kleeblattform.

Die von der Maschinenkuppelung erfafste Angriffspindel erhält in ihrer Mitte einen cylindrischen Teil, mit welchem sie in dem von einem Spindelstuhle getragenen gufseisernen Lager läuft. Die gleiche Einrichtung haben gröfsere Walzwerke für alle Kuppelspindeln; dazu werden Stühle mit Lagern übereinander verwendet. Diese Einrichtung gewährt den Vorteil, dafs man beim Auslegen der Walzen nur die Kuppelmuffen auf den Spindeln zurückzuschieben braucht, während man sie andernfalls ganz entfernen müfste. Gleichzeitig bietet sie für den Fall eines Muffenbruches einige Sicherheit gegen das Herabfallen der Spindel. Das Material für die gewöhnlichen Spindeln und Muffen ist Gufseisen; die Angriffspindel und die auf ihr und der Kammwalze sitzende Muffe werden besser aus Flufseisen gefertigt.

Um die über Spindel und Kuppelzapfen geschobene Muffe in ihrer Lage zu erhalten, werden in die Vertiefungen der Spindel rundliche Holzstücke (Kuppelhölzer) gelegt und mit Seilen festgebunden.

Bauregeln.

Die Länge der Kuppelspindeln nehme man gleich dem $3^1/_2$ bis 4 fachen ihres Durchmessers und den Raum zwischen den zu verbindenden Zapfen etwa 40—60 mm gröfser. Die Länge der Kuppelmuffe nehme man 15 mm gröfser als die doppelte Länge des Kuppelzapfens und setze deren kleinste Wandstärke gleich dem vierten Teile des Zapfendurchmessers Z_1, bei grofsen Strafsen gleich $^1/_4\, Z_1 + 15$ mm und bei Blechstrafsen gleich $^1/_3$ Z. Die Höhlung der Muffe mache man übrigens um 10 mm weiter als den Spindeldurchmesser.

6. Die Walzenzugmaschinen.

Für die Ansprüche, welche heute an die Leistungen der Walzenzugmaschinen gestellt werden, reichen Wasserkräfte nur in den seltensten Fällen aus; wir finden deshalb nur in älteren Anlagen kleine, wenig Kraft beanspruchende Strecken an Wasserrädern und Turbinen gehen; die weitaus meisten Walzenstrafsen werden durch Dampfmaschinen betrieben, und es gehören gerade die Walzenzugmaschinen zu den gröfsten und kräftigsten, welche man baut. Maschinen, welche eine sekundliche Leistung von 4—5000 Pferdestärken zu entwickeln vermögen, sind durchaus nicht selten und gehören gegenüber den gewaltigen Anforderungen, welche an grofse Walzwerke neuester Einrichtung gestellt werden, zu den notwendigen Erfordernissen. Je nach der Art des zu betreibenden Walzwerkes ist auch die Bauart der Maschine eine andere. An Kehrwalzwerken findet man stets umstellbare zwei- oder dreicylindrige Dampfmaschinen (Zwillings- oder Drillingsmaschinen), deren Flügelstangen an zwei oder drei um 90° bzw. 120° versetzten Punkten der Kurbelachse angreifen. Schwungräder sind bei den Reversiermaschinen natürlich nicht anwendbar. Diese vermögen deshalb nicht, einen Vorrat von Arbeit aufzuspeichern, und haben infolgedessen einen viel höheren Dampfverbrauch als die zum Betriebe der stets in gleicher Richtung umlaufenden Walzwerke verwendeten Schwungradmaschinen. Letztere werden entweder als eincylindrige Maschinen mit einfacher Expansion oder behufs besserer Ausnutzung des Dampfes als zwei- oder mehrcylindrige Verbundmaschinen gebaut, letztere immer unter Anwendung von Kondensation, um den Vorderdruck vor dem Kolben auf das kleinste Mafs zu beschränken.

Als Dampfverteilungsvorrichtung finden wir an ausgeführten Walzenzugmaschinen ebensowohl Ventilsteuerungen (System Colmann, Trappen u. a.) als die Meiersche Expansionssteuerung. Erstere dürften mit der Zeit wohl durch die immer gröfser werdenden Anforderungen an die Geschwindigkeit der Maschinen aus dem Walzwerkbetriebe verdrängt werden, während letztere in der Form der Kolbenschiebersteuerung gegenwärtig besonders beliebt ist. Den Geschwindigkeit- und Kraftreglern fällt bei den Walzenzugmaschinen eine besonders anstrengende Aufgabe zu, weil der von der Maschine zu bewältigende Widerstand wohl bei keinem anderen Betriebe von gleicher Veränderlichkeit ist. Jeder Durchgang des Walzgutes durch das Walzwerk bewirkt eine andere Gröfse dieses Widerstandes, je nachdem der gewalzte Stab wärmer oder kälter, kürzer oder länger, je nachdem die an ihm vorgenommene Querschnittverminderung gröfser oder kleiner ist. In erster Linie reagiert auf diese Schwankungen des Widerstandes das Schwungrad, indem es von der in ihm aufgespeicherten Arbeit abgiebt, wenn seine Umlaufbewegung durch den gröfseren Widerstand eine Verzögerung erfährt, die in den Leergangspausen wieder beschleunigt wird, so dafs es Energie aufnimmt. Es erscheint hiernach ganz sachgemäfs, dafs man bestrebt ist, durch möglichste Vergröfserung der Schwungradmasse die Arbeitsfähigkeit des Rades zu erhöhen, soweit dies angesichts der beträchtlichen Umlaufgeschwindigkeit geschehen kann, ohne dafs der Schwungring Gefahr läuft zu zerreifsen. So ist man denn in neuerer Zeit dazu gekommen, an gröfseren Walzwerken Schwungräder anzuordnen, deren Kranzgewicht 75—80 t beträgt, und sie bei einem Durchmesser von 8 m unbedenklich bis zu 130 Umdrehungen in der Minute machen zu lassen. In zweiter Linie ist es der Schwungkugelregulator, welcher, den Veränderungen des Widerstandes folgend, merkbare Verzögerungen der Maschine mit einer wirksamen Verstellung des Expansionsschiebers, d. h.

mit einer Vergröfserung des Füllungsgrades, beantworten mufs, während er bei eintretender Beschleunigung im umgekehrten Sinne arbeiten, d. h. durch Verkleinerung des Füllungsgrades ein unzulässiges Anwachsen der Geschwindigkeit verhüten soll. Es wird also von dem Regulator einerseits ein gewisser Grad von Empfindlichkeit, andererseits aber auch eine beträchtliche Arbeitleistung zur Beeinflussung der Steuerungsvorrichtung gefordert. Beide Bedingungen dürften wohl am besten durch den Porterschen Regulator erfüllt werden, dessen Schwungkugeln hinreichend empfindlich sind, und dessen Belastungsbirne durch die Trägheit ihrer Masse einerseits eine unangenehme Beweglichkeit des Regulators verhütet, andererseits zur Aufbringung der erforderlichen Arbeit befähigt ist.

Nachstehende Tabelle zeigt an einigen der Praxis entnommenen Beispielen die Abmessungen der Walzenzugmaschinen für die verschiedenen Walzenstrafsen.

Art des Walzwerkes	Cylinderdurchm. m	Kolbenschub m	Umdrehungszahl in d. Min.	Schwungrad- Gewicht t	Schwungrad- Durchmesser m	Bemerkungen
Drahtstrafse . . .	0,70/1,02	1,05	90	20	6,00	Verbundmasch.
Feinstrafse	0,75	1,00	120	20	6,00	
Stabstrafse	0,65/0,90	1,20	95	30	8,00	dergl.
Grobstrafse	1,10/1,50	1,50	90	75	8,00	dergl.
dergl.	1,30	1,50	130	80	8,50	
Grob-Blechstrafse (Lauthsches Trio)	0,90/1,30	1,30	80	60	8,00	dergl.

7. Die Walzwerkausrüstung.

Aufser den bis jetzt beschriebenen wesentlichen Bestandteilen eines Walzwerkes gehört zu dessen betriebsmäfsiger Ausrüstung noch eine Anzahl von Vorrichtungen, welche zwar mehr nebensächlicher Natur aber zur Herbeiführung eines sicheren und gefahrlosen Betriebes unerläfslich sind. Die hauptsächlichsten dieser Einrichtungen sind die Abstreifmeifsel oder Hunde, die Führungen und die Vorrichtung zum Kühlen der Walzen und ihrer Zapfen.

α) Die Abstreifmeifsel. Der Zweck dieser Vorkehrung wird uns klar durch folgende Erwägung. Wären die beiden Walzen eines zusammenarbeitenden Paares an den Stellen, wo sie zu gleicher Zeit das Walzgut berühren, von gleichem Durchmesser, so würde der Stab theoretisch betrachtet auch genau gerade aus denselben hervorgehen müssen. Jede Verschiedenheit der Durchmesser hat zur Folge, dafs der Stab sich nach der dünneren Walze hin krümmt, weil die dickere Walze — gleiche Winkelgeschwindigkeit der Walzen als selbstverständlich vorausgesetzt — in derselben Zeit eine gröfsere Umfangsabwickelung hat als die dünnere. Es wird also im allgemeinen jeder Walzstab die Neigung haben, ringförmig aus den Walzen zu kommen, und diese Neigung ist bei grofser Verschiedenheit der Durchmesser so stark, dafs ein Aufwickeln des Stabes auf die dünnere Walze erfolgt.

Begünstigt wird diese Aufwickelung noch durch die zwischen dem Walzstab und den seitlichen Kaliberbegrenzungen auftretende Reibung, welche unter Umständen für sich allein ausreicht, das Austreten des Stabes aus dem Kaliber zu verhindern. Es ist nun die Aufgabe der Abstreifmeifsel, die Stäbe aus den Kalibern zu lösen und dadurch die Entstehung sog. Bänder (Aufwickelungen) zu verhüten.

Die Fig. 195 u. 196 zeigen uns in Schnitt und Ansicht die Gestalt und Anordnung der Hunde *a* bei einem Trio-Kaliberwalzwerk, in

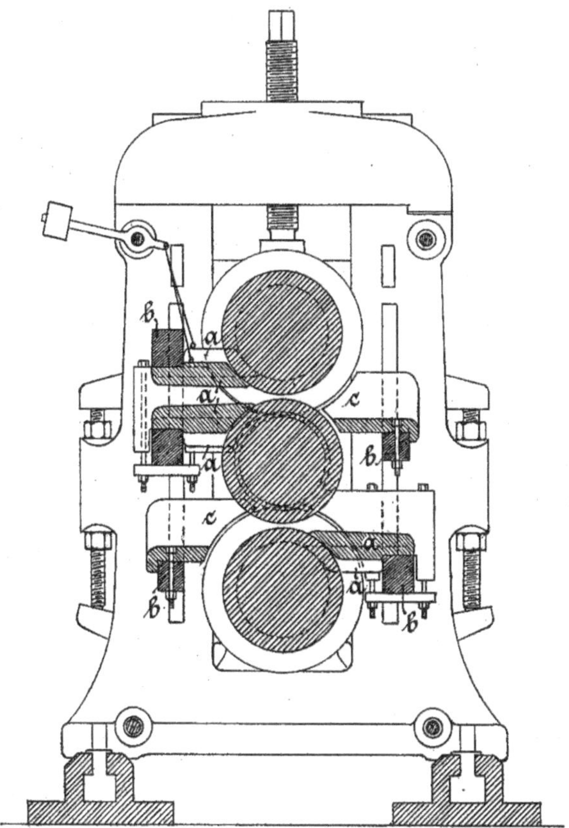

Fig. 195.

welchem die höher liegende Walze immer dicker angenommen ist als die tiefer liegende, so dafs das Bestreben der Ringbildung durch den sog. Oberdruck (d. i. durch den gröfseren Durchmesser der einen Walze) sowohl bei der Unter- wie bei der Mittelwalze vorhanden ist. Infolge Anhaftens an den Kaliberwänden kann die gleiche Erscheinung bei Unter- und Oberwalze auftreten, weil diese die Matrizen der Kaliber enthalten. Wir müssen also beim Austritte zwischen Mittel- und Unterwalze die letztere, beim Austritt zwischen Mittel- und Oberwalze beide Walzen mit Hunden versehen.

Wie aus Figur 195 hervorgeht, sind die Hunde eigenartig gestaltete Eisenkörper, welche sich mit dem meifselartigen Vorderende der Walze anschmiegen, und zwar so genau, dafs der sorgfältigst zugespitzte Revisionshaken ohne Anstofs über die Berührungstelle von Walze und Hund hinweggleitet. Das hintere Ende, der Schwanz des Hundes, liegt frei auf einem prismatischen schmiedeeisernen Balken *b*, welcher mit beiden Enden in den Nuten der Ständer eingezapft und festgekeilt ist.

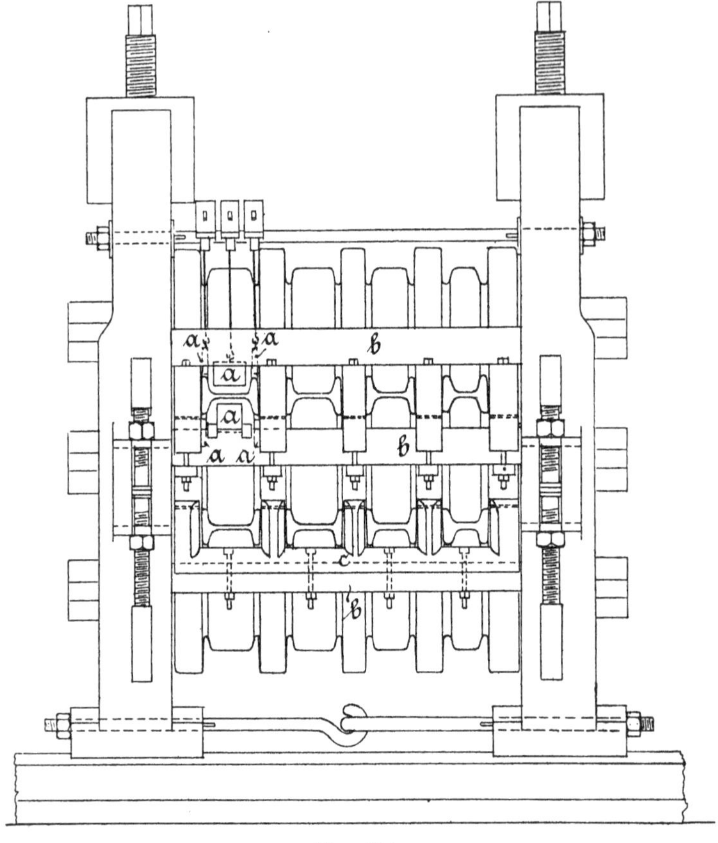

Fig. 196.

Die Hunde für die Oberwalze bedürfen natürlich, da sie nach oben hin anliegen müssen, einer hängenden Anordnung (fliegende Hunde), wie wir sie in den Figuren mit Hängestangen, Hebel und Gegengewicht ausgeführt sehen.

β) Die Führungen. Hiervon unterscheiden wir zwei Arten, nämlich Führungen, welche den Eintritt des Walzstabes in die Kaliber erleichtern (Eintrittführungen), und solche, die dem Stabe beim Austritt eine bestimmte Richtung vorschreiben sollen (Austrittführungen). Es sind dies prismatische Gufseisenkörper, welche zu beiden Seiten eines

Kalibers aufgestellt und mittels Schrauben und einfacher Flacheisentraversen an dem schon erwähnten Ausrüstungsträger (Balken) befestigt werden. Die Eintrittführungen können der Bequemlichkeit wegen mit einer gemeinsamen Grundlage, dem Führungstische, aus einem Stücke gegossen werden (*c* in Fig. 196); auch giebt man denselben eine solche Gestalt, dafs die von ihnen gebildete Einführungsöffnung, sich nach den Walzen hin trichterartig verengt. Die Vereinigung der Austrittführungen auf einem Tisch ist nur in einigen wenigen Fällen zweckmäfsig, weil man genötigt ist, zuweilen kleine Änderungen an der Stellung einzelner Führungskörper vorzunehmen.

γ) Die Kühlvorrichtung. Es liegt nahe, dafs durch den von den Walzen aufzunehmenden bedeutenden Walzdruck grofse Reibung und durch diese eine erhebliche Erwärmung der Walzenzapfen verursacht wird, sowie dafs durch die fortwährende Berührung der Walzenballen mit dem glühenden Metalle jene sich erhitzen müssen.

Man hat also den durch diese Erhitzung gefährdeten Teilen gegenüber für eine möglichst ausgiebige Kühlung zu sorgen. Bei den Zapfen dient hierzu in erster Linie die Schmierung, das sind Rohtalg- oder Speckstücke, auch Brikets von tierischem oder mineralischem Fett, welche in reichlicher Menge an den freiliegenden Stellen der Zapfen zwischen die Einbaustücke gesteckt werden. Vor allem aber ist es eine reichliche Berieselung mit Wasser, durch die man Zapfen und Walzen kalt erhält.

Von einem hochliegenden Behälter gespeist, führt eine Wasserleitung parallel zur Strafse und unterhalb des Flurbelags an den Ständern vorbei. An jedem Ständer zweigt von derselben ein aufsteigendes Rohr ab, welches für jeden Zapfen mit einem Messinghahn versehen ist, der mittels eines Gummischlauches einen kräftigen Wasserstrahl in das Einbaustück sendet. In ähnlicher Weise wird vom oberen Ende des Zweigrohres Wasser in eine über den Walzen angeordnete durchlöcherte Rinne geführt, aus welcher sich dasselbe in zahlreichen Strahlen über die ganze Länge der Walzen ergiefst.

8. Die maschinellen Hilfseinrichtungen.

Mit dem Anwachsen der in den Walzwerken zur Verarbeitung gelangenden Blöcke und Packete wird naturgemäfs auch die Bewältigung derselben immer schwieriger und fordert immer gröfseren Aufwand an Menschenkraft. Es ist deshalb jederzeit eine dankbare Aufgabe für den Walzwerktechniker, seinen Betrieb mit denjenigen Mechanismen auszurüsten, durch welche einerseits an Menschenkraft und Arbeitslohn gespart, andererseits die Erzeugungsfähigkeit der Walzwerke gesteigert und auf immer gröfsere Arbeitstücke ausgedehnt werden kann.

Die Zahl der hierhergehörigen Mechanismen ist so grofs, dafs wir uns des knappen Raumes wegen auf eine Besprechung der wichtigsten und meistgebrauchten beschränken müssen.

α) Die Überhebevorrichtung oder Wippe. Diese bezweckt beim Duo-Walzwerk den Stab nach dem Durchgange behufs Rückgabe auf die Vorderseite über die Oberwalze und bei Triobetrieb auf die Höhe zwischen Mittel- und Oberwalze emporzuheben. Um ihrem Zwecke vollkommen zu genügen, mufs die Wippe folgende drei Bewegungen ausführen können:

Die den Walzstab tragenden Hebel *h* (Fig. 197 u. 198) müssen sowohl beim Einstecken wie beim Empfangen des Stabes eine rechtwinkelig zur Strafse gerichtete hin- bezw. hergehende wagerechte Bewegung machen; sie sind deshalb mit ihrem Gestänge an Bügeln aufgehängt, die mit den Achsen der auf den Schienen der Hebelbahnen *b* fahrbaren Laufrollen verbunden sind.

Um mittels der Hebel an allen zur selben Walzenstrafse gehörigen Gerüsten arbeiten zu können, wird von der Wippe auch eine parallel

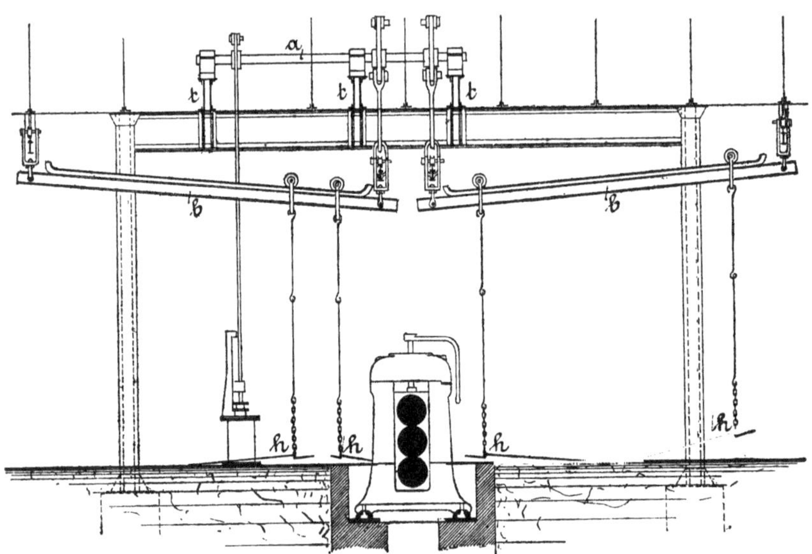

Fig. 197.

zur Strafse gerichtete wagerechte Bewegung verlangt und diese Bewegungsfähigkeit dadurch erreicht, dafs die Enden der Hebelbahnen an den Achsen von Laufrollen hängen, deren Bahnen von parallel zur Strafse liegenden wagerechten Trägern gebildet werden (Querbahnen).

Die dritte Bewegung endlich ist die schon erwähnte senkrechte, durch welche das Walzgut gehoben und gesenkt werden soll. Sie wird dadurch erzielt, dafs entweder die sämtlichen Querbahnen samt den daran hängenden Hebelbahnen oder — und dies genügt in den meisten Fällen — nur die beiden unmittelbar über der Strafse liegenden Querbahnen maschinell, und zwar unter Anwendung von Dampf- oder Druckwasserkraft, gehoben werden. In Fig. 197 u. 198 ist die letzterwähnte Art der Hebung dargestellt. In ihrer höchsten Stellung liegen die Hebelbahnen wagerecht.

Für die Arbeit des Hebens ist ein von Hand gesteuerter Dampfcylinder vorgesehen, dessen Kolbenstange mit ihrer Fortsetzung an dem auf der Welle *a* aufgekeilten Hebel angreift. Jeder Niedergang des Dampfkolbens hat eine Drehung der beiden parallelen Wellen *a* und *e* und somit eine Hebung der von den Hebeln erfaſsten Querbahnen zur Folge. Den Niedergang der Wippe bewirkt ihr Eigengewicht, sobald man den Dampf über dem Kolben ausströmen läſst.

Zur Ausführung der Querbewegung (parallel zur Straſse) genügt im allgemeinen ein entsprechendes Ziehen am Hebelgestänge von der Hand der Hebeler. Bei sehr schweren Wippen empfiehlt es sich allerdings, für diese Bewegung einen besonderen Antrieb vorzusehen, z. B.

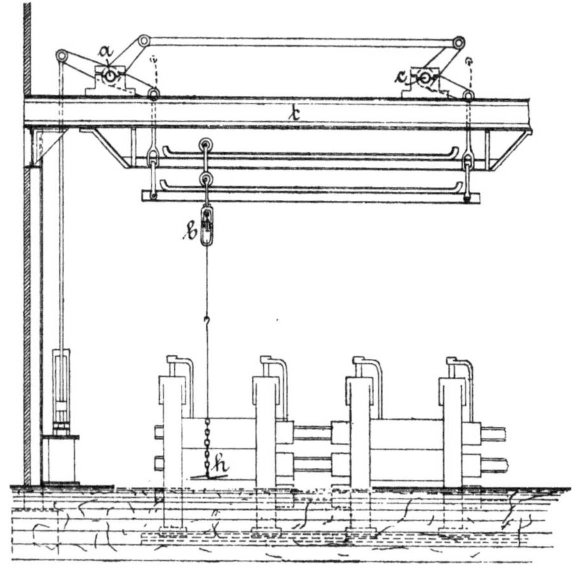

Fig. 198.

einen Druckwasserkolben, dessen Hub durch einen umgekehrten Flaschenzug entsprechend vervielfacht und durch eine Transmission auf die Hebelbahnen übertragen wird. Noch möge erwähnt werden, daſs zur Aufnahme der ganzen durch die Wippe gebildeten Last kräftige Träger anzuordnen sind, welche sich entweder auf die Dachkonstruktion oder auf die Umfassungswände der Halle stützen.

β) Der Hebetisch ist auch eine Vorrichtung zum Überheben des Walzgutes; er versieht diesen Dienst jedoch nur an einem Gerüste und findet Verwendung an Blechwalzen, Trio-Blockwalzen und Universalstraſsen. Hinsichtlich seiner Form begegnen wir den verschiedenartigsten Ausführungen; darin aber stimmen alle diese Formen überein, daſs die obere Begrenzung gebildet wird von leicht beweglichen, um fest liegende Achsen drehbaren Rollen, welche ein leichtes Vorschieben

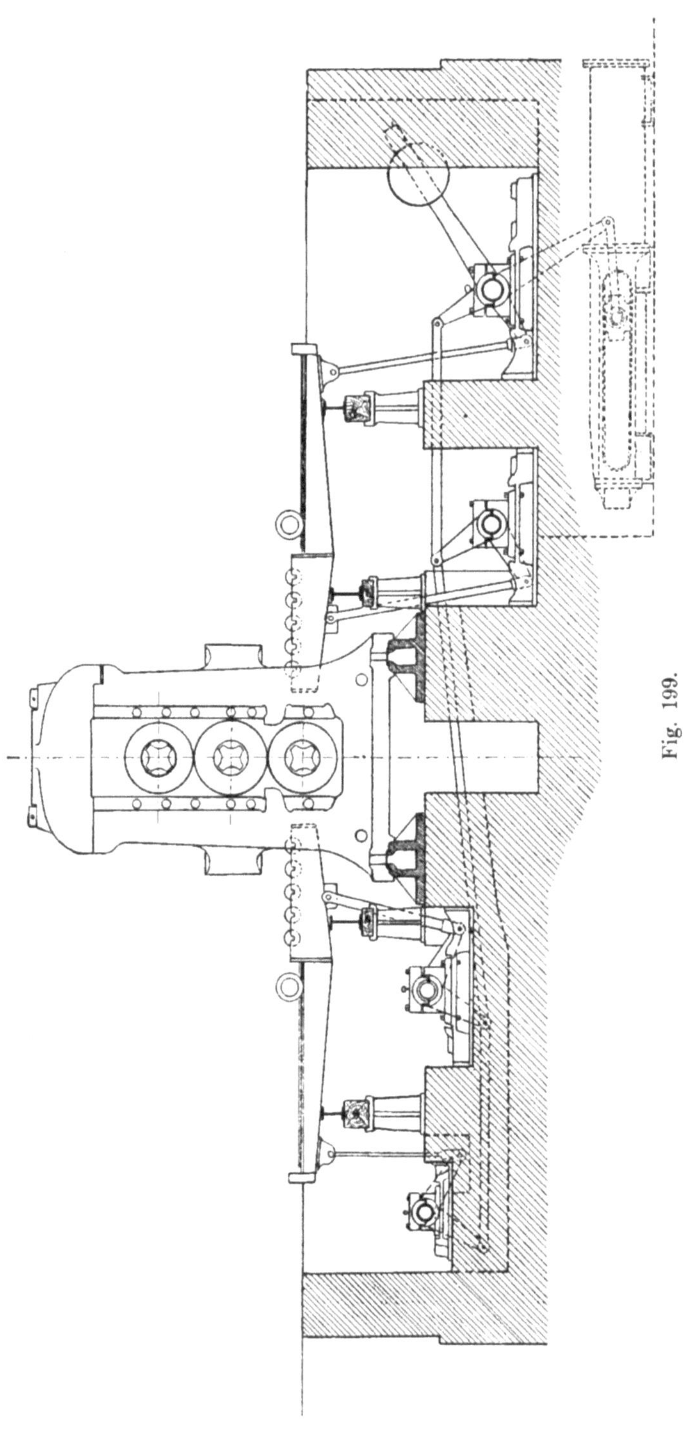

Fig. 199.

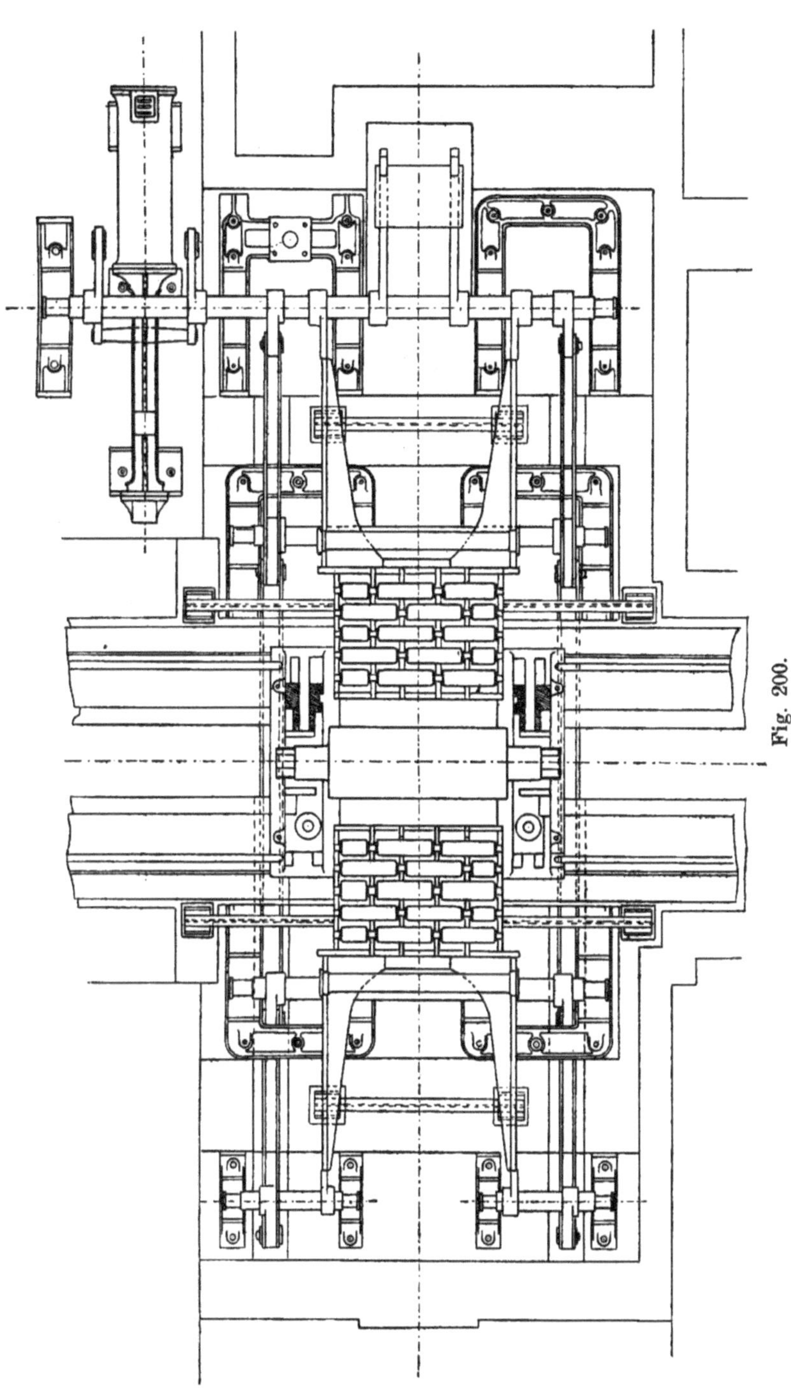

Fig. 200.

des Walzgutes gegen die Walzen ermöglichen, und dafs entweder der ganze Hebetisch oder wenigstens das der Walze zugekehrte Ende desselben eine senkrechte Bewegung ausführt. Eine Einrichtung, wie sie sich für Blockwalzentrios besonders eignet, ist in Fig. 199 u. 200 dargestellt. In schmiedeeisernen Rahmen liegen die gufseisernen Rollen in versetzter Anordnung, um ein Umkanten des Blockes in den Rollenfugen zu verhüten. Die Breite des Rollentisches ist gleich der Länge des Walzenballens, seine Länge (rechtwinkelig zur Strafse gemessen) verhältnismäfsig gering, damit der den Block leitende Walzer möglichst nahe an der Walze steht. Um nun mit zunehmender Streckung des Blockes diesem eine entsprechend veränderliche Unterstützung zu bieten, läuft auf den sich seitlich erstreckenden Armen eine lose Rolle, hergestellt aus einem schmiedeeisernen Rohr und aufgenieteten Stahlgufsflanschen. In seiner tiefsten Lage ruht der Hebetisch auf gufseisernen Böcken. Zum Heben desselben ist eine eigene Antriebmaschine in Gestalt eines von Hand gesteuerten Dampfcylinders angeordnet, dessen Kolbenbewegung durch Zugstangen, Winkelhebel und durch vier auf Druck beanspruchte Stangen in die senkrechte Bewegung des Hebetisches umgesetzt wird. Die Anwesenheit eines Gegengewichtes ist nicht von wesentlicher Bedeutung; es hat nur die Aufgabe, den Dampfcylinder zu unterstützen oder, mit anderen Worten, kleinere Cylinderabmessungen zuzulassen.

γ) Die Rollgänge. Wir haben uns schon bei dem Hebetisch einer Anzahl leicht drehbarer Rollen bedient, um die wagerechte Bewegung der Blöcke, d. h. den Vorschub derselben gegen die Walzen, mit geringerem Aufwand an Menschenkraft ausführen zu können. Bei den sogen. Rollgängen handelt es sich nun nicht nur um eine Verminderung der Reibung zwischen dem Walzgut und seiner Unterlage, sondern geradezu um die Herbeiführung einer fortschreitenden Bewegung des ersteren durch maschinell angetriebene, d. h. in Umdrehung versetzte Rollensysteme. Parallel zur Walzenstrafse werden unter der Hüttensohle eine Anzahl hohler gufseiserner Cylinder so angeordnet, dafs sie je nach Umständen 25 oder mehr Millimeter aus dem Flurbelage hervorragen. Die Rollenkörper sind auf schmiedeeisernen Wellen festgekeilt, welche mit ihren Zapfen in Lagern ruhen, die ihrerseits angegossen sind an senkrecht zur Strafsenrichtung aufgestellten ununterbrochenen Rahmen, durch welche das ganze Rollensystem zu einem einheitlichen Mechanismus vereinigt wird. Auf den auf einer Rahmenseite hervorragenden Verlängerungen der Rollenachsen sind Kegelräder aufgekeilt, welche sich mit den Kegelrädern einer rechtwinkelig zu den Rollen gelagerten Transmissionswelle in Eingriff befinden.

Die Aufgabe eines Rollganges kann nun entweder darin bestehen, bei der eigentlichen Walzarbeit zu helfen (Arbeitrollgang), oder in der Fortbewegung der fertig gewalzten Stäbe nach dem Ort ihrer nächsten Weiterbearbeitung (Transportrollgang). Der ersten Aufgabe entsprechen Rollen, deren Länge gleich der der Walzen ist (siehe

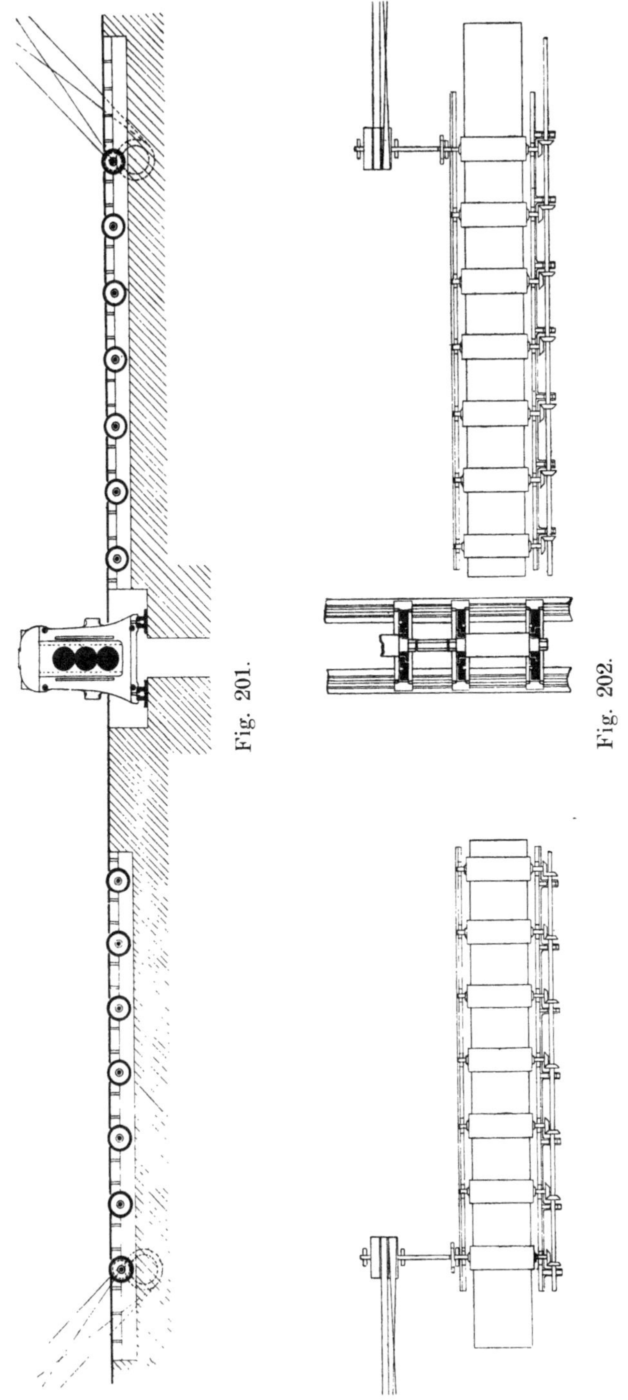

Fig. 201.

Fig. 202.

Fig. 201 u. 202); der zweiten Aufgabe genügen kurze Rollen von etwa $^2/_5$ bis $^1/_2$ der Walzenlänge (siehe Fig. 203 u. 204). Es liegt nahe, den Arbeitrollgang nur an grofsen Strafsen anzuordnen; denn an kleineren reicht die Wippe vollständig zur Bedienung aus. Der Transportrollgang dagegen ist selbst an Strafsen mittler Gröfse vorteilhaft.

Der Antrieb der Rollgänge erfolgt in sehr verschiedener Weise. Für Arbeitrollgänge bedient man sich meist einer besonderen kleinen Dampfmaschine, und zwar liegt, da die Bewegung der Rollen umkehrbar sein mufs, die Verwendung einer umsteuerbaren Maschine nahe. Notwendig ist sie nicht, da man die Umkehrung auch durch Anwendung eines offenen und eines gekreuzten Riemens erreichen kann, welche man abwechselnd auf die Festscheibe eines Vorgeleges einrückt, dem der Betrieb der Rollgangtransmission obliegt.

Es empfiehlt sich für den Transportrollgang, der in weitaus den meisten Fällen die Aufgabe hat, fertig gewalzte Stäbe nach der gewöhnlich durch eine eigene Maschine betriebenen Warmsäge zu befördern, die Betriebskraft von dieser Maschine zu entnehmen und durch Vorgelege auf ihn zu übertragen. Auch der Transportrollgang mufs umkehren können, weil es zum Abschneiden bestimmter Längen erforderlich ist, den Walzstab durch kleine Vor- und Rückwärtsbewegungen vor dem Sägeblatte zurechtzulegen.

δ) Die Schleppzüge. Zweck der Rollgänge ist die Ersparung menschlicher Arbeitskraft. Die Belegschaft einer durch Rollgänge bedienten Strafse ist so gering an Zahl, dafs für die Querbewegung des Walzgutes von einem Gerüste zum anderen bedenkliche Schwierigkeiten entstehen, wenn sie ohne maschinelle Unterstützung ausgeführt werden soll.

Wir sehen deshalb in fast allen Fällen der Verwendung von Arbeitsrollgängen auch Schleppzüge angeordnet, denen die erwähnte Querbewegung obliegt. Ihre Einrichtung ist ziemlich einfach. Der wirkende Teil, dessen Schleppnase aus einem Schlitze des Flurbelages hervorragt, ist in eine Kette ohne Ende eingeschaltet, welche einerseits über eine kaliberierte und durch eine Transmission angetriebene Rolle läuft und andererseits durch eine Spannrolle straffgezogen wird.

Die Anzahl der erforderlichen Schleppzüge hängt von der Länge der Walzstäbe ab. Ihre Bewegungsrichtung ist parallel der Strafsenachse.

b. Die Wirkung der Walzen.

Wenn wir einen zur Bearbeitung bestimmten Körper mit einer gegewissen Horizontalkraft K gegen ein in Umdrehung befindliches Walzenpaar (Fig. 205) andrücken, so zerfällt diese Kraft in zwei Komponenten, von denen die eine, Z, durch die Mittellinie der Walze hindurchgehend, sich als Zapfendruck äufsert, während die andere, N, als Normaldruck senkrecht gegen das Werkstück gerichtet ist und zwischen diesem und der Walze Reibung verursacht. Sobald nun diese Reibung

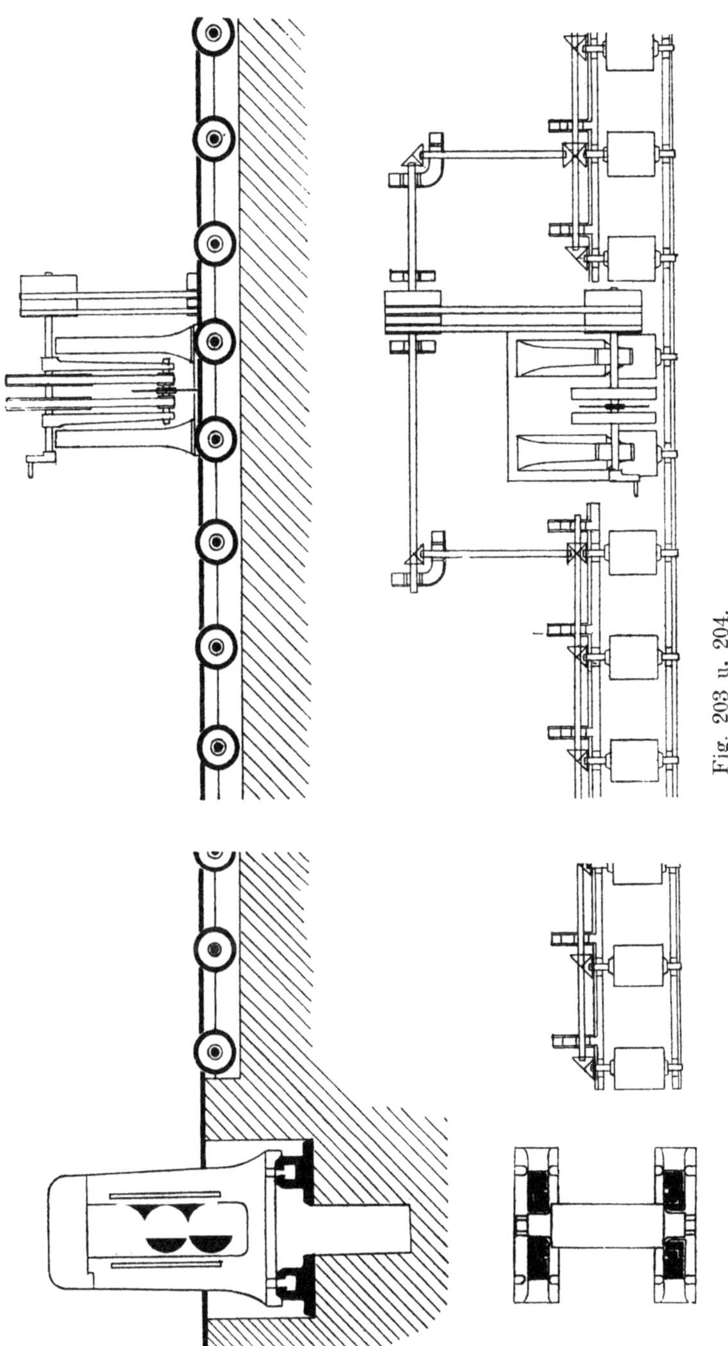

Fig. 203 u. 204.

gröfser ist als die von der Walze ausgeübte Gegenkraft K_r, welche die gleiche Gröfse, aber entgegengesetzte Richtung wie K hat, wird das Arbeitstück von den Walzen erfafst und hindurchgezogen.

Zwischen der Kraft K, dem Normaldrucke N und dem von der Zentrale der beiden Walzenquerschnitte mit dem Radius aus a gebildeten Zentriwinkel α besteht nun die Gleichung

$$\frac{K}{N} = \operatorname{tg} \alpha \text{ oder } N = \frac{K}{\operatorname{tg} \alpha},$$

aus welcher zunächst folgt, dafs der Normaldruck bezw. die von demselben verursachte Reibung und die Rückstofskraft K_r (= K) ein unveränderliches Verhältnis haben, dafs also durch festeres Andrücken des Arbeitstückes leichteres Erfassen desselben durch die Walzen nicht erzielt werden kann. Der Normaldruck N und sein Verhältnis zu K sind vielmehr nur abhängig von der Gröfse des Zentriwinkels α, und zwar

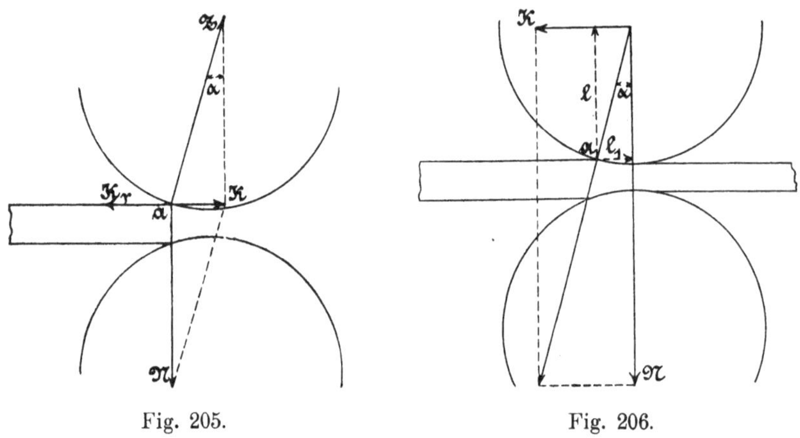

Fig. 205. Fig. 206.

wird N in demselben Verhältnisse gröfser, wie $\operatorname{tg} \alpha$ kleiner wird. Da nun der Winkel α mit zunehmender Dicke des Walzstabes wächst und mit zunehmendem Walzendurchmesser abnimmt, so folgt, dafs dünne Arbeitstücke leichter erfafst werden als dicke, und dafs dicke Walzen leichter fassen als dünne.

Eine eingehendere Erwägung zeigt uns — ohne das vorher Gesagte zu ändern —, dafs die Gröfse des Winkels α eigentlich nur abhängig ist von der Tiefe des Eindruckes, den die Walzen an dem Arbeitstück hervorbringen sollen. Wir ziehen daraus die Lehre, dafs der Walzvorgang abhängig ist von den drei Gröfsen: Dicke des Arbeitstückes, Walzendurchmesser und Tiefe des Walzeindruckes, und zwar dergestalt, dafs, wenn zwei dieser Gröfsen gegeben sind, auch die dritte ein bestimmtes Mafs hat, also nicht beliebig gewählt werden kann.

Zeigt uns die Praxis im einzelnen Falle, dafs die genannten drei Gröfsen nicht im richtigen Verhältnisse zu einander stehen, so helfen wir uns dadurch, dafs wir die Walzen einhauen, d. h. irgend welche

Vertiefungen auf dem Umfange derselben anbringen, welche die Reibung zwischen Walze und Werkstück erhöhen.

Zu einem ähnlichen Ergebnisse bezüglich der Tiefe des Walzeindruckes führt auch eine andere Betrachtung. Denken wir uns das Arbeitstück bereits zwischen den Walzen befindlich (Fig. 206), so haben wir den Walzvorgang so zu verstehen, als ob eine horizontale Kraft K, welche im Mittelpunkte des Walzenquerschnittes angreift, mit Überwindung des Wälzungswiderstandes (rollende Reibung) die Walze auf dem Eisen fortbewegt. Bezeichnen wir den zwischen Walze und Werkstück auftretenden Normaldruck mit N, so lautet die Momentengleichung für den Wälzungspunkt a

$$K \cdot l = N \cdot l_1 \text{ oder } K \cdot r \cdot \cos \alpha = N \cdot r \cdot \sin \alpha,$$

woraus sich ergiebt:

$$K = N \cdot \operatorname{tg} \alpha.$$

Nach den Gesetzen der rollenden Reibung ist aber $K = N \cdot \operatorname{tg} \varphi$ (φ = Reibungswinkel). Die Gegenüberstellung der beiden letzten Gleichungen ergiebt also: $\sphericalangle\, \alpha = \sphericalangle\, \varphi$, d. h. der zum Walzeindrucke gehörende Zentriwinkel darf so grofs sein als der Reibungswinkel, oder mit anderen Worten, so grofs, dafs seine Tangente gleich dem Koeffizienten der rollenden Reibung zwischen Walze und Werkstück ist. Macht man die Tiefe des Eindruckes gröfser, so mufs die Walze eingehauen werden.

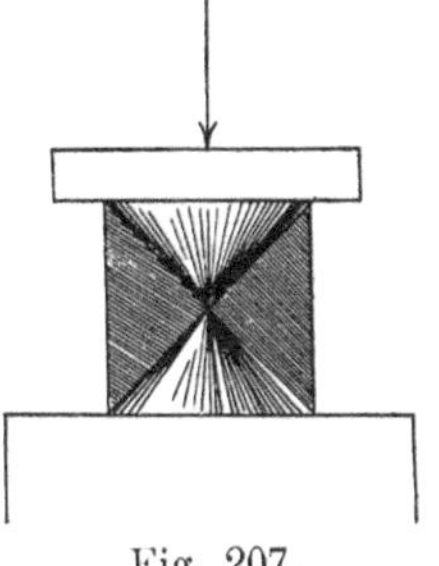

Fig. 207.

Bevor wir nun dazu übergehen, das physikalische Verhalten des zwischen den Walzen befindlichen Stabes zu untersuchen, müssen wir erst eine eigentümliche Erscheinung besprechen, welche bei Anstellung von Druck- und Zugversuchen mit festen Körpern auftritt und geeignet ist, uns über die Verschiebung von Stoffteilen an einem durch äufsere Kräfte beeinflufsten Körper aufzuklären.

Wenn man einen spröden Körper von cylindrischer Form (Fig. 207), z. B. ein kurzes Stück einer Stearinkerze, in der Richtung seiner Achse einem langsam, aber gleichmäfsig ansteigenden Druck aussetzt, bis der Bruch erfolgt, so bemerkt man, dafs die Bruchfläche die Mäntel zweier mit der Spitze zusammenstofsender Kegel bildet, deren Grundflächen mit den gedrückten Flächen zusammenfallen. Die Kegel selbst haben an der Formveränderung nicht teilgenommen; es ist vielmehr alles aufserhalb derselben liegende Material an den Mänteln abgerutscht. Diese Kegel nennen wir deshalb Rutschungskegel.

Beim Zerreifsen von homogenen Metallstäben von quadratischem Querschnitte (Flufseisen, Kupfer), siehe Fig. 208, tritt eine ganz ähnliche Erscheinung auf, indem die Trennung des Stabes in Pyramidenflächen stattfindet, dergestalt, dafs an dem einen Bruchende eine volle, an dem anderen eine hohle Pyramide auftritt. Wäre ein Stab von rechteckigem Querschnitte dem Zugversuch unterworfen worden, so würden die Rutschungsflächen ein Prisma mit schrägen Endflächen bilden, weil dann die Spitze der Pyramide in eine gerade Linie übergeht. Wir erkennen aus diesen Versuchen, dafs die Trennung homogener Körper unter dem Einflufs äufserer Kräfte allemal in Flächen stattfindet, deren Neigung gegen die Längsachse für jedes Material einem bestimmten Winkel, dem Rutschungswinkel desselben entspricht.

Wird ein homogener Körper auf Biegung beansprucht (Fig. 209) und erfolgt ein Bruch, so beobachten wir die Neigung, Rutschungskörper, etwa in Gestalt dreiseitiger Prismen, zu bilden, ebenfalls.

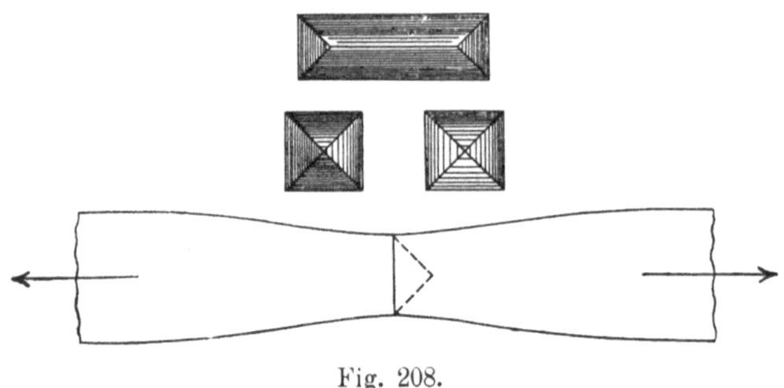

Fig. 208.

Ist der gedrückte Körper knetbar, so bilden sich die Rutschungskörper gleichfalls, und das der Formveränderung unterliegende Material fliefst gewissermafsen an deren Flächen herab. Dafs es in Wirklichkeit so ist, haben wir beim Schmieden von Stahlblöcken unter Dampfhämmern mit schmaler Bahn zu beobachten Gelegenheit; wir bemerken jedesmal im Augenblicke des Schlages, wie sich in dem zwischen

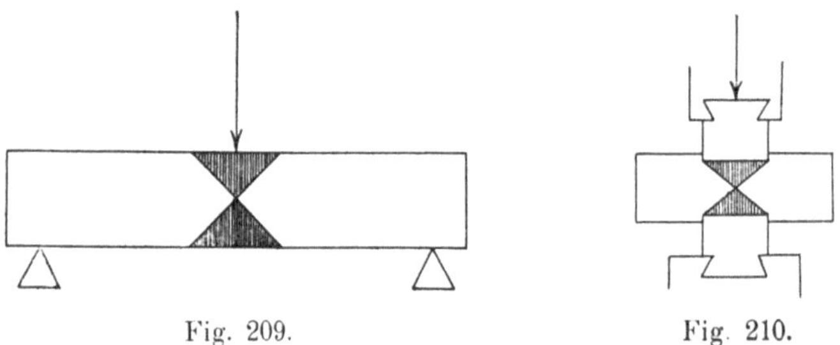

Fig. 209. Fig. 210.

Hammer- und Ambofsbahn befindlichen Teile dreiseitige Prismen durch dunklere Farbe der Glühspanschicht von der Umgebung abheben (Fig. 210).

Wird nun ein durch Erwärmen knetbar gemachtes Metallstück dem Drucke zweier Walzen ausgesetzt, so wird der aufserhalb der keilförmigen Rutschungskörper befindliche Stoff nach allen Seiten herausgedrückt, so dafs sich das Arbeitstück nach der Länge streckt und nach der Seite breitet.

Fragen wir zunächst nach dem Gesetze der Breitung und nehmen wir mit Bezug auf Fig. 211 an, ein Flachstab von der Breite B und der Dicke H werde zwischen den Walzen auf die Dicke H_1 gedrückt, so müssen unter der Annahme eines bestimmten Rutschungswinkels α an beiden Seiten dreiseitige Prismen vom Querschnitte *abc* abfliefsen und unter dem Drucke der Walzen den Querschnitt *defgh* annehmen. Das die einseitige Breitung ausmachende Rechteck *degh* ist nun inhaltsgleich der Differenz der Dreiecke *abc* und *efg*. Daraus ergiebt sich als lineares Mafs der einseitigen Breitung

$$de = \frac{abc - efg}{H_1}$$

woraus wir erkennen, dafs die Breitung abhängig ist von der Dicke des Stabes vor und nach dem Durchgange durch die Walzen. Die ursprüngliche Breite B aber ist ohne Einflufs auf die nachherige B_1.

Wir sind hiernach in der Lage, auf Grund ausgeführter Breitungsversuche den Rutschungswinkel eines Stoffes, der übrigens auch abhängig ist von dessen Temperatur, zu bestimmen uud umgekehrt aus dem gegebenen Winkel die zu erwartende Breitung zu berechnen.

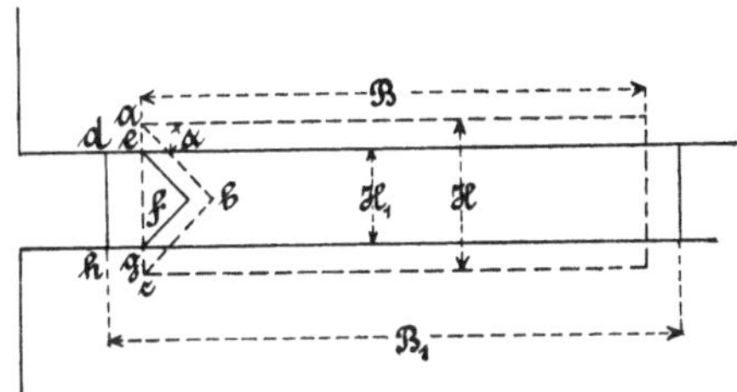

Fig. 211.

Nehmen wir z. B. an, es sei $H = 16$ mm, $H_1 = 10$ mm und $\sphericalangle\ \alpha = 45^0$, so ist laut obiger Formel

$$de = \frac{abc - efg}{H_1} = \frac{16 \cdot 4 - 10 \cdot 25}{10} = \frac{64 - 25}{10} = \frac{39}{10} = 3{,}9 \text{ mm.}$$

Der Winkel α ist hier beliebig angenommen. Durch Versuche wurde ermittelt, dafs er bei Eisen mit abnehmender Temperatur wächst, und die Praxis lehrt in Übereinstimmung damit, dafs ein Walzstab um so stärker breitet, je niedriger seine Temperatur ist.

Im praktischen Walzwerkbetrieb ist man indessen nur selten in der Lage, dem Breitungsvorgange freien Raum zu geben, und zwar aus dem einfachen Grunde, weil bei wiederholtem ungehindertem Breiten die Seitenränder des Walzstabes eine unregelmäfsige Form und rissige Oberfläche erhalten. Wir finden deshalb eine freie Breitung eigentlich nur beim Walzen der Bleche, weil dort der erwähnte Mangel durch das Beschneiden der Ränder wieder beseitigt wird. Wo es sich aber darum handelt, aus dem Walzvorgang ein unmittelbar verwertbares Erzeugnis und ein Eisen von genau profiliertem Querschnitte zu erhalten, da mufs man die Walzkaliber schmäler gestalten, als das Eisen bei freier Breitung sein würde, damit sich das Walzstück mit einer gewissen Kraft gegen die seitlichen Kaliberwände anlegt und so von allen Seiten bearbeitet wird.

Betrachten wir nunmehr den Vorgang der Streckung, also diejenige Formveränderung, welche das Walzstück in der Längsrichtung erfährt, und stützen wir uns dabei wieder auf die Theorie der Rutschungskörper, so haben wir die letzteren unter Zugrundelegung eines bestimmten Rutschungswinkels über demjenigen Teile des Walzenumfanges zu konstruieren, welcher sich mit dem Walzstab in Berührung befindet (Fig. 212). Denken wir uns nun diese Ruschungskörper bei der Drehung der Walzen mit fortschreiten, bis die durch E gehenden Halbmesser in die Zentrale übergehen, so ist der durch das Fünfeck $FBDGE$ bezeichnete prismatische Körper zwischen den Walzen hindurchgegangen. Da nun der Inhalt des genannten Fünfeckes gröfser ist als der eines Rechteckes von der Höhe h und der Grundlinie FB, so folgt daraus, dafs die aus den Walzen ausgetretene Stablänge gröfser sein mufs als der auf dem Walzstück abgewickelte Teil des Walzenumfanges. Man nennt dies das Voreilen des Stabes.

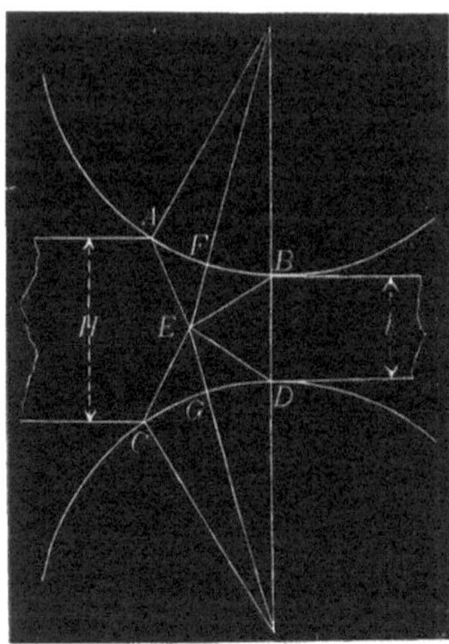

Fig. 212.

Die Erfahrung lehrt nun, dafs dieses Voreilen bei dünnen Walzen gröfser ist als bei dicken, und eine einfache mathematische Erwägung zeigt uns, dafs Erfahrung und Theorie hier bestens übereinstimmen. Denken wir uns nämlich den Halbmesser der Walzen unendlich grofs werden, so geht das Fünfeck $FBDGE$ in ein Rechteck über, und die Voreilung ist gleich Null. Es nimmt also mit anderen Worten das Voreilen des Walzgutes mit zunehmendem Walzenhalbmesser ab.

Über die Kraft, welche erforderlich ist, um ein Arbeitstück zwischen den Walzen hindurchzuziehen, wollen wir uns dadurch klar werden, dafs wir uns vergegenwärtigen, wie diese Arbeit verläuft.

Die von dem Kolben der Dampfmaschine ausgeübte Kraft K (Fig. 213) greift im Umfange des Kurbelkreises,

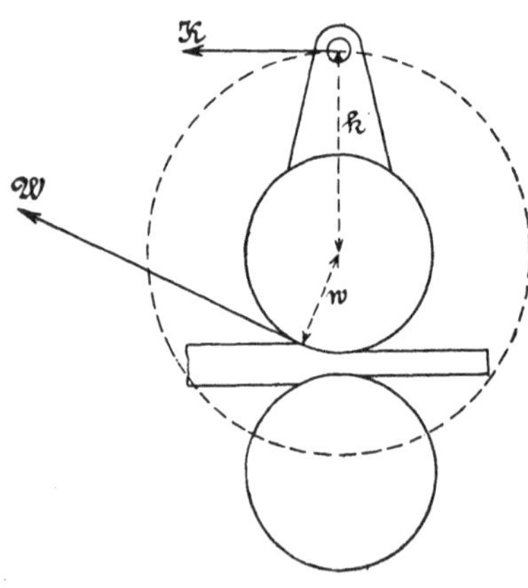

Fig. 213.

der zu überwindende Wälzungswiderstand W am Umfange der Walze an. Da der Hebelarm der Kraft K veränderlich ist zwischen den Gröfsen Null und k, je nachdem die Kurbel mit der Kraftrichtung zusammenfällt oder senkrecht zu derselben steht, so müssen wir zur Auffindung der Gleichgewichtsbedingungen statt der Momentengleichung die Arbeitsgleichung gebrauchen und erhalten dann für eine halbe Umdrehung folgende Werte:

Der von K in der Kraftrichtung zurückgelegte Weg ist gleich $2\,k$, während der auf dem Walzenumfange zu messende Weg von W gleich $w \cdot 3{,}14$ ist; es mufs also die Arbeitsgleichung lauten

$$K \cdot 2\,k = W \cdot w \cdot 3{,}14 \text{ oder}$$

$$K = \frac{W \cdot w \cdot 3{,}14}{2\,k}$$

Die Gröfse der von der Maschine aufzuwendenden Kraft wächst also sowohl mit dem Wälzungswiderstand als auch mit dem Halbmesser der Walzen.

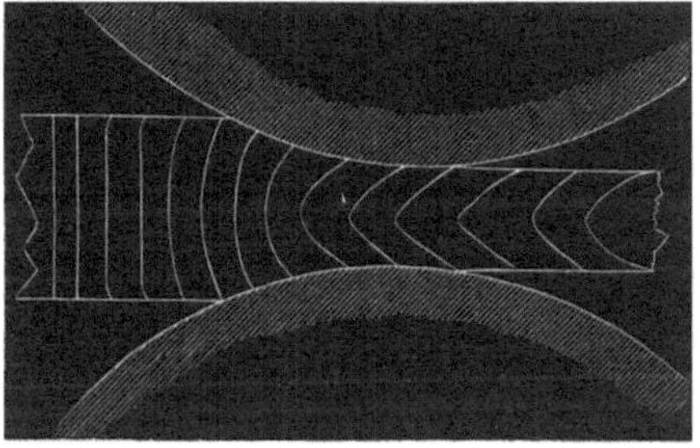

Fig. 214.

Es interessiert uns nun noch diejenige Kraft, welche wir oben schon bei Fig. 206 als den Normaldruck N kennen gelernt haben. Es ist das eben die Kraft, welche senkrecht gegen die Achse der Walze gerichtet ist und als Bruchbelastung der letzteren auftritt. Die Kenntnis ihrer Gröfse wäre in vielen Fällen für den Walzenkonstrukteur von grofser Wichtigkeit, weil sie ihn vor Überschreitung der Festigkeit des Walzenmateriales bewahren könnte.

Die theoretische Bestimmung dieser Kraft würde auszugehen haben von der verhältnismäfsig leicht zu ermittelnden Gröfse der vom Kolben der Maschine ausgeübten Kraft. Wir benutzen deshalb wieder die Arbeitsgleichung

$$K \cdot 2\,k = W \cdot w \cdot 3{,}14,$$

welche für den Wälzungswiderstand W aufgelöst

ergiebt $$W = \frac{K \cdot 2\,k}{w \cdot 3{,}14}$$

Dieser Wälzungswiderstand W ist aber nach Fig. 206, wo statt seiner die ihn überwindende Kraft K eingeführt ist, $= N \cdot \operatorname{tg} \alpha$ also

$$N = \frac{W}{\operatorname{tg} \alpha}$$

Setzen wir nun für W den oben gefundenen Wert, so ergiebt sich

$$N = \frac{K \cdot 2 \cdot k}{w \cdot 3{,}14 \cdot \operatorname{tg} \alpha}$$

Alle die vorstehenden Berechnungen sind durchgeführt für den Fall, dafs das Walzgut nur in senkrechter Richtung bearbeitet wird, wie es etwa beim Walzen des Bleches stattfindet. Kommt hierzu noch die seitliche Bearbeitung durch den Druck der Walzenränder, wie beim Walzen in geschlossenen Kalibern, so gelten die entwickelten Formeln nicht mehr; denn der ganze Reibungsvorgang wird dann ein zusammengesetzter, und die von ihm abgeleiteten Gleichgewichtsbedingungen werden andere.

Am Schlusse dieses Abschnittes möge Fig. 214 uns noch einen praktischen Versuch veranschaulichen, durch welchen die Verschiebung der Moleküle eines durch die Walzen gehenden Stabes gezeigt werden soll. Es wurde in das Versuchstück eine Reihe von Stiften senkrecht zur Längsrichtung des Stabes eingesetzt, dieser dann erwärmt und mit einem Teile seiner Länge ausgewalzt. Das nach dem Erkalten in der Längsrichtung durchgeschnittene Versuchstück liefs nun die in der Abbildung dargestellte Durchbiegung der Stifte erkennen. Man wird annehmen dürfen, dafs die Neigung der gebogenen Stifte etwa dem Rutschungswinkel des Stoffes entspricht.

c. Allgemeines über das Kaliberieren der Walzen.

Die Herstellung der verschiedenen Walzwerkserzeugnisse setzt eine entsprechende Gestaltung der Walzen voraus. Die für jeweils einen Walzendurchgang bestimmte und von zwei Walzen gebildete Form nennt man ein Walzkaliber und die Thätigkeit, welche sich mit der Berechnung und Gestaltung dieser Kaliberformen befafst, heifst das Kaliberieren der Walzen. Das Kaliberieren ist eine Wissenschaft von so grofsem Umfange, dafs in dem Rahmen dieses Buches nur eine dürftige Besprechung derselben untergebracht werden kann, und zwar soll bei Beschreibung der besonderen Betriebseinrichtungen, welche zu einem bestimmten Fabrikationszweig gehören, auch der entsprechenden Walzenkaliberierung kurz gedacht werden. Da nun mancherlei Begriffe, Regeln und praktische Gepflogenheiten entweder allen oder doch vielen Fabrikationszweigen gemeinsam sind, so mögen diese zuvörderst hier besprochen werden.

(Vergl. S. 137 ff.)

1. Die Kaliberformen.

Wir unterscheiden die offene und die geschlossene Form. Die offene Form entsteht, wenn in jede der beiden Walzen ein Teil des Kalibers matrizenartig eingeschnitten wird (Taf. II Fig. 1 u. 2); die geschlossene Form entsteht, wenn in den matrizenartigen Einschnitt der einen Walze ein Bund der anderen Walze als Patrize schliefsend hineinragt (Taf. II Fig. 3 u. 4).

Die geschlossenen Kaliber verwendet man zur Herstellung genauer Querschnittsformen wenn es irgend möglich ist, offene dagegen an den sogenannten Vorwalzen und an Fertigwalzen da, wo sie nicht zu vermeiden sind.

Beim Aufzeichnen der Kaliber geht man aus von zwei idealen Walzen (Kreiscylindern), die sich in einer geraden Linie berühren, indem man diese Berührungslinie (Walzlinie) als Grundlinie hinzeichnet und über und unter derselben entsprechende Kaliberteile anordnet. Hat man es mit einem Trio zu thun, so sind zwei parallele Walzlinien zu verwenden.

Die zwischen zwei Kalibern stehen bleibenden Bunde (Ränder) müssen, da sie den seitlichen Druck des Walzgutes aufzunehmen haben, eine dementsprechende Stärke haben. Eine recht brauchbare Regel sagt hierüber, daſs ein Rand wenigstens so dick sein muſs, als er hoch ist.

2. Der Oberdruck.

Bei Besprechung der Abstreifmeiſsel und ihrer Aufgabe wurde schon erwähnt, daſs neben der Reibung zwischen dem Walzgut und den seitlichen Kaliberwänden auch die Verschiedenheit der Walzendurchmesser eine Ursache dafür ist, daſs der Walzstab krumm aus der Walze kommt und Neigung hat, sich aufzuwickeln.

Man trägt diesem Umstande beim Kaliberieren insofern Rechnung, als man möglichst dafür sorgt, daſs beide Ursachen in derselben Richtung wirken, weil man dann der Krümmung am sichersten durch die Hunde entgegenwirken kann. Man wird also den gröſseren Durchmesser, d. h. den Oberdruck, möglichst derjenigen Walze zuteilen, welche als Patrize wirkt, und Abstreifmeiſsel in die Matrize legen. Für eine Trio-Kaliberierung ergiebt sich hieraus, daſs die Patrizen am besten auf die Mittelwalze gelegt werden und diese auch einen gröſseren Durchmesser erhält als Ober- und Unterwalze (Taf. II Fig. 5). Zuweilen ist man allerdings genötigt, von dieser Regel abzuweichen. Wir müssen beim Entwerfen der Walzenzeichnung demnach so verfahren, daſs die einzelnen Kaliber von der Walzlinie in zwei ungleiche Teile zerlegt werden und der kleinere Teil in diejenige Walze fällt, welche den Oberdruck haben soll. Sind aber die Kaliber so beschaffen, daſs sie sich nur in der Mitte teilen lassen, also jede Walze gleichtiefe Einschnitte erhält, so beschafft man den Oberdruck durch verschieden groſse Durchmesser der idealen Walzen (Taf. II Fig. 6).

3. Der Kaliberanzug.

Es ist aus mehreren Gründen verwerflich, die Kaliber seitlich durch Linien zu begrenzen, welche senkrecht auf der Walzlinie stehen. Einmal wird dadurch die Auslösung des Stabes aus dem Kaliber erschwert, und dann ist vor allem eine Wiederherstellung abgenutzter Kaliber nur möglich unter gleichzeitigem Weiterschneiden derselben. Es empfiehlt sich deshalb, die Kaliber seitlich durch Linien zu begrenzen, welche nach dem Umfange hin auseinanderlaufen, d. h. denselben Anzug zu geben.

Um durch den Anzug die beabsichtigte rechtwinkelige Form des Erzeugnisses aber nicht zu sehr zu beeinträchtigen, darf man in den sog. Fertigkalibern den Anzug nicht zu groſs nehmen. Die Grenze der zu wählenden Neigung liegt bei etwa 1—1½ %, während für die vorhergehenden Kaliber unbedenklich 3—4 % genommen werden kann.

4. Der Abnahmekoeffizient.

Wenn ein Stück Walzeisen vor dem Durchgange durch die Walzen einen Querschnitt von 100 qcm und nach dem Durchgang einen solchen von 80 qcm hat, so nennen wir den Quotienten $\frac{80}{100} = 0{,}8$ das Abnahmeverhältnis für diesen Fall oder auch den Abnahmekoeffizienten. Dieser ist demnach eine Zahl, welche, mit dem Querschnitte vor dem Walzen multipliziert, den Querschnitt nach dem Durchgang ergiebt; er ist immer ein echter Bruch und die von ihm abhängige Abnahme (der Druck) ist um so gröfser, je kleiner der Wert dieses Bruches ist und umgekehrt. Die absolute Gröfse des Abnahmekoeffizienten kann uns nur die praktische Erfahrung angeben. Sie ist keineswegs für alle Walzbeispiele dieselbe, sondern schwankt innerhalb weiter Grenzen.

Man kann als wahrscheinlich annehmen, dafs die Beanspruchung der Walzen durch den Druck des Walzgutes, sowie diejenige des Walzgutes selbst dann am gleichmäfsigsten ist, wenn bei allen Durchgängen eines und desselben Walzstabes der Abnahmekoeffizient die gleiche Gröfse hat. Wo es also angängig ist, d. h. bei einfachen Walzvorgängen, wie z. B. der Erzeugung von Blech oder Flacheisen, da sollte man mit einem unveränderlichen Abnahmeverhältnis arbeiten. Das Festhalten an dieser Regel wird indessen beim Kaliberieren sehr oft dadurch unmöglich, dafs andere, für die Praxis viel wichtigere Bedingungen zu erfüllen sind, welche sich mit einem gleichmäfsigen Abnahmeverhältnisse nicht vertragen. Hat eine Walze tief einschneidende Kaliber und infolgedessen geringen Walzendurchmesser — etwa eine Blockwalze —, so darf die Abnahme nur so grofs gewählt werden, dafs die Walze den Block noch erfassen kann, wenn auch an und für sich ein gröfserer Druck zulässig wäre.

Es giebt noch manchen anderen Grund, welcher die Regel vom unveränderlichen Abnahmeverhältnisse zu verlassen zwingt. Dahin gehört z. B. das Sinken der Temperatur des Walzstückes während der Bearbeitung, welches eine Zunahme des Widerstandes bei der Umformung zur Folge hat, so dafs eigentlich der Abnahmekoeffizient wachsen müfste. Ferner liegt es nahe, dafs die Beanspruchung des Walzenkörpers auf Biegung in den mittleren Kalibern gröfser ist als in denjenigen in der Nähe des Zapfens, so dafs also in den Endkalibern mit einem kleineren Abnahmekoeffizienten gearbeitet werden kann als in den anderen.

Alle diese Umstände sind beim Kaliberieren wohl zu beachten, sobald wir mit der von der Walze geforderten Leistung bis an die zulässige Grenze herangehen müssen. Bleiben wir jedoch von dieser Grenze fern, so ist uns auch gröfsere Freiheit in der Wahl der Abnahmeverhältnisse erlaubt.

In allen Fällen aber — sei er nun unveränderlich oder nicht — ist der Koeffizient der Abnahme für den Kaliberierer von Wert, sei es, dafs er ihn als Durchschnittswert für einen vollständigen Walzvorgang benutzt oder ihn aus praktisch bewährten Kaliberierungen für einzelne Kaliber oder nur Kaliberteile berechnet und sich aus den Ergebnissen dieser Rechnung belehrt.

Einige Beispiele mögen die Verwendung des Abnahmekoeffizienten erläutern.

Es sei F der Querschnitt vor Beginn der Walzarbeit, n die Anzahl der Stiche (Durchgänge), F_n der Querschnitt nach n Stichen und a der Abnahmekoeffizient, dann ist

$$F_1 = F \cdot a$$
$$F_2 = F_1 a = F a^2$$
$$F_3 = F_2 a = F_1 a^2 = F \cdot a^3 \text{ und endlich}$$
$$F_n = F \cdot a^n$$

In dieser Form kann die Gleichung dazu dienen, den Querschnitt eines Arbeitstückes nach n Stichen zu berechnen, wenn aufser der Stichzahl auch der Anfangsquerschnitt und der Abnahmekoeffizient bekannt sind. Wir können aber auch jede andere der vier Gröfsen berechnen, wenn die übrigen drei gegeben sind, und erhalten:

$$F = \frac{F_n}{a^n}$$

für die Berechnung des Anfangsquerschnittes, wenn die übrigen Verhältnisse feststehen;

$$a = \sqrt[n]{\frac{F_n}{F}}$$

zur Berechnung des Abnahmekoeffizienten bei einem vorliegenden Walzbeispiel, und

$$n = \frac{\log F_n - \log F}{\log a},$$

für die Berechnung der Stichzahl, wenn die drei übrigen Gröfsen feststehen.

5. Sprung und Spiel.

Theoretisch betrachtet könnte man die Walzen da, wo sich keine Kaliber befinden, d. h. an den Rändern, aufeinander laufen lassen. Man hat aber auf sehr wesentliche Umstände Rücksicht zu nehmen, welche dies nicht gestatten. Erstens ist die Lagerung der Walzen in den Ständern keine derartig feste, dafs jedes Auseinandergehen unter dem Gegendrucke des Walzstückes ausgeschlossen ist.

Es ist vielmehr Thatsache, dafs infolge einer gewissen Nachgiebigkeit aller einzelnen zur Lagerung und Anstellung der Walzen gehörigen Teile ein gewisses S p r i n g e n der Walzen eintritt, sobald das Arbeitstück dazwischenkommt. Man ist also genötigt, die Walzen um das Mafs dieses Sprunges näher aneinander zu legen, wenn man die in dem betr. Kaliber beabsichtigte Dicke des Walzstabes wirklich erzielen will. Ferner fordert eine sachverständige Leitung des Walzprozesses die Möglichkeit, die Walzen nötigenfalls etwas näher aneinander zu legen. Aus allen diesen Gründen ergiebt sich, dafs die Walzenränder sich nicht berühren dürfen, sondern ein gewisses S p i e l haben müssen.

F. Die Erzeugung des Stabeisens.

a. Der Rohstoff.

Was wir unter Stabeisen zu verstehen haben, ist schon im Abschnitt A auseinandergesetzt worden. Als Rohstoffe benutzen wir Schweifseisen und Flufseisen.

Unter Schweifseisen verstehen wir das im Puddelofen als Luppe erzeugte und auf der Luppenwalze zu Rohschienen oder Luppenstäben ausgewalzte schmiedbare Eisen, welches in Form von kurzen Stücken zusammenpacketiert, im Flammofen auf Schweifstemperatur erhitzt und durch Hämmern oder Walzen geschweifst wird. Die aus der ziemlich niederen Temperatur des Puddelofens hervorgegangenen Luppenstäbe zeigen einen nur losen Zusammenhang der einzelnen Teile und sind für praktische Zwecke noch unverwendbar; sie müssen deshalb, indem sie noch einmal auf Schweifstemperatur gebracht und durchgearbeitet werden, einen Verfeinerungsprozefs durchlaufen, mit welchem gleichzeitig die Herstellung eines Enderzeugnisses verbunden wird, indem man so viele Luppenstäbe zusammenschweifst, als zur Herstellung einer bestimmten Handelsware erforderlich sind.

Zum Schweifseisen zählen auch die Rohschienen, welche durch Zusammenschweifsen von Alteisen (Schrott) erhalten werden. Die Eisenabfälle der Gewerbe und die im alltäglichen Verbrauch abgängig werdenden Eisenteile, wie sie sich beim Althändler zusammenfinden, stellen nämlich einen ziemlich hoch zu veranschlagenden Bruchteil des Rohstoffes für die Erzeugung des Schweifseisens dar; sie werden auf kleinen, schnell gehenden Scheren so zerschnitten, dafs sie sich zur Packetierung eignen, zusammengebündelt und genau wie ein Packet von Luppenstäben behandelt. Kleine Schrottstücke vereinigt man in sogenannten Kastenpacketen, indem man aus vier Luppenstäben einen Kasten bildet und diesen möglichst sorgfältig mit Schrott füllt.

Einer besonderen und eigenartigen Verarbeitung wird der ganz dünne, hauptsächlich aus Feinblech und Drahtabfällen u. dgl. bestehende Schrott unterworfen. Man erhitzt ihn nämlich in einem dem Puddelofen ähnlichen sog. Schmelzofen und formt Luppen daraus, welche wie die aus dem Puddelofen unter einem Hammer ausgezängt und auf der Luppenwalze zu Rohstäben ausgewalzt werden.

Mit Flufseisen bezeichnen wir all dasjenige schmiedbare Eisen, welches bei seiner Erzeugung in flüssiger Form erhalten wird, also hauptsächlich das durch den Bessemer-, den Thomas- und den Siemens-Martin-Prozefs entstehende. Zum Zwecke der Weiterverarbeitung in Walz- und Hammerwerken wird es in gufseiserne Formen gegossen und erhält so eine fast prismatische Gestalt, genauer ausgedrückt die Form einer abgestumpften Pyramide.

Die Bearbeitung im Walzwerk ist für Schweifseisen und Flufseisen im allgemeinen die gleiche. Gelegentlich vorkommende Verschiedenheiten werden an passendem Orte erwähnt. Bezüglich der verschiedenartigen Behandlung von Schweifseisen und Flufseisen im Flammofen ist das Notwendige bereits bei Besprechung der Öfen gesagt worden.

Die Gesamtheit der Bearbeitungsvorgänge, wie sie von den Walzwerken an dem erwärmten Arbeitstück ausgeübt werden, zerfällt in die vorbereitende Bearbeitung und in die eigentliche Formgebungsarbeit.

Unter der vorbereitenden Bearbeitung versteht man bei Schweifseisen die Vereinigung der Bestandteile des Packetes unter dem Drucke der Walzen, verbunden mit gleichzeitiger Verminderung des Packetquerschnittes auf dasjenige Mafs, bei welchem die eigentliche Formgebungsarbeit beginnen kann. Bei Flufseisenblöcken hat die vorbereitende Bearbeitung aufser der Verminderung des Blockquerschnittes auch die Verdichtung des Blockes, also die Beseitigung der in seinem Innern vorkommenden Blasenräume zum Zwecke. Die Walzen, welche diese Arbeit verrichten, werden Vorwalzen genannt; die der eigentlichen Formgebung dienenden heifsen Fertigwalzen.

b. Die Vorwalzen.

Wenn wir in die Besprechung von Form und Betriebsweise der Vorwalzen eintreten, so müssen wir in erster Linie derjenigen Art von Vorwalzen gedenken, welcher die Bearbeitung grofser Flufseisenblöcke obliegt, und die darum Blockwalzen genannt werden. Das von ihnen gelieferte Erzeugnis heifst vorgewalzter Block und bildet die Ausgangsform für jede beliebige Art von Fertigerzeugnis, sei es nun, dafs er als Ganzes weiter verarbeitet oder zuvor zerteilt wird und zur Herstellung kleinerer Profile Verwendung findet.

An die Blockwalze schliefst sich dann zunächst die sog. Knüppelwalze an, deren Aufgabe darin besteht, entweder die von der Blockwalze begonnene Arbeit der Querschnittsverminderung fortzusetzen, oder auch darin, selbständig Rohblöcke von mittlerem Gewichte zu vorgewalzten Stäben (Knüppeln) von mäfsigem Querschnitte zu verarbeiten, welche sowohl im eigenen Betriebe zu Feineisen u. dgl. ausgewalzt als auch als Halbfabrikat in den Handel gebracht werden können.

In dritter Linie wäre dann aller derjenigen Walzen zu gedenken, welche insbesondere den Namen Vorwalzen führen, und welche in jeder mit der Herstellung von Fertigerzeugnissen beschäftigten Walzenstrafse vorhanden sein müssen zur Ausführung der vorbereitenden Bearbeitung.

1. Die Blockwalzen.

Nach Form und Betriebsweise haben wir drei Arten von Blockwalzwerken zu unterscheiden:

1. das einfache Kehrwalzwerk;
2. das Kehrwalzwerk mit anstellbarer Oberwalze und
3. das Triowalzwerk.

Die Formen 1 und 3 finden da Anwendung, wo sich die Aufgabe

der Blockwalze in mäfsigen Grenzen bewegt, d. h. wo einesteils nicht die gröfsten Blöcke verarbeitet und anderenteils die Querschnittsverminderung nicht beliebig weit ausgedehnt werden mufs.

In weitaus den meisten Fällen finden wir dagegen die zweite Form angewandt, ein Duo-Kehrwalzwerk, dessen Oberwalze sich der Höhe nach leicht und rasch verstellen läfst, so dafs man in ein und demselben Kaliber Stücke von sehr verschiedener Dicke herstellen kann. Damit ist der sehr erhebliche Vorteil verbunden, dafs die Kalibereinschnitte nicht so tief zu werden brauchen, als sie bei nicht anstellbarer Oberwalze sein müfsten.

Bevor wir nun dazu übergehen, die besonderen Einrichtungen eines solchen Blockwalzwerkes zu beschreiben, möge zuvor einiges über die Kaliberierung der Walzen gesagt werden.

Fig. 7 auf Taf. II zeigt uns, dafs die Grundform der Blockwalzkaliber das Rechteck ist, und zwar ein Rechteck von etwas gröfserer Breite als der des jeweils anzusteckenden Blockes, damit dieser Raum zur Breitung hat. Die seitliche Kaliberbegrenzung kann natürlich — wie wir aus dem weiter oben über den Anzug der Kaliber Gesagten wissen — keine rechtwinkelige sein, sondern eine schräge. Ebenso sind die Ecken des Rechteckes durch mehr oder weniger starke Abrundungen ersetzt, einmal deshalb, um nicht durch scharfeckige Einschnitte der Walze Bruchgefahr zu bringen, und dann, weil auf der Blockwalze eben keine scharfkantigen Erzeugnisse gewalzt zu werden brauchen. Den Walzvorgang haben wir uns folgendermafsen zu denken:

Bei normaler Lage der Walzen hat das erste Kaliber eine Höhe von 370 mm. Man läfst deshalb die Oberwalze zu Anfang um 60 mm steigen und dann den Block von 500 mm Dicke durch das nunmehr 430 mm hohe Kaliber gehen. Hinter der Walze wird der Block um 90° gewendet, durchläuft in dieser Lage noch einmal dasselbe Kaliber und kommt so als quadratischer Block von 430 mm Dicke vor die Walze. Nunmehr wird die Walze auf 370 mm heruntergelassen und liefert nach zwei Durchgängen einen quadratischen Block von dieser Dicke. Hierauf wird der Block ins zweite Kaliber gesteckt. In diesem wie in dem darauffolgenden wiederholt sich genau der beschriebene Vorgang, und es gehen aus denselben quadratische Blöcke von bezw. 275 und 200 mm hervor. Im vierten und fünften Kaliber wird ohne Hebung der Oberwalze gearbeitet, weshalb der Block in diesen nur einmal hin und her geht. Sie liefern quadratische Blöcke von 170 und 145 mm. Die Blockwalze dient nun nicht etwa nur dazu, ein Enderzeugnis von 145×145 mm zu liefern; vielmehr verlangt man von ihr die Lieferung aller nur denkbaren Abmessungen in Dicke und Breite des Blockes. Für gewöhnlich wird man diese wohl aus den fünf ersten Kalibern entnehmen können. Indessen empfiehlt es sich doch, sich durch Anordnung eines breiten Flachkalibers von geringer Höhe ein Mittel zur Herstellung von Brammen für die Blecherzeugung und anderer aufsergewöhnlicher Blockquerschnitte zu schaffen.

In dem vorliegenden Beispiele kann man aus dem letzten Kaliber von 420 mm Breite und 100 mm Höhe unter Hinzuziehung der vollen Hebung der Oberwalze mit 200 mm jede Blockgröfse bekommen, welche unterhalb 420 mm Breite und zwischen 300 und 100 mm Höhe liegt.

Die Blockwalzwerke werden am zweckmäfsigsten so angelegt, dafs sie für sich allein einen selbständigen, mit keinem anderen Walzwerke verbundenen Betrieb darstellen. d. h. als eine eingerüstige Strafse von ziemlich beträchtlichem Walzendurchmesser (900 bis 1100 mm), mit eigener Walzenzugmaschine und ausgerüstet mit all denjenigen maschinellen Hilfsmittteln und Bequemlichkeiten, welche sie befähigen, nicht nur die ganze Erzeugung eines Stahlwerkes heutiger Einrichtung in demselben Zeitmafse zu bewältigen, in welchem sie ihm zugeführt wird, sondern auch die Bearbeitung mit einem so geringen Aufwand an Löhnen zu bewirken, dafs sich der Preis der vorgewalzten Blöcke nur wenig über den der Rohblöcke erhebt.

Ein solches, mit allen Hilfsmitteln ausgestattetes, in neuester Zeit von der Duisburger Maschinenbau-Aktiengesellschaft erbautes Blockwalzwerk ist auf Tafel III dargestellt und in nachstehendem kurz erläutert.

Betrachten wir zunächst das eigentliche Walzwerk, welches als Duo mit verstellbarer Oberwalze gebaut ist, so nehmen an demselben besonders diejenigen Einrichtungen, welche zur Auf- und Abwärtsbewegung der Oberwalze dienen, unsere Aufmerksamkeit in Anspruch.

Zunächst ist zur Ausgleichung des Gewichtes der Oberwalze unter jedem Ständer ein Druckwassercylinder *a* angebracht, dessen Tauchkolben mittels des Querhauptes *b* und der Druckstangen *c* an dem Einbaustücke der Oberwalze angreift. Die beiden Druckwassercylinder stehen unausgesetzt unter dem Drucke der Sammler und haben darum stets das Bestreben, die Oberwalze zu heben. Ältere Ausführungen haben an Stelle dieser hydraulischen Ausgleichung eine mittelbar wirkende, bei welcher ein mit Gegengewicht belasteter Hebel an dem Querhaupt angreift.

Die die Stellung der Oberwalze bestimmenden Schraubenspindeln werden ebenfalls durch Anwendung von Wasserdruck bewegt. Wir sehen auf den Köpfen der beiden Walzenständer die beiden Druckwassercylinder *d* befestigt, deren gemeinsamer Tauchkolben mit der Zahnstange *e* fest verbunden ist. und diese letztere im Eingriffe mit den auf den Schraubenspindeln aufgekeilten Zahnrädchen *f*. Je nachdem man nun das Druckwasser dem einen oder dem anderen der beiden Cylinder zuführt, erteilt man der Spindel Drehung nach rechts oder nach links und läfst dadurch die Oberwalze entweder sinken oder steigen.

An maschinellen Hilfseinrichtungen besitzt dieses Walzwerk zunächst einen von der Zwillingsmaschine *g* angetriebenen und von der Bühne *h* aus mittels Handhebels gesteuerten Rollgang. Derselbe beginnt vor der Walze mit einem kurzen Stücke, dem die Zuführung der

Blöcke besorgenden Transportrollgang. Die mittels Kranes aus den Durchweichungsgruben gehobenen Blöcke werden zunächst auf den Kippstuhl *k* gestellt und dieser durch ein auf seiner Achse festgekeiltes Zahnsegment und die damit im Eingriff befindliche, durch Wasserdruck bewegte Zahnstange *i* umgelegt. Dadurch rutschen die Blöcke auf den Rollgang und werden der Walze zugeführt. Die beiden der Walze zunächst liegenden Rollen sind mit Rücksicht auf die verschieden tiefen Kalibereinschnitte in der Unterwalze als Stufenrollen ausgebildet. Hinter der Walze schliefst an den Arbeitsrollgang ebenfalls ein Transportrollgang an, welchem die Beförderung der vorgewalzten Blöcke nach der Blockschere obliegt.

Ein weiteres maschinelles Hilfsmittel ist der zugleich als Kantapparat dienende Querschub *m*. Die Thätigkeit des letzteren besteht in der Verschiebung der Blöcke von einem Kaliber vor das andere; er verrichtet dieselbe unter dem Einflusse des Druckwassercylinders *n*. Sowohl zum Verschieben als auch zum Umkanten der Blöcke treten die drei Zahnstangen *o* in Thätigkeit, und zwar durch Vermittelung des Druckwassercylinders *p*. Die mit dem Tauchkolben desselben verbundene Zahnstange bewirkt eine Drehung der Welle *q*, welche durch Kegelräder auf die mit den Zahnstangen *o* im Eingriffe befindlichen Stirnrädchen *r* übertragen wird. Damit diese Übertragung in jeder Stellung der Kantvorrichtung möglich ist, hat man der Welle *q* einen prismatischen (kreuzförmigen) Querschnitt gegeben und das auf derselben sitzende Kegelrad so eingerichtet, dafs es sich bei den Bewegungen der Kantvorrichtung zugleich mit dieser auf seiner Welle verschiebt.

Die von der Blockwalze gelieferten vorgewalzten Blöcke werden entweder als Ganzes und in derselben Hitze von einer anderen Strafse weiterverarbeitet zu irgend einem Fertigerzeugnisse, oder sie werden in Stücke von vorgeschriebenem Gewichte zerteilt, um entweder als Halbfabrikat in den Handel zu gelangen oder auch den verschiedenen Walzenstrafsen des eigenen Betriebes als Rohstoff zu dienen.

Diese Zerteilung erfolgt auf einer Blockschere, deren Messer in der Ebene des die gewalzten Blöcke heranbringenden Rollganges arbeiten. Hinsichtlich der Bauart dieser Schere begegnet man wohl am meisten derjenigen Form (Fig. 215), welche von der Kalker Werkzeugmaschinen-Fabrik ausgeführt und, wie die von derselben Fabrik erbauten Schmiedepressen, mit Dampfdruck und Druckwasserübersetzung betrieben wird; ihre Arbeitsweise ist ganz dieselbe wie die der Pressen. Diese Scheren sind entweder als stehende oder als liegende ausgebildet. Der Vorschub des einen Messers erfolgt genau so wie der des Prefskolbens und der Rückzug des Messers wie das Anheben jenes mittels eines besonderen Dampfcylinders, dessen Kolben beständig unter Druck steht. Die zum Betriebe der Blockschere dienende Dampf-Druckwasser-Vorrichtung ist genau so gebaut wie die der Schmiedepresse und ist bei Abhandlung der letzteren bereits beschrieben worden. Auch der eigentliche Scherkörper hat mit der Schmiedepresse Ähnlichkeit; denn der hier zwischen den Messern auf-

Fig. 215.

tretende Widerstand wird von kräftigen Ankern als Zugkraft aufgenommen. Der Unterschied beider Einrichtungen besteht nur darin, dafs an Stelle von Prefsbär und Ambofs die beiden Schermesser treten.

2. Die Knüppelwalzen.

Die Erzeugung der mit dem Namen Knüppel belegten Halbfabrikate erfolgt sowohl auf Duo-Kehrwalzwerken als auch auf gewöhnlichen Trios. Sie umfafst das Auswalzen von Stäben quadratischen Querschnittes, aber mit stumpfen Kanten, in Stärken von 100 bis 45 mm und kann ebensogut dem eigenen Bedürfnis eines Werkes dienen wie für den Handel arbeiten. In beiden Fällen werden für die verschiedenartigen daraus herzustellenden Fertigeisen Knüppel von den mannigfachsten Querschnittsabmessungen verlangt, und man mufs deshalb von einer guten Knüppelwalze fordern, dafs sie innerhalb der Grenzen von 100 und 45 mm möglichst viele Abstufungen zu erzeugen gestattet.

Als Kaliberform empfiehlt sich für diejenigen Kaliber, aus denen fertige Knüppel hervorgehen sollen, entweder die in Taf. II Fig. 8 dargestellte rhombische oder die Spitzbogenform nach Taf. II Fig. 9, während man für die vorhergehenden Kaliber zweckmäfsiger die rechteckige Grundform wählt.

In Taf. II Fig. 10 ist ein Knüppelwalz-Trio veranschaulicht, welches im Anschlusse an eine Blockwalze arbeitet und von dieser einen Block von 140×165 mm Querschnitt zur Weiterverarbeitung erhält. Der Block durchläuft erst fünf Flachkaliber und dann eine Reihe geradliniger Spiefskantkaliber, letztere jedoch so, dafs er von je zwei übereinander angeordneten kongruenten Kalibern immer nur eins durchläuft. Dasjenige Kaliber indessen, welches für eine bestimmte Knüppelgröfse Fertigkaliber ist, mufs er oben und unten durchlaufen, damit er annähernd quadratisch wird.

Sollen z. B. 45 mm starke Knüppel gewalzt werden, so sind folgende Kaliber zu benutzen:

1 unten, 1 oben, 2 u., 2 o., 3 u., 4 o., 5 u., 6 o., 7 u., 8 o., 9 u., 10 o. und 10 u.

Sollen dagegen Knüppel von 50 mm Stärke hergestellt werden, so mufs, damit der Stab aus Kal. 9 u. fertig hervorgeht, folgendermafsen gesteckt werden:

1 u., 1 o., 2 u., 2 o., 3 u., 3 o. (blind), 4 u., 5 o., 6 u., 7 o., 8 u., 9 o. und 9 u.

Über die bei der Verzeichnung von rhombischen und Spitzbogenkalibern zu wählenden Verhältnisse der Diagonalen gilt folgendes: Wir finden in der Praxis das Verhältnis der Kaliberhöhe zur Breite schwanken zwischen 6 : 7 und 7 : 8. Mit Rücksicht darauf, dafs derselbe Stab durch ein solches Kaliber zweimal hindurchgehen kann und dabei jedesmal den gleichen Druck empfängt, wenn er vor dem Durchgang um 90° gewendet wird, könnte man mit dem Verhältnisse der Diagonalen noch unter 6 : 7 gehen, würde aber damit in Gefahr kommen, entweder zu flache Kaliber zu bilden, in denen die Stäbe leicht umschlagen, oder dafs die Walzer den zweiten Durchgang unterlassen, gleich ein

Kaliber weiterstecken und so der Walze zu viel zumuten. Es ist also ratsam, das Verhältnis der Diagonalen lieber etwas gröfser zu wählen und die Kaliber nur einmal anzustecken bezw. beim Trio von zwei übereinander liegenden gleichen Kalibern nur eins zu benutzen.

In dem vorliegenden Beispiele wurde das Verhältnis der Diagonalen 13 : 15 gewählt und der rhombischen Form um deswillen der Vorzug gegeben, weil die Knüppel dadurch die zuweilen beliebtere Gestalt von Quadrateisen mit abgerundeten Kanten erhalten. Jedes der rhombischen Kaliber kann als Fertigkaliber dienen; es können also auch Knüppel von den mannigfaltigsten Querschnitten geliefert werden. Das kleinste Kaliber ist doppelt vorgesehen in der Annahme, dafs die 45 mm starken Knüppel in der Erzeugung vorwalten und dieses Kaliber deshalb besonders stark verschlissen wird.

3. Die gewöhnlichen Vorwalzen.

Unter Vorwalzen im gewöhnlichen Sinne verstehen wir diejenigen Walzen, welche an Strafsen, die der Erzeugung von Fertigerzeugnissen dienen, die vorbereitende Bearbeitung vorzunehmen haben. Ihre Aufgabe ist sehr umfangreich; denn sie umschliefst alles, was an vorbereitender Formgebung für die grofse Zahl der Stabeisenprofile zu leisten ist.

Wir wollen uns hier aber nur mit derjenigen Art von Vorwalzen beschäftigen, welche, gleich den Knüppelwalzen, blofs eine Querschnittsverminderung zu besorgen haben. Für eine ganze Reihe von Erzeugnissen einer Strafse kann dies von einer und derselben Vorwalze geschehen, und diese ist es auch, welche darum ihren Namen schlechthin führt.

Die für die Vorwalzen geeignetste Kaliberform ist die Spitzbogenform, weil die aus diesen Kalibern hervorgehenden Knüppel sich auf der Fertigwalze ebensowohl anschmiegen müssen an geradlinige (z. B. Flacheisen) wie an krummlinige Kaliberformen (z. B. Rundeisen).

Das in Taf. II Fig. 11 vorgeführte Beispiel einer Stabstrafsen-Vorwalze enthält zunächst vier Flachkaliber, um den Block von 200×200 mm auf etwa 153×153 bringen. Wollte man nämlich gleich mit Spitzbogenkalibern beginnen, so würden die Einschnitte in die Walzen viel tiefer werden und diese um so leichter brechen. In den unteren Spitzbogenkalibern ist das Verhältnis der Diagonalen 13 : 15 gewählt, im ersten jedoch davon abgesehen, weil der daselbst angesteckte quadratische Block sonst kaum eine Bearbeitung erführe. Von den oberen Spitzbogenkalibern sind die vier gröfsten als sogenannte versetzte Kaliber ausgebildet, und dadurch ist eine gröfsere Leistung derselben erzielt. Es findet deshalb hier kein Überspringen einzelner Kaliber statt, und man hat aufserdem den Vorteil, eine gröfsere Zahl verschiedener Knüppelquerschnitte herstellen zu können. Über die Verzeichnung dieser versetzten Kaliber giebt Taf. II Fig. 12 Aufschlufs. Nachdem die von der Mittelwalze gebildete Kaliberhälfte gezeichnet ist, trägt man die Höhe h auf und teilt diese in der Mitte durch eine Wagerechte. Auf diese trägt man die

Breite b auf und schlägt mit b als Radius die das Kaliber in der Oberwalze bildenden Bogen. Die in die Mittelwalze hineinragenden Teile der Oberwalze werden durch Kreisbogen entsprechend abgerundet.

c. Die wichtigsten Handelseisen.

Wir verstehen unter Handelseisen vornehmlich diejenigen Sorten Stabeisen, deren Querschnitt sich auf die einfachen geometrischen Figuren beschränkt, und haben uns demgemäfs im nachstehenden hauptsächlich zu beschäftigen mit der Erzeugung von Quadrateisen, Rundeisen, Flacheisen und Bandeisen.

Je nach der Gröfse des Querschnittes der herzustellenden Eisensorten sind auch die Walzwerke von verschiedener Gröfse.

Für die mit dem Namen Feineisen bezeichneten dünneren Stabeisensorten dienen die Schnell- und Feinstrafsen. Diese bestehen gewöhnlich aus einer Vorstrecke, welche bei 360—450 mm Walzendurchmesser 150—200 Umdrehungen in der Minute macht, und einer Fertigstrecke mit 250—330 mm Walzendurchmesser und 300—450 Umdrehungen. Sie werden von einer Maschine betrieben, welche 75—100 Umdrehungen macht und diese mit Riemen oder Seilen auf die beiden Strecken überträgt.

Zuweilen findet man Schnellstrafsen in Form sog. Doppel-Duos ausgeführt, welche mit der Betriebsweise des Trio-Walzwerkes die Bequemlichkeiten des Duos verbinden. Über die Ständerform und sonstige bauliche Verhältnisse von Doppel-Duos geben Fig. 216—218 Aufschlufs (Duisburger Maschinenbau-Aktiengesellschaft, vorm. Bechem & Keetman).

An die Feinstrafsen schliefsen sich die zur Erzeugung mittler Eisensorten dienenden Mittelstrafsen an, welche gewöhnlich nur aus einer Strecke von drei bis fünf Gerüsten bestehen, etwa 450 mm Walzendurchmesser haben und bis zu 125 Umdrehungen machen. An diese reihen sich dann die Stabstrafsen mit etwa 500—550 mm Walzendurchmesser, etwa 100 Umdrehungen und meist drei Gerüsten; für ganz schwere Erzeugnisse endlich dienen die Grobstrafsen, deren Verhältnisse je nach der Gröfse der zu erzeugenden Eisensorten gewählt werden (Walzendurchmesser z. B. 650—900 mm; 100 Umdrehungen).

1. Das Quadrateisen.

Wir unterscheiden zweierlei Erzeugungsarten für Quadrateisen. Bei der einen durchläuft der auf der Vorwalze entsprechend vorbereitete Block (Packet) Kaliber von nahezu quadratischer Form, welche so in die Walzen eingedreht sind, dafs eine Diagonale senkrecht zur Walzenachse steht, und die nur insofern von der quadratischen Form abweichen, als der in die Walze eingedrehte Winkel etwas gröfser ist als ein rechter und zwischen $90^0\ 40'$ (bei Grobeisen) und $91^0\ 20'$ (bei Feineisen) schwankt (Taf. II Fig. 13). In diesen Kalibern erhält man nach dreimaligem Durchgange durch das als Fertigkaliber dienende, wobei der Stab vor dem zweiten und dritten Durchgange natürlich um 90^0 zu wenden ist, einen Stab von genau quadratischem Querschnitte.

Arbeitet man auf einem Trio mit übereinander liegenden gleichen

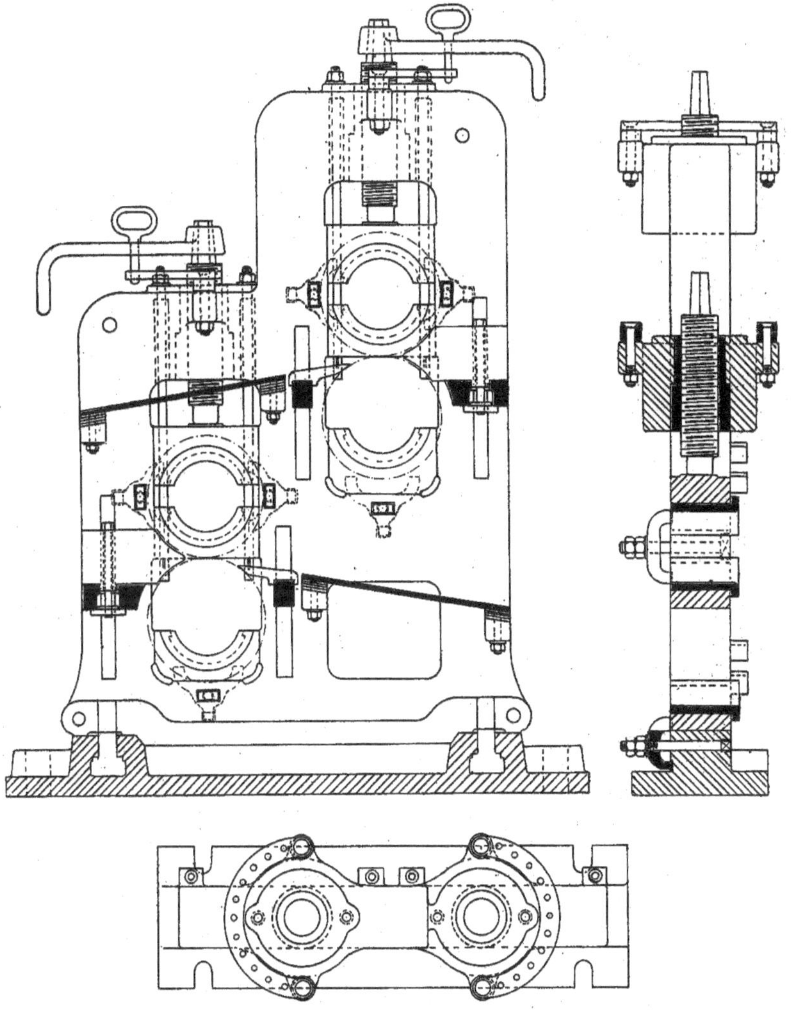

Fig. 216—218.

Kalibern, so treten an Stelle des dreimaligen letzten Durchganges ein Durchgang oben und zwei unten.

Diese Art der Herstellung nennt man freihändiges Walzen. Die Walzen, die dabei verwendet werden, enthalten eine Reihe stets gröfser werdender Kaliber, welche alle die von der betreffenden Strafse zu liefernden Quadrateisenabmessungen umschliefsen.

Zwischengröfsen, welche auf der Walze nicht vertreten sind, werden durch Walzenstellung erhalten.

Die andere Art der Erzeugung, welche aber nur auf die im Rahmen der Feineisen liegenden Abmessungen angewendet wird, besteht darin, dafs man aus einem scharfkantig eingedrehten Spiefskantkaliber, dessen Höhe etwas kleiner, dessen Breite entsprechend gröfser ist als die Diagonalen des Quadrates, in ein genau rechtwinkelig eingedrehtes Quadratkaliber geht und so mit einem Stiche ein genaues Quadrat erhält. Dazu ist natürlich erforderlich, die Höhe des Spiefskantkalibers durch Anstellen der Walzen so zu regeln, dafs der Stab das Fertigkaliber genau füllt. Diese Herstellungsweise macht zur Bedingung die Anordnung einer Führung vor dem Quadratkaliber, welche sich der Spiefskantform ziemlich genau anschliefst und das Umfallen des Stabes im Quadratkaliber verhütet. Man nennt das Verfahren deshalb W a l z e n d u r c h F ü h r u n g e n.

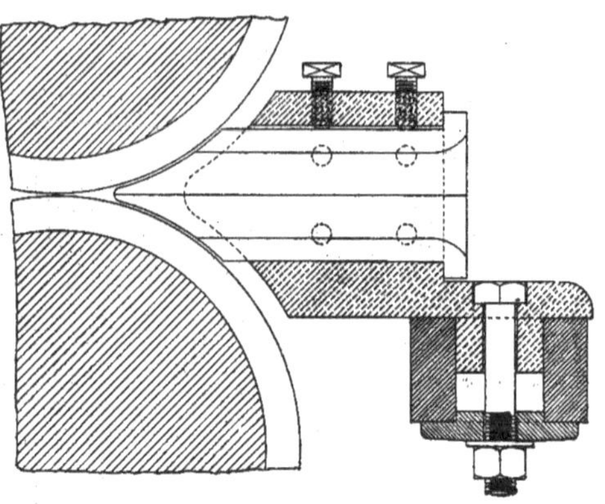

Fig. 219.

Taf. II Fig. 14 und 15 zeigen uns zwei in der beschriebenen Weise zusammengehörige Kaliber, Taf. II Fig. 16 und Textfig. 219 Form und Anordnung der Führungen. Die Fertigkaliber für eine Reihe von Abmessungen ordnet man nebeneinander auf einem Walzen-Duo an und die zugehörigen Spiefskantkaliber auf einem anderen, damit man — besonders hinsichtlich der letzteren — in der Walzenstellung unabhängig ist.

2. Das Rundeisen.

Auch hier unterscheiden wir das freihändige Walzen und dasjenige durch Führungen.

Bei der Verzeichnung der Kaliber für freihändig gewalztes Rundeisen wird der zu Grunde gelegte Kreis durch zwei unter 45^0 gegen die Walzlinie geneigte Durchmesser in vier gleiche Teile zerlegt (Taf. II Fig. 17), von denen die Bogen ab und cd für das Kaliber verwendet werden. Mit der Sehne des Quadranten als Radius werden dann die Bogen ag, bf, df und cg geschlagen und dadurch das Kaliber erweitert. Nach Einzeichnung des Walzenspieles werden dann noch die Ecken abgerundet mit einem Halbmesser r gleich 0,15 vom Durchmesser des gegebenen Kreises.

Man bringt auf einer Rundeisenwalze eine Reihe dieser Kaliber in solchen Abstufungen der Durchmesser an, dafs die zwischen zwei Kalibern liegenden Abmessungen sich durch Walzenstellung erzielen lassen, und arbeitet dann folgendermaſsen: Aus dem entsprechenden Kaliber der Vorwalze geht man in ein Rund, welches zwei Stufen über dem beabsichtigten Fertigrund liegt, dann unter Wenden um 90° durch das nächste und dann ebenso ins Fertigkaliber. Hier läſst man den Stab etwa fünf Durchgänge machen, wendet aber vor jedem derselben um 90° und erzielt so durch wiederholtes Schlichten, d. h. Beseitigen der jedesmaligen Breitung, einen Stab von ziemlich genau kreisförmigem Querschnitte.

Zum Walzen von Führungsrundeisen verwendet man Fertigkaliber von genau kreisrunder Form und als Vorkaliber ein aus zwei Kreisbogen gebildetes Oval, dessen Höhe etwas geringer, dessen Breite gröſser ist als der Durchmesser des Fertigkalibers. Dem Ovalkaliber vorauf geht ein Quadratstich, dessen Seite gleich dem Durchmesser des Fertigkalibers ist, und in welches man von der Vorwalze her mit passendem Eisen hineingeht. Der aus dem Ovalkaliber kommende Stab geht unter Wenden um 90° — und darum unter Anwendung einer ovalen Führung — durch das kreisrunde Fertigkaliber und muſs so bemessen sein, daſs die auftretende Breitung gerade genügt, um jenes zu füllen.

Die Taf. II Fig. 18—21 zeigen die zu einem bestimmten Rundeisen gehörigen Kaliber nebst Form und Anordnung der Führungen.

Es möge an dieser Stelle eine das Aufzeichnen von Fertigkalibern im allgemeinen betreffende Bemerkung Platz finden. Ein Fertigkaliber muſs in seinen Abmessungen so beschaffen sein, daſs der daraus hervorgehende Stab nach dem Erkalten genau die beabsichtigte Gröſse des Querschnittes hat. Man muſs deshalb aus den Querschnittsabmessungen des kalten Eisens vor dem Aufzeichnen durch Hinzuziehung eines Schwindmaſses den Querschnitt des warmen berechnen. Das Schwindmaſs kann für Fluſseisen etwa gleich 1,3 bis 1,4 %, für Schweiſseisen gleich 1,5 % genommen werden.

3. Das Flacheisen.

Dem rechteckigen Querschnitte des Flacheisens entsprechend verwendet man für die Kaliber der Flacheisenwalzen die rechteckige Grundform, weicht jedoch bezüglich der seitlichen Kaliberbegrenzungen wegen des notwendigen Anzuges von dem rechten Winkel etwas ab. Die Kaliber sind meist geschlossen, und die Bunde der Ober- bezw. Mittelwalze ragen tief in die Einschnitte der Unter- bezw. Oberwalze hinein, damit man die Walzen zwecks Herstellung dickerer Flacheisen weiter auseinanderlegen kann und doch noch geschlossene Kaliber behält. Die Gestaltung der Kaliber ist im übrigen sehr einfach. In erster Linie hat man dafür zu sorgen, daſs die aufeinander folgenden Kaliber in der Breite zunehmen und dem Eisen eine gewisse Breitung gestatten. Bei den im Trio übereinander liegenden Kalibern muſs man natürlich auf Breitung verzichten. Für die Dickenabnahme darf man bei den gewöhnlichen Flacheisensorten mit einem Abnahmekoeffizienten von 0,67 bis 0,75 rechnen; für sehr breite Sorten dagegen muſs man viel vorsichtiger kalibrieren und darauf Rücksicht nehmen, daſs sie viel mehr

Wärme ausstrahlen und darum kälter fertig werden. Man kann auf einer Walze gewöhnlich die Kaliber für zwei oder drei verschieden breite Flacheisen unterbringen. Die verschiedenen Dicken werden, wie schon erwähnt, durch Walzenstellung erzielt.

Die in Taf. IV Fig. 1 dargestellte Flachwalze umfaſst die beiden Sorten von 105 und 75 mm. Statt der Fertigkaliber ist eine sogen. flache Bahn angeordnet, welche auch in der Breite des Eisens noch kleine Verschiedenheiten gestattet.

Die Zunahme der Kaliberhöhen vom Fertigstich aufwärts muſs so bemessen werden, daſs der als quadratischer Knüppel aus der Vorwalze kommende Stab im ersten Stich einen genügenden, aber andererseits keinen zu groſsen Druck erhält. Da nun dieser Knüppel für 100 mm breites Eisen dicker sein muſs als für 75 mm breites, so muſs bei gleicher Stichzahl für letzteres eine kleinere Abnahme gewählt werden. Im vorliegenden Falle ist für das breitere Eisen ein Knüppel von 97 mm erforderlich, welcher beim Auswalzen auf 6 mm Stärke nacheinander um 32, 21, 14, 9, 6, 4 und 2 mm gedrückt wird, während der etwa 67 mm starke Knüppel für 75 mm breites Eisen Drücke von 21, 10, 7, 4, 3 und 2 mm erfährt. Müssen bei der Herstellung dickerer Flacheisensorten die Walzen so weit auseinandergelegt werden, daſs der Knüppel das erste Kaliber ohne Druck durchläuft, so überspringt man dasselbe und steckt im zweiten Kaliber an.

Betreffs Anordnung des Oberdruckes haben wir im vorliegenden Walzentrio ein Beispiel, welches seinerzeit bei der Besprechung des Oberdruckes nicht erwähnt wurde. Die Kaliber wurden so zur Walzlinie gelegt, daſs die Mittelwalze ebensoviel Oberdruck gegenüber der Unterwalze hat wie die Oberwalze gegenüber der Mittelwalze. Um aber auch in den letzten Kalibern genügenden Oberdruck zu haben, wurde der ideale Durchmesser der Mittelwalze um 5 mm gröſser als der der Unterwalze und ebensoviel kleiner als der der Oberwalze gewählt. Mit dieser Anordnung ist der Vorteil verbunden, daſs die unteren Kaliber nicht so tief einschneiden und die Unterwalze stärker lassen. Andererseits müssen aber hierbei in den oberen Kalibern sowohl Unter- wie Oberhunde angeordnet werden, um vor dem Umwickeln der Stäbe sicher zu sein.

4. Das Bandeisen.

Wenn die Dicke eines Flacheisens im Verhältnisse zur Breite sehr gering ist, so nennt man es Bandeisen. Seine Erzeugung ist von der des Flacheisens nur dadurch unterschieden, daſs eine gröſsere Anzahl von Stichen gemacht werden muſs, wodurch das Eisen verhältnismäſsig kalt wird und nur geringe Dickenabnahmen erlaubt. Um z. B. Bandeisen von 40×2 mm zu walzen, würde man, Trio vorausgesetzt, Kaliberabmessungen brauchen wie folgt:

Kaliber:	1 u.,	2 o., 2 u.,	3 o., 3 u.,	4 o., 4 u.	Knüppel
Höhe:	2,0,	2,75, 4,0	6 9	14 22	35
Breite:	40,5	40	39	37,5	35

Der Fertigstich wird bei Bandeisen stets auf einer besonderen Walze, der sog. *Polierwalze*, gemacht, welche als Hartwalze gegossen und blankgeschliffen sein mufs, um dem Bandeisen ein glattes und schönes Aussehen zu erteilen. Denselben Zweck hat auch der vor der Polierwalze angeordnete *Schrabber*, eine höchst einfache Vorrichtung, durch welche der Hammerschlag von dem Bandeisen abgeschabt wird; es sollen dadurch das Einwalzen in den Stab und das hierdurch verursachte rauhe Aussehen des letzteren verhütet werden.

5. Profiliertes Handelseisen.

Zu den Handelseisen zählen, wie schon im ersten Kapitel erwähnt wurde, auch mancherlei einfach profilierte Eisensorten, über deren Herstellung hier in Kürze einiges gesagt werden möge.

Zunächst wäre zu erwähnen das *Radreifeneisen* für Luxuswagen, welches in zwei Formen, als abgerundetes und abgekantetes, verlangt und erzeugt wird.

Bei Herstellung der abgerundeten Reifen verfährt man zunächst wie bei Flacheisen, läfst dann den Stab im vorletzten Stiche durch ein Kaliber der entsprechend auseinandergelegten Rundwalzen gehen (Taf. II Fig. 22), wobei er natürlich wegen der labialen Lage durch Führungen gehalten werden mufs, und giebt ihm dann im letzten Flachstiche die gewünschte Dicke.

Die Herstellung der abgekanteten Reifen erfolgt ebenfalls in Flachkalibern, und zwar in solchen mit abgestumpften Ecken, wie sie auch bei Flacheisenwalzen für die gröfsten Kaliber gewählt werden (Taf. IV Fig. 23). Für den letzten Stich tritt an Stelle der flachen Bahn ein offenes Kaliber wie auf Taf. II Fig. 23, welches die Herstellung verschiedener Breiten gestattet, ohne der Regelmäfsigkeit der Abkantung zu schaden.

Eine andere Abweichung von der rechteckigen Grundform liefert den trapezförmigen Querschnitt, welcher für *Roststabeisen* verlangt wird. Die Herstellung desselben unterscheidet sich von der des Flacheisens nur dadurch, dafs die verschiedenen Dicken des Fertigprofiles durch ungleichförmigen Walzdruck aus dem quadratischen Knüppel erhalten werden.

Sollen z. B. die Querschnittsabmessungen eines Roststabeisens (Taf. II Fig. 24) b = 90 mm, c = 15 mm und a = 6 mm sein, so müssen die Kaliber etwa folgende Mafse erhalten:

Kal.	a	b	c	
1	91,5	15	6	mm
2	90	21	10	„
3		30	17	„
4	88	42	30	„
5		60	50	„
Knüppel	85	85	85	„

d. Die Baueisen.

Wie aus Abschnitt A hervorgeht, gehören hierher ausschliefslich die sogenannten Formeisen, d. h. solche Stabeisenarten, deren Querschnitte verwickeltere Formen aufweisen. Wir werden deshalb im vorliegenden Abschnitte neben dem, was über die Erzeugung der einzelnen Baueisen zu sagen ist, uns vornehmlich mit der Kaliberierung der Formeisen zu beschäftigen haben, soweit es im Raume dieses Buches möglich ist.

1. Das Winkeleisen.

α. Das gleichschenkelige Winkeleisen.

Für die Bildung der Kaliberformen giebt es zwei voneinander sehr verschiedene Wege. Von dem Gedanken ausgehend, dafs Winkeleisen eigentlich weiter nichts ist als ein zum rechten Winkel umgebogenes Flacheisen mit scharf ausgebildeter äufserer Winkelkante, kommt man zu Kaliberformen, welche denen für Flacheisen sehr ähnlich sind. Erst im Fertigkaliber findet die Biegung des Eisens in den rechten Winkel statt, falls man es nicht vorzieht, das Aufbiegen auf mehrere Kaliber zu verteilen.

Die zweite Art der Formgebung besteht darin, dafs man den aus der Vorwalze kommenden quadratischen Knüppel sofort winkelförmig einschneidet und in derselben Weise unter gleichzeitiger Verdünnung der Schenkel fortfährt bis zu den Abmessungen des Fertigkalibers. Auch bei dieser letzteren Art der Formgebung pflegt man, vom Fertigkaliber rückwärts gehend, den rechten Winkel allmählich etwas zu vergröfsern, um desto leichter zu den mehr oder weniger flachen Formen der Vorkaliber zu gelangen.

Da jede Winkeleisensorte in mehreren Schenkelstärken verlangt wird, so empfiehlt es sich, für jede normale Schenkelstärke ein besonderes Fertigkaliber vorzusehen und die dazwischenliegenden Stärken durch Walzenstellung zu erzeugen. Es empfiehlt sich ferner, auch das dem Fertigkaliber vorangehende Kaliber in wenigstens zwei verschiedenen Schenkelstärken anzuordnen und so für die dicken und dünnen Sorten je ein besonderes Vorkaliber zu schaffen.

Auf Taf. IV zeigen uns die Fig. 2 a—d die Kaliberierung desselben Winkeleisens auf zwei verschiedenen Wegen und Fig. 7 die Anordnung der Kaliber auf der Walze.

β. Das ungleichschenkelige Winkeleisen.

Dieses wird grundsätzlich ebenso kaliberiert wie das gleichschenkelige, doch ist dabei auf zwei Punkte besonders zu achten. Der erste betrifft die Lage der Schenkel des Winkels zur Walzlinie. Während man beim gleichschenkeligen Winkeleisen hierüber gar nicht zweifelhaft ist und den Schenkeln eine Neigung von 45 ^{0} gegen die Walzlinie giebt, hat man sich beim ungleichschenkeligen zu entscheiden, ob man diese Lage oder eine solche wählen will, bei welcher die beiden Schenkel gleich tiefe Einschnitte in die Walzen verursachen Legt man die beiden Schenkel unter 45 ^{0} gegen die Walzlinie, so hat man den Vorteil, etwaige Zwischenstufen durch Walzenstellung erhalten zu können, weil dann die Veränderung der Walzenlage beide Schenkelstärken in gleicher Weise beeinflufst. Ein Nachteil ist aber mit dieser Lage insofern verbunden, als der längere Schenkel tiefer in die Walze einschneidet als der andere und die Walze erheblich schwächt (Taf. IV Fig. 8). Ist dieser Übelstand so grofs, dafs in einem gegebenen Falle Bedenken wegen der Haltbarkeit der Walzen entstehen, so mufs man die in Fig. 9 veranschaulichte Anordnung der Kaliber wählen, bei der die Schenkelenden gleiche Entfernung von der Walzlinie haben, mufs dann aber auf die Herstellung abweichender Schenkelstärken durch Walzenstellung verzichten.

Der zweite Punkt betrifft die im Walzvorgang auftretende Erscheinung, dafs der längere Schenkel des Winkeleisens beim Durchgange auf die Walzen einen gröfseren Horizontalschub ausübt als der kürzere und so für jenen das Kaliber erweitert, für diesen verengt. Man trägt diesem Umstande dadurch Rechnung, dafs man von vornherein die Kaliberweite für den längeren Schenkel um etwa 0,2 bis 0,5 mm enger macht als die für den kürzeren Schenkel.

Auf Taf. IV Fig. 10—15 und auf Taf. V Fig. 1 haben wir Kaliberierung und Walzenzeichnung des ungleichschenkeligen Winkeleisens 100 × 75 mm und zugleich ein Beispiel für diejenige Kaliberanordnung, bei welcher beide Schenkel gleich tief in den Walzenkörper einschneiden.

2. Das Z-Eisen.

In Bezug auf die Gestaltung der Kaliber steht dieses Profil keinem näher als dem Winkeleisen, weil es gewissermafsen aus zwei solchen besteht. Es liegt also auch sehr nahe, das Fertigkaliber so zu legen, dafs seine Glieder unter 45 ^{0} gegen die Walzlinie geneigt sind, und unter Festhaltung der beiden Scheitel für alle Kaliber ähnlich zu verfahren wie bei Winkeleisen (Taf. IV Fig. 16—23).

3. Das I-Eisen (Träger).

Beim Walzen der Träger handelt es sich um Schaffung eines Profiles, dessen einzelne Glieder in nicht gleichartiger Weise von den Walzen erzeugt werden. Während das Walzen des Steges ganz dem eines Flacheisens entspricht, haben wir in den Flanschen (Füfsen) eine Form vor uns, welche rechtwinkelig zur Walzlinie steht, und die darum dem Kaliberierer die Aufgabe stellt, die formgebende Arbeit der Walzen auch auf diesen Teil des Profiles zu richten. Damit dies möglich werde, mufs die Form der Füfse derartig sein, dafs die Innenfläche gegen den Steg einen stumpfen Winkel bildet; denn nur unter dieser Bedingung kann die senkrecht zum Stege gerichtete Druckkraft der Walzen eine Komponente abzweigen, welche die Umformungsarbeit an den Flanschen vollzieht. Die Wirkung des Kalibers auf den zu bearbeitenden Flansch ist nun in demjenigen Teile des ersteren, welcher von nur einer Walze gebildet wird, eine ganz andere als in demjenigen Teile, an dessen Form zwei Walzen beteiligt sind. Nennen wir jenen den geschlossenen Teil des Kalibers (Taf. V Fig. 2) und diesen den offenen (Fig. 3), so müssen wir das Gesetz, nach welchem sich die Arbeit der Formänderung in beiden Teilen vollzieht, etwa folgendermafsen ausdrücken: Der geschlossene Kaliberteil eignet sich seiner Natur nach nur dazu, einen Fufs von gröfserer Höhe als der des Kalibers zu stauchen, wenn derselbe hineinpafst; im offenen Teile dagegen, welcher von zwei mit verschiedenen Umfangsgeschwindigkeiten umlaufenden Walzen gebildet wird, findet ein gewisses Auseinanderzerren des Stoffes statt und damit eine Verdünnung des Querschnittes; in diesem Teile mufs also die von dem seitlichen Drucke der Walzen vorzunehmende Streckarbeit verrichtet werden.

Für den Kaliberierer ergiebt sich aus diesen Gesichtspunkten für die aufeinanderfolgenden Flanschformen folgende Regel: Der den geschlossenen Kaliberteil durchlaufende Fufs soll in der Stärke jenem ungefähr gleich, aber von einer solchen Höhe sein, dafs beim Stauchen eine hinreichende Streckung in der Stabrichtung erfolgt; der für den offenen Kaliberteil bestimmte Fufs dagegen soll wo möglich etwas weniger hoch sein als das Kaliber, aber so dick, dafs die beabsichtigte Streckung in der Stabrichtung durch die Verminderung dieser Dicke stattfindet. Da nun dieses Gesetz für jedes vorhergehende Kaliber in Bezug auf das nachfolgende gilt, so gestaltet sich die ganze Formgebungsarbeit für die Kaliber der Trägerwalzen ziemlich einfach, und wenn auch die gegebene Regel durch praktische Bedürfnisse bald mehr, bald weniger beeinflufst wird, so mufs das darin ausgedrückte Gesetz doch in jeder brauchbaren Kaliberierung erkennbar sein.

Eine weitere bei der Formgebungsarbeit zu beherzigende Bedingung folgt aus dem trapezförmigen Querschnitte des Fufses. Der gröfseren Stärke desselben an der Wurzel entspricht es, dafs dort die Zunahme der aufeinanderfolgenden Kaliber rascher fortschreitet als an der Spitze des Fufses. Die Folge davon ist eine immer gröfser werdende Neigung der inneren Flanschflächen gegen die Senkrechte, durch welche sie sich der wagerechten Lage allmählich so nähern, dafs der Übergang aus der Trägerform der gröfsten Vorkaliber in die quadratische Blockform sich fast von selbst einstellt.

Auf Taf. V stellt Fig. 4 die für ein Trio ausgeführte Kaliberierung der Träger N. P. 20 dar. Der Flansch des Fertigkalibers ist in der unteren Hälfte von der Unterwalze allein, in der oberen von Unter- und Mittelwalze gemeinsam gebildet. Der Flansch des Kal. 2 erfährt also im Unterfufse des Fertigkalibers eine Stauchung, im oberen eine Verdünnung. Er erhielt deshalb unten eine Stärke, welche von der des fertigen Fufses kaum abweicht (8,25 mm gegen 8,15 mm), hat dieselbe Neigung wie dieser, aber eine um 6,25 mm gröfsere Länge. Sonach pafst der untere Fufs des Kal. 2 in den geschlossenen Fertigfufs der

Form nach fast genau hinein und erfährt nur der Höhe nach eine Stauchung. Der obere Fuſs des Kal. 2 dagegen hat fast dieselbe Länge wie der obere Fertigfuſs, weicht dafür aber in der Dicke von diesem ab (8,75 mm gegen 8,15 mm und 15,25 mm gegen 14,1 mm). Das gleiche Gesetz erkennen wir zwischen den Kal. 2 und 3.

Mit Kal. 4 beginnt die Reihe derjenigen, welche senkrecht übereinander angeordnet werden, d. h. bei denen unter Ausnutzung der Vorteile des Dreiwalzensystemes in Ober- und Unterwalze verschiedene Kaliber eingeschnitten sind, denen dieselbe Mittelwalzenform als Patrize dient. Aus diesem Umstande ergiebt sich eine einmalige Verletzung unserer Regel, weil die Umformungsarbeit zwischen Kal. 4 M und Kal. 3 M in zwei Durchgängen, zwischen Kal. 4 M und Kal. 3 u dagegen in einem Durchgange verrichtet werden muſs. Man ist dadurch genötigt, den Fuſs 4 M beim Durchgange durch die geschlossene Form 3 u nicht bloſs in der Höhe zu stauchen, sondern auch seitlich etwas zu verdünnen.

Von Kal. 4 aufwärts verläuft nun die Formgebung wieder regelmäſsig, bis es bei Kal. 7 Zeit wird, an den Übergang zur Blockform zu denken. Es empfiehlt sich, diesen Teil der Formgebungsarbeit in umgekehrter Richtung zu betrachten, d. h. im Sinne des Walzvorganges, bei welchem durch sogenanntes Einschneiden in den rechteckigen Blockquerschnitt die Füſse nach und nach vorgebildet werden, und zwar unter Anwendung offener Kaliber (siehe die Walzenzeichnung Taf. VI Fig. 1), bis sie diejenige Länge und Stärke haben, bei welcher die abwechselnde Arbeit des Stauchens und Verdünnens in den geschlossenen Kalibern beginnen kann.

Werfen wir nun noch einen Blick auf die zu unserer Kaliberierung gehörigen Walzenzeichnungen (Taf. VI Fig. 1—3), so sehen wir zunächst, daſs mit einer Straſse von drei Gerüsten gearbeitet wird und daſs die beiden Vorwalzen nicht bloſs für N. P. 20, sondern auch zur Erzeugung der Träger von N. P. 19 bis N. P. 15 bestimmt sind, so daſs zur Herstellung je eines dieser Profile nur ein Wechsel der Fertigwalzen nötig ist. Die Ähnlichkeit der Trägerprofile gestattet nämlich die Benutzung einer und derselben Vorform für verschiedene Fertigprofile, wenn nur durch passend gelegene Stauchkaliber für Erzielung der richtigen Breite gesorgt wird.

Verfolgen wir nun im vorliegenden Falle den Gang des Walzens. In dem sog. Blockkaliber soll der Fluſseisenblock vorgerichtet und für die die Ausbildung der Füſse beginnenden Kal. 8 passend gemacht werden. Er durchläuft diese nach vorherigem Wenden um 90^0. Danach folgen zur Verminderung der Blockbreite zwei Stauchkaliber und auf diese die beiden Formkaliber 7, welche die Fuſsform weiter vorbereiten.

Sollen nun Träger N. P. 20 oder 19 gewalzt werden, so geht man aus Kal. 7 oben auf die folgende Walze, während für die kleineren Profile noch zwei Stauchkaliber vorgesehen sind, von denen das untere den für N. P. 18 und 17, das obere den für N. P. 16 und 15 passenden Block liefert. Auf der zweiten Vorwalze beginnen die geschlossenen Kaliber, und zwar sind je vier derselben für jede der genannten Profilgruppen vorhanden. Auf der nun folgenden Fertigwalze sind die Kaliber der Breite nach so gestaltet, dafs aus dem jeweiligen Vorkaliber 5 oben durch Anwendung verschieden grofser Breitenzunahme sowohl das gröfsere wie das kleinere Profil einer Gruppe gewalzt werden kann.

Beispielsweise haben wir für die Träger N. P. 20 und 19 folgende Breitenzunahme:

Kaliber	5	4	3	2	1	
N. P. 20	184	190	195	199	202	mm
N. P. 19	184	186	188	190	191,75	„

Die grofse Reihe der normalen Trägerprofile kann natürlich nicht auf einer und derselben Strafse gewalzt werden. Vielmehr würde ein Werk, welches sämtliche Profile herstellen wollte, am zweckmäfsigsten drei verschieden grofse Strafsen dazu verwenden, und zwar für die Profile N. P. 8 bis N. P. 15 etwa eine kräftige Stabstrafse von 550 mm Walzendurchmesser, für die Profile von N. P. 15 bis N. P. 36 oder N. P. 40 eine Trio-Grobstrafse von etwa 850 mm Walzendurchmesser und für die übrigen Profile bis N. P. 55 eine Reversierstrafse von 850—900 mm Walzendurchmesser.

4. Das U-Eisen.

Die Ausbildung der Fufsform des U-Eisens gestaltet sich dadurch schwieriger als die der Träger, dafs die Füfse erstens nur einseitig auftreten und zweitens von gröfserer Länge sind. Für die Kaliberierung kann man ähnlich verfahren wie bei Trägern, d. h. eine Vorform schaffen, die auf dem Rücken des U-Eisens einen sog. Gegenfufs hat, diesen dann allmählich beseitigen und den weggedrückten Stoff der Ausbildung des Flansches zu gute kommen lassen. Eine solche Kaliberierung zeigt Taf. V Fig. 5. Dieses Verfahren bietet den Vorteil, dafs man auch die Vorkaliber entsprechender Trägerprofile verwenden kann, indem man den einen Fufs allmählich zu Gunsten des anderen beseitigt. Ein anderes Verfahren beruht darauf, dafs man die Füfse des U-Eisens aufklappt und auf diesem Wege zu flachen Vorformen kommt.

5. Das Belageisen.

Auf Taf. IV zeigt uns Fig. 24 die Herstellung eines Belageisens aus einem rechteckig vorgewalzten Blocke.

Die Vorbereitung der Belageisenform beginnt in Kal. 8, indem dort durch den unteren Eindruck in der Mitte die Kümpelung und durch Zusammendrücken der äufseren Teile von oben die Flanschbildung eingeleitet wird. Die folgenden Kaliber setzen die so begonnene Arbeit in derselben Weise fort, und das Fertigkaliber giebt dem Erzeugnisse die vorschriftsmäfsige Form.

e. Das Eisenbahnmaterial.

Soweit wir es mit der Erzeugung von Schienen, Schwellen und Laschen zu thun haben, wird unsere Beschreibung sich auf eine kurze Erläuterung der betreffenden Kaliberierungen beschränken können. Die Herstellung der Radreifen dagegen ist so eigenartig und von der gewöhnlichen Stabeisenerzeugung so verschieden, dafs ein näheres Eingehen auf dieselbe notwendig erscheint.

1. Die Schienen.

Die Herstellung der Fufsform einer Eisenbahnschiene erfolgt genau nach denselben Regeln wie das Walzen der Flanschen bei Trägereisen; auch auf die Gestaltung des Kopfes finden dieselben eine sinngemäfse Anwendung. Ein Unterschied aber findet sich in der Form und Wirkungsweise der Stauchkaliber, welche nicht wie bei den Trägern blofs eine Verkürzung des Profiles bewirken, sondern auch die von den ersten Formkalibern vorbereiteten Füfse kräftig bearbeiten sollen.

Auf Taf. V Fig. 6 und Taf. VI Fig. 4 und 5 sind Kaliberierung und Walzenzeichnungen zu einer Vollbahnschiene für eine Reversierstrafse von drei Gerüsten dargestellt, in deren drittem Gerüste wir uns eine Blockwalze zu denken haben. Aus dieser kommt der Block mit etwa 210 × 210 mm Querschnitt und wird zunächst in den zwei Blockkalibern der Vorwalze so vorgestreckt, dafs er nach zwei Durchgängen durch das erste und einem Durchgange durch das zweite Blockkaliber für das mit Nr. 8 bezeichnete erste Formkaliber pafst. Auf Kaliber Nr. 7 folgt ein Stauchkaliber, in welchem die Schiene von 155 mm auf 128 zusammengedrückt wird, um dann in den folgenden Kalibern mit üblicher Breitung nach und nach auf 143 mm Höhe — entsprechend 141 mm Kaltmafs — zu kommen. Die Anordnung des Stauchkalibers stellt sich da als Bedürfnis ein, wo die Stärke von Fufs und Kopf — am Stege gemessen — so grofs wird, dafs zwischen ihnen kein Steg mehr bleibt. Es wird dann nötig, das Profil zu erhöhen und zwischen dem erhöhten und nicht erhöhten Profil ein Stauchkaliber einzuschalten.

Das Walzen der kleinen Gruben- und Feldbahnschienen unterscheidet sich von der Herstellung der Vollbahnschienen in keinem wesentlichen Punkte. Selbstverständlich erzeugt man die kleineren Profile auch auf kleineren Strafsen, und zwar Schienen von 4—6 kg Gewicht auf 1 m auf sog. Mittelstrafsen, solche von 7—15 kg auf Stabstrafsen.

2. Die Schwellen.

Die Profilformen für Eisenbahnschwellen sind sehr zahlreich, und es giebt deshalb auch eine gröfsere Anzahl Kaliberierungswege für dieselben.

Um von vielen wenigstens ein Beispiel zu bieten, möge Taf. VI Fig. 6 uns den Hergang der Formgebungsarbeit für eins der bekannteren Profile zeigen. Die Kaliberierung hat eine gewisse Ähnlichkeit mit der von U-Eisen, indem in den ersten Kalibern auf dem Rücken der Schwelle Gegenfüfse ausgebildet werden, welche die Gestaltung der Schwellenfüfse erleichtern.

3. Die Laschen.

Die Herstellung einfacher Flachlaschen erfordert gewöhnlich nur die Anordnung eines entsprechenden Fertigkalibers, etwa auf einer Flacheisenwalze, welche Eisen von ähnlicher Breite wie die der Lasche liefert. Aus einem geeigneten Kaliber dieser Walze geht man dann in das Laschenkaliber und walzt diese sonach in einem Durchgange fertig. In den sog. Winkellaschen dagegen haben wir Profile von derartiger Gliederung, dafs ihre Herstellung ebenso wie die jedes anderen Form-

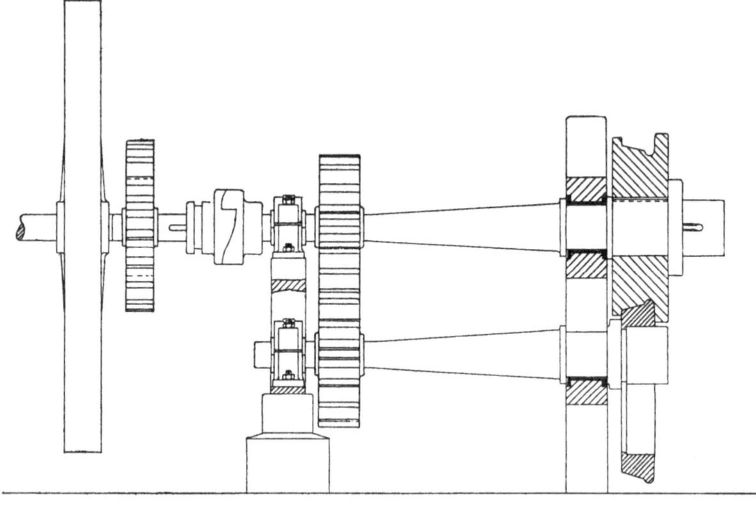

Fig. 220.

eisens auf dem Wege allmählicher Umgestaltung des Profiles erfolgen mufs. (Siehe Taf. V Fig. 7.)

4. Die Radreifen (Bandagen).

Die zur Erzeugung von Radreifen dienenden Blöcke haben runden oder achteckigen Querschnitt und eine im Verhältnisse zum Durchmesser geringe Höhe (K ä s e). Die vorbereitende Bearbeitung wird unter Hämmern vorgenommen und besteht erstens in dem Aufstauchen zu einem runden, plattenförmigen Körper von der ungefähren Dicke der Bandage, zweitens in dem Lochen, wodurch mittels eines Durchschlages ein rundes Loch in der Mitte der Platte erzeugt wird, und drittens in dem Aufdornen, d. i. Erweitern der Öffnung und Ausstrecken des Ringkörpers zu einem solchen von kleinerem Querschnitte, aber gröfserem Durchmesser, — eine Arbeit, bei der der Untersattel des Hammers mit einem seitlich herausragenden Horne versehen sein mufs, über welches der Ring gehängt und dann durch die Schläge des Hammers gestreckt wird. Die Vollendungsarbeit erfolgt auf dem in seiner Form von den gewöhnlichen Walzwerken durchaus abweichenden Radreifenwalzwerke, welches uns in einer älteren Form mit wagerechten und in einer neueren mit senkrechten Walzen begegnet.

Die ältere Form, deren Einrichtung in Fig. 220 u. 221 dargestellt ist, besteht aus zwei von einer gemeinsamen Maschine angetriebenen Duos, deren arbeitender Teil der aus dem vorderen Ständer hervorragende Kopf ist (Kopfwalzen), und von denen das eine als Vorwalze, das andere als Fertigwalze dient. Die Unterwalze ist in beiden Gerüsten mittels Wasserdruckes anstellbar und wird gesenkt, wenn ein Reifen aufgelegt werden soll. Während des Walzens wird sie mit solcher Kraft gegen die Oberwalze bezw. gegen den zwischen beiden Walzen befindlichen Reifen gedrückt, daſs das Strecken des-

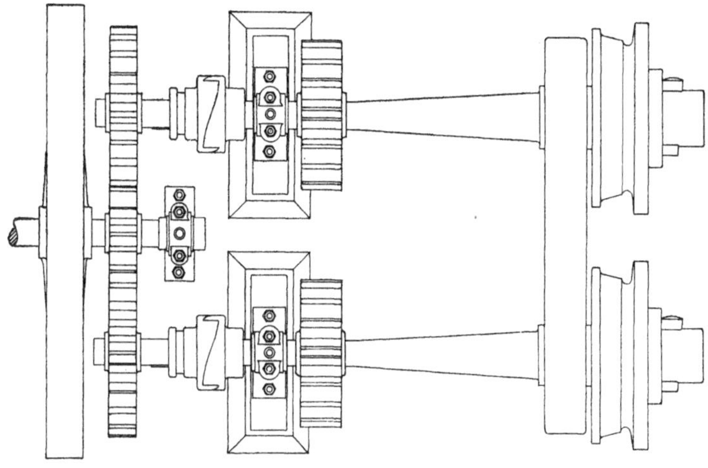

Fig. 221.

selben in gewünschtem Maſse erfolgt. Die Vergröſserung, welche der Ring dabei erfährt, wird mittels des Greifzirkels beobachtet und die Walzarbeit sofort unterbrochen, sobald der verlangte Durchmesser erreicht ist.

Neuere Reifenwalzwerke richtet man mit senkrecht stehenden Walzen ein und begnügt sich mit einem einzigen Walzenpaare, auf dem man nach Belieben zwei oder mehr verschieden groſse Kaliber anordnet. Während des Walzvorganges ruht der Ring auf einem durch Druckwasserkolben anstellbaren Tische. Fig. 222 u. 223 stellen ein von einer englischen Firma gebautes Radreifenwalzwerk mit senkrechten Walzen dar. Die Vorderwalze ruht mit ihren Zapfen in dem Spurlager *a* und dem senkrecht verschiebbaren Halslager *b* und wird beim Einlegen eines auszuwalzenden Ringes bezw. beim Herausnehmen eines fertiggewalzten Reifens mittels des Druckwassercylinders *c* in die Höhe gehoben.

Die Hinterwalze ist in dem ebenso verschiebbaren Schlitten *d* gelagert und erfährt während des Walzens den der Dickenabnahme ent-

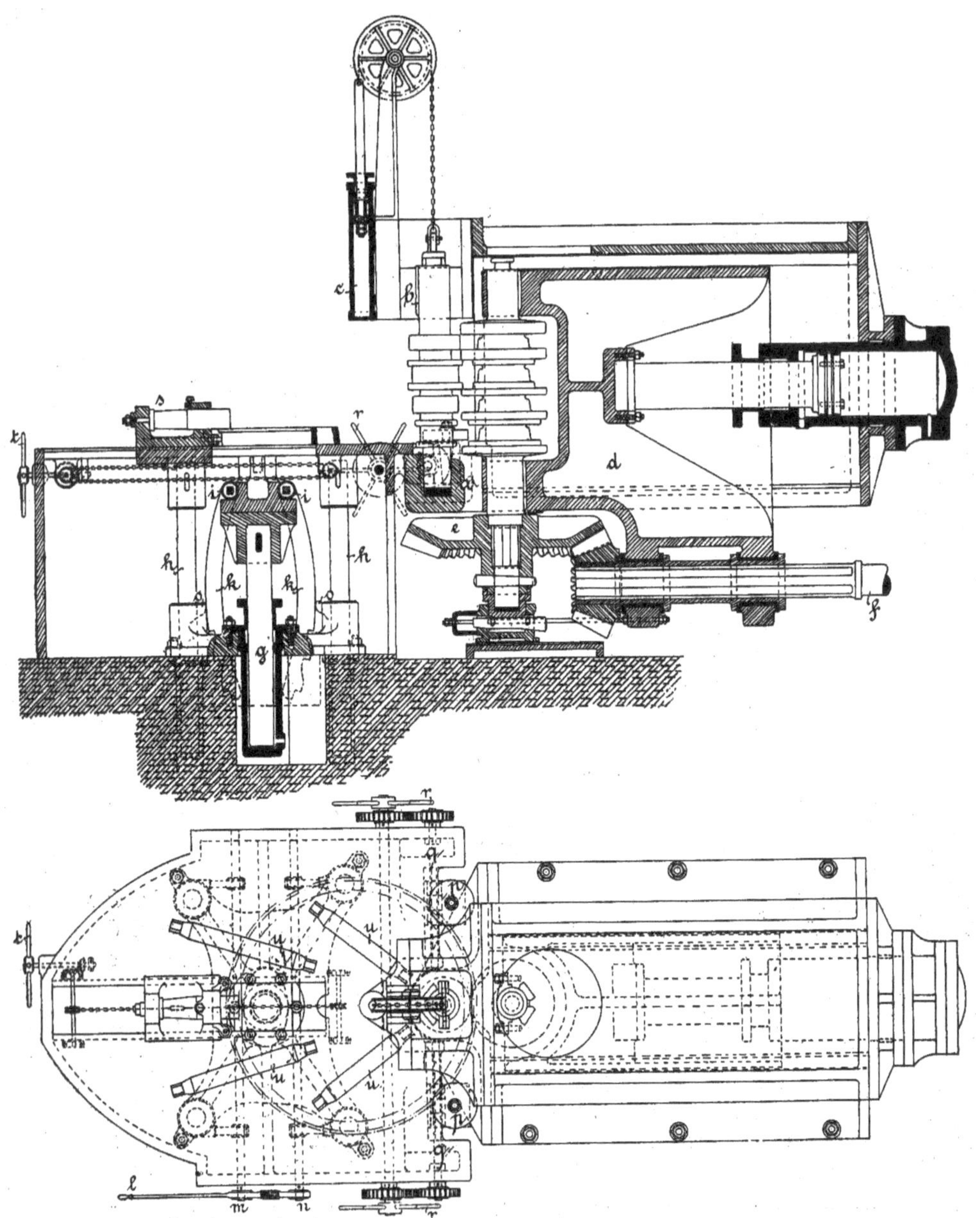

Fig. 222 u. 223.

sprechenden Vorschub. Das auf dem Kuppelzapfen dieser Walze befestigte Kegelrad *e* überträgt die Umdrehung der an der Spindel *f* angreifenden Maschine auf die Walze. Da die ganze Umformungsarbeit in vier übereinanderliegenden Kalibern erfolgt, so mufs der von dem Tauchkolben getragene und durch die Säulen *h* gerade geführte Hebetisch vor jedem der drei oberen Kaliber festgestellt werden können.

Zu diesem Zwecke sind vier auf den Wellen *i* sitzende verzahnte Stangen *k* vorgesehen, welche durch den Hebel *l* und die Zahnradsegmente *m* und *n* nach dem Hochgehen des Tisches mit den entsprechenden Zähnen auf die Stützpunkte *o* eingerückt werden und den Tisch am Zurücksinken hindern.

Zur Führung des Reifens während des Walzens dienen einesteils die Rollen *p*, welche mittels eines der Handräder *r* durch die Schrauben *q* nach Bedarf verschiebbar sind, anderenteils die Leitvorrichtung *s*, welche bei Beginn des Walzens mittels des Handrades *t* vorgeschoben und durch den Schub des sich erweiternden Reifens zurückgedrückt wird. Endlich sind noch die Rollen *u* zu erwähnen, welche ein weniges aus der Tischplatte hervorragen und das Auftreten gleitender Reibung zwischen dieser und dem Ringe verhüten sollen.

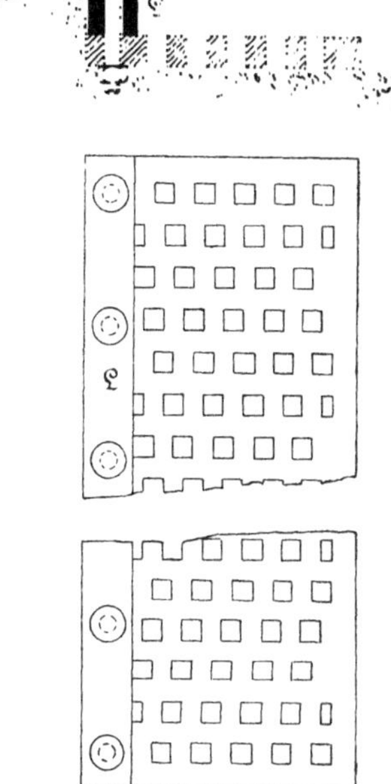
Fig. 224 u. 225.

Die neuesten deutschen Formen von Reifenwalzwerken (Märkische Maschinenbauanstalt in Wetter a. d. R.) haben nur ein Kaliber. Es mufs deshalb die vorbereitende Formgebungsarbeit am Hammer etwas weiter fortgesetzt und insbesondere die Ausbildung des Spurkranzes weiter getrieben werden.

f. Das Fertigstellen der Walzwerkerzeugnisse.

Unter Fertigstellung (Berichtigung) versteht man diejenige an den Erzeugnissen der Walzwerke vorzunehmende Nacharbeit, welche den Zweck hat, etwa vorhandene Unvollkommenheiten zu beseitigen und dem Eisen diejenige äufsere Beschaffenheit zu erteilen, welche entweder vom Besteller vorgeschrieben oder allgemein im Handel üblich ist. Diese Nacharbeit beginnt schon, nachdem der gewalzte Stab kaum die Walze verlassen hat, indem mittels Warmsäge oder Schere die beiden Enden abgeschnitten und die ganze Länge des Stabes in bestellte oder handelsübliche Längen zerteilt wird. Dem Zerschneiden folgt das Richten der Stäbe, d. h. die Beseitigung etwaiger Krümmungen. Die stärksten derselben beseitigt man, während der Stab noch warm ist, durch Schläge mit einem Holzhammer und unter Anwendung der Richtbank (Fig. 224 und 225), indem man den

Stab mit eisernen Stangen, deren Enden in die Löcher der Richtbank gesteckt werden, gegen das Lineal *L* derselben andrückt.

Das genauere Geraderichten der Stäbe erfolgt dagegen erst nach dem Erkalten. Stäbe von geringem Querschnitte, also solche, deren Widerstandsmoment dies gestattet, werden von Hand gerichtet. Da man hierbei einer Unterlage mit zwei Stützpunkten bedarf, so bedient man sich am einfachsten einer alten Kuppelmuffe, welche man in entsprechender Höhe aufstellt. Der den Stab führende erste Richter rückt nun auf dieser Unterlage den Stab zurecht, und der Gehilfe bearbeitet ihn mit einem kräftigen Vorhammer. Stäbe von gröfserem Querschnitte werden auf maschinell angetriebenen Richtpressen gerichtet.

Zu den Fertigstellungsarbeiten gehört auch die Beseitigung des Grates, welcher besonders beim Durchsägen warmer Stäbe an den Schnitt-

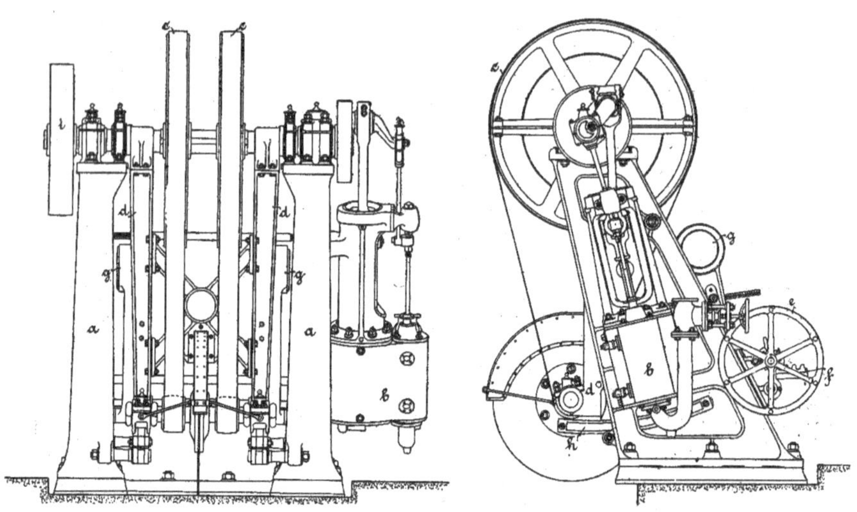

Fig. 226. Fig. 227.

flächen sich bildet, der aber auch zuweilen beim Walzen entsteht, indem überschüssiges Eisen an der Teilungsstelle des Kalibers zwischen die Walzen tritt und den Stab auf seiner ganzen Länge als Grat oder Saum begleitet. Die Entfernung desselben erfolgt meist unter Anwendung von Meifsel und Feile. Bei Winkeleisen, welches manche Werke absichtlich mit starkem Grate walzen, bedient man sich zur Beseitigung des letzteren besonderer Abgratmaschinen.

Es möge die Aufgabe dieses Abschnittes sein, aus der Reihe der Maschinen zur Fertigstellung die bereits erwähnten oder sonst wichtig scheinenden Vorrichtungen in kurzer Beschreibung vorzuführen.

1. Die Warmsäge.

Die ältere Form der Warmsägen war derart eingerichtet, dafs der zu schneidende Stab maschinell gegen das in rascher Umdrehung befindliche Sägeblatt geführt wurde. Diese Bauart ist indessen längst verdrängt worden durch die sogenannte Pendelsäge, die uns die Fig. 226—228 veranschaulichen. Das Gerüst derselben wird gebildet von zwei gufseisernen Böcken *a*, mit deren einem die Betriebsdampfmaschine *b* fest verbunden ist. Mit der auf den beiden Böcken gelagerten Kurbelachse sind verkeilt zunächst zwei grofse Riemenscheiben *c* welche die Umdrehungen der Maschine auf das Sägeblatt zu übertragen haben, und dann die beiden Pendel *d*, durch deren Ausschlag der Vorschub des Sägeblattes veranlafst wird. Dieses letztere ist zwischen zwei Nabenscheiben eingeklemmt und mit seiner Achse in den unteren Enden der beiden Pendel gelagert. Der Vorschub des Sägeblattes bzw. das Schwingen der Pendel erfolgt durch entsprechendes Drehen des Handrades *e*, indem die auf der Achse desselben sitzenden Triebrädchen in die Zahnstangen *f* eingreifen, deren Enden mit den beiden Pendeln durch Schrauben verbunden sind. Als Teile von geringerer Bedeutung sind noch zu erwähnen die beiden Gegengewichte *g*, welche zur Vergröfserung des Druckes während des Schnittes dienen, und die beiden Segmente *h*, welche die Pendel führen.

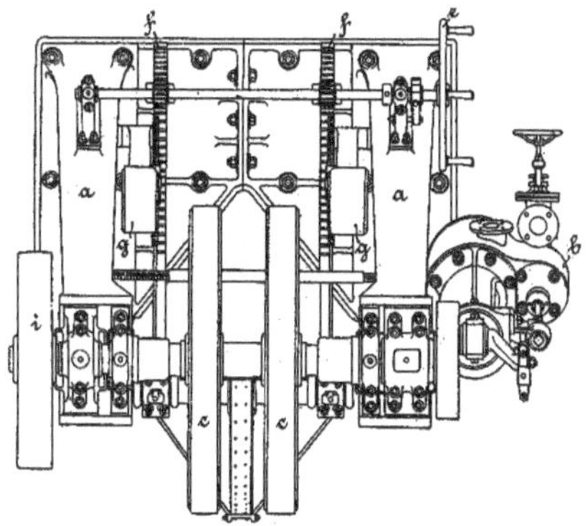
Fig. 228.

Das Sägeblatt macht in der Regel 900 Umdrehungen in der Minute, was bei einem Verhältnisse der Riemenscheiben wie 1:6 150 Umdrehungen i. d. Minute an der Maschine bedingt. Die auf der Verlängerung der Kurbelachse aufgekeilte Riemenscheibe *i* dient zum Antriebe des Transportrollganges zur Säge.

2. Die Schere.

Sind sämtliche Erzeugnisse einer Walzenstrafse derart, dafs man zu ihrer Zerteilung eine Schere verwenden kann, so tritt diese an Stelle der Warmsäge. Wir finden sie gewöhnlich an solchen Strafsen angeordnet, welche nur die einfachen Profile des Handelseisens erzeugen und allenfalls noch solche Formeisen, zu deren Zerteilung sich entsprechend geformte Schermesser leicht herstellen lassen.

Zum Betriebe der Scheren dient entweder eine mit denselben verbundene Dampfmaschine oder auch eine Transmission.

In den Fig. 229 und 230 ist eine Stabeisenschere der ersteren Art dargestellt. Die Umdrehungen der Maschine werden durch eine Zahnradübersetzung auf die Hauptwelle *a* übertragen, welche in dem exzentrischen Zapfen *b* endigt. Der diesen Zapfen umschliefsende Bügel *c* setzt sich nach unten als Stempel fort, dessen Bewegung eine auf- und abwärtsgehende ist, und welcher bei seinem Niedergange den mit dem Obermesser verbundenen, in dem Gehäuse *d* gerade geführten Support abwärts drückt und den Schnitt veranlafst. Man mufs nun im stande sein, das Eintreten des Schnittes zeitweilig hintanzuhalten, ohne die Maschine stillzusetzen, z. B. wenn es gilt, die zu schneidenden Stäbe auf dem Untermesser zurechtzulegen. Zu diesem Zwecke ist eine Ausrückvorrichtung vorhanden, bestehend aus dem auf der

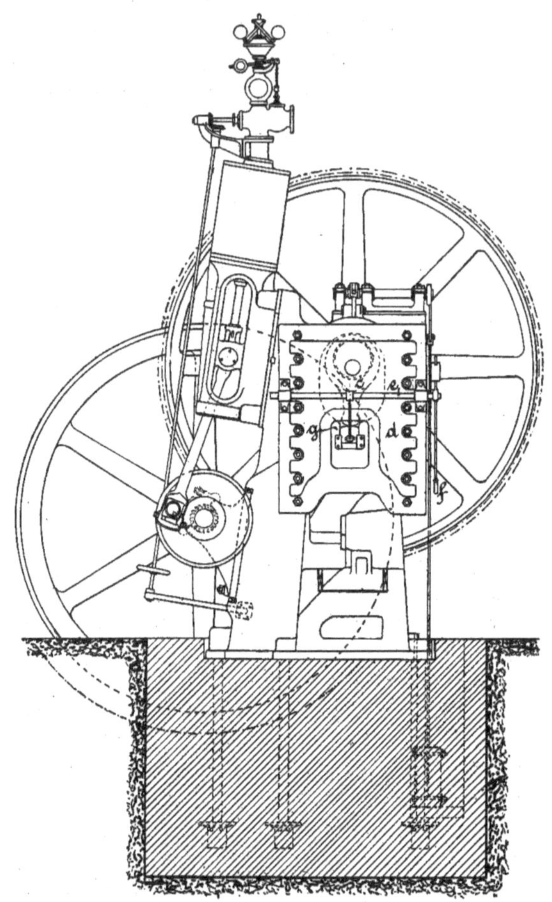

Fig. 229.

Achse *e* sitzenden Hebel *f*. Zieht man das Handende desselben nach vorn, so wird der zwischen Stempel und Support angeordnete Schaltbacken *g* herausgezogen und so die Übertragung der Abwärtsbewegung verhindert.

Die Hebung des Supportes und damit auch des Obermessers besorgt das Gegengewicht *h*, welches durch Vermittelung des Hebels *i* an demselben angreift.

3. Die Kaltsäge.

Hat man erkaltete Stäbe von gröfserem Querschnitte auf bestimmte Länge abzuschneiden, so bedient man sich der Kaltsäge, deren stählernes Sägeblatt bei langsamer Umdrehung und geringem Vorschub für einen solchen Schnitt ziemlich viel Zeit gebraucht. Eine solche von Ernst Schiefs in Düsseldorf gebaute Kaltsäge zeigen die Fig. 231

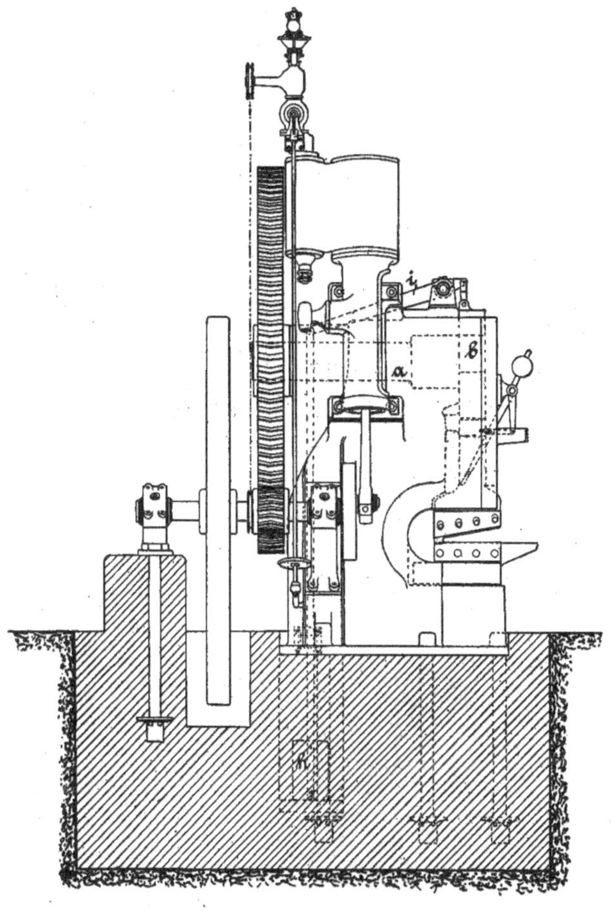

Fig. 230.

und 232. *S* ist der feststehende Aufspanntisch, auf welchem der zu schneidende Stab etwa mittels Schrauben und Traversen befestigt wird, *a* die Antriebscheibe, deren Umdrehung durch den Schneckenmechanismus *b* und das Stirnräderpaar *c* auf das Sägeblatt *d* übertragen wird. Der Vorschubmechanismus für das letztere besteht aus dem ebenfalls auf der Hauptwelle angeordneten Schneckenantrieb *e*, dessen Bewegung durch den Schneckenantrieb *f* auf die Transportspindel des

Spindelstockes übertragen wird. Der Leer-Rückgang des Sägeblattes wird nach Abkuppelung des Schneckenrades auf der Transportspindel dadurch veranlafst, dafs ein auf der Hauptwelle sitzendes Zahnrädchen

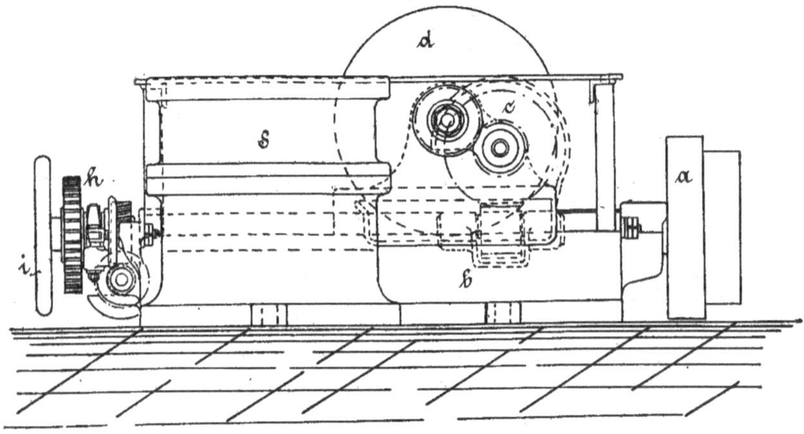

Fig. 231.

seine Bewegung durch das Zwischenrad *g* auf das Zahnrad *h* und damit auf die Transportspindel überträgt. Die rohe Einstellung des Sägeblattes erfolgt durch das Handrad *i*.

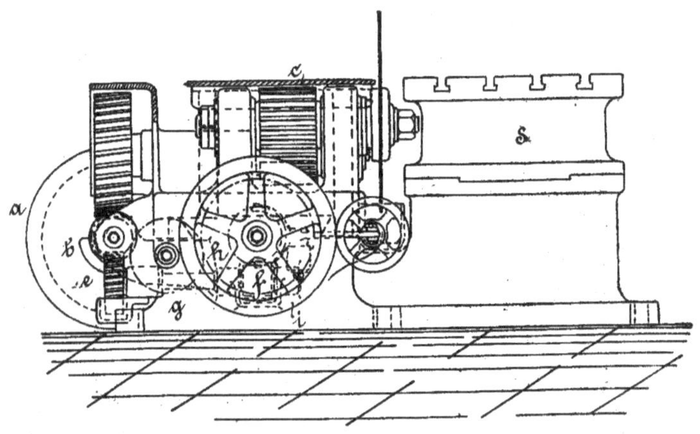

Fig. 232.

4. Die Richtpresse.

Entsprechend ihrer Aufgabe, die aus dem Walzwerke mitgebrachten Krümmungen der Walzstäbe zu beseitigen, besteht die Richtpresse im wesentlichen aus einem auf und ab bewegten Druckstempel und aus einer Unterlage für den zu richtenden Stab, welche derart beschaffen ist, dafs jener auf zwei Punkten Unterstützung hat und zwischen diesen den Druck des Stempels empfängt. Die älteren Richtpressen hatten zur Ausübung dieses Druckes eine Schraube mit starker Steigung, welche von der Hand des Arbeiters bewegt wurde. Die neueren Pressen werden durchweg maschinell betrieben und arbeiten entweder mit eigener Dampfmaschine oder durch Vermittelung einer Transmission. Die Fig. 233 und 234 stellen eine von der Duisburger Maschinenbau-Aktien-Gesellschaft erbaute und durch Vorgelege betriebene doppelte Richtpresse dar. Auf der Antriebwelle *a* sind zwei verschieden grofse Riemenscheibenpaare (Fest- und Losscheibe) aufgekeilt, um nach Bedarf mit verschiedenen Geschwindigkeiten arbeiten zu können. Durch die beiden Zahnräder *b* und *c* wird die Drehung der Antriebwelle auf die Hauptwelle *d* übertragen und durch das bei *e* angeordnete Excenter in eine auf und nieder gehende Bewegung verwandelt. Zur Unterstützung des zu richtenden Stabes dient der Rollentisch *f*, in dessen Wangen mehrere Einschnitte zur Aufnahme der Rollenzapfen vorgesehen sind, damit man die Entfernung der durch die Rollen gebildeten Stützpunkte nach Belieben wählen kann. Die Wirkung der Presse beruht darauf, dafs an den mit einer Krümmung behafteten Stellen durch den Druck des Stempels die Elasticitätsgrenze des Stabes überschritten und eine bleibende Formveränderung an demselben hervorgerufen wird. Man läfst den Druckstempel der Presse nun nicht unmittelbar auf das Arbeitstück wirken, sondern macht die Entfernung zwischen dem Rollentisch und dem Stempel

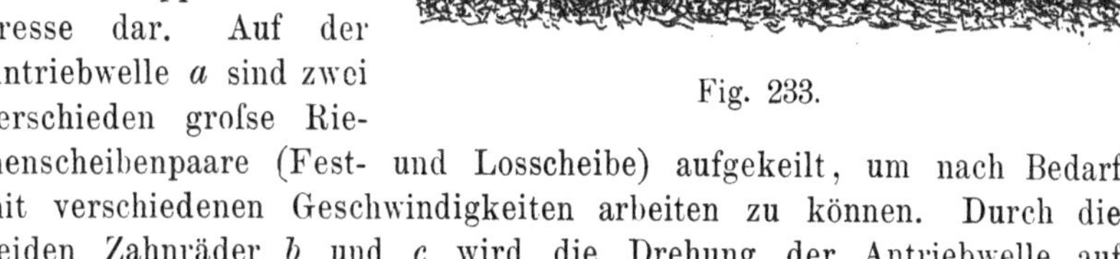

Fig. 233.

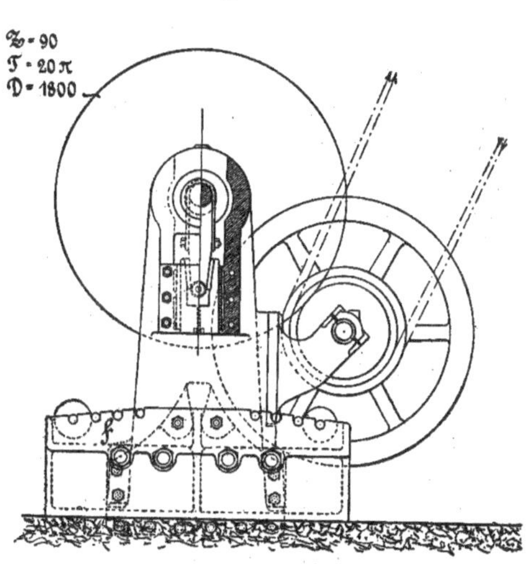

Fig. 234.

so grofs, dafs man entweder einen eisernen Keil oder ein anderes zur Übertragung des Druckes geeignetes Stück zwischen Stempel und Arbeitstück halten mufs, um jenen auf dieses wirken zu lassen; denn es mufs in dem Belieben des Richters liegen, wann und wo er den Druck der Presse gebrauchen will.

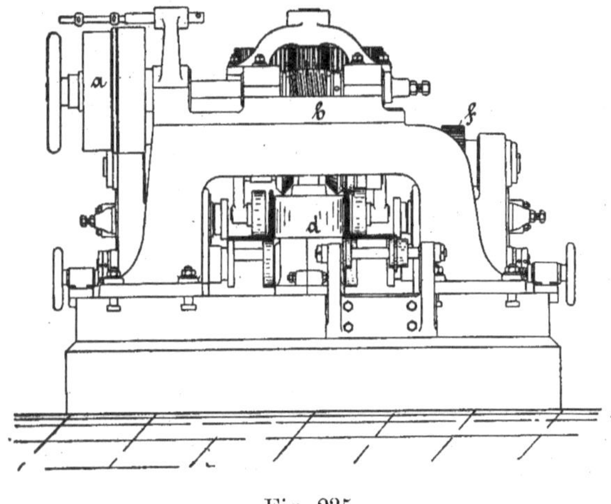

Fig. 235.

5. Die Abgratmaschine für Winkeleisen.

Die Aufgabe dieser Maschine besteht darin, den an den Schenkelkanten der Winkeleisen entweder zufällig entstehenden oder absichtlich erzeugten Grat (Bart, Saum) zu entfernen. Die in den Fig. 235 und 236 dargestellte, ebenfalls von E. Schiefs in Düsseldorf gebaute Maschine läfst den Vorgang des Abgratens als ein Abscheren erkennen. Die Umdrehung der Antriebscheibe *a* wird durch den Schneckenmechanismus *b* und das Stirnräderpaar *c* auf die Hauptrolle *d* übertragen und dadurch der Vorschub von gleichzeitig zwei Winkeleisenstäben in einander entgegengesetzten Richtungen veranlafst. Auf der Achse dieser Hauptrolle sitzt ein Kegelrad, welches sich mit zwei auf wagerechten Achsen befindlichen Kegelrädern im Eingriffe befindet, deren Achsen-Umdrehung durch die Stirnräder *f*, *g* und *h* auf die Schneidscheiben übertragen wird.

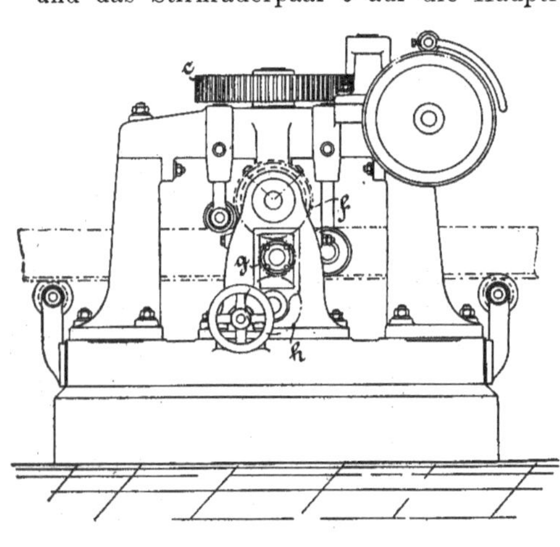

Fig. 236.

6. Die Schwellenpresse.

Das Fertigstellen der gewalzten Eisenbahnschwellen umfafst eine ganze Reihe von Arbeiten, wie das Umkappen der Enden, die Herstellung geneigter Flächen da, wo die Schienen auf der Schwelle befestigt werden sollen, das Lochen der Schwelle u. a. Die Arbeit des Umkappens wird, häufig in Verbindung mit dem Richten, mittels sog. Schwellenpressen bewirkt, indem durch einen einzigen Druck derselben die Enden umgebogen, das überflüssige Eisen an den Ecken abgeschnitten, die geneigten Standflächen für die Schienen erzeugt und

so eine ganze Reihe derjenigen Formgebungsarbeiten verrichtet wird, welche die Herstellung im Walzwerk übriggelassen hat.

Eine der gebräuchlichsten Formen dieser Pressen dürfte die der Kalker Werkzeugmaschinenfabrik (Fig. 237) sein, welche wie die von dieser Firma erbaute Schmiedepresse mit Dampfbetrieb und Wasserdruck-Übersetzung arbeitet. Die Treibvorrichtung ist genau wie die einer Schmiedepresse eingerichtet und in Abschnitt *D* beschrieben. Auch die eigentliche Schwellenpresse ist hinsichtlich ihrer Wirkungsweise der Schmiedepresse sehr ähnlich.

Wegen der beträchtlichen Länge der Presse (3,5 m) wird die Drucktraverse beeinflufst von zwei Druckwassercylindern, welche in dem als schmiedeeiserner Kastenträger ausgebildeten oberen Querhaupt untergebracht sind.

Das Heben der Prefstraverse nach dem Fertigstellen einer Schwelle und das Senken derselben auf die zu pressende Schwelle — vor Einsetzen des Wasserdruckes — besorgt ein auf der Mitte des Kastenträgers stehender Dampfcylinder, während zwei kleinere Dampfcylinder zu beiden Seiten des ersteren das Eigengewicht der Traverse auszugleichen haben.

Mit den vorstehend beschriebenen Maschinen ist indessen die Reihe der zur Fertigstellung der Walzeisen verwendeten noch nicht zu Ende. Insbesondere bedarf man zum Fertigstellen der Eisenbahn-Oberbau-Materialien noch mehrerer anderer, wie:

Fräsmaschinen zur Herstellung genauer Längen der Schienen,

Bohrmaschinen zur Erzeugung der Löcher für die Verlaschung und

Lochmaschinen zur Herstellung gestanzter Löcher und Ausklinkungen an Schienen, Laschen, Schwellen, Klemm- und Unterlagsplatten.

g. Schlufsbetrachtung.

Es möge an dieser Stelle eine kurze Betrachtung Platz finden über die Frage, welcher Walzwerkform man sich beim Bau einer neuen Anlage zuwenden und welche Art von Maschine man zum Betriebe derselben wählen soll. Die berufensten Fachleute sind über diesen Gegenstand keineswegs einer Meinung, sondern trennen sich in Gruppen, von denen die eine der Reversierstrafse, die andere dem durch Schwungradmaschine betriebenen Trio den Vorzug giebt; ja, es besteht sogar eine dritte Gruppe, welche gewisse Vorteile der beiden Betriebsarten miteinander vereinigt und zum Betriebe von Triostrafsen Reversiermaschinen verwendet. Selbstverständlich stützt sich jede dieser Ansichten auf mehr oder weniger triftige Gründe, und jede der genannten Gruppen hat gewisse Vorteile auf ihrer Seite; dadurch aber, dafs jede Gruppe die von ihr erstrebten Vorteile höher bewertet als die Vorteile der anderen, ergiebt sich eben die Verschiedenheit ihrer Stellungnahme zu einer scheinbar so einfachen Frage.

Zu Gunsten der Reversierstrafsen sprechen folgende Umstände:

1. Da die Maschine von Hand gesteuert wird, so kann man die Geschwindigkeit derselben ganz nach Wunsch einrichten, also z. B. den Stab langsam erfassen, dann aber mit grofser Geschwindigkeit durchwalzen.

2. Ist der Stab durchgewalzt, so setzt man die Maschine still; sie hat also keinen Dampfverbrauch für den Leerlauf.

3. Unregelmäfsigkeiten im Betriebe, wie z. B. das Umwickeln eines Stabes, Mitreifsen eines Hundes u. dergl., verursachen meist nur geringe Störung, weil, wenn sie frühzeitig bemerkt werden, die Maschine aus ihrer geringen Anfahrgeschwindigkeit bald stillgesetzt werden kann; ebenso kann, wenn z. B. beim Walzen langer Stäbe irgend ein Hindernis auftritt, der Durchgang eines Werkstückes kurze Zeit unterbrochen und nach Wegräumung des Hindernisses jenes zu Ende gewalzt werden.

4. Bei hinreichender Anwendung maschineller Hilfsmittel, wie Rollgänge und Querzüge, gestaltet sich die Belegschaft der Strafse sehr wenig zahlreich und damit der Aufwand an Arbeitslöhnen gering.

Die Gründe, die sich zu Gunsten des Triowalzwerkes anführen lassen, sind folgende:

1. Das Trio gestattet bei einer grofsen Zahl von Walzprofilen die Anordnung übereinanderliegender Kaliber. Dies, in Verbindung mit dem Umstande, dafs bei Reversierstrafsen wegen des wechselnden Kaliberschlusses sehr starke, versetzte Ränder angeordnet werden müssen, bedeutet eine wesentliche Ersparnis an Walzenlänge, also an Walzenmaterial.

2. Alle Schwankungen in der Beanspruchung der Walzenzugmaschine werden durch die im Schwungrad aufgespeicherte Arbeit mit Leichtigkeit überwunden. Das Erfassen des Stabes, also die Überwindung seines Beharrungszustandes, erfolgt ohne merkliche Verzögerung des Ganges der Maschinen, und wenn beim Durchziehen langer Stäbe bei verhältnismäfsig starker Querschnittsabnahme die Leistung der Maschine an sich überschritten wird, so giebt das Schwungrad, vorausgesetzt dass es mit hinreichender Masse begabt ist, eine so erhebliche Menge an Arbeit hinzu, dafs man leicht den gröfseren Widerstand überwindet.

3. Der Dampfverbrauch einer mit Schwungrad und Regulator arbeitenden Maschine, wie sie zum Betriebe von Triowalzwerken meistens Verwendung finden, gestaltet sich dadurch erheblich niedriger als bei Reversiermaschinen, dafs man in der Lage ist, mit mehrfacher Expansion zu arbeiten und die Wirkung des Dampfes durch Anordnung einer Kondensation zu verstärken.

4. Ein recht schwerwiegender Vorzug des Triowalzwerkes ist der, dafs bei hinreichend starker Maschine, leistungsfähigen Öfen und geübter Mannschaft ohne Bedenken zwei bis drei Arbeitstücke zugleich ausgewalzt werden können.

Der Standpunkt der dritten Gruppe, d. h. derjenigen, welche zum Betriebe von Triowalzwerken Reversiermaschinen verwenden, erklärt sich eben dadurch, dafs sie den Vorteil der gröfseren Kaliberzahl bezw. der relativen Walzenersparnis vereinigen wollen mit denjenigen Bequemlichkeiten, welche den Reversiermaschinen eigen sind, nämlich langsames Erfassen des Stabes und rasches Durchwalzen, Vermeiden des Leerlaufes u. dergl.

Gruppiert man in gleicher Weise auch die Mängel und Nachteile, welche den einzelnen Betriebsarten anhaften, so gilt bezüglich des Reversierwalzwerkes folgendes:

1. Die eigentümliche Anordnung der Kaliber verursacht einen starken Verbrauch an Walzenlänge und führt zur Anordnung vielgerüstiger Strafsen. Durch Einrichtung einer Vorwalze mit anstellbarer Oberwalze läfst sich aber mit einer geringeren Zahl von Gerüsten auskommen.

2. Die zum Betriebe verwendeten Zwilling- oder Drillingmaschinen arbeiten nur mit einfacher Expansion und ohne Kondensation; der Dampf wird also nur unvollständig ausgenutzt.

3. Wegen des Umkehrens der Walzen kann trotz der zahlreichen Gerüste doch meist nur ein Stab gewalzt werden.

Die Nachteile des Triowalzwerkes sind:

1. Die Notwendigkeit von Überhebevorrichtungen und in Verbindung damit von gröfserer Belegschaft. (Hebeler bei Wippen und Nachschieber bei Hebetischen.)

2. Die Abhängigkeit der Betriebsicherheit von der Wachsamkeit der Arbeiter gegenüber den Sicherungsvorkehrungen (Hunden u. dgl.), also eine gröfsere Gefährdung der ganzen Walzwerkeinrichtung.

3. Der für den Leerlauf der Maschine notwendige Dampfverbrauch; dabei ist jedoch zu bemerken, dafs bei flottem Betriebe Leergangspausen von nennenswerter Dauer überhaupt nicht entstehen.

Dem durch Reversiermaschine betriebenen Triowalzwerke haften demnach an: von seiten der Maschine der gröfsere Dampfverbrauch und von seiten des Walzwerkes die Notwendigkeit der gröfseren Belegschaft.

Die Stellungnahme gegenüber den verschiedenen Betriebsarten ist bei der grofsen Zahl der für und gegen dieselben angeführten Gründe nicht gerade leicht. Wenn man sich aber bei Prüfung dieser Gründe leiten läfst von der Regel, dafs diejenige Einrichtung den Vorzug verdient, welche am billigsten zu erzeugen vermag, und dafs nur aus schwerwiegenden betriebstechnischen Gründen ein wirtschaftliches Opfer gebracht werden darf, so kommt man zu folgendem Ergebnisse:

Der gröfsere Dampfverbrauch der Reversiermaschine und der Umstand, dafs das gleichzeitige Auswalzen mehrerer Stäbe auf Reversierstrafsen nicht gut möglich, also die Erzeugung der Strafse nach dieser Richtung nicht steigerbar ist, bedeutet eine Verteuerung der Erzeugung, welche durch die Bequemlichkeitsvorteile dieser Betriebsart nicht aufgewogen, sondern nur bei grofser Geschwindigkeit der Maschine gemildert werden kann. Wohl aber kann unter Umständen die Mehrausgabe an Löhnen, die bei grofsen Triostrafsen unvermeidlich ist, zu Gunsten der Reversierstrafse ins Gewicht fallen.

Dies wird um so wahrscheinlicher eintreten, wenn es sich um die Erzeugung der schwersten Walzprofile und Eisensorten handelt. Alsdann kann die Bedienung und Unterhaltung der erforderlichen maschinellen Hilfseinrichtungen die Erzeugung so verteuern, dafs das Reversierwalzwerk mit seiner einfacheren Einrichtung und seinem bequemen Betriebe den Vorzug verdient.

Bei allen mittelschweren Profilen dagegen ist man mit dem durch Schwungradmaschine betriebenen Trio im Vorteile; denn der geringere Dampfverbrauch und die gröfsere Erzeugung werden hier nicht in gleichem Mafse durch den verteuernden Einflufs umständlicher Hilfsmaschinen ausgeglichen, und es bleibt aufserdem noch der grofse Vorteil der besseren Ausnutzung der Walzen, also des geringeren Walzenparkes und der im Schwungrade aufgespeicherten Arbeitreserve.

Nur wichtige betriebstechnische Bedenken können Ursache sein, diese Vorteile dranzugeben. Dahin gehört vor allem, wenn die Gewinnung und Erhaltung geeigneter Arbeitskräfte mit grofsen Schwierigkeiten verbunden ist.

Alsdann erscheint es gerechtfertigt, trotz aller entgegenstehenden Bedenken diejenige Betriebseinrichtung zu wählen, welche die geringsten Anforderungen an die Belegschaft stellt, und das ist eben das Reversierwalzwerk. Die Stellung derjenigen wirtschaftlich zu rechtfertigen, welche zum Betriebe eines Triowalzwerkes eine Reversiermaschine verwenden, dürfte recht schwer sein; denn sie arbeiten des höheren Dampfverbrauches wegen unwirtschaftlich, verzichten auf die Arbeitreserve des Schwungrades und damit auf die Möglichkeit, zwei Stäbe zu gleicher Zeit zu walzen, und das alles um einiger Bequemlichkeiten willen, welche wirtschaftlich ohne Bedeutung sind.

G. Die Erzeugung des Bleches und des Universaleisens.

a. Der Rohstoff.

Schon in Abschnitt A wurden die Bleche nach dem verwendeten Rohstoff eingeteilt in geschweifste und homogene Bleche. Der Rohstoff für die Schweifsbleche ist ein Luppeneisen, welches je nach der beabsichtigten Blechqualität in verschiedener Weise erzeugt wird. Handelt es sich um die Herstellung von Grobblechen zum Kesselbau, von denen die drei Arten „Feuerblech“, „Bördelblech“ und „Mantelblech“ unterschieden werden, so mufs schon der Roheiseneinsatz des Puddelofens den genannten drei Gütestufen entsprechend gewählt, dann aber auch der Gang des Ofens in geeigneter Weise geleitet und der Frischprozefs rechtzeitig unterbrochen werden.

Zur Erzielung der Feuerblech- und Bördelblechluppen verpuddelt man eine Mischung von weifsstrahligem und grauem Eisen mit einem Zusatze von Spiegeleisen auf Feinkornluppen. Diese werden nach langsamem Erkalten — sie dürfen nicht mit Wasser abgeschreckt werden — nach dem Bruchaussehen sortiert, d. h. man nimmt alle Luppen, in denen das Korn vorwiegt, zu Feuerblechen und alle Luppen mit mehr als der Hälfte sehnigem Gefüge zu Bördelblechen.

Zur Erzeugung der Mantelblechluppen setzt man nur ein warmgehendes weifsstrahliges Eisen ein. Für die Feinblecherzeugung verpuddelt man ebenfalls weifsstrahliges Eisen mit Spiegeleisenzusatz und setzt nur bei besonders hohen Ansprüchen an die Güte etwas graues Eisen zu.

Als Rohstoff für die Flufseisenbleche verwendet man vorzugweise die Erzeugnisse des basischen Siemens-Martin- und des Thomasprozesses, welche sich bekanntlich durch besonders grofse Weichheit und Dehnbarkeit auszeichnen. Für die Fabrikation der Grobbleche wird das Eisen in Formen von rechteckigem Querschnitte gegossen, so dafs man Blöcke von flacher Gestalt erhält, welche mit dem von der Schweifsblechherstellung übernommenen Namen Brammen bezeichnet werden. Für Bleche mittler Stärke werden diese Brammen auch wohl auf Blockwalzen erzeugt, indem man den Rohblock auf den gewünschten Querschnitt auswalzt und unter der Blockschere in Stücke schneidet.

Das Rohmaterial für die Flufseisenfeinbleche ist ein Halbfabrikat, bekannt unter dem ebenfalls der Schweifsblecherzeugung entnommenen Namen Plattinen. Man versteht darunter ein auf besonderen, nach Art der Flacheisenwalzen kaliberierten Walzen hergestelltes, etwa 150 bis 250 mm breites Flacheisen, welches unter einer Schere in Stücke zerlegt wird, deren Länge ungefähr gleich ist der Breite des zu erzeugenden Bleches.

b. Das Herstellungsverfahren.

Die eigentliche Blecherzeugung umfafst bei Verarbeitung von Schweifseisen zu Grobblechen zunächst eine Reihe vorbereitender Arbeiten, wie das Packetieren der Luppen, das Erhitzen der Packete im Schweifsofen und das Schweifsen derselben unter Dampfhämmern; bei Erzeugung von Feinblechen findet das Schweifsen der Packete zwischen Walzen und gleichzeitig mit dem Ausstrecken zu Plattinen statt. Hieran schliefst sich das Auswalzen auf den noch näher zu beschreibenden Blechwalzwerken, und zwar verläuft von hier an die Erzeugung der Schweifseisen- und Flufseisenbleche gleichartig; denn die gegossenen Brammen werden meist ohne weitere Vorbereitung im Walzwerke verarbeitet.

1. Das Schweifsen der Grobbleche.

Das Packetieren der Luppenstäbe erfolgt immer so, dafs die Stäbe einer Schicht rechtwinkelig zu denen der benachbarten Schicht liegen; nur die beiden unteren und oberen Schichten, zu denen man aufserdem entweder vorgewalztes Schweifseisen oder doch die glattesten Luppenstäbe verwendet, legt man parallel zu einander, und zwar so, dafs immer ein Stab die Fuge zwischen zwei darunter liegenden Stäben überdeckt.

Auf diese Weise bildet man möglichst hohe Pakete, welche nach erfolgter wiederholter Erwärmung auf Schweifshitze vom Dampfhammer gehörig durchgearbeitet werden, ehe sie die für das Auswalzen erforderliche Brammendicke erlangen. Man giebt gewöhnlich zwei Hitzen. In der ersten, möglichst saftigen Hitze soll vor allem die Schweifsung im Innern des Packetes erfolgen, während in der zweiten Hitze die Aufsenränder geschweifst und die Bramme allseitig glatt ausgeschmiedet werden soll. Erscheint es behufs Erzielung der Güte des Erzeugnisses wünschenswert, so giebt man wohl auch eine dritte Hitze.

Zum Ausschmieden der Brammen verwendet man Dampfhämmer von 10—15 t Bärgewicht.

2. Die Einrichtung der Grobblech-Strafsen.

Es ist die Aufgabe der Blechstrafsen, die ihnen zugeführten Brammen in einer möglichst kleinen Anzahl von Durchgängen auf die Dicke des herzustellenden Bleches auszuwalzen. Da hiernach für jeden Durchgang ein anderer Abstand der beiden Walzen erforderlich ist, so mufs jedes Blechwalzwerk die Möglichkeit bieten, die Walzen während des Betriebes rasch und leicht um jedes gewünschte Mafs gegeneinander zu verstellen.

Nach der Bauart haben wir folgende drei Formen von Walzwerken für Grob- und Mittelbleche zu unterscheiden:

1. das nur in einer Richtung umlaufende und durch Schwungradmaschine betriebene Duowalzwerk,
2. das umkehrbare Duowalzwerk und
3. das Triowalzwerk, welches ebenfalls durch Schwungradmaschine betrieben und dessen Mittelwalze von geringerem Durchmesser durch die Reibung am Walzstück in Umdrehung versetzt wird. (Lauthsche Bauart.)

Bei allen drei Arten ist die Oberwalze anstellbar, d. h. sie ist so gelagert wie die Blockkehrwalzen. Das Gewicht der Oberwalze ist an älteren Ausführungen durch Gegengewichte an Hebeln, an neueren durch Wasserdruck ausgeglichen, so dafs sie bei jeder Lösung der Druckspindeln in die Höhe geht. Die Anstellung der Oberwalze erfolgt durch gleichzeitige und gleichmäfsige Beeinflussung der Druckspindeln entweder mittels eines Handrades oder einer kleinen umsteuerbaren Anstellmaschine.

Die meist einfache Einrichtung des nur in einer Richtung umlaufenden Duo-Blechwalzwerkes bietet wenig, was der besonderen Beschreibung bedürfte, da die an ihm verwendbaren mechanischen und maschinellen Hilfsmittel wie Rollgang, Hebetisch u. dgl. auch bei den beiden anderen Walzwerkformen vorkommen und bei deren Beschreibung zur Besprechung gelangen. Der Umstand, dafs hier das Blech durch den Hebetisch um die ganze Dicke der Oberwalze gehoben werden mufs und dann vor der Walze wieder aus dieser Höhe herabfällt, gehört zu den Unbequemlichkeiten dieser Einrichtung. Dagegen bietet sie andererseits den Vorteil, dafs man durch Anordnung zweier Arbeitsgerüste die ganze Walzarbeit auf Vor- und Fertigwalze verteilen und so mit einem geringen Mehr an Anlagekosten eine erheblich leistungsfähigere Anlage schaffen kann.

Das Reversier-Blechwalzwerk, von dem Taf. VII eine der gröfsten der von der Duisburger Maschinenbau-Actiengesellschaft vorm. Bechem & Keetman ausgeführten Anlagen darstellt, zeigt in seiner Bauweise viele Ähnlichkeit mit dem früher beschriebenen Blockwalzwerke. Die Anordnung der Druckwassercylinder für die Ausgleichung der Oberwalze, der Arbeitrollgang vor und hinter der Strafse, sowie manche andere Einzelheit der Bauweise bietet darum nichts Neues.

Zum Betriebe des Arbeitrollganges ist eine kleine umsteuerbare Zwillingmaschine *A* angeordnet, deren Umdrehung zunächst auf die Hauptwelle *a*, durch die Kegelradgetriebe *k* auf die anderen drei Antriebwellen *b*, *c* und *d* wirkt und von den auf diesen Wellen sitzenden Stirnrädern durch Vermittelung von Zwischenrädern auf die Rollen übertragen wird.

Die Anstellung der Oberwalze wird ebenfalls von einer kleinen Zwillingmaschine *B* bethätigt, und zwar wird die Drehung der Kurbelwelle durch drei auf einander folgende Kegelradgetriebe zunächst auf die über den Ständern gelagerte Schneckenwelle *s* sowie das Schraubenrad *r* übertragen, endlich durch die mit letzterem in einem Stücke gegossene Hülse *t* die vierkantige Fortsetzung der Druckspindel erfafst und diese gedreht. Der Vorgang des Hebens der Oberwalze zu Beginn einer Walzung darf um ein erhebliches rascher stattfinden als das vor jedem Durchgange der Bramme erforderliche Senken, bei dem es auf genaue Bestimmung des Druckes und darum auf sorgfältiges Einstellen der Walze ankommt. Es ist deshalb auf der verlängerten Kurbelwelle der Anstellmaschine eine Reibungskuppelung *R* angeordnet, deren Verschiebung durch den bei *i* befindlichen Hebel vorgenommen werden kann. Schiebt man die Kuppelung nach links, so wird die Geschwindigkeit der Maschine unverändert auf die Kegelradgetriebe und damit auf die Druckspindel übertragen; schiebt man sie nach rechts, so findet durch die beiden Stirnrädergetriebe *m* und *n* eine Umsetzung ins Langsame statt. Von derselben Anstellmaschine ist auch das Zeigerwerk *Z* abhängig, dessen Aufgabe in der Angabe der jeweiligen Entfernung der beiden Walzen von einander besteht. Der Umfang der runden Zeigerscheibe entspricht einer Umdrehung der Druckspindel, also einer der Steigung der letzteren gleichkommenden Hebung oder Senkung von 40 mm. Der Zeiger gestattet somit ein sehr genaues Einstellen der Oberwalze, während der der senkrechten Skala entlanggehende Zeiger für die gröbere Ablesung der Walzenentfernung dient.

Eine andere beachtenswerte Einrichtung der abgebildeten Blechstrafse ist der Apparat zum Wenden der Bleche. Bei diesem Wenden handelt es sich darum, die Blechtafel in ihrer eigenen Ebene um 90° zu drehen, so dafs diejenigen Seiten, welche zuvor parallel zu den Walzen lagen, nachher rechtwinkelig zu diesen liegen. Wo eine besondere Hilfsvorrichtung zu diesem Zwecke nicht vorhanden ist, erfolgt der Vorgang so, dafs man das Blech an einer Ecke festhält, während der Rollgang in Bewegung gesetzt wird und dadurch die Tafel um den festgehaltenen Punkt dreht. In unserer Darstellung besteht die Wendevorrichtung aus drei kleinen, zwischen den Rollen des hinteren Rollganges angeordneten hydraulischen Cylindern, deren Kolben sich um ein geringes Mafs über die obere Seite der Rollen heben lassen. Will man nun eine Tafel drehen, so läfst man denjenigen der drei Kolben, welcher der Tafel gegenüber hierzu die geeignetste Lage hat, aufsteigen und die Tafel an der betreffenden Stelle etwas vom Rollgange abheben, während man diesen in Bewegung setzt.

Das Lauthsche Trio. Die Anwendung des Triosystemes auf Blechwalzwerke liegt wegen der ihm eigenen Betriebsvorteile nahe. Die Frage des Anstellens der Walzen ist in einfacher Weise dadurch gelöst, dafs die Oberwalze in bekannter Weise gehoben und gesenkt wird, während die Mittelwalze als Schleppwalze ausgebildet ist, also durch die Reibung am Walzstücke mitgenommen wird und sich während des Durchganges an die Ober- oder Unterwalze anlegt. Man ist auf diese Weise der besonderen Anstellung der Mittelwalze enthoben und hat aufserdem, da diese Walze den empfangenen Walzdruck bezw. die dadurch veranlafste Biegungsbeanspruchung nicht selbst auszuhalten braucht, sondern durch Anlehnung auf die Nachbarwalze überträgt, den Vorteil, die Mittelwalze erheblich dünner wählen zu können als die beiden anderen Walzen. Die Walzarbeit gestaltet sich dabei bequemer, weil der Hub des Hebetisches nur gering zu sein braucht. Taf. VIII zeigt uns ein ebenfalls von der Duisburger Maschinenbau-Actiengesellschaft gebautes Trio-Blechwalzwerk für Walzen von 850 bezw. 600 mm Durchmesser.

Die Übertragung der Maschinenkraft auf das Walzwerk erfolgt durch Vermittelung eines gewöhnlichen Kammwalzentrios, dessen Ober- und Unterwalze mit den entsprechenden Arbeitwalzen verkuppelt sind. Die mittlere Blechwalze ruht in leicht verschiebbaren Lagern; ihr Gewicht wird durch den mitten unter den Walzen angeordneten Druckwassercylinder ausgeglichen und dadurch das Fallen und Springen derselben vermieden. Die Ausgleichung des Gewichtes der Oberwalze geschieht in bekannter Weise durch die an beiden Ständern angebrachten Druckwassercylinder. Auch die Anstellung der Oberwalze durch eine besondere umsteuerbare Maschine erfolgt wie bei der Duo-Strafse.

Von den maschinellen Hilfsmitteln verdient besondere Erwähnung der Hebetisch mit angetriebenen Rollen. Dieser besitzt auf jeder Seite der Strafse fünf Rollen, welche nach Art der Rollgänge durch eine Reversiermaschine angetrieben werden und schliefst mit zwei Gelenken an leichtgebaute Verlängerungen an, welche, um den Vorschub des Bleches zu erleichtern, mit vielen kleinen Röllchen versehen sind. Die Fortsetzungen des Hebetisches machen die Hubbewegung desselben mit und bilden in der gehobenen Lage eine wagerechte Ebene. Als Antriebvorrichtung zum Heben des Tisches dient ein Druckwassercylinder, dessen Kolbenhub in leicht erkennbarer Weise übertragen wird.

Damit die Rollen des Tisches auch im gehobenen Zustande desselben angetrieben werden können, überträgt man die Drehung der Antriebwelle mittels einer prismatischen Welle, welche beim Heben des Tisches in dem sie umschliefsenden Kegelrade gleitet, auf die Rollen.

Die Wendevorrichtung und das Zeigerwerk sind schon aus der vorhergegangenen Beschreibung bekannt.

3. Das Walzen der Grobbleche.

Das Walzverfahren zur Erzeugung der Grobbleche ist zwar, äufserlich betrachtet, sehr einfach, indessen verdient doch mancher besondere Umstand dabei gröfsere Aufmerksamkeit und ist der Beschreibung wert.

Wie schon erwähnt wurde, hat die Bramme die Gestalt einer dicken Platte. Diese soll nun durch das Auswalzen in eine Blechtafel von vorgeschriebener Länge, Breite und Dicke verwandelt werden, und zwar ist die Breite meistens gröfser als die Länge der Bramme. Da nun die Breitenzunahme beim Walzen nicht ausreicht, um unmittelbar aus der Länge der Bramme eine merklich gröfsere Blechbreite zu erzielen, so streckt man das Blech in den ersten Durchgängen so weit aus, dafs seine Länge ungefähr gleich der Breite des Enderzeugnisses ist, dreht dann die Platte um 90^0 und walzt auf die vorgeschriebene Dicke herunter. Hieraus folgt, dafs mit wenigen Ausnahmen alle Bleche diese Drehung erfahren müssen und man durch Anordnung maschineller Drehvorrichtungen eine bedeutende Erleichterung geniefst.

Die Verminderung der Blechdicke in den einzelnen Walzdurchgängen regelt der die Anstellmaschine bedienende Schrauber unter Mitwirkung des Walzmeisters. Die Gleichförmigkeit dieser Arbeit und die Unabhängigkeit der Abnahme von Kaliberformen gestattet hier die Anwendung regelmäfsiger Abnahme bezw. eines unveränderlichen Abnahme-Koeffizienten, und in der That wird auf vielen, vielleicht auf allen Werken mit einem solchen gearbeitet. Die Gröfse desselben beträgt etwa 0,88 oder 0,875, so dafs der Schrauber die Bequemlichkeit hat, den am Zeigerwerk abgelesenen Abstand der Walzen für den nächsten Durchgang der Platte jedesmal um ein Achtel vermindern zu können. Besser wäre es allerdings, wenn man bei Bemessung der Dickenabnahme berücksichtigte

1. dafs die Bramme während des Walzens infolge der durch die grofse Oberfläche begünstigten Wärmeausstrahlung erheblich kälter wird und dadurch an Weichheit verliert und
2. dafs das Blech nach dem Drehen viel breiter ist und deshalb dem Walzen einen viel gröfseren Widerstand bietet als vorher.

Man gelangt dann entweder zu einem von Stich zu Stich gleich mäfsig wachsenden Abnahmekoeffizienten oder doch wenigstens zu zwei verschiedenen vor und nach dem Drehen.

Die nachstehende Tabelle bietet uns für die verschiedenen Möglichkeiten bei der Wahl des Abnahmeverhältnisses Beispiele, welche alle dieselbe Aufgabe betreffen, nämlich die Herstellung eines 10 mm starken Bleches aus einer Bramme von 126 mm Dicke.

Tabelle I zeigt das gewöhnliche Verfahren, d. h. die Verwendung eines unveränderlichen Abnahmekoeffizienten $a = 0,875$, wobei das

Blech in 19 Durchgängen fertig wird. Die Drehung ist nach dem 6. Stiche angenommen.

In Tabelle II ist ein von Stich zu Stich um 0,005 wachsender, aber im Durchschnitte ebenfalls 0.875 betragender Abnahmekoeffizient angenommen. Die Stichzahl ist darum dieselbe; dagegen erfolgt die Drehung wegen der gröfseren Abnahme in den ersten Durchgängen schon nach dem 5. Stiche.

In Tabelle III sind ebenfalls steigende Abnahmekoeffizienten angewandt; indessen steigen sie vor dem Drehen anders als nach dem Drehen und machen aufserdem nach dem Drehen den durch die nunmehr gröfsere Breite des Bleches bedingten Sprung. Wegen der verstärkten Abnahme in den ersten Stichen kann nunmehr nach dem 4. Durchgange gedreht werden. Die praktische Anwendung der in den Tabellen II und III dargestellten Abnahmeverhältnisse im Walzwerkbetriebe wird leider dadurch sehr erschwert, dafs sie dem Schrauber eine zu grofse rechnerische Thätigkeit bei seiner Verrichtung zumutet.

Nr. des Durchganges	Tabelle I			Tabelle II			Tabelle III			Tabelle IV		
	Abnahme		Blechdicke	Abnahme		Blechdicke	Abnahme		Blechdicke	Abnahme		Blechdicke
	Verh.	mm		Verh.	mm		Verh.	mm		Verh.	mm	
19	—	—	10	—	—	~10						
18		1,4	11,4	0,920	0,8	10,8	—	—	~10	—	—	~10
17		1,6	13,0	0,915	1,0	11,8	0,915	0,8	10,8		1,2	11,1
16		1,9	14,9	0.910	1,2	13,9	0,910	1,0	11,8		1,4	12,5
15		2,1	17,0	0,905	1,4	14,4	0,905	1,2	13,0		1,7	14,2
14		2,4	19,4	0,900	1,6	16,0	0,900	1,4	14,4		1,9	16,1
13		2,8	22,2	0,895	1,9	17,9	0,895	1,7	16,1		2,2	18,3
12		3,2	25,4	0.890	2,2	20,1	0,890	2,0	18,1		2,4	20,7
11		3,6	29,0	0,885	2,5	22,6	0,885	2,3	20,4	0,88	2,8	23,5
10		4,1	33,1	0,880	3,0	25,6	0,880	2.8	23,2		3,2	26,7
9	0,875	4,7	37,8	0,875	3,7	29,3	0,875	3,3	26,5		3,6	30,3
8		5,4	43,2	0,870	4,3	33,6	0,870	3.9	30,4		4,1	34,4
7		6,2	49,4	0,865	5,3	38,9	0,865	4,7	35,1		4,6	39,0
6		7,1	56,5	0,860	6,3	45,2	0,860	5,6	40,7		5,3	44,3
5		8,1	64,6	0,855	7,6	52,8	0,855	6,8	47,5		6	50,3
4		9,2	73,8	0.850	9,3	62,1	0,850	8,3	55,8		6,8	57,1
3		10,5	84,3	0,845	11,3	73,4	0,83	11,3	67,1		12,5	69,6
2		12	96,3	0,840	14,0	87,4	0,82	14.6	81,7	0,82	15,3	84,9
1		13,8	110,1	0,835	17,2	104,6	0,81	19,1	100,8		18,5	103,4
Brm.		15,7	~126	0,830	21,3	~126	0,80	25,2	~126		22,6	~126

Erheblich günstiger in dieser Beziehung ist die Tabelle IV, der nur zwei verschiedene Abnahmekoeffizienten zu Grunde gelegt sind, der kleinere von 0,82 vor dem Drehen und der gröfsere von 0.88 nach demselben.

Der Gebrauch dieser oder zweier ähnlicher Werte hat für die

Praxis kein Bedenken und gestaltet den Walzvorgang in einer Weise, welche von dem durch die Tabellen II und III versinnbildlichten ideelleren Verlaufe nur wenig abweicht. Dieses letztere erkennen wir auch aus einer Betrachtung der Fig. 238, deren Schaulinien nach den in den vier

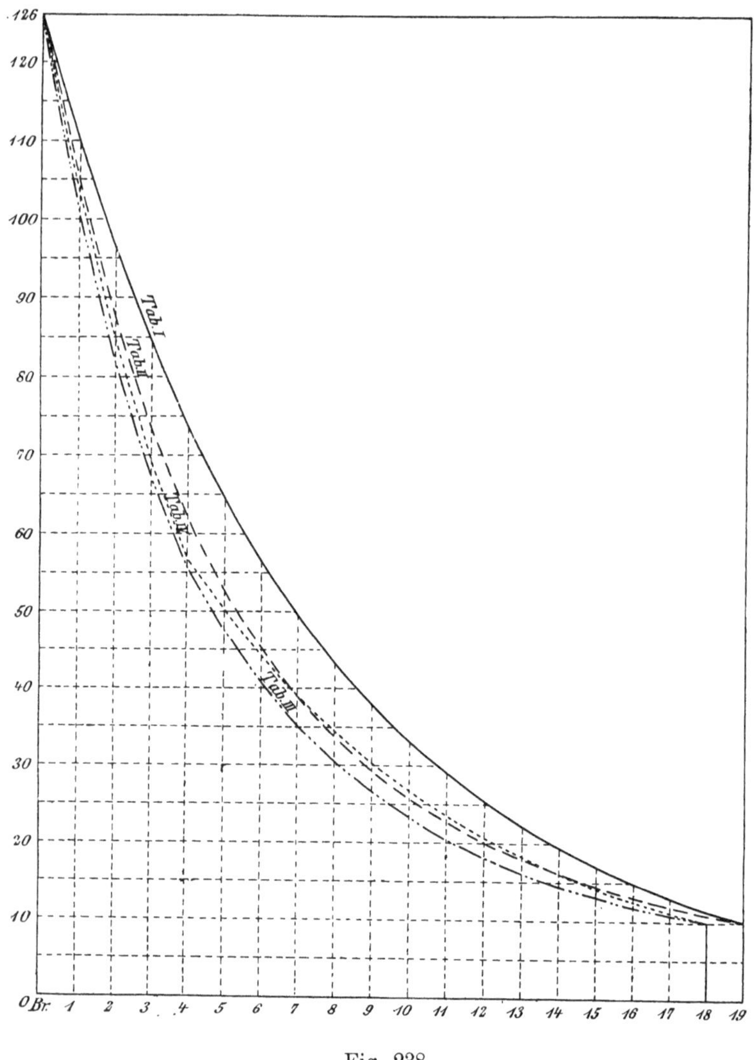

Fig. 238.

Tabellen enthaltenen Blechstärken aufgezeichnet wurden. Wir sehen, dafs die den Tabellen II, III und IV entsprechenden Kurven von einander nur wenig, aber von der aus Tabelle I abgeleiteten Linie beträchtlich abweichen.

4. Die Einrichtung der Feinblechstrecken.

Zu Feinblechstrecken bedient man sich wieder des einfachen Duowalzwerkes, welches mit Schwungradmaschine betrieben wird und darum nur in einer Richtung umläuft. Man treibt nur die Unterwalze an und läfst die Oberwalze als Schleppwalze mitlaufen. Das Gewicht der Oberwalze ist nicht ausgeglichen; sondern sie ruht beim Leerlauf auf der Unterwalze und wird durch das zu walzende Blech gehoben. Das Herabfallen der Oberwalze nach jedem Durchgange des Bleches ist unbedenklich, weil die hier vorkommenden Blechdicken nur gering sind. Man giebt den Feinblechstrafsen meist zwei Arbeitgerüste, von denen das eine die Vorwalze, das andere die Fertigwalze enthält. Es ist in der Regel nicht angängig, ein und dieselbe Strafse zur Erzeugung sämtlicher Dicken der Feinblechlehre zu benützen; vielmehr werden mit zunehmender Feinheit der Bleche auch an die Einrichtung der Walzenstrafse wachsende Anforderungen in betreff der Maschinengeschwindigkeit, der Genauigkeit der Lagerung u. dgl. gestellt.

Taf. IX zeigt eine ebenfalls von der Duisburger Maschinenbau-Aktiengesellschaft ausgeführte Feinblechstrafse aus zwei Gerüsten, zu deren Beschreibung dem oben Gesagten noch einiges hinzuzufügen ist. Zunächst ist da zu erwähnen eine am rechtseitigen Ständer bei *a* angebrachte Einrichtung, welche den Zweck hat, die Oberwalze in gehobener Lage genau parallel zur Unterwalze einzustellen. Diese Einrichtung besteht im wesentlichen aus einem durch eine Schraube verstellbaren Keile, welcher in der Ruhelage der Oberwalze, d. h. wenn sie auf der Unterwalze liegt, so eingestellt wird, dafs beide Druckspindeln fest auf den Brechtöpfen stehen. Wird dann beim Durchgange des Bleches die Oberwalze so gehoben, dafs beide Zapfen gegen die Spindeln drücken, so müssen beide Walzen parallel sein und das Blech muss überall gleich dick ausfallen. Man setzt dabei natürlich voraus, dafs auch beide Spindeln gleichmäfsig gedreht werden, dafs also eine die beiden Spindeln gleichmäfsig beeinflussende Anstellvorrichtung vorhanden ist. Im vorliegenden Beispiele besteht diese Anstellvorrichtung aus einem zwischen den Ständern angebrachten Handrade *b*, dessen Drehung durch das Triebrädchen *c* auf die beiden grofsen, mit den Spindeln verkeilten Zahnräder *d* übertragen wird. Jedes Gerüst ist auf der Einsteckseite mit einem geriffelten Tische *e* versehen und hat auf der Austrittseite einen mit Dampf betriebenen leichten Hebetisch *H* zum Überheben der Bleche. Die Steuerung dieses Hebetisches besorgt der Hinterwalzer in folgender Weise: Die unterhalb des Hebetisches liegende, aus Riffelblech gebildete Fufsplatte *F* ist an einer parallel zu ihr liegenden Welle *w* derart befestigt, dafs sie um *w* herum eine Teildrehung ausführen kann. Je nachdem nun der Hinterwalzer mit dem rechten oder linken Fufse die Platte drückt, dreht er dieselbe nach der einen oder anderen Seite und beeinflufst dadurch das mit der Welle verbundene Dampfverteilungsorgan des Dampfcylinders *D*, dessen Kolbenstange durch Vermittelung der Welle *v*, der Hebel *h* und der Druckstangen *s* auf das vordere Ende des Hebetisches wirkt, während das hintere Ende desselben um einen erhöht liegenden Punkt drehbar ist.

Das bei der Maschinenkuppelung angeordnete Rädervorgelege hat mit dem eigentlichen Betriebe des Walzwerkes nichts zu thun, sondern soll nur dazu dienen, die Umdrehungsgeschwindigkeit der Walzen dann zu vermindern, wenn dieselben im Ständer abgedreht werden.

5. Das Walzen der Feinbleche.

Nachdem die Plattinen in einem Schweifsofen erwärmt sind, beginnt das Auswalzen. Dieses kann mit einem einzelnen Bleche etwa bis zu einer Stärke von 2 mm erfolgen, weil die Nachgiebigkeit der Lagerung und der tote Gang der Spindel eine solche Blechstärke auch dann ergiebt, wenn die Walzen vorher dicht zusammenlagen. Wenn es sich aber um die Erzeugung dünnerer Bleche handelt, so ist man genötigt, zwei oder mehr Bleche gleichzeitig zwischen die Walzen zu stecken. Dieses Doppeln genannte Verfahren wird entweder derart ausgeführt, dafs man eine entsprechende Anzahl einzelner Bleche zusammenlegt, oder so, dafs man ein einzelnes Blech zusammenfaltet.

Bevor die so zusammengelegten Bleche gewalzt werden, bedürfen sie einer nochmaligen Erwärmung, welchem Zwecke besondere Öfen dienen, die mit reduzierender Flamme arbeiten, damit einesteils das Abbrennen der Bleche möglichst vermieden und ihnen eine nur so hohe Temperatur erteilt wird, dafs ein Zusammenschweifsen der einzelnen Tafeln noch nicht möglicht ist.

Je dünner die zu erzielenden Bleche sein sollen, desto öfter mufs das Doppeln wiederholt werden.

Die Bearbeitung der Bleche in der durch das rasche Abkühlen veranlafsten niedrigen Temperatur erteilt jenen eine für die spätere Verwendung hinderliche Härte und Sprödigkeit und äufserlich die unbeliebte rote Farbe. Man ist deshalb genötigt, die fertigen Bleche auszuglühen und verwendet dazu besondere Öfen, welche ebenfalls mit reduzierender Flamme arbeiten und möglichst vor natürlichem Luftzuge geschützt liegen, damit die Bleche sowohl im Ofen, als auch ganz besonders nach dem Herausziehen nicht zu stark oxydieren. Durch dieses Ausglühen werden die Bleche wieder weich und dehnbar und erhalten eine angenehme blaue Farbe.

Bleche von besonders guter Beschaffenheit werden zum Ausglühen in eiserne Kästen gepackt, womöglich der von den Blechen freigelassene Raum mit Sand gefüllt und diese Kästen dann der Erwärmung des Glühofens ausgesetzt.

6. Das Fertigstellen der Bleche.

Das Walzen der Bleche mufs derart geleitet werden, dafs diese mit möglichst ebener Beschaffenheit aus der Bearbeitung hervorgehen. Indessen ist es doch nicht möglich, alle Unregelmäfsigkeiten aus der Fabrikation fernzuhalten, und so entstehen denn zuweilen Bleche von mehr oder weniger welliger Oberfläche. Soviel wie möglich beseitigt man diesen Fehler gleich nach vollendetem Walzen, indem man das Blech auf den gut geebneten Plattenbelag des Bodens legt und mit langgestielten eisernen Schlagwerkzeugen bearbeitet, welche äufserlich mit einer Schippe grofse Ähnlichkeit haben. Ist dann die Tafel erkaltet,

Fig. 239.

so zeichnet der sog. Blechzeichner die der Bestellung beigegebene Figur darauf, und es beginnt das Beschneiden des Bleches.

Die zu diesem Zwecke verwendeten Scheren werden, dem Umfange ihrer Aufgabe entsprechend, in den verschiedensten Gröfsen ausgeführt und sowohl für Hand- und Transmissionsbetrieb eingerichtet, als auch durch eigene Dampf- oder Wasserdruckmotoren bethätigt. Das eigentliche Werkzeug dieser Scheren sind prismatische Stahlmesser, welche an der Schneidkante etwa in einen Winkel von 75—85 ° geschliffen sind. Nach der Art der Bewegung dieser Messer unterscheidet man Winkel- oder Maulscheren und Parallelscheren.

Bei den Maulscheren bewegt sich der das Obermesser tragende Teil dadurch um eine feste Achse, dafs seine hebelförmige Fortsetzung entweder von Hand oder durch eine excentrische Scheibe auf und ab bewegt wird. An den Parallelscheren wird das Obermesser parallel zu sich selber gehoben und gesenkt. Damit nun das niedergehende Messer die Blechtafel nicht auf seine ganze Länge berührt und den ganzen Abscherungswiderstand auf einmal überwinden mufs, giebt man ihm gegen das Untermesser eine Neigung von etwa 4—7 °. Besonders ist zu beachten, dafs das Obermesser auch in der höchsten Stellung noch am Untermesser geführt sein mufs, weil es sich sonst beim Niedergange leicht auf dieses aufsetzt.

In Fig. 239 ist eine derartige, zum Schneiden sehr grofser und dicker Bleche bestimmte, von der Friedrich-Wilhelmshütte in Mühlheim a. d. R. gebaute doppelte Schere abgebildet. Die Abwärtsbewegung des mit dem beweglichen Messer *a* versehenen Gleitstückes *b* erfolgt durch die Excenterstange *c*, wenn sich dieselbe gegen den Vorsprung *d* an jenem legt; den Aufgang bewirken zwei Gegengewichte mit Hilfe der Hebel und Zugstangen *e*. Das Zurechtlegen grofser Bleche erfordert stets mehr Zeit als die Pause zwischen zwei Hüben von *c*; es mufs deshalb, soll nicht vorzeitiger Schnitt erfolgen, *b* ausgeschaltet werden, was mit Hilfe des Handhebels *f* durch Herüberlegen von *c* nach links geschieht. Die Druckstange kann dann neben dem Vorsprunge *d* frei auf und ab spielen. Der Antrieb der Schere erfolgt durch eine eigene Dampfmaschine. Man baut diese Grobblechscheren auch mit Messern von grofser, bis zu 3 m betragender Länge. Eine solche von Ernst Schiefs in Düsseldorf erbaute Schere ist auf Taf. X veranschaulicht. Auch hier ist zum Betriebe der Schere eine besondere Dampfmaschine verwendet; die einzelnen Bewegungsmechanismen sind dieselben wie an der vorbeschriebenen Schere.

6. Die Herstellung von Weifsblech.

Wie schon in Abschnitt A a erwähnt wurde, wird eine sehr bedeutende Menge Feinblech mit einem Zinnüberzug versehen, zu Weifsblech verarbeitet. Als Rohstoff dient teils wirkliches Holzkohlenblech, teils vorzügliches, aus Koksroheisen erzeugtes in Dicken von 0,15 bis 0,61 mm.

Die Verbindung zwischen Eisen und Zinn erfolgt nur auf ganz oxydfreien Flächen des ersteren; die erforderliche Reinheit und Glätte erhalten die bereits auf die richtige Gröfse geschnittenen Tafeln durch Beizen in verdünnten Mineralsäuren, Glühen unter sorgfältigstem Abschlusse der Luft, Polieren zwischen stark zusammengeprefsten Stahlwalzen, abermaliges schwaches Glühen und Abbeizen der Anlauffarben in einer durch Gären von Kleie erzeugten organisch-sauren Flüssigkeit während mehrerer Tage. Nachdem die Bleche nochmals $^1/_2$—1 Stunde in verdünnter Schwefelsäure (der Blankbeize) verweilt haben, spült man sie gut mit Wasser ab und scheuert sie mit Werg und feinem Sande blank; zum Schutze vor erneuter Oxydation bewahrt man sie bis zum Verzinnen in Kalkwasser oder in einer sehr verdünnten alkalischen Lösung auf. Die sämtlichen, das eigentliche Verzinnen bildenden Arbeiten erfolgen in einer Anzahl prismatischer gufseiserner, von unten und von den Seiten geheizter Gefäfse, Töpfe genannt. Die nassen Bleche werden zu mehreren Hunderten auf einmal in einen mit heifsem Talg oder Palmöl gefüllten Topf gebracht und verweilen so lange darin, bis auch die letzte Spur anhaftender Feuchtigkeit verdampft ist. Dann bringt man sie partienweise in den mit sehr heifsem Zinn erfüllten Zinntopf, dessen Inhalt durch eine Fettschicht vor Oxydation geschützt ist, läfst sie einige Zeit darin verweilen, nimmt sie einzeln heraus, reibt sie auf jeder Seite mit einer weichen, fettigen Hanfbürste ab und bringt sie dann eins nach dem andern in den Waschtopf, in dem sie sich mit einer zweiten Zinnschicht überziehen. Eine mechanische Vorrichtung bewegt sie in diesem Topfe nach der Seite und führt sie zwischen zwei polierte Stahlwalzen, welche sie nicht nur aus dem Bade herausheben, sondern auch gleichzeitig von dem überschüssigen, anhängenden Zinn befreien. Dann gelangen sie nochmals in einen mit wenig hoch erhitztem Fette gefüllten Topf, um darin abzukühlen. Ist dies geschehen, so werden die Tafeln sorgfältig mit Kleie abgerieben, wobei man nicht nur das anhaftende Fett entfernt, sondern ihnen auch hohen Glanz erteilt. Nach sorgfältigem Sortieren verpackt man sie in Kisten; jede derselben enthält 225 Tafeln einfachen Formates (265×380 mm) oder eine hinsichtlich der Fläche diesen gleichkommende Zahl gröfserer Tafeln, z. B. 112 doppelten oder 56 vierfachen Formates (530×760 mm). Meterbleche d. s. gröfsere Tafeln, z. B. 1000 mm lang und 250—500 mm breit, werden zu je 50 in eine Kiste gepackt.

Wenn man die Entfernung des überschüssigen Zinnes nicht durch Walzen bewirkt, welche den Zinnverbrauch bedeutend vermindern, so verläuft die Arbeit etwas anders; man reibt die Bleche erst ab, nachdem sie im Waschtopfe bereits eine zweite Zinnschicht erhalten haben, taucht sie nochmals in denselben, um die Streifen verschwinden zu lassen, und bringt sie in den mit sehr hoch erhitztem Fette gefüllten Fetttopf; in diesem schmilzt das Zinn wieder; der Überschufs läuft ab, und die Zinnschicht wird gleichmäfsig und glänzend; nach etwa 10 Minuten hebt man das Blech heraus, bringt es in den leeren oder mit weniger heifsem Fett erfüllten Kalttopf zum Abkühlen und hat nun nur noch die an der unteren Kante haftende Tropfkante zu entfernen, was durch Eintauchen in eine flache Schicht flüssiges Zinn oder sehr heifsen Talg erfolgt; es bleibt dann nur noch ein schmaler, matter Streif, der Saum, dort sichtbar, wo die Tropfkante safs. Dieses umständlichere Verfahren ist übrigens heute kaum mehr in Anwendung.

c. Das Universaleisen.

Das auf einem Grobblech-Walzwerk erzeugte, noch nicht beschnittene Rohblech stellt zwar eine ungefähr rechteckige Tafel dar, weicht jedoch von dieser geometrischen Form durch grofse Unregelmäfsigkeiten der Seiten ab und besitzt aufserdem, da es keinerlei seitliche Bearbeitung erfahren hat, an der Längskante ein geborstenes Aussehen. Alle diese Fehler kommen indessen durch das Beschneiden der Bleche in Wegfall. In den Werkstätten für Eisenbauten wird nun in grofsen Mengen ein blechartiges Erzeugnis verbraucht, welches bei genau rechteckiger Form meist eine grofse Länge besitzt und nicht mit den eben genannten Mängeln einer Rohblechtafel behaftet sein darf. Man erzeugt dieses Walzgut auf einer den Blechwalzwerken ähnlichen Einrichtung, welche durch Anordnung senkrechter Walzen zugleich befähigt ist, das Werkstück seitlich zu bearbeiten. Man nennt diese Einrichtung Universalwalzwerk, und sein Erzeugnis Universaleisen. Die Skala der Universaleisen schliefst sich mit ihrer kleinsten Breite den gröfsten, in Kalibern erzeugten Flacheisen an und ist nach oben begrenzt durch die Gröfsenverhältnisse des Walzwerkes.

Die ursprüngliche Form des Universalwalzwerkes war ein einfaches Duo wagerechter Walzen, entsprechend einem ebensolchen Blechwalzwerke, welchem für die seitliche Bearbeitung ein Paar verstellbarer, senkrechter Walzen beigefügt war.

Die neueren Universalwalzwerke werden dagegen als Trio ausgeführt, d. h. es wird für das horizontale Walzwerk die Lauth'sche Bauweise in Anwendung gebracht.

Ein solches von der Duisburger Maschinenbau-Aktiengesellschaft erbautes Universal-Triowalzwerk stellt Taf. XI dar. Das Horizontalwalzwerk ist, wie schon erwähnt, ganz wie ein Lauth'sches Trio eingerichtet, so dafs bezüglich der Gewichtsausgleichung für Mittel- und Oberwalze auf dessen Beschreibung verwiesen werden kann.

Die beiden senkrechten Walzen V sind von nur geringer Höhe und treten nur dann in Wirksamkeit, wenn das Werkstück zwischen Unter- und Mittelwalze hindurch geht. Sie sind oben in Halslagern H, unten in Spurlagern S gelagert und samt ihren Lagern in den Rahmen R verschiebbar. Die Drehbewegung dieser stehenden Walzen wird hergeleitet von den zum Betriebe der liegenden Walzen dienenden Kammwalzen, indem deren Umdrehung durch die beiden Triebräder m und n und durch Vermittelung der Kuppelscheibe o zunächst auf die prismatische Welle P und dann durch die beiden Kegelradgetriebe K auf die Walzen übertragen wird.

Die Anstellung der stehenden Walzen, d. h. die Verschiebung derselben in wagerechter Richtung, wird ebenso wie die der oberen liegenden Walze durch eine besondere kleine Zwillingmaschine M besorgt. Zur Bewegungsübertragung dienen zunächst die beiden Steuerhebel a und b, und zwar a für die liegenden, b für die stehenden Walzen.

Mittels dieser Hebel und ihrer Zugstangen werden bei *c* und *d* Reibungskuppelungen eingerückt und dadurch die beiden Wellen *e* und *f* je nach Wunsch entweder in der einen oder anderen Richtung in Umdrehung versetzt.

Die Welle *e* wirkt nun durch Kegelradübersetzung zunächst auf die senkrechte Welle *g*, dann auf die schräge Welle *h* und endlich auf die die Druckspindeln der Oberwalze beeinflussende Welle *i*.

Verfolgen wir in ähnlicher Weise die Thätigkeit der Welle *f*, so sehen wir, daſs deren Umdrehung zunächst übertragen wird auf die Welle *k* und durch Kegelradgetriebe auf die am anderen Ständer befindliche Welle k_1. Wir sehen ferner, daſs jede dieser beiden Wellen drei Schneckengetriebe *s* bewegt und daſs die Schraubenräder der letzteren auf den prismatischen Verlängerungen der Schraubenspindeln *l* sitzen, welche die stehenden Walzen an drei verschiedenen Stellen, nämlich am Hals- und Spurlager und kurz über den Walzen, erfassen und, je nach der Drehrichtung, dieselben entweder einander nähern oder von einander entfernen. Damit bei dieser fortschreitenden Bewegung auch die drehende erhalten bleibt, werden auch die auf der prismatischen Welle *P* sitzenden Kegelräder mit den Walzen zugleich verschoben.

Den stehenden Walzen gegenüber sind auf der Einsteckseite Führungen angeordnet, welche eine der Anstellung jener Walzen entsprechende wagerechte Verschiebung erfahren müssen.

Diese Führungen ruhen und gleiten auf dem Balken *B* und werden durch Drehen der Schraube *T*, welche mit Rechts- und Linksgewinde von starker Steigung versehen ist, entweder gegeneinander bewegt oder voneinander entfernt. Das Drehen der Schraubenspindel wird von Hand besorgt, indem man einen entsprechenden Schlüssel in die viereckigen Löcher der Nuſs *N* steckt.

Über den Betrieb der Universalstraſsen ist nur wenig zu sagen. Die Wirkung der stehenden Walzen ist keineswegs gleich der der liegenden Walzen. Man nimmt vielmehr zur Erzeugung eines Universaleisens von bestimmter Breite einen Block von ungefähr derselben Breite und läſst die Aufgabe der stehenden Walzen nur in einer mäſsigen Bearbeitung der Seitenkanten des Eisens bestehen. Ist der verwendete Block schmäler als das zu walzende Eisen, so gestattet man ihm von Stich zu Stich eine mäſsige Breitung, gerade so, als ob man in Kalibern walzte. Ist dagegen der Block etwas breiter, so wird die Arbeit der senkrechten Walzen gröſser, da sie alsdann nicht nur die natürliche Breitung zu verhindern haben, sondern sogar das Walzstück von Stich zu Stich schmäler gestalten müssen.

H. Die Erzeugung des Drahtes.

a. Das Drahtwalzen.

Die Verwendung des gewalzten Rohdrahtes ist eine so vielseitige, und die an seine Eigenschaften gestellten Bedingungen sind darum so verschiedenartig, dafs wir im Rohstoffe für die Drahterzeugung die Skala der Festigkeitseigenschaften fast in ihrem ganzen Umfange vertreten finden, nämlich vom weichen Schweifs-, Thomas- oder Martineisen bis zum harten Tiegelgufsstahl.

Die Form, in der all diese Rohstoffe zur Verwendung kommen, ist der aus Abschnitt F bekannte Knüppel, also ein auf ungefähr quadratischen Querschnitt vorgewalztes Stück oder auch ein Rohblöckchen von kleinem Querschnitte.

Die an diesen Knüppeln vorzunehmende Bearbeitung hat die Aufgabe, sie auf dem kürzesten Wege in den Drahtquerschnitt überzuführen. In Bezug auf die zu wählenden Kaliberformen gestaltet sich der Walzvorgang sehr einfach. Wie schon von der Erzeugung des Führungsrundeisens her bekannt ist, gehören zur Herstellung des runden Stabquerschnittes ein kreisrundes Fertigkaliber, ein Vorkaliber und ein diesem vorhergehendes Quadratkaliber. Genau so verfährt man auch beim Drahtwalzen. Alle übrige, den genannten drei Kalibern vorhergehende Walzarbeit dient nur der Querschnittsverminderung, und man bedient sich bei ihr derjenigen Kaliberformen, welche sich zu dieser Arbeit am besten eignen.

Die erste Bearbeitung des Knüppels setzt nur die Thätigkeit der Knüppelwalze fort, d. h. sein Querschnitt wird durch rhombische Kaliber zunächst auf ein Quadrat von 24 bis 30 mm Seite vermindert; dann aber verwendet man abwechselnd sehr flache Ovale, deren Höhe sich zur Breite etwa wie 1 : 3 verhält, sowie Quadrate und erzielt auf diese Weise die für das Drahtwalzen erforderliche rasche Streckung.

Die Drahtstrafsen sind für ihren Zweck besonders eingerichtet, d. h. sie erzeugen meist nur Draht; dieselben können indessen auch zur Erzeugung von Feineisen gebraucht werden. Eine Drahtstrafse gewöhnlicher Bauart besteht meist aus einer Vorstrecke von ein bis zwei Trio-Gerüsten mit Walzen von etwa 360 mm Durchmesser und einer Fertigstrecke von neun Trio-Gerüsten mit Walzen von etwa 260 mm Durchmesser. Die Vorstrecke macht 250, die Fertigstrecke 500 Umdrehungen in der Minute. Auf der Vorstrecke wird der Stab in der gewöhnlichen Weise behandelt, d. h. er wird erst in das folgende Kaliber gesteckt, nachdem er das vorhergehende durchlaufen hat; auf der Fertigstrecke dagegen wendet man das Verfahren des Umsteckens an, d. h. der Walzer schnappt mit der Zange das aus dem Kaliber austretende vordere Ende des Drahtes, schneidet, falls dieses geborsten ist, mittels einer Schere ein Stück davon, dreht sich um 180^0 und steckt den Draht in ein Kaliber des nächsten Gerüstes. Da man auf diese Art und Weise in jedem Gerüste nur einen Stich (im Notfalle zwei) machen kann, so gelangt man eben zu jener grofsen Zahl von Gerüsten für die Fertigstrecke. Man erreicht dadurch aber, dafs der Draht in einer gröfseren Zahl von Gerüsten zugleich bearbeitet und so rasch fertig wird, dafs er in noch rotglühendem Zustande das Fertigkaliber verläfst.

Des Weiteren ergiebt sich aus dieser Arbeitsweise, dafs in jedem

Gerüste zwar nur ein Walzenpaar arbeitet, dafs aber ein Teil der Stiche zwischen Unter- und Mittelwalze, ein anderer Teil zwischen Mittel- und Oberwalze gemacht werden mufs, und dafs deshalb die Trio-Anordnung notwendig ist.

Um nun nicht in jedem Gerüste eine überflüssige Walze liegen zu haben und doch die Umdrehungen übertragen zu können, legt man an der Stelle, wo eine Walze nicht gebraucht wird, eine sog. Leerlaufspindel ein, das ist entweder eine mit Lauf- und Kuppelzapfen versehene und nach Art der Walzen gelagerte Spindel, oder man giebt derselben eine solche Länge, dafs sie ohne besondere Lagerung in dem betreffenden Gerüste die Ober- bezw. Unterwalzen der beiden benachbarten Gerüste miteinander verbindet. Letztere Anordnung wird dadurch sehr vorteilhaft, dafs man zwei Einbaustücke und zwei Kuppelmuffen spart. Zu ihrer besseren Verdeutlichung ist dieselbe in Fig. 240 schematisch dargestellt.

Aus dem Umstande, dafs von jedem Gerüste nach dem Nachbargerüste umgesteckt wird, ergiebt sich auch, dafs an jedem Gerüste ein Walzer angestellt werden mufs, dafs also trotz der verhältnismäfsig

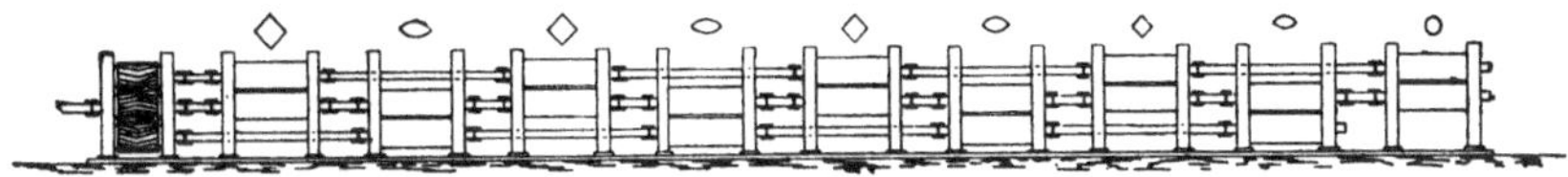

Fig. 240.

leichten Arbeit ein bedeutender Aufwand an Arbeitskraft und Lohn verlangt wird. Man hat sich deshalb seit längerer Zeit in vielfältiger Weise bemüht, hierin Ersparnisse zu machen. Die beachtenswerteste Einrichtung, welche zur Ersparung von Walzen getroffen wurde, sind die selbstthätigen Umführungen, d. h. halbkreisförmige Rinnen aus Winkeleisen, welche ohne menschliches Zuthun das aus dem einen Walzenpaare austretende Drahtende empfangen und in das nächste Kaliber einführen. Anwendbar sind diese Umführungen indessen nur da, wo der Draht aus einem Quadratstiche in einen Ovalstich übergeht, weil es in diesem Falle für das Erfassen des Stabes gleichgiltig ist, wie derselbe vor dem Ovalkaliber ankommt. Wo dagegen das Eisen aus Oval in Quadrat gehen soll, da genügen diese einfachen Umführungsrinnen nicht, weil das Oval um 90° gedreht werden mufs, damit seine lange Axe in die senkrechte Diagonale des Quadratkalibers zu liegen kommt, und weil zur Einführung eines Stabes in dieser labilen Stellung sehr genaue Ovalführungen nötig sind, welche ein Umschlagen desselben verhüten.

Fig. 241 stellt schematisch den Grundrifs einer Drahtstrafse vor, welche mit diesen selbstthätigen Umführungen ausgerüstet ist. Sehr bald nach dem Eintritte des Drahtes in das Ovalkaliber beginnt die Drahtschleife gröfser zu werden und tritt dann ohne weitere Hilfe aus der Rinne heraus, um sich auf dem Plattenbelage nach Bedürfnis auszudehnen. Damit nun der aufrechtstehende Schenkel der Rinne dem ins

Kaliber eintretenden Drahte nicht hinderlich ist, wird derselbe trichterförmig geöffnet.

Eine weitere sehr erhebliche Vervollkommnung der Drahtwalzwerke ergiebt sich aus der Erwägung, dafs die ersten Gerüste der Fertigstrecke Stäbe von viel geringerer Länge zu verarbeiten haben als die letzten, und dafs jene deshalb mit mehr oder weniger bedeutenden Leergangspausen arbeiten müssen, um Betriebstockungen an ihnen zu vermeiden. Eine vollständige Ausnutzung der Arbeitsfähigkeit der ersten Gerüste würde demnach nur zu erreichen sein, wenn die dort gewalzten Stäbe entsprechende Abnahme fänden. Aus dieser Überlegung gelangte man auf den Hasper Eisen- und Stahlwerken zu einer Drahtstrafsenanordnung, bei welcher die vier letzten Gerüste in doppelter Anzahl vorhanden sind und eine von den vorhergehenden Gerüsten getrennte Strecke bilden. Da die Drahtstrafsen des genannten Werkes gleichzeitig

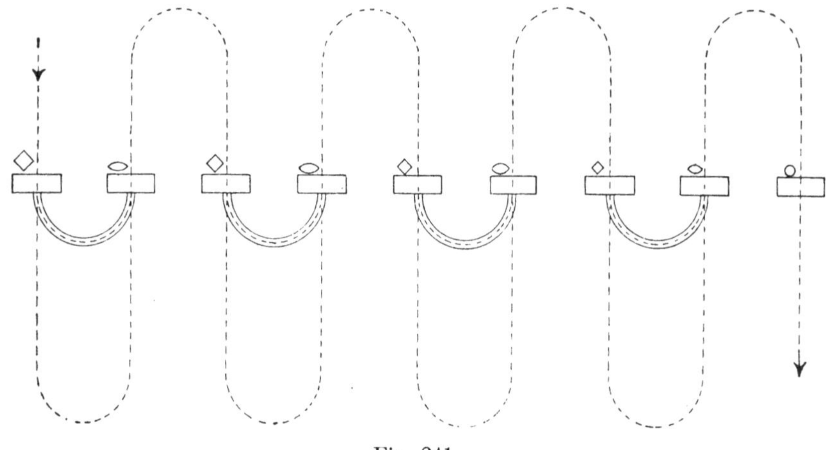

Fig. 241.

ein Beispiel bieten für die unmittelbare Verarbeitung kleiner Rohblöcke zu Draht, so mögen dieselben im Hinblicke auf die schematische Darstellung in Fig. 242 kurz erläutert werden.

Die Anlage bezw. die dem genannten Werke patentierte Drahtstrafsenanordnung besteht aus vier verschiedenen Strecken, und zwar:

1. aus der eingerüstigen Trio-Blockvorwalze, auf welcher die etwa 130 kg schweren Rohblöcke zu Knüppeln von 45—50 mm Dicke verarbeitet werden;
2. aus der ein- bis zweigerüstigen Vorwalze, welcher die Weiterbearbeitung der Knüppel bis zu derjenigen Stärke obliegt, mit welcher sie sonst auf die Fertigstrecke übergehen;
3. aus der sogenannten Mittelstrecke, welche je nach Umständen 4 bis 6 Gerüste enthält und welche demjenigen Teile der gewöhnlichen Drahtstrafsen-Fertigstrecke entspricht, auf dem die Länge des gewalzten Drahtes noch mäfsig ist;

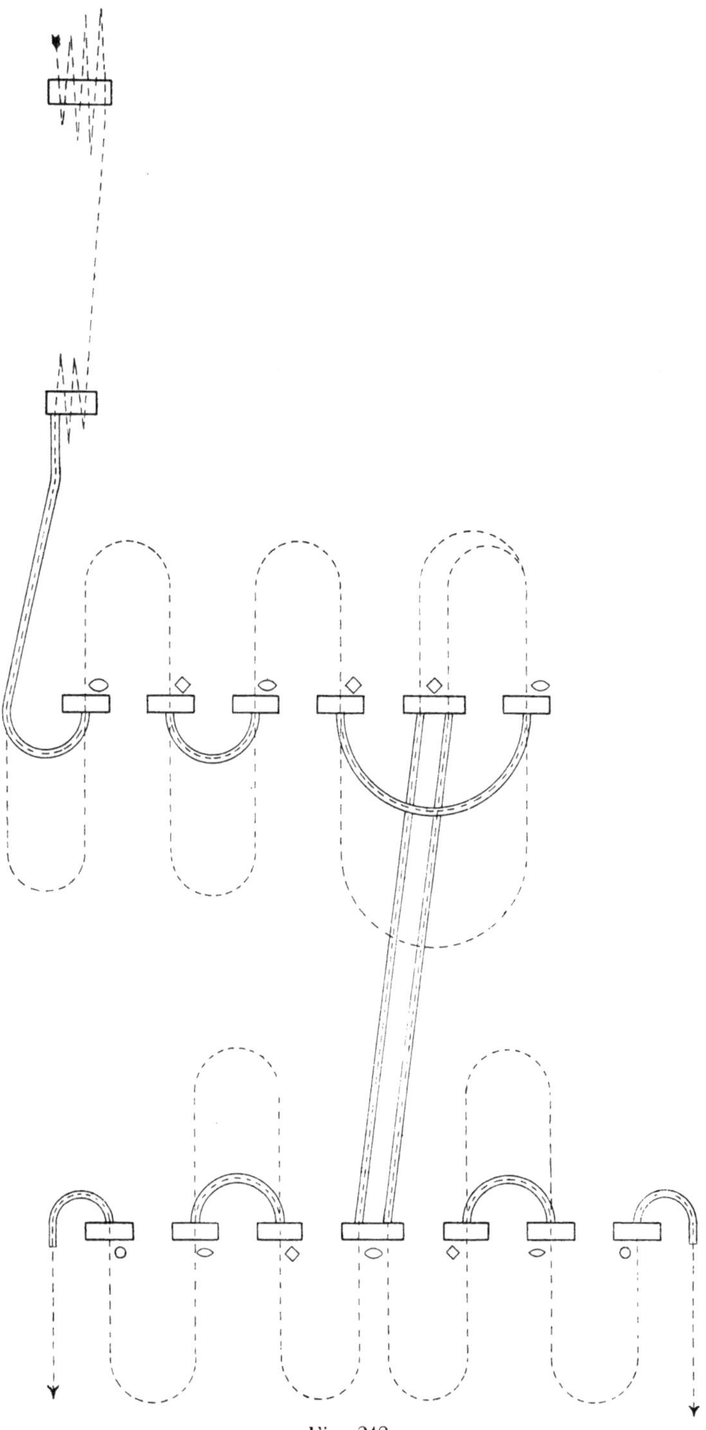

Fig. 242.

4. aus der eigentlichen Fertigstrecke, welche von dem gemeinsamen mittleren Gerüste aus sich in Form zweier selbständiger Strecken von je 4 bis 6 Gerüsten nach beiden Seiten abzweigt.

Das Hilfsmittel der winkelförmigen Einführungsrinne ist bei dieser Strafse in der umfangreichsten Weise verwendet, nicht nur in der schon bekannten Form zum selbstthätigen Umstecken, sondern auch als geradlinige Zuführung von einer Strecke zur andern und zur Ablenkung des fertigen Drahtes in der gewünschten Richtung. Diese Führungen sind jedoch, abgesehen von der Abführung des fertigen Drahtes, immer nur da angewendet, wo es sich um die Einführung eines quadratischen Stabes in ein ovales Kaliber handelt.

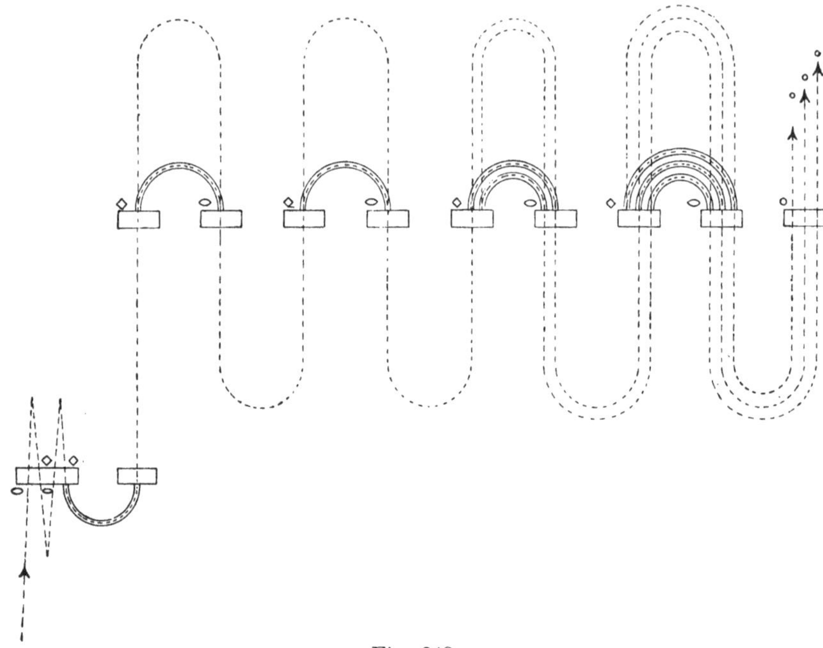

Fig. 243.

Der Betrieb der Strafse erklärt sich aus der Beschreibung und der Skizze wohl von selbst. Es mufs indessen noch bemerkt werden, dafs der auf der Blockvorwalze erzeugte Knüppel viel zu lang ist, um als Ganzes zu Draht ausgewalzt zu werden. Man teilt ihn deshalb auf der hinter der Walze angeordneten Knüppelschere in drei Stücke und walzt diese auf den folgenden Strecken ohne neue Erwärmung nach einander aus. Damit nun die beiden wartenden Knüppelabschnitte nicht zu kalt werden, darf die Arbeit auf der Vor- und Mittelstrecke keinerlei Aufenthalt erleiden, und es wird deshalb auf der letzten Quadratwalze der Mittelstrecke immer abwechselnd mit zwei Kalibern gearbeitet, von denen eins den rechten und eins den linken Zweig der Fertigstrecke versorgt.

Es ist schon erwähnt worden, dafs durch das Umsteckverfahren in

Verbindung mit dem Umstande, dafs je ein Gerüst in der Zeiteinheit eine gröfsere Drahtlänge hergiebt, als von dem folgenden Gerüst abgenommen wird, eine Schleifenbildung bedingt ist. Es kommt nun zuweilen vor, dafs der Draht in einem vorhergehenden Kaliber stecken bleibt, während das nachfolgende weiter arbeitet, so dafs sich die vorher entstandene Schlinge rasch zusammenzieht und den Walzer bedenklich gefährdet. Man bringt deshalb als Sicherheitsvorkehrung vor dem Standorte des Walzers einen starken eisernen Pfosten an, um welchen der Walzer gleich beim Umstecken die Schlinge wirft, und der verhütet, dafs beim Zuziehen der Schlinge der glühende Draht den Gliedern des Walzers zu nahe kommt.

Das Bestreben, sämtliche Gerüste des Drahtwalzwerkes gleichmäfsig zu beschäftigen, hat auch noch zu einer dritten Betriebsart desselben geführt, bei welcher ein gewöhnliches Drahtwalzwerk von neun Gerüsten · der Fertigstrecke verwendet wird. Der Betrieb desselben unterscheidet sich von dem bisher beschriebenen dadurch, dafs im fünften und sechsten Gerüste zwei Drähte, im siebenten, achten und neunten Gerüste zugleich drei Drähte bearbeitet werden. Man erreicht dadurch ohne Mehrkosten der Anlage, dafs die vier ersten Gerüste fortwährend arbeiten können, ohne erst warten zu müssen, bis der Draht das Kaliber des fünften Gerüstes verläfst.

Fig. 243 stellt schematisch eine solche Strafse dar und giebt Aufschlufs über die Anordnung der Umführungen.

Zum Schlusse bietet uns Fig. 244 ein Beispiel für die Kaliberierung der Drahtwalzen, und zwar enthält dasselbe erstens eine Knüppelwalze, welche einen Block von 130 × 130 mm Querschnitt so weit bearbeitet, dafs er auf die Drahtvorstrecke übergehen kann, welche mit einem Quadrate von 43 mm beginnt und ein Quadrat von 17 mm an das zweite, nur ein Ovalkaliber 10 × 30 enthaltende Gerüst der Vorstrecke liefert. Von dort kommt der Draht auf die Fertigstrecke und wird durch aufeinander folgende Quadrat- und Ovalstiche weitergestreckt, dann im achten Stiche, dem Schlichtoval, für den Fertigstich vorbereitet.

Ein sehr bedeutender Teil des Walzdrahts ist zur Weiterverarbeitung durch Ziehen bestimmt. Wir werden später hören, dafs behufs Einführung der Drähte in die Zieheisen die Enden angespitzt werden müssen; diese Arbeit wird vielfach durch Hämmern vollzogen, nachdem sie in einem runden Ofen, um welchen gleichzeitig eine ganze Anzahl Ringe Platz finden können, glühend gemacht worden sind. Der grofse Zeit- und Arbeitsaufwand kann durch eine Drahtspitzmaschine erheblich vermindert werden. Eine solche Maschine besteht aus zwei oscillierenden Walzen mit konischen, auf einem Teil des Umfanges eingeschnittenen Kalibern, welche das Drahtende in die geeignete Form pressen.

b. Das Drahtziehen.

Unter Ziehen versteht man eine formverändernde Arbeit, welche die beabsichtigte Querschnittverdünnung und Streckung dadurch hervor-

17²
15×45
28²
22×66
43²
5
3,5×8,7
5,25²
3,75×11,25
6,25²
5×15
8²
6,5×19,5
11²
10×30
60
68
54
15
82
66
17
96
80
20
116
94
50
90
49
58
107
39
88
67
134
48
57
105
37
85

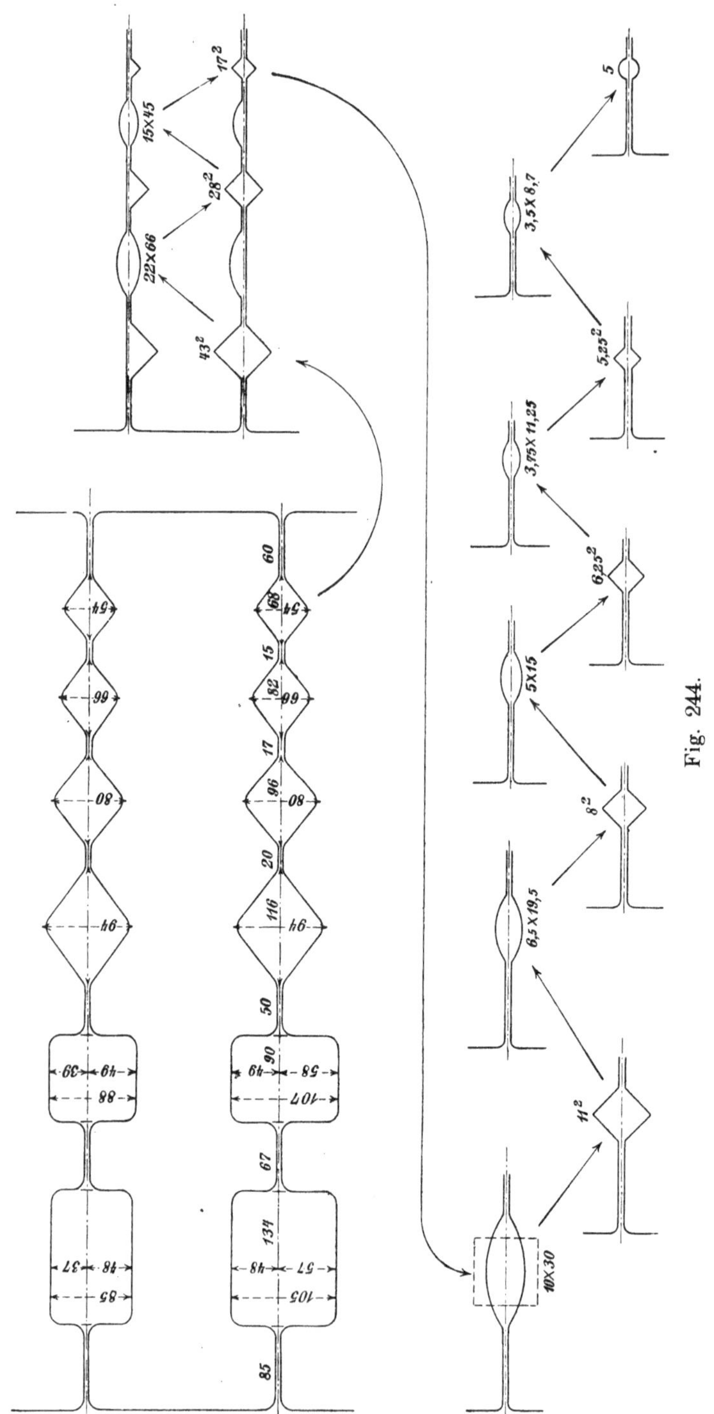

Fig. 244.

bringt, daſs stabförmige Körper (Draht, Röhren) durch Löcher mit starren Wänden und von kleinerem Durchmesser als deren Dicke hindurchgezogen werden. Man spitzt zu diesem Zwecke das eine Ende des zu ziehenden Drahtes etwas zu, steckt es durch das Ziehloch und läſst nun an ihm eine genau in der Achsenrichtung des Loches wirkende Kraft angreifen. Diese Kraft darf, soll nicht Trennung der Moleküle erfolgen, die Zerreiſsfestigkeit des Drahtes in dem verdünnten Teile nicht überschreiten. Da nun die Metalle in glühendem Zustand eine sehr geringe Zerreiſsfestigkeit besitzen, so zieht man, wenn nicht nebenbei eine Schweiſsung beabsichtigt wird wie bei eisernen Röhren, ausnahmslos in gewöhnlicher Temperatur. Der Widerstand gegen das Ziehen hängt wesentlich von der Gröſse der Formveränderung in der Zeiteinheit, der Härte des Metalles und der Gestalt des Ziehloches ab. Behufs möglichster Verminderung desselben nimmt man dem Draht mittels Glühens die durch Bearbeitung in der Kälte erzeugte Härte, giebt dem Ziehloche möglichst schlanke Kegelform und wirkt der Reibung durch Polieren der Ränder bezw. durch Schmiere entgegen. Trotzdem bleibt der Widerstand so groſs, daſs nur eine verhältnismäſsig kleine Verdünnung auf einmal vorgenommen werden kann; gröſsere Querschnittsverminderungen sind nur durch wiederholtes Ziehen zu erreichen.

Das Verhältnis der Durchmesser zweier aufeinanderfolgenden Ziehlöcher nennt man den Verdünnungsfaktor; derselbe ist für Eisen nahezu 0,9. In westfälischen Drahtziehereien schwankt er von 0,786 bis 0,940, beträgt im Durchschnitte 0,886 und bleibt beim Ziehen von No. 80 bis No. 14 meist noch darunter; für gröbere und kleinere Drähte ist er dagegen höher.

Zieht man von No. 60 auf No. 50, so ist der Verdünnungsfaktor 0,833, und die Querschnittsabnahme beträgt $\frac{6^2\pi}{4} - \frac{5^2\pi}{4} = 9{,}64$ qmm; beim Ziehen von No. 6 auf No. 5 mit demselben Verdünnungsfaktor beträgt die Abnahme nur 0,096 qmm, also nur 0,01 der vorigen. Würden die Drahtzüge in beiden Fällen mit gleich groſser Kraft bewegt, so müſste im letzteren Falle das Ziehen mit der hundertfachen Schnelligkeit des ersteren erfolgen. Thatsächlich läſst man Feinzüge viel rascher laufen als Grobzüge, aber der Unterschied ist erheblich geringer (1,05 gegen 0,44), da man an letzteren bedeutend gröſsere Kräfte wirken läſst.

Der Rohstoff für die Eisendrahtzieherei besteht heute ausschlieſslich aus Walzdraht von No. 110 bis No. 38; am meisten wird von Nr. 55 ausgegangen. Das auf Eisenspaltwerken erzeugte Schneideisen ist heute auch für die Erzeugung vierkantiger Drähte vollständig verdrängt.

Von den mancherlei Vorrichtungen, die zum Drahtziehen erforderlich sind, ist das Zieheisen die wichtigste. Es hat gewöhnlich die Form einer rechteckigen Platte, besteht entweder ganz aus sehr hartem Stahl oder wird, wenn es groſs und für starke Drähte bestimmt ist, aus einer Stahl- und einer weichen Eisenplatte zusammengeschweiſst.

Kleine Zieheisen sind etwa 6 mm, grofse 25 mm stark und haben bis zu 600 mm Länge bei 150 mm Breite. Man bringt dann natürlich eine sehr grofse Anzahl, hundert oder mehr Ziehlöcher in einem Eisen unter. Da das Zieheisen immer viel härter sein mufs als das zu ziehende Metall, so stellt man es aus Chrom-, Wolfram- bezw. einem dem weifsen Roheisen sich nähernden Stahl (Willerstahl) her. Die Ziehlöcher erzeugt man entweder mittels einer Reihe Dorne (ein Gestell), von denen der erste den stumpfsten, der letzte den spitzesten Kegel bildet, so dafs die Löcher nach der Austrittsseite hin immer schlanker werden (Fig. 245), oder durch Vorbohren mit einer Anzahl ebenfalls verschieden scharf zugespitzter Bohrer und Aufweiten auf den richtigen Durchmesser mit einem cylindrischen, nur am Ende zugespitzten Dorn. Da die Drähte infolge der Elasticität des Metalles hinter dem Ziehloch um ein geringes aufquellen, so ist bei Herstellung der Löcher hierauf Rücksicht zu nehmen. Durch andauernden Gebrauch ausgeweitete Ziehlöcher werden an der harten Austrittseite durch Klopfen verengt und von neuem auf den richtigen Durchmesser gebracht. Das Zieheisen legt man auf dem Ziehtisch oder der Ziehbank mittels Schrauben oder Keilen in Rahmen bezw. Klammern unverrückbar fest.

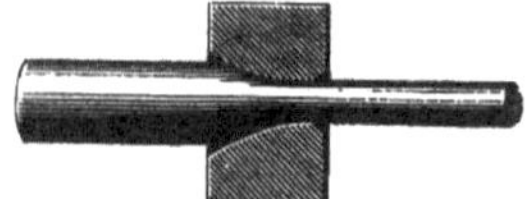

Fig. 245.

Die maschinellen Ziehvorrichtungen zerfallen nach der Art der Wirkung in zwei Gruppen, in die Schleppzangenziehbänke, welche mit Unterbrechungen arbeiten und jedesmal nur eine bestimmte Länge ziehen können, und in die Leier- oder Scheibenziehbänke, welche vom Anfang bis zum Ende des Drahtrings ununterbrochen weiterziehen.

Das Gestell der Schleppzangenziehbänke besteht meist aus Holz und bildet mit seiner Oberfläche die Laufbahn für einen kleinen Wagen mit der Zange, dessen Bewegung nach dem Erfassen des Arbeitstückes durch eine Kette ohne Ende hervorgebracht wird. Diese Kette ist über zwei Scheiben geführt, deren eine mit Zähnen in die Glieder fafst und die ihr selbst durch Zahnradübersetzung erteilte Bewegung der Kette mitteilt. Der Zangenwagen ist mit einem Haken in irgend ein Glied der Kette eingehängt und folgt ihr, bis der Widerstand des Arbeitstückes nach vollendetem Durchziehen aufhört oder das Ende der Bahn erreicht ist; in beiden Fällen wird der Haken durch ein Gegengewicht selbstthätig ausgelöst. Soll ein anderes Arbeitstück oder dasselbe um eine weitere Banklänge gezogen werden, so führt man den Wagen bis zum Zieheisen zurück, läfst die Zange fassen und hakt sie in die Kette ein. Arbeitstücke von gröfserer Länge, als die der Bank ist, erhalten so in gewissen Abständen sie verunstaltende Zangenbisse; dieser Umstand, der grofse Raumbedarf sowie der bedeutende Zeitaufwand gegenüber den Leierbänken bewirkt, dafs man derartige Vorrichtungen heute meist nur noch zum Ziehen von Röhren oder von sehr schweren profilierten Drähten (bis zu 40 mm Stärke) verwendet.

Die Einrichtung eines einzelnen Klotzes einer Leierziehbank, auf der eine ganze Anzahl jener vereinigt werden, ist aus Fig 246 zu ersehen. Ein solcher besteht aus der Rolle oder Leier *A*, einer gufseisernen konischen Trommel, welche von einer für alle Züge gemeinschaftlichen Transmissionswelle *B* aus durch Kegelgetriebe in Um-

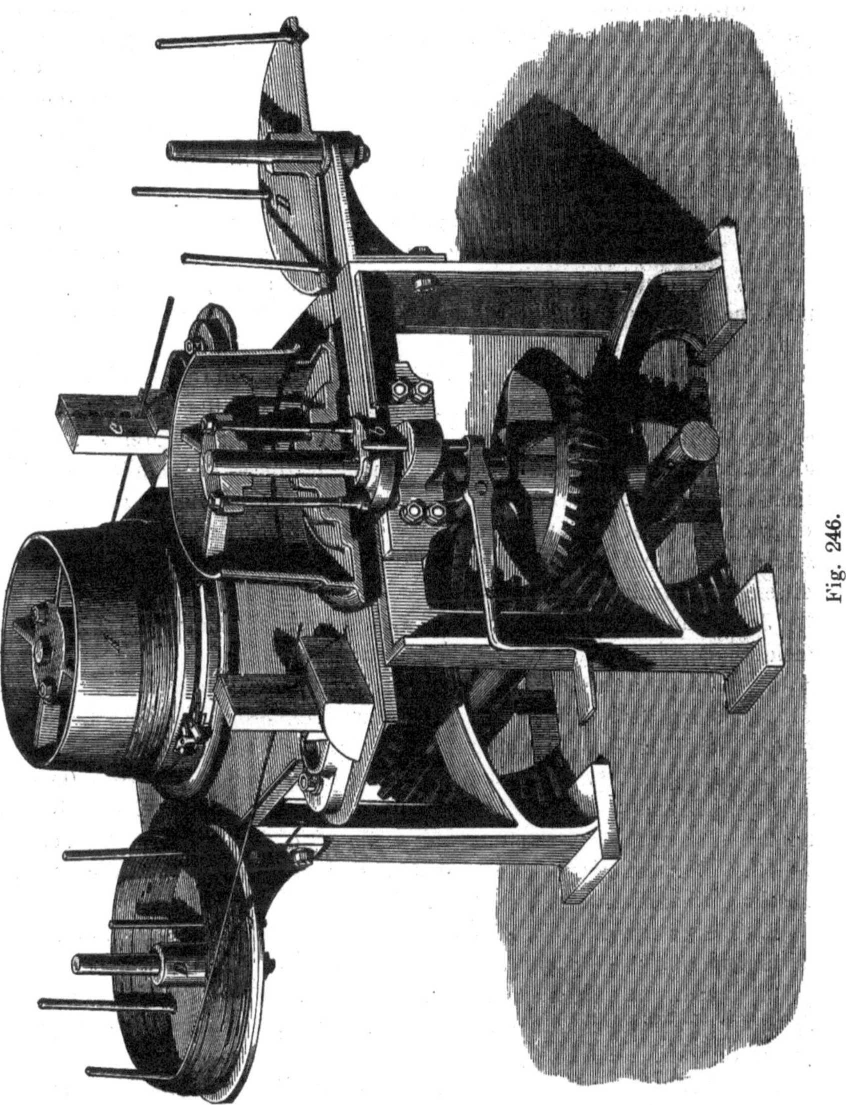

Fig. 246.

drehung versetzt wird, und die, nachdem der Draht hinter dem Zieheisen mittels einer Zange erfafst ist, denselben zu einem Ring aufwickelt, aus dem Zieheisen *C* und dem Haspel *D*. von welchem der zu ziehende Draht abläuft. Das Zieheisen ist in einen um den Bolzen *c* drehbaren und mit einem Napf für die Schmiere versehenen Halter gespannt, so dafs es sich immer von selbst senkrecht zur Zugrichtung einstellt. Geschieht dies nicht, so wird nicht nur das Zieheisen einseitig abgenutzt, sondern es bekommt auch der Draht Neigung, wenn er nicht verhindert wird, ∞förmige Schlingen zu bilden, oder er wird gar vielfach geknickt. Damit der beim Anziehen der Leier unvermeidliche Ruck, welcher häufig den Draht abreifst, möglichst vermieden werde, haben Köttgen & Co. in Barmen den Befestigungspunkt der Zangenkette ganz nahe an die Drehachse der Leier verlegt und ihr eine Führung erteilt, durch welche der Hebelarm, an dem die ziehende Kraft wirkt, allmählich bis zur normalen Gröfse wächst. Von der senkrechten Welle wird die Bewegung durch einen Mitnehmer *b*, welcher gegen die in der Trommel befestigten Bolzen drückt, auf diese übertragen. Soll die Leier stillstehen, z. B. weil der Draht gerissen oder abgelaufen ist, so drückt der Drahtzieher (Zöger) auf den Hebel *a* und hebt sie dadurch so hoch, dafs die Bolzen und der Mitnehmer aufser Eingriff kommen. Die Einschaltung erfolgt nach dem Fallenlassen der Trommel von selbst. Abänderungen der beschriebenen Einrichtung beziehen sich meist nur auf die Art der Befestigung des Drahtendes oder der Aus- bezw. Einschaltung, welch erstere bei den Feinzügen, von denen ein Arbeiter eine ganze Reihe zu beaufsichtigen hat, selbstthätig erfolgen mufs. Diese Ausschaltungen beruhen alle darauf, dafs der vom Mitnehmer erfafste Bolzen durch eine Feder oder ein Gegengewicht aufwärts gezogen wird, sobald die Reibung zwischen ihm und jenem aufhört; das ist stets der Fall, wenn durch Reifsen des Drahtes der Widerstand gegen die Bewegung aufgehoben ist. Je nach der Stärke der auf ihnen herzustellenden Drähte unterscheidet man vier Arten von Drahtzügen:

1. Grobzüge; sie zerfallen in drei Gruppen, von denen die erste Drähte bis No. 38, die zweite solche von No. 38 bis No. 28 und die dritte feinere bis Nr. 19 liefert. Gruppe 2 und 3 bezeichnet man auch als Mittelzüge. Der Scheibendurchmesser ist in Gruppe 1 700—550 mm, in Gruppe 2 und 3 500—420 mm; die Umdrehungszahlen i. d. Minute sind 20—26 (für die gröfsten Drähte über No. 70 nur 12—14) bezw. 33—40. Der erforderliche Kraftaufwand beträgt durchschnittlich $2^1/_2$, für sehr grobe Nummern 3—4 Pferdekräfte.

2. Feinzüge für No. 25—7. Scheibendurchmesser 350—250 mm; Umdrehungszahl 40—55; Kraftbedarf $^1/_4$ Pferdekraft.

3. Kratzendrahtzüge für Drähte von No. 11 abwärts. Die den obigen entsprechenden Zahlen sind 225—200 mm, 60—70 Umdrehungen, $^1/_{20}$ Pferdekraft.

Aller Walzdraht ist mit einer Glühspanschicht überzogen, welche vor dem Ziehen entfernt werden mufs, wenn nicht das Zieheisen stark leiden und der Draht schieferige Oberfläche erhalten soll. Das verbreitetste Verfahren besteht im Beizen in Säure, wodurch der Oxyduloxydüberzug gelockert wird, und im nachherigen heftigen Zusammenschlagen der einzelnen Windungen jedes Ringes, wobei er abspringt. Letztere Arbeit wird auf dem Polterwerk vorgenommen. Es ist dies eine Vorrichtung, bestehend aus einer Reihe von hölzernen Bäumen, die gleich Schwanzhämmern von einer Daumenwelle gehoben werden und mit den am vorderen Ende über einen senkrechten Pfahl gesteckten losen Drahtringen auf den Sandsteinboden der Halle schlagen.

Man hat zahlreiche Vorrichtungen erdacht, um die Verwendung der Säure, mit welcher viele Übelstände wie die Verunreinigung der Flufsläufe u. a. verknüpft sind, zu umgehen; es sind teils Scheuertrommeln und davon abgeleitete Apparate, teils Vorrichtungen, welche den kräftig gespannten Draht nach verschiedenen Richtungen biegen, dadurch die Glühspanschicht zersprengen und die Stücke dann an harten Gegenständen, z. B. Eisenschrott, weit gelochten Zieheisen u. s. w. abstreifen. Letztere sind am verbreitetsten und haben zu einer wesentlichen Einschränkung des Beizens geführt.

Schon oben wurde erwähnt, dafs der Draht beim Ziehen so hart und spröde wird, dafs ein weiteres Ziehen nicht ohne Gefahr des Zerreifsens und nur mit sehr hohem Kraftaufwand erfolgen kann. Man giebt ihm deshalb die ursprüngliche Weichheit und Zähigkeit durch Ausglühen zurück. Die Drahtringe werden zu diesem Behuf in 860 bis 940 mm weite, 1050—1400 mm hohe, 1000—1400 kg Draht fassende Töpfe aus dickem Kesselblech oder aus Flufseisen (gegossen) gepackt und in diesen mittels eines Kranes in den cylindrischen Glühofen gesetzt, um darin etwa 6 Stunden zu verweilen und bis auf dunkle Kirschrotglut erhitzt zu werden. Trotz sorgfältiger Dichtung der Deckel wird der Draht doch von der eingeschlossenen Luft und von den durch die Wände eindringenden Feuergasen oxydiert, so dafs sich abermaliges Beizen nötig macht. Den Metallverlust und den Säureaufwand zu vermeiden, sind verschiedene Vorschläge gemacht worden, so von Schmidt der, Kalkstein und Holzkohle oder Koks in den Glühtopf zu bringen; die verflüchtigte Kohlensäure soll z. T. reduziert werden und den Draht vor Oxydation schützen; und der von Schulte, den Topf mit möglichst reinem Stickstoff zu füllen; keiner von beiden hat bisher Eingang in die Praxis gefunden.

Dagegen kann vielleicht das der Firma H. A. & W. Dresler in Creuzthal mit D.R.P. 77986 geschützte Verfahren zum Blankglühen das Beizen vollständig überflüssig machen; eine wesentliche Einschränkung hat es übrigens schon durch die jetzt fast allgemeine Anwendung sehr weichen Flufseisens zur Drahterzeugung erfahren, da dieses viel weniger häufig ausgeglüht zu werden braucht, als Feinkorn-Schweifseisen. Der Draht wird auf seinem Wege durch einen reduzierend wirkenden Elektrolyten (meist Kochsalzlauge) mittels eines starken elektrischen Stromes zum Glühen erhitzt und vor seinem Austritt an die Luft in einer neutralen Flüssigkeit (Petroleum, Talg) gekühlt. Die Anode bildet eine Bleiplatte am Boden des Holztroges, die Kathode eine den Draht vor dem Eintritt ins Bad berührende Rolle.

Beim Glühen von Walzdraht, der mit ziemlich dicker Glühspanschicht bedeckt ist, wirkt nicht allein der im Bad entstehende Wasserstoff reduzierend, sondern schon vor dem Eintritte in den Elektrolyten die verschieden starke Ausdehnung des Eisens und des Glühspans absprengend auf letzteren.

Die verschiedenen Arbeiten geschehen beim Drahtziehen in nachstehender Reihenfolge:

Zuerst wird der Walzdraht entweder während dreier Stunden in verdünnter (1,0—1,2 l Säure von 66° B auf 100 l Wasser) oder während einer halben Stunde in fünfziggrädiger, durch eine Dampfschlange auf 90—100° erhitzter Schwefelsäure gebeizt. Im ersten Falle spült man den Draht mit frischem oder mit Kalkmilch versetztem Wasser gut ab und trocknet ihn rasch über einem Kohlenfeuer, im zweiten wird er in klarem Wasser gespült, unter fortwährendem Bebrausen gepoltert und dann in Kalkmilch gebracht, welche sowohl die letzten Säurereste neutralisieren als eine dünne Schicht Kalkhydrat auf dem Draht ablagern soll. Nachdem er an der warmen Luft des Glühraumes getrocknet ist, kommt er in die Zieherei und wird hier je nach der zu erzeugenden Sorte verschieden behandelt. Soll z. B. Stiftdraht hergestellt werden, so zieht man ihn (in Westfalen) im Grobzug von No. 55 auf 46 und 38; dann folgt die erste Glühung, eine zweite Beize in verdünnter Säure und weiteres Ziehen im Mittelzug auf No. 31, 28, 25 und 22, wonach man ihn ein zweites Mal glüht. Bis hierher wird durch Schmiere gezogen, d. h. der Drahtzieher fettet den Faden vor dem Zieheisen fortwährend mit Öl ein, das mit dem am Drahte haftenden Kalkhydrat eine Seife, die Schmiere, bildet.

Vor dem Weiterziehen im Feinzuge wird drei Stunden lang in einem Bad aus 70 l Hefe, 70 l Wasser und 1/4 l Schwefelsäure gebeizt; man zieht jetzt aus Hefe, zu welchem Zwecke die Haspel in hölzernen Bottichen untergebracht sind. Der Hefe setzt man oft etwas Kupfervitriollösung zu. Man zieht von No. 22 auf 18, 16, 14, 13, 12, 11, glüht nochmals, beizt und zieht dann immer um eine Nummer weiter bis auf Nr. 7.

In der Neuzeit geht das Bestreben der Drahtzieher dahin, die absatzweise Zieharbeit in eine ununterbrochene zu verwandeln; es sind zu diesem Zweck eine ganze Reihe Vorrichtungen angegeben worden, welche den Draht durch eine mehr oder minder grofse Anzahl Ziehlöcher gleichzeitig ziehen. Um dies zu ermöglichen, wird er vor und hinter dem Zieheisen um stufenförmige Ziehrollen bezw. um Führungswalzen geleitet. Selbstverständlich ist dies Verfahren des grofsen Kraftaufwandes wegen nur auf feine Drähte anwendbar und erfordert ein ganz besonders weiches, zähes Metall, das nicht nach wenigen Zügen ausgeglüht werden mufs; ein solches steht jetzt in dem auf basischem Weg erzeugten Flufseisen zur Verfügung.

Kantiger Draht wird als runder vorgezogen und in den letzten beiden Durchgängen kantig gestreckt oder auch gleich kantig gewalzt und kantig gezogen.

Ehe die so erzeugten Drähte in den Handel kommen, müssen sie z. T. ausgerichtet, d. h. von allen Verbiegungen und Knicken befreit werden. Die zahlreichen hierzu bestimmten Vorrichtungen benutzen ausnahmslos das bereits bei den Drahtreinigungsmaschinen besprochene Verfahren, den Metallfaden in Wellenlinien zwischen Rollen und Backen hindurchzuziehen.

Um an Laderaum zu sparen, wird der zur Ausfuhr bestimmte Draht auf besonderen Maschinen zu Ringen von genau rechteckigem Querschnitt und immer gleicher Höhe aufgewickelt; diese lassen sich dann ohne Zwischenräume auf- und ineinander packen.

c. Das Überziehen des Drahtes mit Schutzschichten.

Soll der Draht gegen oxydierende Einflüsse geschützt werden, was in zahlreichen Fällen erforderlich ist, so überzieht man ihn mit weniger oxydierbaren Stoffen; es kommen für uns hauptsächlich Teer und einige Metalle in Betracht.

Walzdraht wird meist nur asphaltiert; man taucht die Ringe in ein Bad von 50—60° erhitzten Teeres (1/3 schwedischer Holz-, 2/3 Steinkohlenteer nebst etwas Grafit oder Braunstein zum Schwarzfärben) und läfst den Überschufs auf einem geeigneten Gestell ablaufen.

Federdraht verkupfert man. Zu diesem Zwecke wird er in eine schwefelsaure Lösung von Kupfervitriol gebracht, aus der sich durch chemische Umsetzung Kupfer auf dem Eisen niederschlägt; dann bringt man ihn in ein Hefenbad und zieht ihn auch aus Hefe. Hierauf wird er ein zweites Mal verkupfert und wieder gezogen; er behält nun seine rote Farbe, auch wenn man ihn noch vielmals zieht.

Der beste Schutz besteht im Verzinken. Neuere, vollkommen eingerichtete Verzinkereien können gleichzeitig bis zu 36 Drähten mit Zink überziehen. Die einzelnen Stränge laufen von den Haspeln zuerst durch die Hohlräume einer von unten und oben geheizten Eisenplatte, in denen sie ausgeglüht werden, treten unmittelbar hinter diesem Ofen in ein Salzsäurebad und endlich in die Verzinkungpfanne, hinter der die zur Aufnahme des Drahtes bestimmten Haspel angeordnet sind. Die aus starkem Blech zusammengenietete Zinkpfanne heizt man, um das Metall auf der erforderlichen Temperatur zu erhalten, an allen Seitenwänden, dagegen nicht am Boden. Nach und nach bildet sich in der Pfanne eine Legierung von Zink mit einigen Hundertteilen Eisen, sogenanntes Hartzink, welches zu erheblichem Zinkverluste führt, da es nicht zum Verzinken taugt. Es setzt sich am Boden als dickere Flüssigkeit ab und mufs zeitweilig ausgeschöpft werden. In gufseisernen Pfannen soll die Hartzinkbildung besonders stark sein. In der vorderen Hälfte der Pfanne ist das Zinkbad mit Salmiak, in der hinteren mit Sand bedeckt; beide schützen es vor Oxydation; der letztere hat noch die besondere Aufgabe, das überschüssige Zink vom Draht abzustreifen, damit nicht einzelne hängenbleibende Tropfen nach dem Erstarren Knoten am Drahte bilden. In Fig. 247 ist die ganze eben beschriebene Einrichtung, in Fig. 248 aber eine dem Drahtwerk von Witte & Kämper in

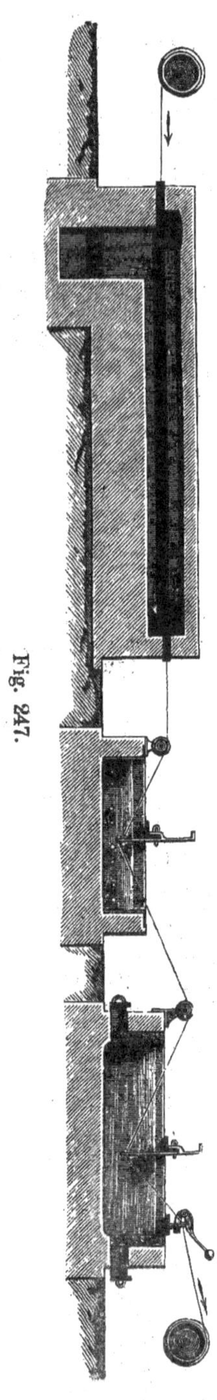

Fig. 247.

Osnabrück patentierte Zinkabstreifvorrichtung abgebildet, welche noch besser wirkt als eine bloſse Sanddecke, in der sich leicht aus Sandkörnchen und erstarrendem Zinke Röhren bilden, durch welche der Draht ungehindert den Zinküberschuſs mit fortführt. Das Instrument besteht aus einer durch ein Gewicht geschlossenen Zange mit gezahnten Backen, deren der Dicke des Drahtes angepaſste Zahnlücken dieser durchlaufen muſs. Das mitgeführte Zink und die Sandkörnchen bilden vor der Zange eine ebensolche Röhre. Der obere Backen ist beweglich gemacht, damit

Fig. 248.

man die Zange leicht öffnen kann, wenn die Verbindungstelle zweier Ringe hindurchgehen soll.

Von geringerer Wichtigkeit ist das Verzinnen und Verbleien sowie die Nickelplattierung von Eisendraht.

J. Die Erzeugung schmiedeeiserner Röhren.

Die zahlreichen Verfahrungsarten, welche für die Erzeugung schmiedeeiserner Röhren in Anwendung kommen, lassen sich in zwei Gruppen teilen, von denen die eine die Röhren dadurch bildet, daſs sie Blechstreifen aufrollt und die zusammenstoſsenden Kanten durch irgend eine Art von Naht verbindet, während die andere durch entsprechende Behandlung eines vollen Blockes sogenannte nahtlose Röhren herstellt.

Zu der ersten Erzeugungsart gehört das

Falzen, Nieten und Schweifsen, während z. B. das Mannesmannsche Verfahren der zweiten Art entspricht.

Die Herstellung gefalzter (Ofenrohre) und genieteter Rohre (Windleitungen u. dergl.) kann als eine nicht hüttenmännische aus dem Kreise dieser Betrachtung ausscheiden, so dafs aus der ersten Gruppe der Erzeugungsarten nur die Herstellung geschweifster Röhren zu besprechen bleibt.

a. Die Herstellung geschweifster Röhren.

Als Rohstoff werden hierzu Universaleisenstreifen (Strips) verwendet, deren Breite und Dicke von dem Durchmesser und der Wandstärke der zu erzeugenden Röhren abhängt. Je nachdem, ob die Schweifsung der Röhren stumpf oder mit schräger Überdeckung erfolgt, müssen auch die Längskanten der Rohrbleche eine entsprechende Zurichtung erfahren. Diese erfolgt auf der Rohrblechhobelmaschine. Der Blechstreifen wird hier zwischen zwei entsprechend gestellten Messern hindurchgezogen und erhält in einem Durchgange die für die Schweifsung erforderliche Form. Hierauf werden die Streifen in einem Schmiedefeuer an einem Ende erwärmt, dieses Ende um einen Dorn geklopft und dadurch dütenartig aufgerollt. Die so vorbereiteten Streifen erhitzt man in einem Wärmeofen auf Hellrotglut und zieht sie dann auf der sog. Rundbank vor. Der Streifen wird dabei mit dem vorgerollten Ende in das Kaliber der Ziehbank, die Ziehdüte (Fig. 249), gesteckt, das aus der Düte hervorragende Stück von der in einer Kette ohne Ende hängenden Schleppzange erfafst und so der ganze Streifen durch das Kaliber gezogen, wobei er sich rohrförmig aufrollt. Die vorgezogenen Röhren werden nun in einem anderen Ofen auf Schweifshitze gebracht und dann auf der Fertigziehbank (Fig. 250 u. 251) durch eine genau dimensionierte Ziehdüte (Fig. 252) und gleichzeitig über einen dem lichten Durchmesser des Rohres entsprechenden Dorn

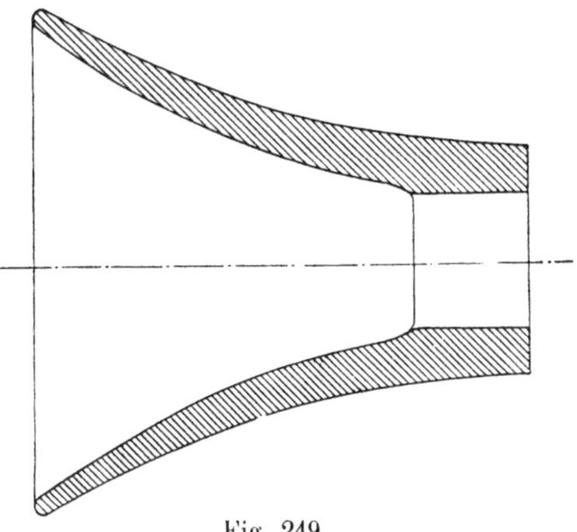

Fig. 249.

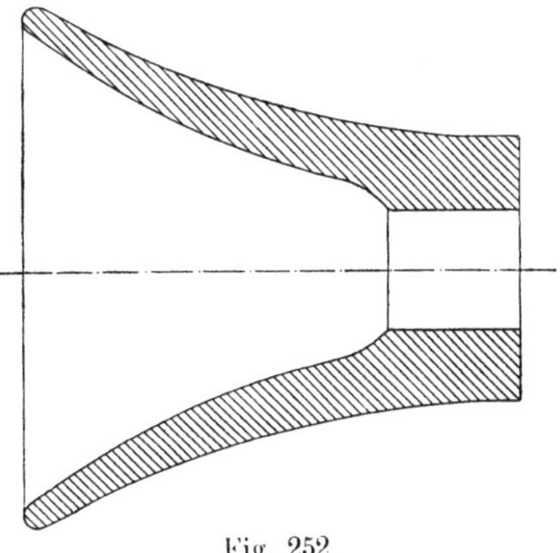

Fig. 252.

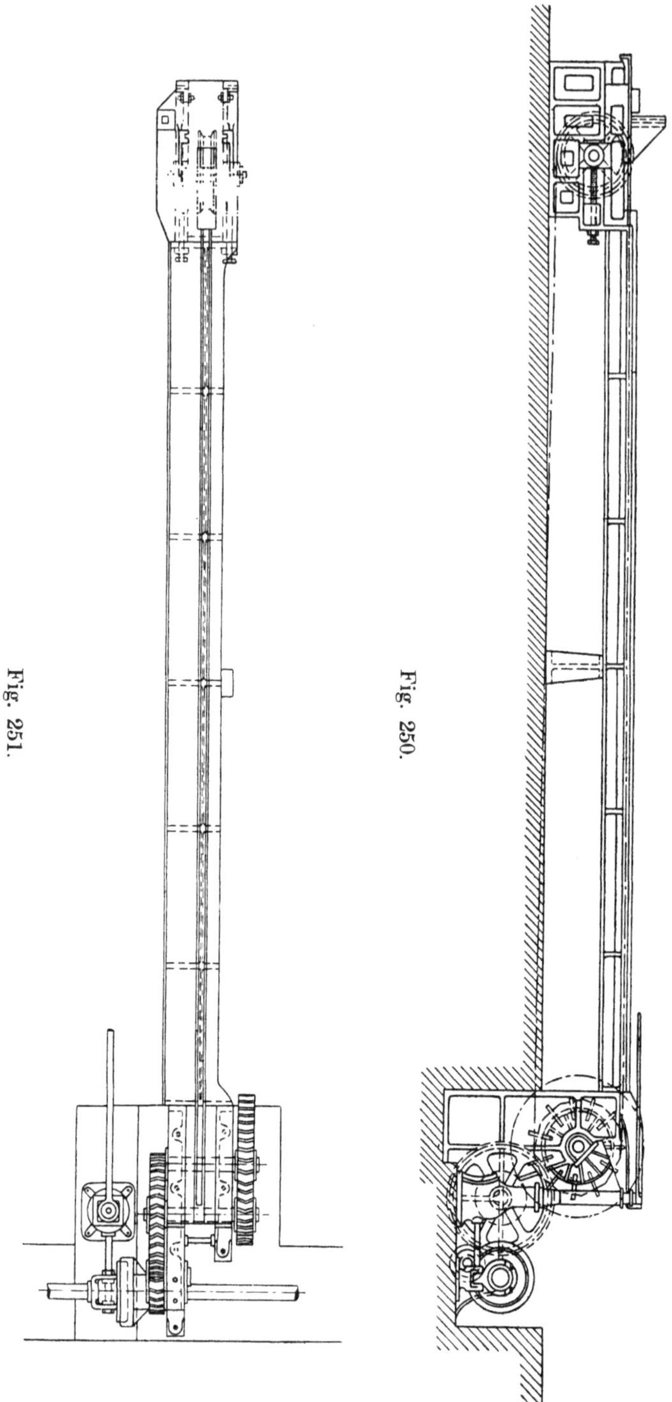

Fig. 251.

Fig. 250.

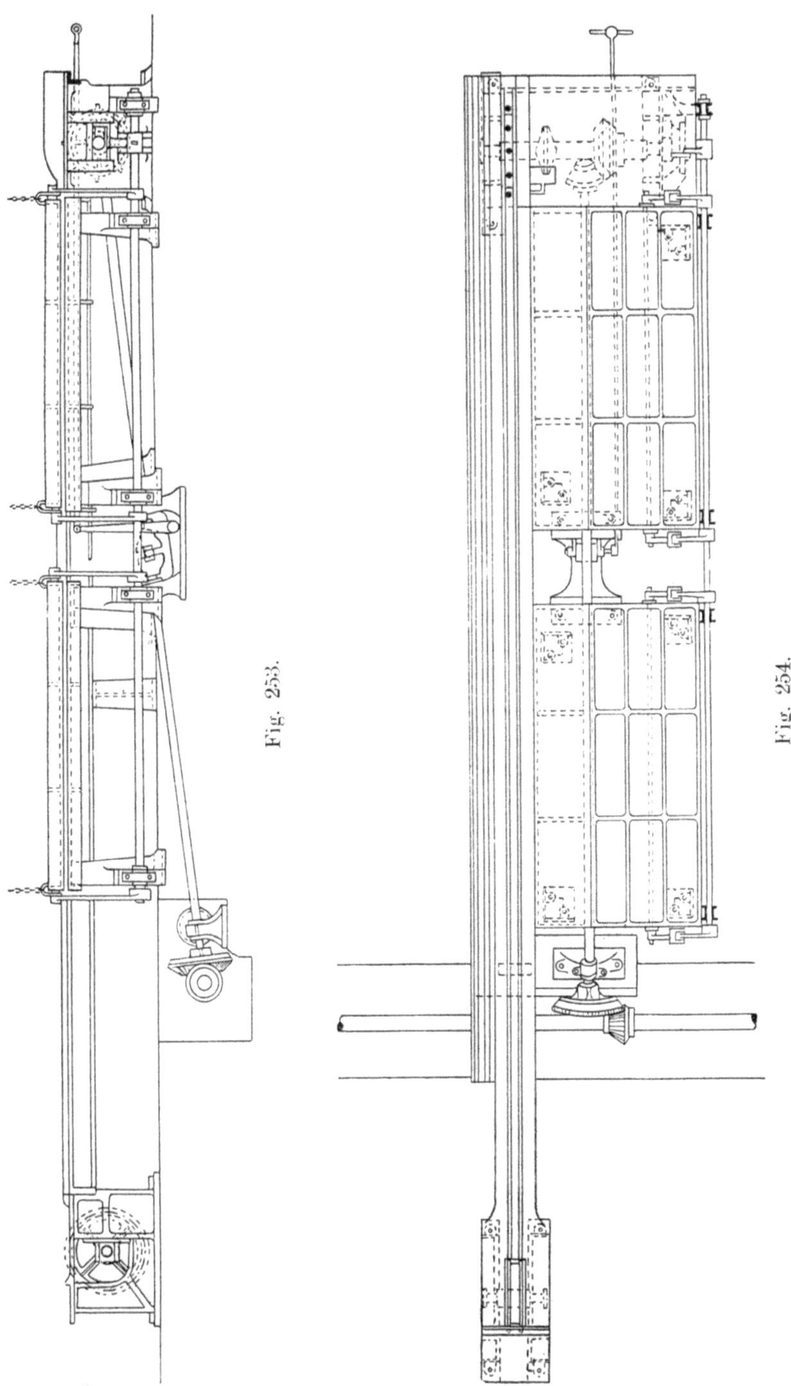

Fig. 253.

Fig. 254.

gezogen, wobei die beim Rollen der Streifen einander nahe gebrachten Längskanten durch Schweifsen vereinigt werden. Je nach Bedarf kann das Schweifsen noch ein oder mehrmals wiederholt werden, wobei jedesmal eine etwas engere Ziehdüte eingesetzt wird, um eine desto zuverlässigere Schweifsung zu erzielen.

Als Vollendungsvorrichtung dient eine sog. Nachziehbank und eine Mangel (Fig. 253 u. 254). Erstere enthält ein scharfes Kaliber, d. h. eine Ziehdüte ohne trichterförmige Erweiterung (Fig. 255), welche die Oxydschicht von den Röhren abschabt, und letztere dient zum Geraderichten der Röhren. Sie besteht aus zwei um den äufseren Durchmesser der Röhren von einander entfernten Platten, welche maschinell gegen einander verschoben werden und dabei die zwischen ihnen liegenden Röhren hin und her rollen, so dafs alle Krümmungen entfernt werden.

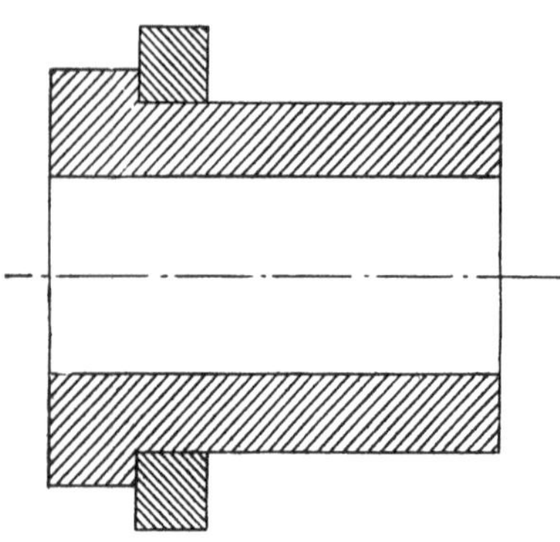

Fig. 255.

Bei der Erzeugung solcher Röhren, welche hohen Druck auszuhalten haben (z. B. Sideröhren für Dampfkessel), benützt man zum Schweifsen nicht die Ziehbank, sondern ein Walzwerk (Fig. 256—258), dessen sehr kurze Walzen nur ein Kaliber von genau kreisrunder Form enthalten und wie bei jedem anderen Walzwerke anstellbar sind. Der Antrieb dieser Walzen erfolgt durch eine Transmission; meist kann mit zwei verschiedenen Geschwindigkeiten gearbeitet werden, indem man die durch die Triebräder lose hindurchgehende Welle durch Einrücken einer Kuppelung bald mit dem einen, bald mit dem anderen Triebrade verbindet. Beim Schweifsen zwischen Walzen wird in gleicher Weise wie auf der Ziehbank ein Dorn verwendet.

Die Geschwindigkeiten, mit welchen die Rohrstreifen die verschiedenen Bearbeitungsprozesse durchlaufen, betragen

auf der Vorziehbank etwa 25 m i. d. Minute,
„ „ Fertigziehbank „ 50 „ „ „
in Rohrwalzen älterer Bauart $1^3/_4$ und 2 m i. d. Sekunde,
„ „ neuerer „ 4 „ „ „

Den Durchmesser der Rohrwalzen nimmt man zwischen 750 und 850 mm an.

b. Die Erzeugung nahtloser Röhren.

In Nachstehendem sollen zwei Herstellungsweisen besprochen werden, welche zur Bildung eines Rohres nicht gewalzte Blechstreifen verwenden, sondern Flufseisenblöcke, und zwar in einer Gestalt, welche jedes Stahlwerk zu liefern vermag. Bei der einen wird aus einem runden, gegossenen Block oder einem rund vorgewalzten Knüppel durch eine ganz eigenartige Verschiebung der Stoffteilchen ein Rohr von bestimmten Abmessungen hergestellt (Mannesmannsches Schrägwalzverfahren), bei der anderen ein mit einem Hohlraum in der Längsrichtung versehener Block durch mehrere aufeinander folgende Bearbeitungsvorgänge in die gewünschte Rohrform übergeführt.

1. Das Mannesmannsche Schrägwalzverfahren.

Denkt man sich ein cylindrisches Arbeitstück A (Fig. 259) so zwischen zwei parallele und in gleicher Richtung sich drehende Walzen

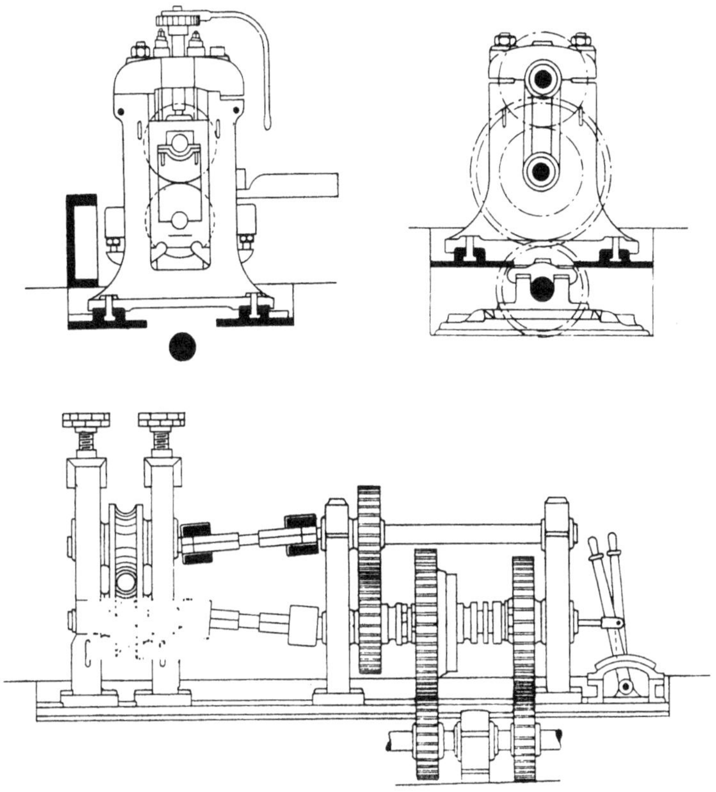

Fig. 256—258.

B und C gebracht, daſs die Achsen dieser drei Cylinder parallel sind und an den Berührungstellen ein gewisser Druck stattfindet, so erleidet das Arbeitstück eine Drehung um seine Achse, und zwar in einer Richtung, welche der Drehrichtung der Walzen entgegengesetzt ist.

Giebt man aber den Walzen eine solche Lage, daſs ihre Achsen zwar noch wagerecht liegen, aber gegen die senkrechte Ebene einen Winkel α bilden (Fig. 260 u. 261), und zwar so, daſs die Achsen der beiden Walzen nach verschiedenen Seiten der senkrechten Ebene geneigt sind, so wird die durch den Druck zwischen Walze und Arbeitstück hervorgerufene Reibung als eine Kraft auftreten, welche senkrecht zur Walzenachse gerichtet ist und welche sich gegenüber dem Arbeitstück in zwei Komponenten $W = R. \cos \alpha$ und $T = R. \sin \alpha$ zerlegt. Von diesen Komponenten wird W das Walzen des Arbeitstückes um seine Achse, T dagegen eine Fortbewegung desselben in der Längsrichtung, das sog. Treiben, verursachen. Würde man das Treiben verhindern, indem man der Fortbewegung des Arbeitstückes einen Widerstand entgegensetzte, so müfste die Komponente T eine Verschiebung der Stoffteilchen an den von den Walzen berührten Stellen des Arbeitstückes hervorzurufen suchen, und sie wird diese Verschiebung thatsächlich hervorbringen, wenn das Arbeitstück eine der Kraft T entsprechende Weichheit und Bildsamkeit besitzt.

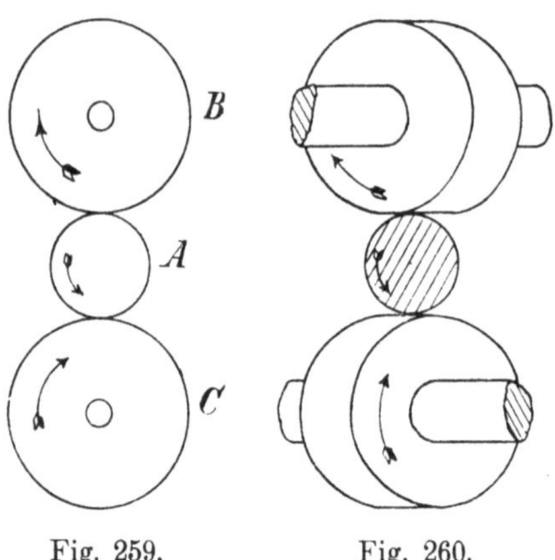

Fig. 259. Fig. 260.

Das Mittel, welches angewendet wird, ein Treiben des Walzstückes zu verhindern, kann zweifacher Art sein. Entweder ist es eine an der Einsteckseite der Walzen angebrachte kegelförmige Verjüngung, welche das noch unbearbeitete und darum dickere Ende des Arbeitstückes zurückhält (Fig. 262), oder es ist ein Dorn, welcher, dem Werkstück entgegengehalten, das Treiben desselben verhindert und gleichzeitig die Innenseite des Rohres bearbeitet (Fig. 263). In beiden Fällen besteht die Wirkung der in der Längsrichtung des Arbeitstückes liegenden Komponenten T in einer derartigen Verschiebung der Stoffteilchen, dafs am vorderen Ende eine becherförmige Vertiefung entsteht, welche sich in gleicher Weise bei den nachrückenden Teilen des Arbeitstückes bildet und so aus dem vollen Metallstück ein Rohr gestaltet.

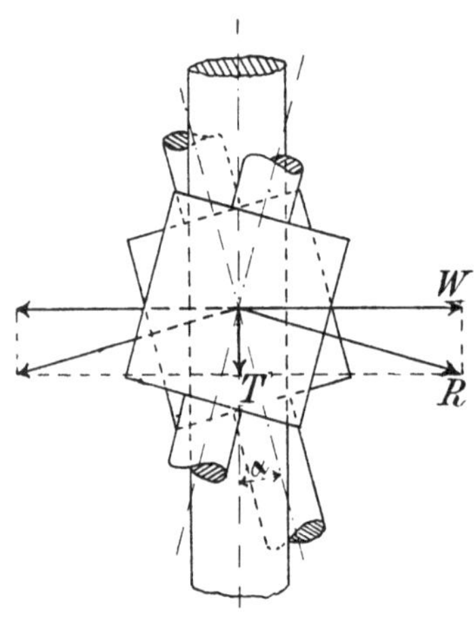

Fig. 261.

Zu einem Ergebnisse ganz ähnlicher Art gelangt man, wenn man die Wirkung der zwischen Walzen und Arbeitstück auftretenden Druckkräfte in Bezug auf einen Querschnitt betrachtet, und zwar unter der Voraussetzung, dafs das bildsame Arbeitstück zwischen den Walzen eine Zusammendrückung erfährt und die Berührung zwischen diesen und jenem nicht in einem Punkte, sondern in einer Fläche stattfindet, welche von der Ebene des zu erzeugenden Querschnittes in entsprechenden Linienstücken *a b* und *e d* Fig. 264 geschnitten werden. Die Summe der auf den Berührungslinien *ab* und *ed* wirkenden Druckkräfte möge durch die Kräfte D und D_1, die von diesen hervorgerufenen Reibungen durch R und R_1 ausgedrückt sein; dann hat man in den Resultierenden P und P_1 ein Kräftepaar, welches an dem bildsamen Arbeitstücke nicht nur eine Drehung um seine Achse, sondern auch eine Verschiebung der inneren Stoffteilchen nach dem Umfange des Arbeitstückes hervorbringt. Diese Verschiebung und die zuvorbeschriebene, in der Längsrichtung des Arbeitstückes stattfindende, bewirken nun gemeinsam die Bildung des Rohres und zugleich eine schraubenförmige Anordnung der Stofffasern in seiner Wandung.

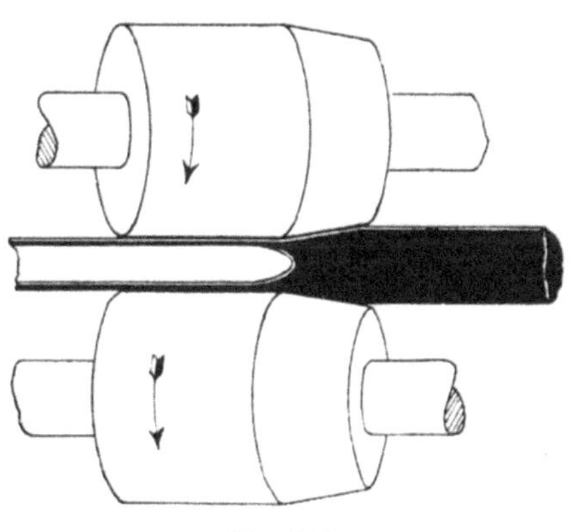

Fig. 262.

Ein Walzwerk der beschriebenen Form vermag nun nicht nur eine einzige Rohrsorte hervorzubringen; man ist vielmehr durch verschiedenartige Einstellung der Walzen in der Lage, sowohl Rohre von ver-

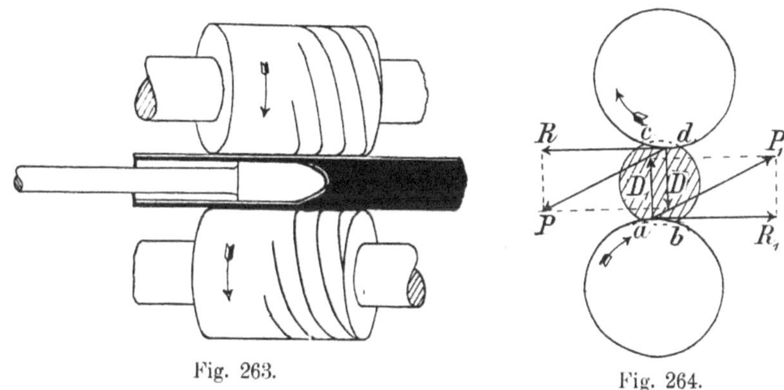

Fig. 263. Fig. 264.

schiedenen Durchmessern als auch von verschiedener Wandstärke zu erzeugen. Ebenso ist es möglich, fertige Rohre durch eine Wiederholung des Walzprozesses aufzuweiten. Handelt es sich dabei blofs um eine Verminderung der Wandstärke, so genügt das beschriebene Walzwerk mit cylindrischen Walzen; soll aber zugleich mit der Aufweitung eine Vergröfserung des äufseren Durchmessers erzielt werden, so bedient man sich des sog. Scheibenwalzwerkes, dessen Form und Wirkungsweise

Fig. 265 veranschaulicht. Die beiden als flache Kegelstümpfe ausgebildeten Scheibenwalzen haben entgegengesetzte Drehrichtung und lassen zwischen sich und dem auf seiner Stange drehbaren Dorn einen Zwischenraum, welcher an der Grundfläche des Dornes gleich der verdünnten, an der Spitze desselben gleich der ursprünglichen Wandstärke des Rohres ist.

Der Vorgang der Rohrbildung verläuft bei dem Mannesmannschen Verfahren in der sehr kurzen Zeit von etwa 30 Sekunden. Es mufs also von den Betriebsmaschinen dieser Walzwerke während der genannten Zeit ungefähr dieselbe Energie geliefert werden, wie sie bei dem früher beschriebenen Herstellungsverfahren für die aufeinander folgenden Umformungsarbeiten nötig war. Um nun von der Maschine die notwendige Arbeitfähigkeit zu erlangen, ohne deshalb ihre Abmessungen ungebührlich steigern zu müssen, benutzt man hier in mehr als gewöhnlicher Weise die Arbeitfähigkeit des Schwungrades, indem man dieses befähigt, aufserordentliche Mengen Energie aufzuspeichern. Das angewandte Mittel besteht darin, dafs man den Kranz des Schwungrades aus Stahldraht bildet, welcher, wie auf einer Garnwinde, auf den tangential zur Nabe angeordneten Speichen aufgewickelt wird. Der dadurch erzielte Schwungradkranz erlangt eine so grofse Festigkeit, dafs man ihm ohne Gefahr eine Umfangsgeschwindigkeit von 100 m erteilen kann, während man bei gewöhnlichen Schwungrädern nicht über 50 m gehen darf. Da nun die von dem Schwungrad abgebbare Arbeitmenge von dem Quadrate seiner Geschwindigkeit abhängt $\left(A = \frac{m v^2}{2}\right)$, so ist klar, dafs ein solches Schwungrad bei der Verminderung seiner Geschwindigkeit aufsergewöhnliche Mengen Energie zu liefern vermag. Ist dann ein Rohr durchgewalzt, so hat die Maschine bis zur Ankunft des nächsten Arbeitstückes hinreichend Zeit, dem Schwungrade die verlorene Geschwindigkeit wiederzugeben und so die von ihm abgegebene Energie wieder zu ersetzen.

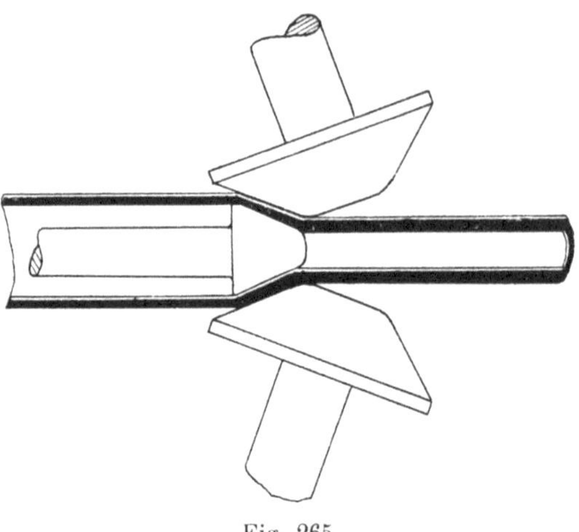

Fig. 265.

2. Das Verfahren mit hohl gegossenem Blocke.

Die Herstellung des hohlen Flufseisenblockes erfolgt durch Einsetzen eines aus zwei Teilen bestehenden hohlen, gufseisernen Kernes in die Blockform. Dem Schwinden des erstarrenden Metalles wird dadurch Rechnung getragen, dafs man die beiden Kernhälften durch Keileinlagen trennt, welche beim Zusammenziehen in den Innenraum des Kernes zurücktreten. Der Querschnitt des Blockes entspricht etwa Fig. 266. Nach dem Erkalten der Blöcke werden die Wände des Hohlraumes mit geschlämmtem Asbest bestrichen, um bei dem nunmehr erfolgenden Erwärmen auf Weifsglut und dem Auswalzen auf einem Universalwalzwerke das Zusammenschweifsen der Innenwände zu verhüten. Die Breite des gewalzten Streifens richtet sich nach dem Durchmesser des zu erzeugenden Rohres. Seine Dicke ist gleich der doppelten Wandstärke, zuzüglich eines gewissen Abbrandes. Nach dem Erkalten des Streifens wird dieser an einem Ende etwas aufgemeifselt, dann dieses Ende auf etwa 500 mm Länge erwärmt und ein spitzer, flacher Dorn eingetrieben. Der so vorbereitete Rohrstreifen (Fig. 267) kommt nun in den eigentlichen Rohrofen, wo er erhitzt und dann auf einer dicht an die Ziehthüre des Ofens anschliefsenden Schleppzangenziehbank im ersten Gange über einen ovalen, im zweiten über einen kreisrunden Dorn gezogen und im Dritten geschlichtet wird. Die Greifbacken der Ziehbank erfassen dabei das Rohr an den beiden seitlich stehen bleibenden Längsrippen, welche auch dem fertigen Rohre eigen sind und unter Umständen eine willkommene Versteifung desselben bilden. Durch Abschneiden auf die vorgeschriebene Länge und Auflöten eines Flansches mittels Schlaglot wird das Rohr nunmehr für den Gebrauch zugerichtet.

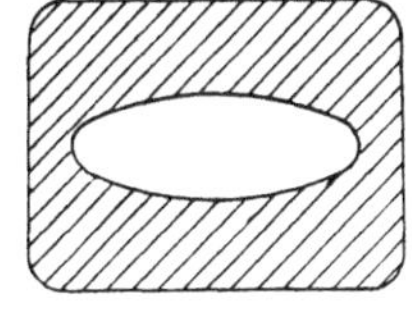

Fig. 266.

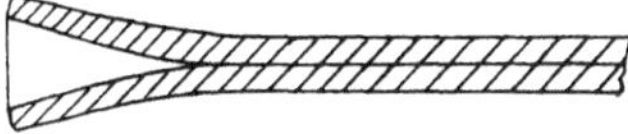

Fig. 267.

Sachregister.

L.

M.

N.

O.

P.

Q.

R.

S.

T.

U.

V.

W.

Pierer'sche Hofbuchdruckerei Stephan Geibel & Co. in Altenburg.

Additional material from *Metallurgische Technologie*,
ISBN 978-3-642-89578-4,is available at http://extras.springer.com